本书获深圳大学教材出版基金资助

虚拟现实技术与应用

王贤坤　编著

清华大学出版社

北京

内 容 简 介

本书是结合制造业工科类专业和电子商务类专业读者的特点与需求编写而成的。在内容上注重系统性、新颖性和先进性;在表述上注重通俗易懂、循序渐进;在虚拟现实应用开发软件选择上,着重考虑软件的先进性、成熟性和领域应用的广泛性,以满足不同起点和不同层次读者的需求。

全书共 8 章。第 1 章为虚拟现实技术概述,第 2 章介绍了虚拟现实系统的硬件设备,第 3 章介绍了虚拟现实系统的关键技术,第 4 章介绍了虚拟现实系统软件,第 5 章介绍了全景摄影和全息投影技术,第 6 章介绍了增强现实技术,第 7 章介绍了 Cult3D 软件与应用,第 8 章介绍了 EON Studio 软件与应用。

本书可作为高等院校制造业工科类、电子商务类专业的计算机辅助技术的教学用书,也可作为其他专业领域的虚拟现实技术爱好者的学习参考用书。

图书在版编目(CIP)数据

虚拟现实技术与应用 / 王贤坤　编著. —北京:清华大学出版社,2018(2019.12 重印)
ISBN 978-7-302-50635-5

Ⅰ. ①虚…　Ⅱ. ①王…　Ⅲ. ①虚拟现实　Ⅳ. ①TP391.98

中国版本图书馆 CIP 数据核字(2018)第 156484 号

责任编辑:王　定
封面设计:周晓亮
版式设计:思创景点
责任校对:牛艳敏
责任印制:丛怀宇

出版发行:清华大学出版社
　　　　　网　　　址:http://www.tup.com.cn,http://www.wqbook.com
　　　　　地　　　址:北京清华大学学研大厦 A 座　　　　　邮　　编:100084
　　　　　社 总 机:010-62770175　　　　　　　　　　　邮　　购:010-62786544
　　　　　投稿与读者服务:010-62776969,c-service@tup.tsinghua.edu.cn
　　　　　质 量 反 馈:010-62772015,zhiliang@tup.tsinghua.edu.cn
印 装 者:三河市铭诚印务有限公司
经　　销:全国新华书店
开　　本:185mm×260mm　　　　印　　张:22　　　　字　　数:535 千字
版　　次:2018 年 9 月第 1 版　　　印　　次:2019 年 12 月第 2 次印刷
定　　价:68.00 元

产品编号:076552-01

前　　言

源于科幻小说，融合光、机、电、人机工程学和信息技术(IT)及其相关技术的成果而发展起来的虚拟现实技术，如今已快速发展成新型信息技术产业。与此同时，虚拟现实技术也在各个领域得到重要的开发应用，其内涵与外延也在发展和变化着。

随着虚拟现实技术的迅速发展和广泛应用，各专业领域需要大量掌握虚拟现实技术理论知识和虚拟现实应用开发技能的人才。为此，许多专家学者编写出版了多种有关虚拟现实技术的图书，为推动我国虚拟现实技术人才的培养和促进虚拟现实技术发展做出了积极贡献。笔者在近十年来的教研实践过程中体会到制造业工科类专业(含工业设计专业)、电子商务类专业读者普遍存在软件编程基础弱等特点，有鉴于此，笔者试图面向这些专业的读者编写一本既可被用来系统学习虚拟现实概念、虚拟现实技术及其相关技术原理等理论知识，又能从中掌握几乎无须编程的开发领域虚拟现实应用技能的教学参考书。

在编写本书的过程中，笔者遵循普及与应用技能掌握的原则，注意在内容上力求严密性与系统性、新颖性与先进性；在表述上注重通俗易懂、循序渐进；在虚拟现实应用开发软件选择上，既考虑上述各专业读者的编程基础，又考虑了开发软件的先进性、专业领域应用的成熟性和广泛性。

全书共 8 章。第 1 章为虚拟现实技术概述，第 2 章介绍了虚拟现实系统的硬件设备，第 3 章介绍了虚拟现实系统的关键技术，第 4 章介绍了虚拟现实系统软件，第 5 章介绍了全景摄影和全息投影技术，第 6 章介绍了增强现实技术，第 7 章介绍了 Cult3D 软件与应用，第 8 章介绍了 EON Studio 软件与应用。

本书可作为高等院校制造业工科类、电子商务类专业的计算机辅助技术的教学用书，也可作为其他专业领域的虚拟现实技术爱好者的学习参考用书。若教学计划为 40～50 学时，建议学习第 1 章至第 7 章；若教学计划为 60～70 学时，建议学习第 1 章至第 8 章。

在编写本书的过程中，借鉴了国内外许多专家、学者的观点，参考引用了许多相关教材、专著、网络资料，在此向有关作者一并表示崇高的敬意和衷心的感谢。本教材得到深圳大学教材出版基金资助，谨此表示衷心感谢。

由于编者水平有限且时间仓促，书中难免有不足之处，恳请各位专家、读者批评指正。

本书学习素材下载：

王贤坤

2018 年 3 月于鹏城

目　　录

第1章　虚拟现实技术概述

虚拟现实(Virtual Reality，VR)，也称为灵境、幻真、赛博空间等，是一种可以创建和体验虚拟世界(或称虚拟环境)，可以形成一种"人既可沉浸其中又可超越其上、进出自如、相互交互的多维信息空间"。VR 技术利用计算机生成的交互式三维环境，不仅使操作者(或称参与者、用户、人类等)能够感到景物或模型十分逼真地存在，而且能对操作者的运动和操作做出实时准确的响应。虚拟现实技术是综合性极强的高新信息技术，在军事、医学、土木、建筑、工业设计、电子商务、艺术、娱乐等很多领域都得到了广泛应用。

【学习目标】
- 理解虚拟现实的基本概念
- 了解虚拟现实类型
- 了解虚拟现实技术原理、虚拟现实系统组成与分类
- 了解虚拟现实技术的应用领域
- 了解目前虚拟现实技术存在的局限性及其产业所面临的技术屏障
- 了解虚拟现实技术的发展趋势与研究方向

1.1　虚　拟　现　实

虚拟现实是利用计算机模拟产生一个多维信息空间的虚拟世界，提供操作者关于视觉、听觉、触觉、嗅觉、味觉等感官的模拟，让操作者身临其境一般，可以实时、自由地感知三维空间内的一切事物。

1.1.1　虚拟现实的人机交互原理

基于虚拟现实的人机交互技术原理如图 1-1 所示。

从虚拟现实的概念可知：

(1) 操作者需要借助于特殊的、必要的三维设备、传感设备来完成与虚拟环境的交互。

(2) 操作者与虚拟环境之间采用自然的交互方式。

从交互方式来说，虚拟现实是人们通过计算机对复杂数据进行可视化操作与交互的一种全新方式，与传统的人机界面以及流行的视窗操作相比，虚拟现实在技术思想上有了质的飞跃。

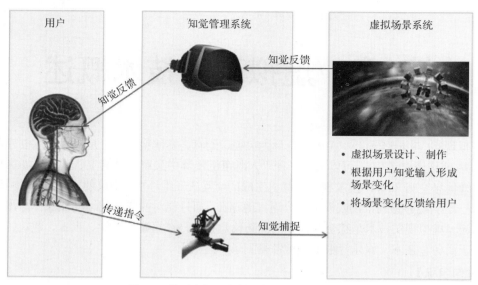

图 1-1　基于虚拟现实的人机交互技术原理图

1.1.2　虚拟现实分类

虚拟现实中的"现实"从广义上来讲，是指在物理意义上或功能意义上存在于世界上的任何事物或环境，它可以是实际上可实现的，也可以是实际上难以实现的或根本无法实现的。而"虚拟"是指用计算机模拟生成的任何事物或环境。因此，虚拟现实是指用计算机生成的一种特殊环境，人可以通过使用各种虚拟现实设备将自己与这种特殊环境连接起来，并操作、控制环境中的任何事物，实现与环境自然交互的目的。为此，可以将虚拟现实分为现实虚化、穿透现实、虚物实感三种类型。

现实虚化型的虚拟现实是指将现实世界真实存在的一切事物或环境，通过数字化技术手段进行数字化建模后，由计算机将其按照一切都符合客观规律的原则仿真出来。这样的虚拟现实有时也被称为仿真型虚拟现实，并已被广泛用于工业中，如"虚拟驾驶模拟器"等。学员坐在座舱里便可获得和真实驾驶中一样的感受，根据这种感受进行各种操作，并根据操作后出现的效果来判断这样操作是否正确。

穿透现实型的虚拟现实虽然也是根据真实存在进行模拟，但所模拟的对象或者是用人的五官无法感觉到，或者是在日常生活中无法接触到的。穿透现实型虚拟现实可以充分发挥人的认识和探索能力，揭示未知世界的奥秘。它以现实为基础，但可能创造出超越现实的情景。例如，模拟宇宙太空和原子世界，把人带入浩瀚无比或纤细入微的世界里，对那里发生的一切取得感性认识。还可用于虚拟旅游、虚拟维修核设施等。

虚物实感型的虚拟现实是指随心所欲地营造出现实世界不可能出现的情景或者不符合客观规律的现象。游戏、神话、童话、科学幻想在这个世界中可以轻而易举地化作"现实"。因此，虚物实感型虚拟现实给人带来广阔的想象时空，尽管有时不符合客观规律和逻辑性，但能促进人类想象和创造力的发展。

1.1.3　虚拟现实特征

1. 虚拟现实的基本特征

虚拟现实的 Immersion(浸没感)、Interactivity(交互性)和 Imagination(构想性)是虚拟现实的三个基本特征，也称 3I 特征。3I 是三个基本特征的英文单词的首字母的缩写。

(1) 浸没感：又称临场感，指操作者感到作为主角存在于虚拟世界中的真实程度。理想虚拟世界应该使操作者难以分辨真假，使操作者全身心地投入到计算机创建的三维虚拟世界中，该虚拟世界中的一切看上去是真的，听上去是真的，动起来是真的，甚至闻起来、尝起来等一切感觉都是真的，如同在现实世界中的感觉一样。

(2) 交互性：指操作者对模拟环境内物体的可操作程度和从环境得到反馈的自然程度(包括实时性)。例如，操作者可以用手去直接抓取模拟环境中的虚拟物体，这时手有握着东西的感觉，并可以感觉物体的重量，视野中被抓的物体也能立刻随着手的移动而移动。

(3) 构想性：强调虚拟现实具有广阔的可想象空间，可拓宽人类认知范围，不仅可再现真实存在的环境，也可以随意构想客观不存在的甚至是不可能实现的环境。

2. 虚拟现实的多感知性(Multi-Sensory)特征

虚拟现实系统虽然也是计算机系统，但它除了具有一般计算机技术系统所具有的视觉感知功能外，还具有听觉感知、力觉感知、触觉感知、运动感知、味觉感知、嗅觉感知等感知功能，即理想的虚拟现实系统应该具有一切人类所具有的感知功能。因此虚拟现实系统除了 3I 特征外，还具有多感知性特征。相信随着相关技术，特别是传感技术的发展，虚拟现实系统所具有的味觉感知、嗅觉感知功能也将被逐一实现。

此外，虚拟环境中的物体还具有自主性。即在虚拟环境中，物体的行为是自主的，是由程序自动完成的，且会让操作者感到虚拟环境中的物体(生物)是"有生命的"和"自由的"，而各种非生物物体是"可操作的"，对象的行为符合各种客观规律。

1.2　虚拟现实系统的组成与类型

虚拟现实技术是一种融合光、机、电、人机工程学和信息技术(IT)及其相关技术发展起来的新技术。是计算机技术一个新的分支。基于虚拟现实技术构建的、由处理虚拟现实的软件和硬件组成的系统称为虚拟现实系统(Virtual Reality System，VRS)。一般来说，一个较理想的虚拟现实系统是由软件、硬件及操作者组成的以人为中心的人机系统(或称宜人化系统)。硬件部分包括：生成和处理虚拟环境的处理器，以头盔显示器为核心的视觉系统，以语音识别、声音合成与声音定位为核心的听觉系统，以方位跟踪器、数据手套和数据衣为主体的身体方位姿态跟踪设备，以及味觉、嗅觉、触觉与力觉反馈系统等功能单元。软件部分包括操作系统、数据库系统、软件开发工具、应用软件等。这些软件可能是单机型、C/S 型或 S/B 型等。

1.2.1　虚拟现实系统的组成

图 1-2 所示是一个典型的虚拟现实系统的配置示意图，它主要包括 5 大组成部分：虚拟世界、计算机、虚拟现实系统软件、输入设备(头盔、含有各种跟踪器和传感器的手套和话筒等)和输出设备(头盔显示器、耳机、数据手套等)。

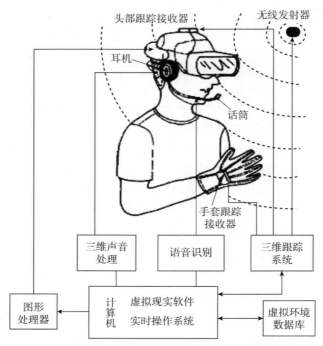

图 1-2　典型的虚拟现实系统的配置示意图

　　系统运行过程大致为：操作者先激活头盔、手套和话筒等输入设备为计算机提供输入信号，虚拟现实系统软件收到由跟踪器和传感器送来的输入信号后加以解释，然后对虚拟环境数据库进行必要的更新，调整当前的虚拟环境场景，并将这一新视点下的三维视觉图像及其他(如声音、触觉、力反馈等)信息立即传送给相应的输出设备，以便操作者及时获得多种感官上的虚拟效果。

1.2.2　虚拟现实系统的类型

　　在实际应用中，根据虚拟现实技术对沉浸程度的高低和操作者交互程度的不同，把虚拟现实系统划分为 4 种典型类型：桌面式虚拟现实系统(Desktop Virtual Reality System)、沉浸式虚拟现实系统(Immersive Virtual Reality System)、增强现实系统(Augmented Reality System)和分布式虚拟现实系统(Distributed Virtual Reality System)。

1. 桌面式虚拟现实系统

　　桌面式虚拟现实系统(见图 1-3)，是利用计算机或入门级工作站实现仿真，计算机的屏幕作为操作者观察虚拟环境的一个窗口，各种外部设备一般用来操控虚拟环境和虚拟场景中的各种物体。由于桌面式虚拟现实系统可以通过计算机实现，所以成本较低，但功能比较单一。该类虚拟现实系统主要用于计算机辅助设计(Computer Aided Design，CAD)、计算机辅助制造(Computer Aided Manufacturing，CAM)、建筑设计、桌面游戏等领域。

　　桌面式虚拟现实系统主要有以下 3 个特点。

　　(1) 操作者处于部分沉浸的环境。即使戴上立体眼镜，操作者仍会受到周围现实环境的干扰，缺乏完全身临其境的感觉。

图 1-3　桌面式虚拟现实系统

(2) 对硬件设备配置要求低。有的低配只需要计算机，或是增加数据手套、空间跟踪设备等，也能产生真实的效果。

(3) 性价比较高。

2. 沉浸式虚拟现实系统

沉浸式虚拟现实系统(见图 1-4)是一种高级的、较理想的虚拟现实系统。它提供了一种完全沉浸的体验，使操作者有身临其境的感觉。它主要利用头盔式显示器(Head Mounted Display，HMD)等设备，把操作者的视觉、听觉和其他感觉封闭在设计好的虚拟现实空间中，利用声音、位置跟踪器、数据手套和其他输入设备使操作者产生全身心投入的感觉。

常见的沉浸式 VR 系统有基于头盔式显示器系统、投影式虚拟现实系统(包括多通道的柱形幕、弧形幕的 Powerwall、CAVE 系统)和遥在系统。

(a) 沉浸式 VR 系统演示实例　　　　　　(b) CAVE 沉浸式虚拟现实系统

图 1-4　沉浸式虚拟现实系统

基于头盔式的显示器系统是通过头盔式显示器来实现完全投入的。它把现实世界与之隔离，使操作者从听觉到视觉都能投入到虚拟环境中。

"遥在"技术是一种新兴的综合利用计算机、三维成像、电子、全息等技术，把远处的现实环境移动到近前，并对这种移近环境进行干预的技术。目前，遥在系统常用于 VR 技术与机器人技术相结合的系统。通过这样的系统，当某处的操作者操纵一个虚拟现实系统时，其结果却在另一个地方发生，操作者通过立体显示器获得深度感，显示器与远地的摄像机相连；通过运动跟踪与反馈装置跟踪操作员的运动，反馈远地的运动过程，并把动作传送到远地完成。

沉浸式虚拟现实系统具有以下 5 个特点。

(1) 具有实时性能。沉浸式虚拟现实系统中，要达到与真实世界相同的感觉，必须要有高度实时性能。如在操作者头部转动改变观察视点时，系统中的跟踪设备必须及时检测到，由计算机计算并输出相应的场景，同时要求必须有足够小的延迟，且变化要连续平滑。

(2) 具有高度的沉浸感。由于沉浸式虚拟现实系统采用了多种输入与输出设备来营造一个虚拟的世界，产生一个看起来、听起来、摸起来都是真实的虚拟世界，同时要求具有高度的沉浸感，使操作者与真实世界完全隔离，不受外面真实世界的影响。

(3) 具有良好的系统集成性。为了使操作者产生全方位的沉浸感，必须要有多种设备与多种相关软件技术相互作用，且相互之间不能有影响，所以系统必须有良好的系统集成性。

(4) 具有良好的开放性。在沉浸式虚拟现实系统中，要尽可能利用最新的硬件设备和软件技术，这要求虚拟现实系统能方便地改进硬件设备、软件技术，因此必须使用比以往更灵活的方式构造系统的软硬件结构体系。

(5) 具有支持多种输入与输出设备的并行工作机制。为了使操作者产生全方位的沉浸感，可能需要多种设备综合应用，并保持同步工作，虚拟现实系统应具备支持多种输入与输出设备并行工作的机制。

3. 增强现实系统

虚拟现实技术建立人工构造的三维虚拟环境，操作者以自然的方式与虚拟环境中的物体进行交互作用、相互影响，极大地扩展了人类认识世界、模拟和适应世界的能力。虚拟现实的主要科学问题包括建模方法、表现技术、人机交互及设备这三大类。但目前普遍存在建模工作量大、模拟成本高、与现实世界匹配程度不够以及可信度不高等方面的问题。针对这些问题，已经出现了多种虚拟现实增强技术，将虚拟环境与现实环境进行匹配合成以实现增强，其中将三维虚拟对象叠加到真实世界显示的技术称为增强现实，将真实对象的信息叠加到虚拟环境绘制的技术称为增强虚拟环境。这两类技术可以形象化地分别描述为"实中有虚"和"虚中有实"。虚拟现实增强技术通过真实世界和虚拟环境的合成降低了三维建模的工作量，借助真实场景及实物提高了操作者的体验感和可信度，促进了虚拟现实技术的进一步发展。

增强现实系统(见图1-5)是将操作者看到的真实环境和计算机所仿真出来的虚拟现实景象融合起来的一种技术系统，具有虚实结合、实时交互的特点。与传统的虚拟现实系统不同，增强现实系统主要是在已有的真实世界的基础上，为操作者提供一种复合的视觉效果。当操作者在真实场景中移动时，虚拟物体也随之变化，使虚拟物体与真实环境完美结合，既可以减少生成复杂实验环境的开销，又便于对虚拟试验环境中的物体进行操作，真正达到亦真亦幻的境界。

图 1-5　增强现实系统

该系统一般由头戴式显示器、位置跟踪系统与交互设备以及计算设备组成。有关增强现实技术的更多内容请阅第 6 章。

4. 分布式虚拟现实系统

分布式虚拟现实系统(见图 1-6)是一种通过网络将多个虚拟环境连接而成的集成虚拟环境，这些虚拟环境可以分布在不同的空间位置。位于不同空间位置的多个操作者可以在这个集成虚拟环境中，通过该系统的虚拟现实设备进行交互，共享信息。系统中，多个操作者可通过网络对同一虚拟世界进行观察和操作，以达到协同工作的目的。简单地说，分布式虚拟现实系统是指一个支持多人实时通过网络进行交互的软件系统，操作者在一个虚拟现实环境中，通过计算机与其他操作者进行交互，并共享信息。

图 1-6　分布式虚拟现实系统

(1) 分布式虚拟现实系统的体系结构。分布式虚拟现实系统有 4 个基本组成部分：立体图形显示器，网络通信和控制设备，处理系统，数据网络。分布式虚拟系统是分布式系统和虚拟系统相结合的产物，根据分布式系统环境下所运行的共享应用系统的数量，可分为集中式和复制式两种系统体系结构。

① 集中式结构是只在中心服务器上运行一个共享应用系统。该系统可以是会议代理或对话管理进程。中心服务器的作用是对多个操作者的输入/输出操纵进行管理，允许多个操作者信息共享。它的特点是结构简单、容易实现，但对网络通信带宽有较高的要求，并且高度依赖于中心服务器。

② 复制式结构是在每个操作者所在的机器上复制中心服务器，这样每个操作者进程都有一个共享应用系统。服务器接收来自于其他工作站的输入信息，并把信息传送到运行在本地机上的应用系统中，由应用系统进行所需的计算并产生必要的输出。它的优点是所需网络带宽较小。另外，由于每个操作者只与应用系统的局部备份进行交互，所以，交互式响应效果好。但它比集中式结构复杂，在维护共享应用系统中的多个备份的信息或状态一致性方面比较困难。

(2) 分布式虚拟现实系统的主要特点。

① 各操作者具有共享的虚拟工作空间。

② 伪实体的行为真实感。

③ 支持实时交互。

④ 多个操作者可以用各自不同的方式相互通信。

⑤ 资源信息共享，允许操作者自然操纵虚拟世界中的对象。

(3) 分布式虚拟现实系统的主要应用领域。目前，分布式虚拟现实系统主要被应用于远程虚拟会议、虚拟医学会诊、多人网络游戏、虚拟战争演习、制造业中的分布式设计等领域。

(4) 分布式虚拟现实系统与网络游戏。网络游戏，也称在线游戏(On-Line Game，OLG)，一般指多名玩家通过计算机网络互动娱乐的视频游戏，有战略游戏、动作游戏、体育游戏、格斗游戏、音乐游戏、竞速游戏、网页游戏和角色扮演游戏等多种类型，也有少数在线单人游戏。这里要介绍的是虚拟世界型网络游戏，主要由公司所架设的服务器来提供游戏，而玩家们则是由公司所提供的客户端连上公司服务器以进行游戏，如今称为网络游戏的大都属于此类型。此类游戏的特征是大多数玩家都会有一个专属于自己的角色(虚拟身份)，而一切文档以及游戏信息均记录在公司端。从目前的网络游戏发展来看，现在主流的网络游戏具备了一些分布式虚拟现实的基本特点，但这只是分布式虚拟现实的一种低级应用。因为在伪实体的行为真实感方面，网络游戏远达不到虚拟现实级别，在通信方式方面也不如分布式虚拟现实系统，其通信方式过于单一，多靠语言和文字通信，缺乏动作手势等自然的通信方式。此外，目前大多数的网络游戏并不能像虚拟现实那样允许操作者自然地操作环境中的对象，操作者依然离不开鼠标等机械输入设备。

1.3　虚拟现实技术的发展历程

计算机技术的发展促进了多种技术的发展，虚拟现实技术与其他技术一样，其技术和市场的需求也随即发展起来。在虚拟现实技术发展的过程中，科技界、产业界发生了一些标志性事件，本节以此来划分虚拟现实技术(VRT)的发展历程。

1.3.1　探索阶段

20 世纪 30 年代至 60 年代，是虚拟现实技术的探索阶段。在这个阶段，产生了许多科幻文学作品，其中隐含着 VR 的思想火花，将这些作品搬到屏幕就需要发展相关技术来支撑，由此于 20 世纪 50 年代推出立体电影以及各种宽银幕、环幕、球幕电影。这类屏幕作品具有深度感、大视野、环境感的电影图像，加上声响的配合，使观众沉浸于屏幕上变幻的情节场景之中。因此，一般认为，VR 技术思想在这个阶段形成并得以实践。但由于实现 3D 电影的技术复杂、投资大，一些相关技术只能在美国军工领域进行研发应用与实践。此处列出几个标志性成果。

(1) 1929 年，埃德温·林克(Edwin A.Link)发明了飞行模拟器，使乘坐者有坐在真的飞机上的感觉。

(2) 1935 年，科幻小说家斯坦利·温鲍姆(Stanley G.Weinbaum)在他的小说中首次构想了以眼镜为基础，涉及视觉、触觉、嗅觉等全方位沉浸式体验的虚拟现实概念，这是可以追溯到的最早的关于 VR 的构想。

(3) 1957 年，电影摄影师莫顿·海利(Morton Heilig，见图 1-7)研制出了第一个多感知(视觉、听觉、触觉、味觉和震动感)仿真环境的原型 Sensorama Simulator，这是第一个 VR 视频系统(一台能供 1~4 个人使用)的 3D 视频机器。事实上，在这之前，海利就已发明了 Telesphere Mask(个人用途的可伸缩电视设备，见图 1-8)。

图 1-7　莫顿·海利(Morton Heilig)

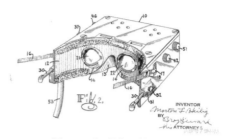

图 1-8　海利发明的 Telesphere Mask

(4) 1962 年，海利研制出一套 Sensorama 的立体电影系统(见图 1-9)——虚拟现实型拱廊(VR-type arcade)，海利把自己的最终产品称为"体验剧场"。人坐于虚拟现实型拱廊装置下，用手操纵摩托车把，仿佛穿行于纽约闹市，能看到立体、彩色、变化的街道画面，听到立体声响，感觉到行车的颠簸、扑面的风，甚至能闻到相应的芳香，创建了一个能向观众提供完全真实感受的剧院。为了展示 Sensorama 的效果，他总共拍摄了 5 部电影，基本以直升机、卡丁车、自行车和摩托车等骑行体验为基础。在海利的发明时代，美国没有一个人意识到这项技术革新所代表的技术进步。

(5) 1955 年在国际信息处理联合会(International Federatation for Information Processing，IFIP)会议上，有 VR"先锋"之称的计算机图形学的创始人伊凡·苏泽兰(Ivan Sutherland)提出了一项富有挑战性的计算机图形学研究课题。他指出，人们可以把显示屏当作一个窗口，观察一个虚拟世界，使观察者有身临其境的感觉，这一思想就是虚拟现实概念的雏形。基于此，目前普遍认为，世界上第一台 VR 头盔式显示器发明于 1966 年，发明者是伊凡·苏泽兰博士(见图 1-10)。

图 1-9　Sensorama 立体电影系统

图 1-10　伊凡·苏泽兰(Ivan Sutherland)

1968 年,伊凡·苏泽兰使用两个戴在眼睛上的阴极射线管(Cathode Ray Tube,CRT),研制了第一台头盔式显示器(见图 1-11),并对头盔式三维显示装置的设计要求、构造原理进行了深入讨论,绘出了这种装置的设计原型,成为三维立体显示技术的奠基性成果。

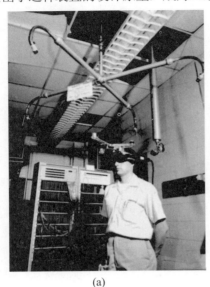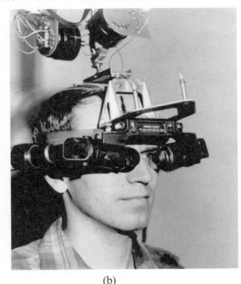

(a)　　　　　　　　　　　　　　　(b)

图 1-11　第一台头盔式显示器(HMD)

1.3.2　走向实用阶段

20 世纪 70 年代初期至 80 年代,虚拟现实技术系统化,从实验室走向实用阶段。

从 20 世纪 70 年代到 80 年代中期,VR 研究的进展是十分缓慢的,直到 20 世纪 80 年代后期,VR 技术才得以加速发展。这是因为图形显示技术已能满足视觉耦合系统的性能要求,液晶显示(LCD)技术的发展使得生产廉价的头盔式显示器成为可能,这一阶段的标志性成果如下。

(1) 1971 年,弗里德里克·布鲁克斯(Frederick Brooks)研制了具有力反馈的原型系统 Grope-Ⅱ,操作者通过操纵一个实际的机械手来控制屏幕中的图形机械手去"抓取"一个立体图像表示的物体,而且人手能感觉到它的重量。

(2) 1975 年,迈伦·克鲁格(Myron Krueger)提出"人工现实"(Artificial Reality)的思想,展示了被称为 Videoplace 的"并非存在的一种概念化环境"。实验者面对投影屏幕,摄像机摄取他的身影轮廓图像,与计算机产生的图形合成,由投影机投射在屏幕上,室内的传感器识别实验者的动作,屏幕上可显示诸如实验者在游泳、爬山等情景。

(3) 1983 年美国国防部(United States Department of Defense,DOD)制订了 SIMENT 的研究计划;1985 年 SGI 公司成功开发了网络 VR 游戏 DogFlight。

(4) 1985 年,美国航空航天管理局 NASA 的司各特·菲舍(Scott Fisher)等开始研制著名的 VIEW(Virtual Interactive Environment Workstation,虚拟交互环境工作站)。它是一种"数据手套" (Data Glove),这种柔性、轻质的手套装置可以量测手指关节动作、手掌的弯曲以及手指间的分合,从而可编程实现各种"手语"。与"数据手套"原理类似的还有"数据衣"。

(5) 1986 年年底,司各特·菲舍成功研制出第一套基于 HMD 和数据手套的 VR 系统 VIEW。这是世界上第一个较为完整的多用途、多感知的 VR 系统,使用了头盔显示器、数据手套、语言识别与跟踪技术等,并应用于空间技术、科学数据可视化、远程操作等领域,被公认为是当前 VR 技术的发源地。

(6) 1989 年,VPL 公司的创始人之一杰伦·拉尼尔(Jaron Lanier),创造了 Virtual Reality(虚拟现实)这一名词。从此,Data Glove 和 Virtual Reality 便引起新闻媒体极大的关注和人们丰富的想象。

1.3.3　理论的完善和应用阶段

20 世纪 90 年代至 2010 年是虚拟现实技术理论的完善和应用阶段。

VR 第一次展出是在 1990 年第 17 届国际图形学会议上,与会专家们报道了近年来输入/输出设备技术以及声、像等多媒体技术的进展,使得交互技术从二维输入向三维甚至多维的方向过渡,使三维交互取得了突破性的进展。随着新的输入设备的研制成功和微型视频设备的投入使用,再加上工作站提供了更强有力的图形处理能力,从而为构成“虚拟现实”的交互环境提供了技术条件。这个发展阶段的几个标志性成果如下。

(1) 1992 年,Caro lina Cruz-Neira 等公司建立的大型 VR 系统 CAVE,在国际图形学会议上以独特的风貌展现在人们面前,标志着这一技术已经登上了高新技术的舞台。操作者置身于一个边长为 3m 的立方体房间,有 4 面投影屏幕,各由 1 台 SCI 工作站 VGX 控制的投影机向屏幕交替显示计算机生成的左、右眼观察图形,操作者佩戴一种左、右镜片交替“开”(透光)、“闭”(遮光)的液晶光闸眼镜,可看到环绕自身的立体景物,同时无妨于看见室内的起初物体。图形景物随着操作者在室内走动时的视线变化而变化。在这次会议上,SGI 和 Sun 等公司也展出了类似的环境和系统。

(2) 1993 年的 11 月,宇航员利用虚拟现实系统成功地完成了从航天飞机的运输舱内取出新的望远镜面板的工作。再如,用虚拟现实技术设计波音 777 获得成功。

(3) 1996 年 10 月 31 日,世界上第一个虚拟现实技术博览会在伦敦开幕,全世界的人们可以通过互联网在家中参观这个没有场地、没有工作人员、没有真实展品的虚拟博览会。

(4) 1996 年 12 月,世界上第一个虚拟现实环球网在英国投入运行。操作者可以在一个由立体虚拟现实世界组成的网络中遨游,身临其境般地欣赏各地风光、参观博览会和在大学课堂听讲座等。

进入 20 世纪 90 年代以后,迅速发展的计算机硬件技术、计算机软件系统和民用化后的互联网技术,极大地推动了虚拟现实技术(含软件和硬件技术)的发展,使基于大型数据集合的声音和图像的实时动画制作成为可能,人机交互系统的设计不断创新,很多新颖、实用的输入/输出设备不断出现在市场上,为虚拟现实系统的发展打下了良好的基础。

1.3.4　进入产业化发展阶段

2012 年至今,虚拟现实技术进入产业化的快速发展阶段。在这期间,互联网普及、计算能力和 3D 建模等技术进步大幅提升 VR 体验,虚拟现实商业化、平民化有望得以实现。相比于 20 世纪 80 年代至 90 年代,显示器分辨率提升、显卡渲染效果和 3D 实时建模能力等原有技术的提升,带来了 VR 设备的轻量化、便捷化和精细化,从而大幅度提升了 VR 设备的体验。

2012 年,随着 Oculus Rift 开发项目开始众筹,虚拟现实迎来一个新阶段,即 2C 端的 VR 消费电子设备将登上历史舞台。2014 年 Facebook 耗资 20 亿美元收购 Oculus 成为行业内轰动性的事件，标志着互联网巨头开始抢滩 VR 市场，如三星、谷歌、索尼、HTC 等国际消费电子巨头均宣布自己的 VR 设备计划。2014 年 Google 发布了 Google CardBoard，三星发布 Gear VR，2016 年苹果发布了名为 View-Master 的 VR 头盔。HTC 的 HTC Vive、索尼的 PlayStationVR 也相继出现。

1.4　虚拟现实技术的应用

虚拟现实的本质是先进的计算机接口技术，可适用于任何领域，主要用在工程设计、计算机辅助设计(CAD)、数据可视化、飞行模拟、多媒体远程教育、远程医疗、艺术创作、游戏、娱乐等方面。例如，较早的虚拟现实系统产品是图形仿真器，其概念在 20 世纪 60 年代被提出，到 80 年代逐步兴起，90 年代有产品问世。1992 年世界上第一个虚拟现实开发工具问世，1993 年众多虚拟现实应用系统出现，1996 年 NPS 公司使用惯性传感器和全方位的踏车将人的运动姿态集成到虚拟环境中。目前，虚拟现实技术在军事与航空航天、娱乐、医学、机器人等方面的应用占据主流，其次是教育及艺术商业方面。另外在可视化计算、制造业等领域也有一定的比重，并且应用越来越广泛。其中应用增长最快的是制造业。

1. 在军事与航空航天中的应用

军事应用是推动虚拟现实技术发展的原动力，直到现在依然是虚拟现实系统的最大应用领域。在军事应用中，采用虚拟现实系统不仅提高了作战能力和指挥效能，而且大大减少了军费开支，节省了大量人力、物力，同时公共安全等方面可以得到保证。与虚拟现实技术最为相关的两个应用方面是军事训练和武器的设计制造，其中 SIMNET 是最为典型的虚拟战场。在航空航天方面，美国国家航空航天局(NASA)于 20 世纪 80 年代初就开始研究虚拟现实技术，并于 1984 年研制出新型的头盔显示器。虚拟现实的研究与应用范围在不断扩大，宇航员利用虚拟现实系统进行了各种训练。美国航空航天局计划将虚拟现实系统用于国际空间站组装、训练等工作，欧洲航天局(EVA)利用虚拟现实系统开展虚拟现实训练，英国空军将其应用于虚拟座舱。

2. 在文化产业中的应用

娱乐业是文化产业的重要部分，是虚拟现实技术应用最广阔的领域。1991 年英国 W-Industries 公司开发出第一个基于 HMD 的娱乐系统，从此，不论是立体电影、电视还是沉浸式的游戏，均是虚拟现实技术应用最多的领域之一。由于在娱乐方面对虚拟现实的真实感要求不是太高，所以近几年来虚拟现实在该方面发展较为迅猛。丰富的感觉能力与 3D 显示世界使得虚拟现实成为理想的视频游戏工具。与此同时，艺术也是虚拟现实技术的重要应用领域。虚拟现实的沉浸性和交互性可以把静态的艺术(绘画、雕刻等)呈现为动态艺术。目前在艺术领域，虚拟现实技术主要用于开发虚拟博物馆、虚拟音乐、虚拟演播室、虚拟演员、虚拟世界遗产等。

3. 在医学领域中的应用

在医学领域，虚拟现实技术和现代医学两者之间的融合使得其已开始对生物医学领域产生重大影响。目前正处于应用虚拟现实的初级阶段，其应用范围包括从建立合成药物的分子结构模型到各种医学模拟，以及进行解剖和外科手术教育等。在此领域，虚拟现实应用大致上有两类：一类是虚拟人体模型，基于这样的人体模型，使医生、学生更容易了解人体的生理构造和功能；另一类是基于虚拟人体模型的虚拟手术系统，可用于验证手术方案、训练手术操作等，尤其是通过网络实施远程手术。如英国 UK Haptics 公司研发的、用于护士专业训练的触摸式三维虚拟系统；丹麦奥胡斯大学高级视觉及互动中心(CAVI)的科学家研制成功的辅助儿科医生诊断新生儿心脏病的系统。在国家高技术研究发展计划(863 计划)支持下，我国于 2001 年由中国科学院计算技术研究院、首都医科大学、华中科技大学和第一军医大学 4 家单位协作攻关，共同承担了中国数字化虚拟人体中的"数字化虚拟人体若干关键技术"和"数字化虚拟中国人的数据结构与海量数据库系统"项目，旨在建立中国人种的"数字化虚拟人"("虚拟可视人""虚拟物理人"和"虚拟生物人"的统称)，其原理是通过先进的信息技术与人体生物技术相结合的方式，建立起可在计算机上操作可视的模型(从由几何图形的数字化"可视人"到真实感的数字化"物理人"，再到随心所欲的数字化"生物人"的模型)。"数字化虚拟人"在医学、航天、航空、建筑、机电制造、影视制作等领域有广泛的应用价值。

4．在教育与培训方面的应用

基于虚拟现实技术开发的教学软件系统，可以实现对设备类、工程类对象的组成结构及其功能原理、操作流程进行真实模拟和仿真；还可从数据库中随机调出模拟对象相应的题目来培训与测试学员，同时系统自动记录学员的操作过程。这样的软件系统实行二、三维结合，并辅以立体环幕的展示，从而达到高度沉浸感、立体感的体验，增强了培训与学习效果。目前，VRT 在教育与培训方面的应用主要体现在虚拟校园、虚拟演示教学与实验、远程教育系统、特殊教育、技能培训等方面。在航天航空、重大装备领域，如神舟飞船操控模拟等模拟训练器训练工作中发挥重要作用，虚拟现实还可以应用于高难度和危险环境中的作业训练。

5．在市政规划设计中的应用

市政规划设计也是虚拟现实技术广泛应用的领域之一。通过 VR 与建筑信息模型(Building Information Modeling，BIM)结合应用会带来巨大的经济与社会效益。

(1) 展现规划方案。虚拟现实系统的沉浸感和互动性不但能够给操作者带来强烈、逼真的感官冲击，获得身临其境的体验，还可以通过其数据接口在实时的虚拟环境中随时获取项目的数据资料，方便大型复杂工程项目的规划、设计、投标、报批、管理，有利于设计与管理人员对各种规划设计方案进行辅助设计与方案评审，从而规避规划与设计的风险。

(2) 基于所建立的虚拟现实环境(基于真实数据建立的数字模型组合而成)，严格遵循工程项目设计的标准和要求建立逼真的三维场景，对规划设计项目进行真实的"再现"。操作者在三维场景中任意漫游，人机交互，这样能暴露出很多不易察觉的设计缺陷，减少由于事先规划设计不周全而造成的无可挽回的损失与遗憾，大大提高了优化规划设计的方案。

(3) 缩短设计周期。因为不用基于实物模型来验证规划设计方案，可以比传统的数字化规划设计方法节省大量时间，从而提高了方案设计的速度和质量，也提高了方案设计和修正的效率，同时节省了大量制作实物模型的资金。

(4) 提升宣传效果。对于公众关心的大型规划项目，在项目方案设计过程中，虚拟现实系统可以将现有的方案发布为视频文件，制作为多媒体资料予以公示，让公众真正了解甚至参与到项目中来。当项目方案最终确定后，也可以通过视频输出制作多媒体宣传片甚至网页，进一步提升项目的宣传展示效果。

6. 用于虚拟样机的技术

虚拟样机技术以虚拟现实(VR)和仿真技术为基础，结合领域产品的设计制造理论与技术，对产品的设计、生产过程进行统一建模，在计算机里实现产品从设计、加工和装配、检测与评估、产品使用等整个生命周期的活动过程进行模拟和仿真的综合技术。

现在，利用 VRT、仿真技术等可以在计算机里建立起一种接近人们现实进行产品设计制造"自然"环境。在这样的环境下，设计人员可以充分发挥想象力和创造力，相互协作、发挥集体智慧，从而大大提高产品开发的质量和缩短开发周期，并在产品的设计阶段就可在计算机里模拟出产品功能、性能和产品制造过程，以此来评估与优化产品的设计质量和制造过程，优化生产管理和资源规划，以达到产品开发周期和成本的最小化、产品设计质量的最优化、生产效率和产品的一次性成功率最高化，从而形成企业在 T(时间)、Q(质量)、C(成本)、S(服务)、E(资源消耗与环境保护)等指标上的市场竞争优势。

美国波音公司基于虚拟样机技术环境实现波音 777 飞机的完全无纸化开发。该环境是一个由数百台工作站组成的虚拟环境系统。设计师带上虚拟现实系统中的头盔显示器后，可穿行于这个虚拟的"飞机"中，去审视"飞机"的各项设计是否合乎理想。过去要设计一架新型飞机必须先制造两架实体模型飞机，至少要花 120 万美元，虚拟现实技术不仅节约了这笔经费，而且节省了研发时间，波音 787 飞机只用 2 年多时间就研发成功，大大增加了其在时间上的市场竞争能力。我国也已经建立歼击机产品的完全数字样机技术平台。

美国通用、福特等汽车公司的虚拟现实技术工作室里，人们可以看到各种各样的新颖装备和制作工具，工程师们正在进行着试验性的工作，通过头盔和感应手套等工具，在工作站上生成立体的汽车原型图像，用 1∶1 的大型屏幕，把立体图像的汽车完全与实体一样显示出来，并可以随意进行设计改进。

德国汽车业应用虚拟现实技术最快也最广泛。目前，德国所有的汽车制造企业都建成了自己的虚拟现实开发中心。奔驰、宝马、大众等公司的报告显示，应用虚拟现实技术、以"数字汽车"模型来代替木制或铁皮制的汽车模型，可将新车型开发时间从 1 年以上缩短到 2 个月左右，开发成本最多可降低到原先的 1/10。目前，德国汽车制造企业已将虚拟现实技术应用到零部件设计、内部设计、空气动力学试验和模拟撞车安全试验等细小局部的工作中。汽车零部件的设计因为使用了虚拟现实技术，成本降低达 40%。研究人员还计划将虚拟现实技术降低成本后进一步应用于销售、客户服务和市场调查。届时，客户可以先体验多媒体"数字汽车"之后再选择订购。虚拟现实技术的应用大幅度提高了德国汽车产业的竞争力。

深圳大学联合国家超级计算深圳中心(深圳云计算中心)基于虚拟现实技术开发出一款机电产品虚拟样机技术云平台，该平台在企业中示范应用，获得令人满意的效果。

7. 在运动生物力学中的应用

运动生物力学仿真就是应用力学原理和方法，并结合虚拟现实技术和人体科学理论，实现对生物体中的运动力学原理进行虚拟分析与仿真研究。利用虚拟仿真技术研究和表现生物力学特性，不但可以提高运动体的真实感，还可以大大节约研发成本，提高研发效率，这点在竞技体育和艺术体操项目中的高难动作设计方面效果显著。

8. 在康复训练领域的应用

康复训练，包括身体康复训练和心理康复训练，是针对有各种运动障碍(动作不连贯、不能随心所动)和心理障碍的人群。传统的康复训练不但耗时耗力,单调乏味,而且训练强度和效果得不到及时评估,很容易错失训练良机,而结合三维虚拟与仿真技术的康复训练就很好地解决了这些问题。

(1) 虚拟身体康复训练。身体康复训练是指操作者通过输入设备(如数据手套、动作捕捉仪)把自己的动作传入计算机,并从输出反馈设备得到视觉、听觉或触觉等多种感官反馈,最终达到最大限度地恢复患者的部分或全部机体功能的训练目的。这种训练省时省力,能提高治疗的趣味性和体验性,激发被训者的积极性,最终达到有效提高治疗效果的目的。

(2) 虚拟心理康复训练。狭义的虚拟心理康复训练是指利用搭建的三维虚拟环境治疗诸如恐高症之类的心理疾病。广义上的虚拟心理康复训练还包括搭配"脑机交互系统"和"虚拟人"等先进技术手段,并进行脑信号人机交互心理训练。这种训练采用患者的脑电信号控制虚拟人的行为,通过分析虚拟人的表现,实现对患者心理的分析,从而制定有效的康复课程。此外,还可以通过显示设备把虚拟人的行为展现出来,让被训者直接学习某种心理活动带来的结果,从而实现对被训者的有效治疗。

9. 在地球科学领域的应用

地球是目前人类唯一赖以生存的星球,合理开发与利用地球资源,有效保护与优化地球环境,是全人类共同的责任。为此,1998 年 1 月 31 日美国副总统戈尔提出了数字地球的概念。基于数字地球,人类可以更深入地了解地球、保护地球。

数字地球是未来信息资源的综合平台和集成,现代社会拥有信息资源的重要性更胜于基于工业经济社会拥有自然资源的重要性。为此,"数字地球"战略成为各国推动信息化建设和社会经济、资源环境可持续发展的重要武器。

数字地球集诸如遥感、地理信息系统,全球定位系统,互联网、数字仿真与虚拟现实技术于一体,是人类定量化研究地球、认识地球、科学利用地球的先进工具。

严格地讲,数字地球是以计算机技术、多媒体技术和大规模存储技术为基础,以宽带网络为纽带,运用海量地球信息对地球进行多分辨率、多尺度、多时空和多种类的三维描述,并利用它作为工具来支持和改善人类活动和生活质量。

显然,虚拟现实(含增强现实)技术是开发利用数字地球的有效技术手段。

10. 在电子商务领域的应用

虚拟现实技术在电子商务领域的应用主要是产品的 3D 虚拟展示与虚拟购物体验。阿里巴巴集团目前已应用增强现实技术开发了新型购物体验系统。虚拟购物体验包括商品的全方位观看,了解产品的外观、结构及功能,与商家进行实时交流等方面,如买家对一部手机感兴趣,他不但可以从不同的角度观看手机的外观(颜色、商标、材质纹理、外形、功能布局等),还可以通过鼠标模拟操作手机(使用手机、维护手机等)。例如,深圳大学成功开发出一款虚拟产品展示与电子商务云平台(面向消费者、商家、产品制造商),通过该平台,消费者可以用鼠标实现上述的购物体验;对商家来说,可以通过平台提供的产品立体显示模型的开发环境,制作出 3D 显示模型;而对于产品制造商来讲,完全可以通过该平台实现虚拟产品的网上交易和按订单生产的生产模式。

限于篇幅,本章仅介绍虚拟现实技术的部分应用领域。实际上 VRT 已在更加广泛的领域开发应用。

1.5　虚拟现实技术的研究方向和现状

源于美国的 VR 技术已得到全世界的广泛关注，VR 技术在当下甚至相当长的时间里将仍处于最前沿技术之列。基于 VR 技术的研究主要有 VR 技术与 VR+领域的应用两大类。在这两方面，总体上来说，美国、德国、英国、日本、韩国等国家处于领先地位。在国内，北京大学、北京航空航天大学、浙江大学等院校在 VR 方面的研究工作开展得比较早，取得了令人鼓舞的成果。

1.5.1　虚拟现实技术的研究方向

虚拟现实技术的研究包括以下方面。

(1) 动态环境建模技术。虚拟环境的建立是虚拟现实技术的核心内容，而动态环境建模技术的目的就是对实际环境的三维数据进行获取，从而建立对应的虚拟环境模型，创建出虚拟环境。积极开发满足 VR 技术建模要求的新一代工具软件及算法、虚拟现实建模语言的研究、复杂场景的快速绘制，是重要的研究内容。

(2) 实时三维图形生成和显示技术。在生成三维图形方面，目前的技术已经比较成熟，关键是怎么样才能够做到实时生成，在不对图形的复杂程度和质量造成影响的前提下，如何让刷新率得到有效的提高仍是今后重要的研究内容。

(3) 宜人化、智能化人机交互设备的研制。虽然手套和头盔等设备能够让沉浸感增强，但在实际使用当中效果并不尽如人意。交互方式最自然的方式是基于触觉和自然语言等的交互方式，因此加强更自然的交互技术与设备能够让虚拟现实的交互性效果得到有效提高。尤其是智能化的人机交互的设备开发与应用。

(4) 大型分布式虚拟现实系统的研究与应用。面向制造业的网络化虚拟现实系统研发与应用是重要的研究方向。面向各领域，逐渐建立基于 VRT 的产品虚拟样机技术平台。

(5) 感知研究领域。加强人类触觉、味觉、嗅觉系统的基础应用研究。味觉、嗅觉系统的研发与应用将促进餐饮业业态的变革，将有效减少人类入口物的浪费。

(6) 虚拟现实软件平台。建立统一标准，提高各软件间的集成性；加强领域基于 VRT 的应用开发；建立 VR 软件技术联盟，以支持代码共享、重用和软件投资；鼓励开发通用型软件与维护工具，尤其是虚拟现实软件云平台。

1.5.2　国外研究现状

1. 虚拟现实技术在美国的研究现状

VR 技术发明于美国，同其他先进技术一样，美国也是优先面向军事领域，开展了诸如航天、航空领域产品研发和适合产品运行维护人员(宇航员、飞行驾驶员、维修人员)的各种模拟训练系统(器)的研究开发，他们的研发工作几乎涉及虚拟现实技术软硬件的各个方面。20 世纪80 年代，美国国防部和美国宇航局组织了一系列对于虚拟现实技术的研究，取得丰硕成果。在20 世纪 90 年代初，伴随源于美国的互联网技术转为民用技术后，虚拟现实技术在民用的许多领域得到迅猛发展。到如今，已经建成了空间站、航空、卫星维护的 VR 训练系统，建立了可供全国使用的 VR 教育系统。例如，乔治梅森大学研制出了一套在动态虚拟环境中的流体实时仿真系统；波音公司利用增强虚拟现实技术在真实的环境上叠加了虚拟环境，让工件的加工过程得到有效的简化；施乐公司主要将虚拟现实技术用于未来办公室上，设计了一项基于 VR 的窗口系统。

美国宇航局的 Ames 实验室是许多 VR 技术思想的发源地。早在 1981 年，他们就开始研究空间信息显示，1984 年又开始了虚拟视觉环境显示(VIVED)项目。后来，其研究人员司各特·菲舍还开发了虚拟界面环境工作站(VIEW)。Ames 完善了 HMD，并将 VPL 的数据手套工程化，使其成为可用性较高的产品。目前，Ames 把研究的重点放在对空间站操纵的实时仿真上。

北卡罗来纳大学(University of North Carolina，UNC)对 VR 的研究主要在 4 个方面：分子建模、航空驾驶问题、外科手术仿真、建筑仿真。他们解决了分子结构的可视化，并已用于药物和化学材料的研究。

洛马林达大学(Loma Linda University，LLU)医学中心是一所经常从事高难度或有争议医学项目研究的单位。他们成功地将计算机图形及 VR 的设备用于探讨与神经疾病相关的问题，巧妙地将 VPL 的数据手套作为测量手颤动的工具，将手的运动实时地在计算机上用图形表示出来，从而进行分析诊断。

SRI 研究中心主要从事定位光标、视觉显示器、光学部件、触觉与力反馈、三维输入装置及语言交互等研究。

2. 虚拟现实技术在欧洲的研究现状

在欧洲一些比较发达的国家，如德国、瑞典、英国等国家，均积极进行了虚拟现实技术的研究和应用。

在德国，以德国 FhG-IGD 图形研究所和德国计算机技术中心(GMD)为代表。它主要从事虚拟世界的感知、虚拟环境的控制和显示、机器人远程控制、VR 在空间领域的应用、宇航员的训练、分子结构的模拟研究等。德国的计算机图形研究所(IGD)测试平台，主要用于评估 VR 技术对未来系统和界面的影响，向操作者和生产者提供通向先进的可视化、模拟技术和 VR 技术的途径。此外，德国还将虚拟现实技术应用在了对传统产业的改造、产品的演示以及培训 3 个方面，可以降低成本、吸引客户等

瑞典的 DIVE 分布式虚拟交互环境，是一个基于 UNIX 的、不同节点上的多个进程可以在同一世界中工作的异质分布式系统。

英国在分布式并行处理、辅助设备(触觉反馈设备等)设计和应用等方面的研究，在欧洲处于领先的地位。

3. 虚拟现实技术在日本的研究现状

日本主要致力于建立大规模 VR 知识库的研究，另外在 VR 游戏方面的研究也做了很多的工作。东京大学的原岛研究室开展了 3 项研究：人类面部表情特征的提取、三维结构的判定和三维形状的表示以及动态图像的提取。东京大学的广濑研究室重点研究 VR 的可视化问题。为了克服当前显示和交互技术的局限性，他们开发了一种虚拟全息系统。其成果有一个类似 CAVE 的系统，用 HMD 在建筑群中漫游，制造出飞行仿真器等。

筑波大学工程机械学院研究了一些力反馈显示方法。他们开发了 9 自由度的触觉输入器和虚拟行走原型系统，步行者只要穿上全方向的滑动装置，就能交替迈动左脚和右脚。

1.5.3　国内研究现状

我国对于虚拟现实技术的研究和国外一些发达国家相比还存在相当大的一段距离，但随着计算机系统工程以及计算机图形学等技术的高速发展，我国各界人士对于虚拟现实技术也越来越重视，积极进行虚拟环境的建立以及虚拟场景分布式系统的开发。国内许多高校和研究机构也在积极地进行虚拟现实技术的研究以及应用，并取得了不错的成果。

北京大学汪国平教授带领的团队成功研发了超大规模分布式虚拟现实综合集成支撑平台ViWo(Virtual World 简写成 ViWo)，它是一个可定制、易扩展、具有良好的二次开发接口的构件化大型应用软件系统。

2003 年，由浙江大学 CAD&CG 国家重点实验室牵头，由浙江大学、中科院软件研究所、清华大学、北京航空航天大学等联合承担 2002 年度《国家重点基础研究发展规划》(即 973 计划)中的"虚拟现实的基础理论、算法及其实现"项目，旨在对虚拟环境的建立、自然人机交互、增强式 VR、分布式 VR、VR 在产品创新中的应用等技术进行联合攻关。

北京航空航天大学计算机系是国内最早进行 VR 研究的机构之一，他们首先进行了一些基础知识方面的研究，并着重研究了虚拟世界中物体物理特性的表示与处理，在 VR 中的视觉接口方面开发出了部分硬件，并提出了有关算法及实现方法。他们还实现了分布式虚拟世界网络设计，建立了网上 VR 研究论坛，可以提供实时三维动态数据库、VR 演示世界、用于飞行员训练的 VR 系统、开发 VR 系统的开发平台，并将要实现与有关单位的远程连接。此外，还开发了直升机虚拟仿真器、坦克虚拟仿真器、虚拟战场环境观察器、计算机兵力生成器。北京航空航天大学赵沁平院士团队研发的一个分布式虚拟现实应用系统开发与运行支撑环境(DVENET)，可以全过程、全周期支持虚拟现实应用系统的开发，并稳定、可靠地支持较大规模跨路由分布交互仿真和分布式虚拟现实应用系统的运行。

清华大学计算机科学和技术系对 VR 和临场感的方面进行了研究，并在球面屏幕显示和图像随动、克服立体图闪烁的措施和深度感实验等方面具有不少独特的方法。他们还针对室内环境中水平特征丰富的特点，提出借助图像变换，使立体视觉图像中对应水平特征呈现形状一致性，以利于实现特征匹配，并获取物体三维结构的新颖算法。清华大学国家光盘工程研究中心采用了 QuickTime 技术实现了大全景 VR 布达拉宫。

北京科技大学开发出了实用纯交互式汽车模拟驾驶培训系统，基于该系统完全可以达到实训效果。

西安交通大学信息工程研究所对 VR 的核心技术——立体显示技术进行了研究。在分析人类视觉特性的基础上提出了一种基于 JPEG 标准(由联合图像专家小组 Joint Photographic Experts Group 制定的国际图像压缩标准)压缩编码的新方案，获得了较高的压缩比、信噪比以及解压速度，并且已经通过实验结果证明了这种方案的优越性。

2004 年南京大学成立了南京大学虚拟现实与教学媒体研究中心，对 VR 技术及应用进行研究，着重于虚拟体育仿真、数字文化遗产保护和自然人机交互等方面的研发。

哈尔滨工业大学计算机系成功解决了表情和唇动合成的技术问题等。

深圳大学联合国家超级计算深圳中心(深圳云计算中心)基于虚拟现实技术等对机电产品虚拟样机技术云平台和虚拟产品展示与电子商务云平台进行研发与示范应用，取得令人满意的效果。

国内在 VR 方面有较多研究成果的还有国防科技大学、天津大学、北京理工大学、中国科学院自动化研究所、西北大学、山东大学、大连海事大学、广东工业大学和香港中文大学等。

1.6　虚拟现实技术的局限性与技术瓶颈问题

虚拟现实技术发展已有几十年的历史，由于受相关学科的基础研究成果和技术的限制，目前虚拟现实技术还存在许多局限性。同时，在产业化过程中碰到许多技术瓶颈，这些问题也将直接影响虚拟现实技术的应用。

1. 虚拟现实技术存在的局限性

(1) 硬件设备的局限性。

① 相关设备普遍存在使用不方便、效果不佳等情况。

② 硬件设备品种有待进一步扩展。

③ VR 系统应用的相关设备价格昂贵。

(2) 软件的局限性。

从软件上来说，现在 VR 软件普遍存在语言专业较强、通用性较差等问题。同时，由于硬件设备的诸多局限性，使得软件的开发费用也十分巨大，并且软件所能实现的效果受到时间和空间的影响较大，很多算法及许多相关理论还不成熟。

(3) 应用的局限性。

从应用上来说，现阶段 VR 技术在军事领域、各高校科研方面应用得较多，但在教育领域、工业领域应用还远远不够。

(4) 效果的局限性。

① 缺乏逼真的物理、行为模型。

② 在虚拟世界的感知方面，有关视觉合成研究多，听觉、触觉(力觉)，尤其在味觉、嗅觉方面关注较少，感知的真实性与实时性不足。

③ 在与虚拟世界的交互中，自然交互性不够，在语音识别等人工智能方面的效果还远不能令人满意。

2. 虚拟现实技术产业化中存在的技术瓶颈问题

(1) 无法完全消除眩晕感。

目前，虚拟现实体验上的最大问题之一是眩晕感。体验者在适应全新的感知环境时，可能会出现类似晕车的状况。虽然一些研究人员表示在虚拟影像中添加一个鼻部图像，可能会帮助体验者更好地适应虚拟环境，但这种技术方案目前尚未得到虚拟现实设备及软件商的支持。虽然一些高端设备在不同程度上解决了眩晕感的问题，但因体验者自身身体状况、适应能力的影响，还是无法完全避免眩晕感的产生，体验者连续佩戴的时间一般不能超过 30 分钟。

(2) "沉浸体验"和"真实感"难以兼得。

视觉沉浸体验常被作为衡量虚拟现实逼真度的一个重要指标之一，然而在当前的技术条件下，市面上各家 VR 头戴显示器公司所生产的产品很难达到既沉浸又真实的体验。因为，想要沉浸感强，画面就必须离人眼近点，但画面的清晰度就会降低，从而降低真实感的体验。这个矛盾主要是因为屏幕分辨率的限制所致。目前，市面上各家 VR 头戴显示器公司还在探索如何在"沉浸体验感"和"清晰度"间找到更好的"平衡点",以求得在相对好的沉浸体验下,不降低清晰度。

(3) 屏幕刷新率的提高。

120Hz 的屏幕刷新率是保证 VR 画面接近于现实的最低要求,当前手机屏幕的刷新率基本还停留在 60Hz 水平,PC 显示器可以满足。同时,刷新率的提升,会对芯片的计算、功耗造成很大压力,这对设备的硬件提出了更高的要求。

思 考 题

1. 什么是虚拟现实?它有几个重要的特性?
2. 什么是虚拟现实系统?由哪些部分组成?各组成部分有何功用?
3. 虚拟现实系统有哪几种类型?各有什么特点?
4. 虚拟现实技术对人类的生活、工作方式产生什么影响?
5. 虚拟现实技术融合了哪些技术成果?
6. 虚拟现实技术在医学领域中有何具体的应用?
7. 举例说明虚拟现实技术在工业领域中的具体应用。

第2章 虚拟现实系统的硬件设备

虚拟现实系统的硬件设备是虚拟环境生成、操控者与之进行交互与感知的必备条件之一。本章将介绍在虚拟现实环境下实现人体的各种感知与交互的设备，包括视觉感知设备、听觉感知设备、触觉和力反馈设备、空间方位跟踪设备、味觉和嗅觉感知设备以及生成虚拟环境的计算设备等知识。

【学习目标】

- 了解人的视听觉感知模型和立体成像原理
- 了解各种硬件设备的工作原理
- 了解各种硬件设备的性能指标
- 了解各种硬件设备的优缺点

2.1 典型虚拟现实系统的硬件配置

图 2-1 所示为一款典型的基于头盔显示器的虚拟现实系统的硬件配置示意图。

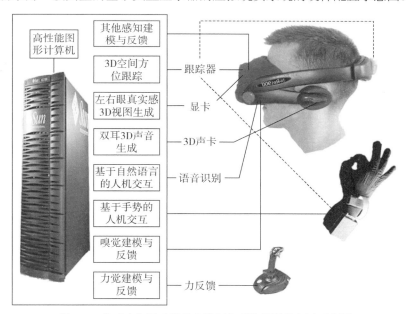

图 2-1　基于头盔显示器的虚拟现实系统的硬件配置示意图

虚拟现实系统的硬件配置包括立体显示设备(头盔显示器)、空间立体声音播放设备(耳机)、位置跟踪器(数据手套)、触觉(力觉)反馈装置、数字气味装置甚至包括味觉传感装置等。这些设备创建的虚拟环境"看起来像真的、听起来像真的、摸起来像真的、嗅起来像真的、尝起来像真的"，并提供各种感官的刺激信号对其刺激，使人类做出各种反应动作。那么，这些设备产生怎样的信号使人类完全沉浸于虚拟环境中呢？也就是说，采用什么样的技术才能使人类在眼睛、鼻子、耳朵和舌尖等器官达到以假乱真的效果呢？这就需要对人类的各感知器官是如何感知真实世界的各种信息的原理和感知特性进行研究，并在此基础上采用相应的技术开发出相应的硬件设备。

例如，基于人类的视觉差(或视差角)的特性的研究成果开发出来的视觉信息 3D 显示设备，就能使人类在观看虚拟物体时实现双眼平面景象合成为立体物体的景象，从而达到以假乱真的效果。此外，评价一个虚拟现实系统的性能如何，主要体验在评价系统提供的感知接口与人类配合的效果如何，这也是要考虑到人类的感知特性。表 2-1 列出了至今为人类的感官对应开发出的各种接口设备。这些设备有的已经商品化，有的还是原型产品。由此可见，在虚拟现实系统的设计与实现过程中，人类的感知特性起着决定作用(更全面的人类的感知特性知识请参阅有关人机工程学类书籍)。

表 2-1　人的感官对应的各种接口设备

人的感官	说明	接口设备
视觉	感觉各种可见光	显示器或投影仪等
听觉	感觉声音波	耳机、喇叭等
嗅觉	感知空气中的化学成分	气味放大传感装置
味觉	感知液体中的化学成分	*味觉传感装置
触觉	皮肤感知温度、压力和纹理等	*触觉传感器
力觉	肌肉等感知的力度	力觉传感器
身体感觉	感知肌体或身躯的位置与角度	数据仪
前庭感觉	平衡感知	动平台

注：表中带有*号的项，是指目前已有初级的原型成果，尚未产业化。

除了对应于人类感知通道的设备外，生成虚拟环境的计算设备(由软件与硬件组成)也是虚拟现实系统的关键设备之一，其主要功能是采集数据、实时计算并输出场景。为了满足视觉、听觉、触觉等感知信号的低延迟和快速刷新的要求，计算设备应具有先进的软硬件体系结构与高性能指标(包括高性能的 CPU 和图形图像强处理能力的 GPU，甚至具备集群技术支持的并行处理架构，以及各种算法软件等)。此外，在考虑满足单个操控者设计的仿真系统的使用情况下，有时还要能满足多个操控者在单个 VR 环境中以自然的交互方式的使用要求。

由上述分析可知，虚拟现实系统的硬件可以分为以下 5 大部分。

(1) 虚拟世界的生成设备。

(2) 感知设备(即生成多通道刺激信号的设备)。

(3) 跟踪设备(即检测人类在虚拟世界中的方向与位置的设备)。

(4) 基于自然方式的交互设备(与虚拟世界进行互动的设备)。

(5) 系统的集成设备。

1. 虚拟世界生成设备

虚拟世界生成设备可以是一台或多台高性能计算机，通常又可分为基于高性能 PC、基于高性能图形工作站和基于分布式异构计算机的虚拟现实系统 3 大类。

虚拟世界生成设备的主要功能包括以下 4 点。

(1) 视觉通道信号生成与显示。三维高真实感图形建模与实时绘制，包括基于几何的建模与绘制以及基于图像的建模与绘制。

(2) 听觉通道信号生成与显示。三维真实感声音生成与播放，所谓三维真实感声音是具有动态方位感、距离感和三维空间效应的声音。

(3) 触觉与力觉通道信号与显示。皮肤感知的触摸、温度、压力、纹理信号以及肌肉、关节和腱等感知的力信号的建模与反馈。

(4) 支持实时人机交互操作的功能。三维空间定位、碰撞检测、语音识别及人机实时对话功能。

2. 感知设备

感知设备是指将虚拟世界各类感知模型转变为人能接受的多通道刺激信号的设备，它包括视觉、听觉、触觉(力觉)、嗅觉和味觉等多种通道感知设备。

(1) 视觉感知设备。立体图形显示器，它分为沉浸式和非沉浸式两大类。每类又分为几种不同形式的显示器。虚拟现实立体显示器有如下分类。

① 台式立体显示器(系统)，是由立体监视器(stereo monitor)和立体眼镜组成。

② 头盔式立体显示器(HMD)。

③ 洞穴式立体显示设备(系统)(Computer Automatic Virtual Environment，CASE)。

④ 响应工作台立体显示设备(系统)(Responsive Work Bench，RWB)。

⑤ 墙式立体显示装置。

表 2-2 为虚拟现实系统常用的立体图形显示设备(系统)分类。

表 2-2　虚拟现实系统常用的立体图形显示设备(系统)分类

沉浸式	头盔显示器	封闭式头盔显示器
		透视式头盔显示器
	吊杆式	
	洞穴式	四面 CAVE
		五面 CAVE
		六面 CAVE
非完全沉浸式	桌面立体显示系统	
	墙式立体显示器	平面宽屏幕
		环形幕
	响应工作台立体显示器	单屏幕 RWB
		双屏幕 RWB

(2) 听觉感知设备。三维真实感声音的播放设备，常用的有耳机式、双扬声器组和多扬声器组 3 种。通常由专用声卡将单通道声源信号处理成具有双耳效应的真实感声音。

(3) 触觉(力觉)感知设备。触觉(力觉)反馈装置。触觉和力觉实际上是两种不同类型的感知设备。目前触觉反馈装置有充气式触觉反馈装置和振动式触觉反馈装置等。而力觉反馈装置有机械臂式力反馈装置、操纵杆式力反馈装置和改进型操纵杆式力反馈装置等。

(4) 味觉感知设备。

(5) 嗅觉感知设备。

3. 跟踪设备

跟踪并检测位置和方位的装置，用于虚拟现实系统中基于自然方式的人机交互操作，如基于手势、体势(姿态语言)和眼势视线方向变化等。最常用的跟踪设备有基于机械臂原理的机械跟踪器、基于点磁传感器原理的电磁跟踪器、基于超声传感器原理的超声学跟踪器、基于光传感器原理的光学跟踪器和基于惯性原理的惯性跟踪器等。

4. 基于自然方式的人机交互设备

应用手势、体势、眼神以及自然语言的人机交互设备，常见的有数据手套(含传感手套)、数据衣服(带传感器的衣服)、眼球跟踪器以及语音综合识别装置。

5. 系统集成设备

(1) 主被动立体信号转换器。借助主被动 3D 转换器(AP 转换器)可以将输入的主动立体信号转换成两路同步的被动立体信号(左眼图像和右眼图像)，然后将左眼和右眼图像同步地输入给两台 LCD/LCOS 投影机，通过佩戴的偏振立体眼镜观看，可以得到高质量的 3D 影像效果。详细内容请阅 2.11.1 节。

(2) 智能中央控制系统。智能中央控制系统是一款无线彩色触摸屏智能中央控制系统，它是虚拟现实系统集成控制产品，具有可编程的控制结构、全双向控制方式和支持状态反馈等特点。详细内容请阅 2.11.2 节。

2.2　虚拟现实系统的立体显示设备

虚拟现实系统的立体显示设备是目前虚拟现实系统中最成熟的、沉浸感最强的设备。它一般包括立体眼镜、立体显示器、投影式虚拟现实装置和手持式立体显示装置等。

2.2.1　人眼立体视觉形成原理

人的感知有 80% 来自视觉，要实现虚拟现实的目的，必须考虑人的立体视觉形成原理，即如何让人的眼睛感觉所处的环境跟自然界中的环境是一致的。

人们感觉到空间立体感，形成立体视觉主要是因为人类的左右双眼的视野存在着重叠区。通常将这种重叠区称为双眼视觉或者立体视觉。人的双眼看同一物体，双眼会获得稍有差别的视图，即视差，也即左右眼的视图存在视差角，约 6~8cm 的距离。人们的左右双眼视觉各有一套神经系统，人眼的两套神经系统在大脑前有一个交叉点，并且在交叉点后分开。进入眼睛的光线根据左右位置的不同分别进入交叉点后的左右神经。换句话说，对于每只眼睛，部分光线进入左神经，部分光线进入右神经。因此，在人脑中形成的图像是通过人脑综合产生一幅具有立体深度感的图像，这种视差的生理特性即人的立体视觉的形成原理，如图 2-2 所示。除了全息、全景技术外的各种立体显示技术均是基于此原理发展起来的。

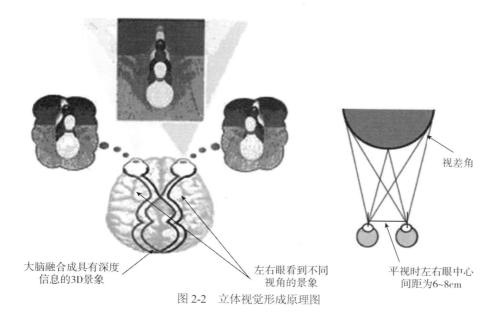

大脑融合成具有深度
信息的3D景象

左右眼看到不同
视角的景象

视差角

平视时左右眼中心
间距为6~8cm

图 2-2　立体视觉形成原理图

2.2.2　视觉的感知设备

目前，视觉的感知设备主要向操控者提供立体视觉的场景显示，并且这种场景的变化会实时变化。此类设备是利用立体显示技术开发的，采用两种方法来实现图像的立体显示。一种是同时显示左右两幅图像，称为同时显示技术(time-parallel)，它是让两幅图像存在细微的差别，使双眼只能看到相应的图像。这种技术主要用在头盔显示器中。另一种技术是分时显示技术，以一定的频率交替显示两幅图像，为了保证每只眼睛只能看到各自相应的图像，操控者通过以相同频率同步切换的有源或无源立体眼镜来观察图像。此技术主要使用在立体眼镜上。

1. 立体眼镜

(1) E-D 无线立体眼镜

图 2-3 所示的 E-D 无线立体眼镜是 eDimensional 公司生产的一款无线 3D 立体眼镜，它可以用在虚拟现实技术中观看 3D 图形，真实地体验虚拟世界中 3D 游戏、电影、网络、照片等环境。E-D 立体眼镜还可以将 PC 视频游戏转换成具有真实感的 3D 游戏，更精确地计算高度和距离。

图 2-3　E-D 无线立体眼镜

(2) StereoGraphics CrystalEyes 液晶偏振光眼镜

图 2-4 所示的 CrystalEyes 3 是一款符合工业机标准的液晶偏振光眼镜,对于从事虚拟仿真开发的工程师来说无疑是一件很好的工具。CrystalEyes 能提供给工程师高清晰的图像,该产品兼容于 UNIX 和 Windows 平台,主要应用于 CAVE 系统、演播室场所。无线液晶偏振光眼镜广泛应用于地理信息系统、化学研究系统和虚拟仿真系统等。

(3) NuVision 60GX 立体眼镜

图 2-5 所示的 NuVision 60GX 立体眼镜比以往任何立体显示设备更容易实现立体显示效果,并且该眼镜可以佩戴数个小时而眼睛不会有疼痛感。佩戴有矫正视力类眼镜的人们也可以使用该产品。

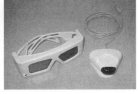

图 2-4　CrystalEyes 3 液晶偏振光眼镜　　　　图 2-5　NuVision 60GX 立体眼镜

(4) Eye-trek FMD-700 眼镜

图 2-6 所示的 Eye-trek FMD-700 眼镜是 Olympus 影像眼镜的高端产品,专门提供给专业领域使用。该产品可以跟所有的影像信号连接,而且拥有可以跟 PC 或是笔记型计算机直接连接的界面。Eye-trek FMD-700 眼镜拥有百万像素的影像分辨率以及 BBE 环绕音效。加上本身是 NTSC 界面,因而适合全世界所有的使用格式。Eye-trek 只有一副太阳眼镜的大小,便能够将普通的影像或电视影片转变成超大尺寸画面——就像是从 2 米外的距离观赏着 52 寸的大屏幕一样。

(5) VR-KIT WD01 3D 液晶快门眼镜

图 2-7 所示的 VR-KIT WD01 为一个 3D 液晶快门眼镜系统,支持换页模式的立体显像方式,与 nVIDIA 芯片系列的 3D 加速卡兼容。nVIDIA 提供立体驱动程序,是一个 3D/VR 转换程序,可将市面上支持 Direct3D(D3D)或 OpenGL 游戏的影像由平面 2D 自动转成立体 3D。拥有 nVIDIA 绘图卡的玩家,只需重新安装新版的 nVIDIA 基本绘图驱动程序及立体驱动程序,便可将原有的 nVIDIA 绘图卡立即升级成 3D 立体绘图卡。玩家不仅可以利用 3D 热键来激活、关闭及调整三维效果,以增加 3D 立体眼镜使用的便利性与舒适性,而且可以借由 VR-KIT WD01 3D 液晶快门眼镜,来享受体验前所未有、超视觉震撼的虚拟游戏世界。

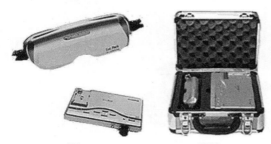

图 2-6　Eye-trek FMD-700 眼镜　　　　图 2-7　VR-KIT WD01 3D 液晶快门眼镜

(6) 主动式立体眼镜

图 2-8 是一款国产的 Xpand 主动式 3D 眼镜 GT400，产品主要特点如下。

① 采用主动快门式 3D 技术。

② ABS+PC 塑料镜框，健康环保，佩戴舒适。

③ 无信号自动"关闭"。

④ 超大 L 窗(信号接收窗口)设计，信号接收能力更强。

⑤ 无须手动开关，接收信号自动开启，方便易用。

⑥ 兼容全球主动式 3D 电影院，欣赏 3D 更轻松。

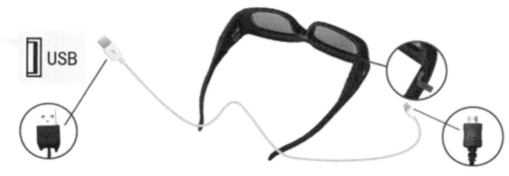

图 2-8　Xpand 主动式 3D 眼镜 GT400

2. 立体显示器

立体显示器指的是直接显示虚拟三维影像的显示设备，操控者不需佩戴立体眼镜等装置就可以看到立体影像。它是最简单、最便宜的 VR 视觉显示模式，但缺乏沉浸感。有单屏和多屏之分，如图 2-9 所示。

(a) 单屏　　　　　　　　　　　　　　　　(b)三屏

图 2-9　立体显示器

(1) 2233RZ 三维显示器

图 2-10 所示是三星公司开发的 2233RZ 三维显示器，其主要技术参数：显示器标准分辨率为 1680×1050，3D 响应时间为 3ms，2D 响应时间为 5ms，刷新率为 120Hz，动态对比度为 20000：1，亮度为 300cd/m^2，可视角度为 170°/160°。

(2) 立体显示挂屏——NuVision17/21 立体挂屏

图 2-11 所示是一款挂屏式 3D 显示屏。当挂屏拆除后，原显示器则为普通的 2D 显示器。

图 2-10　2233RZ 三维显示器

图 2-11　NuVision17/21 立体挂屏

(3) Mebius PC-RD3D 笔记本电脑之 3D 液晶显示屏

Mebius PC-RD3D(见图 2-12)是夏普推出的全球首款具有 3D 显示效果的笔记本。这款产品最大的特点就是采用了 2D/3D 液晶屏，通过屏幕上微型光学视差屏障可以使操控者双眼看到不一样的画面，从而产生 3D 效果(不必戴上特制眼镜)。

(4) NuVision 21MX-SL 立体显示器

图 2-13 所示的 NuVision 21MX-SL 立体显示器是一种可获得高质量立体视觉的出色显示器。因为有高速、高集成的立体调节，21MX-SL 能把复杂的数据用真实的三维图像再现出来。用户能更清晰地看出问题和鉴别解决方案，获得只有在立体显示器中才能提供的信息。

图 2-12　Mebius PC-RD3D 笔记本电脑　　　图 2-13　NuVision 21MX-SL 立体显示器

21MX-SL 立体显示器和偏振立体眼镜配合使用，不需要其他的设备。出于舒适和方便的设计目的，戴几个小时的立体眼镜而不会有眼睛疲劳。NuVision 21MX-SL 立体显示器技术使用户能自由移动而不会破坏 3D 图像效果，而且近看显示器不会有任何影响。因为 21MX-SL 为多操控者使用而设计，所以每个显示器搭配 2 个标准立体眼镜和 2 个有线眼镜。

(5) SeeReal Technologies D4D 18 显示器

图 2-14 所示的 SeeReal Technologies D4D 18 显示器配备着红外线追踪器的 3D 立体屏幕，不需要任何 3D 辅助设备(如 3D 立体眼镜)就可以透过屏幕体验真正的 3D 立体展示的魅力。屏幕呈现 3D 立体的表现时会追踪使用者头部 3 英寸左右的位置，让使用者拥有最佳的视觉角度，这可以让使用者在变换位置的同时还可以看到最完美的 3D 立体影像的呈现。

(6) Sharp 3D 液晶彩色显示器(LL-151D)

图 2-15 所示是夏普生产的 15 型的 3D 液晶彩色显示器，不用专门的眼镜就能欣赏 3D(立体)画面，可以简单地切换到 2D 显示。该显示器可提供给各种应用软件、程序开发商和有意在业务中进行引用的企业。其特色如下：

① 不用专门的眼镜就能欣赏立体画面显示。

② 触动专用按钮，就可以实现 2D 和 3D 显示的切换。

③ 通过数字输入端子(DVI-I 端子)，完美再现清晰的画面。

图 2-14　SeeReal Technologies D4D 18 显示器　　　图 2-15　Sharp 3D 液晶彩色显示器

(7) X3D 显示器

图 2-16 所示的 X3D 显示器是利用 X3D 滤镜技术生产的一种不用借助任何立体眼镜的自动立体式 3D 图片显示的显示器。

X3D 显示器是由 LCD 全屏或者 plasma 2D 屏幕制成，同时组合了 X3D 滤镜技术。X3D 显示器是 X3D 技术在 VR 硬件和软件上的创新，它可以使图像产生一定的纵深感。X3D 显示器提供动态的解决方案，如教育、医学、工业、机械领域的 3D 模型。

图 2-16　X3D 显示器

(8) 4D-Vision 50——适合多人观赏的 3D 立体屏幕

图 2-17 所示的 4D-Vision 50 屏幕的外层有着特殊的光学涂料,这层涂料会针对通过的波长加以过滤筛选。这个过滤的动作会将每个色彩的元素所发射出来的光线方向个别定义并且重组光线投射状态，也就是说，不同的色彩运动会在屏幕前方在不同的角度表现出来而成为一个 3D 立体的呈现。这款屏幕使用了 8 个镜头，每一个镜头都可以追踪使用者在屏幕前的位置，使用者的视觉距离平均可以到 6.5 cm，如此一来，屏幕前所有的使用者无论在什么位置都可以欣赏到完美的 3D 立体影像。

(9) 吊杆式显示器

在 1990 年，伊利诺斯大学(University of Illinois)的德凡提(Defanti)和桑丁(Sandin)提出了

一种改进的沉浸式虚拟显示环境，即吊杆式显示器(Binocular Omni-Orientation Monitor，BOOM)，这是一种可移动的显示系统，如图 2-18 所示。它的显示器由吊杆支撑，由两个互相垂直的机械臂支撑，外形像望远镜。它具有六自由度，这不仅让操控者可以用两手握住显示器在半径约 2m 的球面空间内自由移动，还能将显示器的重量加在巧妙的平衡架上使之始终保持平衡，不受平台的运动影响。在支撑臂上的每个节点处都有空间位置跟踪器，因此 BOOM 能提供高分辨率、高质量的影像，而且对操控者无重量方面的负担。

图 2-17　4D-Vision 50 屏幕　　　　　　　　图 2-18　吊杆式显示器

　　与头盔显示器相比，BOOM 采用了高分辨率的 CRT 显示器，因而其分辨率高于 HMD，且图像柔和。BOOM 的位置及方向跟踪是通过计算机械臂节点角度的变化来实现的，因而其系统延迟小，且不受磁场和超声波背景噪声的影响。虽然它的沉浸感稍差些，但使用这种设备可以自由地进出虚拟环境，操控者只要把头从观测点移开，就能完成虚拟世界与现实世界的转换，因而具有方便灵活的应用特点。

　　BOOM 系统的主要缺点是，由于机械臂影响操控者的运动，在工作空间中心支撑架造成了"死区"，因此，BOOM 的工作区要去除中心大约 0.5m² 的平面范围。此外，它还是一种单操控者的虚拟环境，且不能解决屏幕离眼睛过近对操控者所造成的不适感。

3. 投影式 VR 显示设备

　　一般可以通过并排放置多个显示屏创建大型显示墙，或通过多台投影仪以背投的形式投影在环幕上，各屏幕同时显示从某一固定观察点看到的所有视像，由此提供一种全景式的环境。具体布置形式有台式立体显示系统、洞穴式立体显示设备、响应式工作台立体显示系统和墙式立体显示系统(可采用平面、柱面、球面的屏幕等形式)。

　　(1) 台式立体显示系统(立体眼镜显示系统)

　　最常见的台式立体显示系统由立体显示器和立体眼镜组成，如图 2-19 所示。这种台式立体显示系统有两种工作方式，即标准(非立体)方式和立体方式。当工作在标准方式时，无立体效果，与一般的显示器相同；而工作在立体方式时，采用分时显示技术，显示器屏幕上以一定频率交替显示生成的左、右眼视图，操控者如不佩戴立体眼镜，则看到的图像有重影。所以操控者必须佩戴立体眼镜，使左右眼只能看到屏幕上对应的左眼视图和右眼视图，最终在人眼视觉系统中形成立体图像。为了使图像显示稳定，即所显示图像不出现闪烁现象，要求显示刷新频率为120Hz，即左右眼所得到的视图刷新频率最低保持60Hz。

　　使操控者获得立体视觉的关键是让左右眼分别只能看到对应的左右视图，因此操控者必须佩戴立体眼镜来实现上述目标。目前主要有两类立体眼镜，分为有源眼镜和无源眼镜两类。有源眼镜也可称主动立体眼镜，无源立体眼镜又称被动立体眼镜。

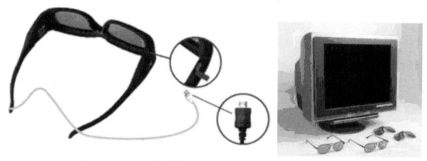

图 2-19　带立体眼镜的台式显示系统与有源立体眼镜

　　有源立体眼镜的镜框上装有电池及液晶调制器控制的镜片。立体显示器有红外线发射器，根据显示器显示左右眼视图的频率发射红外线控制信号。液晶调制器接收红外线控制器发出的信号，通过调节左右镜片上液晶光栅来控制开或者关，即控制左右镜片的透明或不透明状态。当显示器显示左眼视图时，发射红外线控制信号至有源立体眼镜，使有源立体眼镜的右眼镜片处于不透明状态，左眼镜片处于透明状态。如此轮流切换镜头的通断，使左右眼睛分别只能看到显示器上显示的左右视图。有源系统的图像质量好，但有源立体眼镜价格昂贵，且红外线控制信号易被阻拦而使观察者工作范围受限。

　　无源立体眼镜是根据光的偏振原理设计的，其原理如图2-20所示。每一个偏振片中的晶体物质排列整体形成如同光栅一样的极细窄缝，使只有振动方向与窄缝方向相同的光通过，成为偏振光。当光通过第一个偏振片时就形成偏振光，只有当第二个偏振光片与第一个窄缝平行时才能通过，如果垂直则不能通过。通常立体眼镜的左右镜片是两片正交偏振片，分别只允许一个方向的偏振光通过。显示器显示屏前安装一块与显示屏同样尺寸的液晶立体调制器，显示器显示的左右眼视图经液晶立体调制器后形成左偏振光和右偏振光，然后分别透过无源立体眼镜的左右镜片，实现左右眼睛分别只能看到显示器上显示的左右视图的目的。由于无源立体眼镜价格低廉，且无须接收红外控制信号，因此适用于观众较多的场合。

　　无源立体眼镜(如 Volfoni 无源式 3D 眼镜)的镜片也可以是滤色片。利用滤色片能吸收其他的光线，只让与滤色片相同色彩的光透过的特点来设计。常用的是红绿滤色片眼镜。其原理是在进行电影拍摄时，先模拟人的双眼位置从左右两个视角拍摄出两个影像，然后分别以红、绿滤光片投影重叠印在同一画面上，制成一条电影胶片。放映时可用普通放映机在一般漫反射银幕上放映，但观众必须戴红绿滤色眼镜，使通过红色镜片的眼睛只能看到红色影像，通过绿色镜片的眼睛只能看到绿色影像，以实现立体电影。

　　StereoGraphics 公司是一家立体眼镜生产商。它生产的眼镜仅重85g，使用舒适(与重达1kg或更重的 HMD 相比)。该眼镜由蓄电池启动，可连续工作90小时。1992年，该公司生产了包括一个 Logitech 头部跟踪仪和一副活动眼镜的 CrystalEyesVR 软件，最远可离监视器6m。当从远处看立体图像时，光栅 LCD 眼镜所传播的光能增加了60%(自动"亮"模式)。图 2-21 所示为 StereoGraphics 公司生产的 CrystalEyes 3 立体眼镜，是主要用于工程和科学应用方面的 Stereo3D 成像的一种轻便、无线的液晶立体眼镜。它几乎能运行于所有的 UNIX 平台和 Windows 2000/NT 工作站，联合兼容软件和标准工作站显示器传输高清晰度的 3D 图像。CrystalEyes 3 是由连接操控者的工作站的红外发射极启动的。

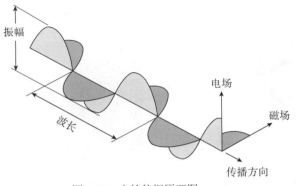

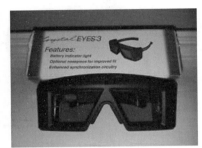

图 2-20　光的偏振原理图　　　　　　　　　图 2-21　CrystalEyes 3 立体眼镜

　　佩戴舒适的立体眼镜产生的沉浸感弱于 HMD，因为立体眼镜提供的视场较小，使用者仅仅把显示器当作一个观看虚拟世界的窗口。如果使用者坐在距离显示宽度为 30cm 的显示器 45cm 处，显示范围只是使用者水平视角 180° 中的 37°。然而，当投影角度为 50° 时，VR 物体看起来是最好的。为实现视野放大，使用者与屏幕的最佳距离应根据显示宽度来确定。

　　(2) 洞穴式立体显示系统

　　洞穴式立体显示系统是使用投影系统，投射多个投影面，形成房间式的空间结构，如图 2-22(a)所示，使围绕观察者具有多个图像画面显示的虚拟现实系统增强了沉浸感。此系统是由伊利诺斯大学芝加哥校区的电子可视化实验室发明的，空间结构示意图如图 2-22(b)所示。CAVE 系统是一个立方体结构，图 2-22 中所示的版本有 4 个 CRT 投影仪，前面 1 个，左右侧各 1 个，地面 1 个。每个投影仪都由来自一个 4 通道计算机的不同图形流信号驱动。3 个竖直的面板使用背投，投影仪旋转在四周的地板上，通过镜面反射图像。地面显示器上显示的图像由安装在 CAVE 上面的投影仪产生，通过一个镜面反射下来。这个镜面用于创建操控者后面的阴影，与其他的镜面叠加，以减少接缝处的不连续性；投影仪之间保持同步，以减少闪动。

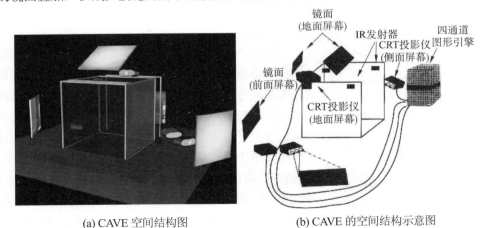

(a) CAVE 空间结构图　　　　　　　　(b) CAVE 的空间结构示意图

图 2-22　带有 4 个投影仪的 CAVE 显示设备

　　CAVE 系统是一种基于多通道视景同步技术和立体显示技术的房间式投影可视协同环境，该系统可提供一个房间大小的 4 面、5 面或者 6 面的立方体投影显示空间，供多人参与，所有操控者均完全沉浸在一个被立体投影画面包围的高级虚拟仿真环境中，借助音响技术(产生 3D 立体声音)和相应虚拟现实交互设备(如数据手套、力反馈装置和位置跟踪器等) 获得一种身临其境的高分辨率 3D 立体视听影像和六自由度交互感受。由于投影面几乎能够覆盖操控者的所有视野，因此 CAVE 系统能提供给使用者一种前所未有的带有震撼性的身临其境的沉浸感受。

　　目前，浙江大学计算机辅助设计与图形学国家重点实验室成功建成了我国第一台 4 面 CAVE 系统。

　　CAVE 系统一般使用主动式或被动式立体眼镜，供多个操控者戴上使用，他们的视线所涉及范围均为背投式显示屏上显示的计算机生成的立体图像，增强了身临其境的感觉。

　　CAVE 系统的优点在于提供高质量的立体显示图像，即色彩丰富、无闪烁、大屏幕立体显示、多人参与和协同工作。所以它为人类带来了一种全新的创新思考方式，扩展了人类的思维。通过 CAVE 系统，人们可以直接看到自己的创意和研究物体。例如，生物学家能检查 DNA 规则排列的染色体链对结构，并虚拟拆开基因染色体进行科学研究；理化学家能深入物质的微细结构或广袤环境中进行试验探索；汽车设计者可以走进汽车内部随意观察。可以说，CAVE 可以应用于任何具有沉浸感需求的虚拟仿真应用领域，是一种全新的、高级的科学数据可视化手段。

　　CAVE 系统的缺点是价格昂贵，体积大，并且参与的人数有限，如果人数达到 12 人，CAVE 的显示设备就显得太小了。目前 CAVE 系统并没有标准化，兼容性较差，因而限制了其普及。

　　(3) 响应工作台立体显示系统

　　它是计算机通过多传感器交互通道向操控者提供视觉、听觉、触觉等多模态信息，具有非沉浸式、支持多操控者协同工作的立体显示装置。类似于绘图桌形式的背投式显示器，其显示屏(类似于绘图桌面) 的尺寸约为 2m×1.2m 或略小，通常采用主动式立体显示方式。

　　响应工作台立体显示系统是德国国家信息技术研究中心(GMD)发明的，简称为 RWB (Responsive Work Bench)，其原理图如图 2-23(a)所示。它是一个台式装置，桌面兼做显示器，由 CRT 投影仪、一个大的反射镜和一个具有散射功能的显示屏组成。响应工作台前部为水平放置的显示屏，显示屏下面安装一个大的反射镜，后部桌面下安装一台 CRT 投影仪。投影仪将立体图像投影到反射镜面上，再由反射镜将图像反射到显示屏上，显示屏通过漫散射向屏上反射。工作台立体显示装置为防止外面的光被镜面反射，通常将 CRT 投影仪合成在工作台的外壳中。佩戴立体眼镜，站或坐在显示器周围的多个操控者可以同时在立体显示屏中看到 3D 物体浮在工作台上面，虚拟景象具有较强立体感。但当多个操控者同时观察立体场景时，系统只给戴着头部跟踪器的主操控者提供正确的透视观察，其他次要操控者会看到视觉假象，这取决于主操控者的头部运动。

　　通常观察者是站立或者坐在工作台前观看立体图像，如果工作台是水平的(如图 2-23 (b)所示的产品)，操控者对面比较高的 3D 物体会被剪掉(这就是所谓的立体倒塌效果)。因此现在工作台引入了倾斜机制(手工的或者机动的)，允许操控者根据应用的要求控制工作台的角度，工作台可以处于水平和垂直之间的任意倾斜角度。另一种选择是所谓的 L 形工作台，例如 V-Desk6，如图 2-24 所示。桌面不是机动的，而是引入了两块固定的屏幕和两个 CRT Barco 投影仪。顶部的投影仪瞄准竖直的屏幕，第二个投影仪的图像被放置在显示器较低部分的镜面反射出去。其结果是在一个非常紧凑的外壳中创建立体观察体，允许少数几个操控者与 3D 场景交互。

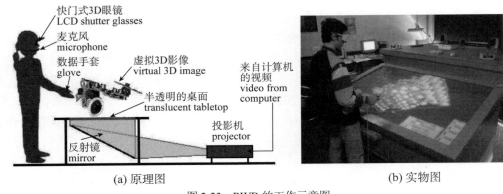

（a）原理图　　　　　　　　　　　　　（b）实物图

图 2-23　RWB 的工作示意图

　　响应工作台所显示的立体视图只受控于一个观察者的视点位置和视线方向，而其他观察者可以通过各自的立体眼镜来观察虚拟物体，因此较适合辅助教学、产品演示。如果有多台工作台同时对同一虚拟环境中的各自物体进行操作，并互相通信，即可实现真正的分布式协同工作的目的。

　　(4) 墙式立体显示系统

　　为了解决更多观众共享立体图像的问题，可以采用大屏幕投影显示器组成墙式立体显示系统。此系统类似于放映电影形式的背投式显示设备。由于屏幕大，容纳的人数多，因此适用于教学和成果演示。目前常用的墙式立体显示系统包括单通道立体投影系统和多通道立体投影系统。单通道立体投影系统主要包括专业的虚拟现实工作站、立体投影系统、立体转换器、VR 立体投影软件系统、VR 软件开发平台和 3D 建模工具软件等几个部分，如图 2-25 所示。该系统以一台图形工作站为实时驱动平台，两台叠加的立体专业 LCD 投影仪作为投影主体。在显示屏上显示一幅高分辨率的立体投影影像。与传统的投影相比，该系统最大的优点是能够显示优质的高分辨率 3D 立体投影影像，为虚拟仿真操控者提供一个有立体感的半沉浸式虚拟 3D 显示和交互环境。在众多的虚拟现实 3D 显示系统中，单通道立体投影系统是一种低成本、操作简便、占用空间较小、具有极好性能价格比的小型虚拟 3D 投影显示系统，其集成的显示系统使安装、操作使用更加容易和方便，被广泛应用于高等院校和科研究院所的虚拟现实实验室中。

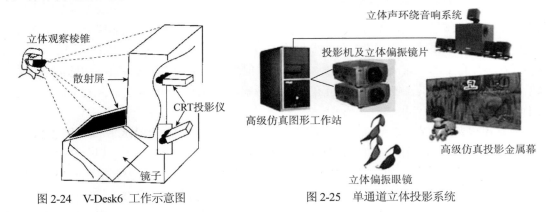

图 2-24　V-Desk6 工作示意图　　　　图 2-25　单通道立体投影系统

　　多通道立体投影系统是一种半沉浸式(部分沉浸式)的 VR 可视协同环境。系统采用巨幅平面投影结构来增强沉浸感，配备了完善的多通道声响及多维感知性交互系统，充分满足虚拟现实技术的视、听、触等多感知应用需求，是理想的设计、协同和展示平台。它可根据场地空间的大小灵活地配置两个、三个甚至是若干个投影通道，无缝地拼接成一幅巨大的投影幅面、极高分辨率的二维或 3D 立体图像，形成一个更大的虚拟现实仿真系统环境。环幕投影系统如图 2-26 所示，它采用环形的投影屏幕作为仿真应用的显示载体，具有多通道虚拟现实物影的显示系统，具有较强的沉浸感。该系统以多通道视景同步技术、多通道亮度和色彩平衡技术，以及数字图像边缘融合技术为支撑，将 3D 图形计算机生成的 3D 数字图像实时地输出并显示在一个超大幅面的环形投影幕墙上，并以立体成像的方式呈现在观看者的眼前，使佩戴立体眼镜的观看者和操控者获得一种身临其境的虚拟仿真视觉感受。根据环形幕半径的大小，通常有 120°、135°、180°、240°、270°、360°弧度不等的环幕系统。由于其屏幕的显示半径巨大，该系统通常用于一些大型的虚拟仿真应用，如虚拟战场仿真、数字城市规划和 3D 地理信息系统等大型场景仿真环境。近年来开始向展览展示、工业设计、教育培训和会议中心等专业领域发展。

图 2-26　　环形幕多通道立体投影系统

4. 手持式立体显示设备

手持式立体显示设备屏幕很小，它利用某种跟踪定位器和图像传输技术实现立体图像的显示和交互作用，可以将额外的数据增加到真实世界的视图中，操控者可以选择观看这些信息，也可以忽略它们而直接观察真实世界，一般适用于增强式 VR 系统中，如 3D 智能手机等。

5. VR 头戴式显示设备

VR 头戴式显示设备分为一体机、外接插线式和移动端式三大类。特别指出，VR 一体机就是具备独立处理器并且同时支持 HDMI 输入的头戴式显示设备，具备了独立运算、输入和输出的功能。相当于智能手机去掉了通信模块，增加了显示处理单元的能力，加强位置感应，并把其做成头戴式设备。其成像是采用了单屏分屏技术，用简单的凸透镜放大显示。其特点是不用插手机，不用外接电脑或者游戏主机，有独立的操作系统。目前一体机有大鹏 M2 一体机。外接插线式 VR 头戴式显示设备有 PC 端型(如 HTC Vive)、手机端型(如 LG VR)和其他端型(如 PSVR)等。而移动端式 VR 头戴式显示设备有纯光学设备如 Cardboard，外置硬件设备如 GearnVR 等产品。

2.3　听觉感知设备

为了获得更强的沉浸感和交互性，3D 立体声音也是必不可少的。听觉信息是仅次于视觉信息的第二传感通道，人类从外界所获得的信息有近 20%是通过耳朵得到的。由此可见，听觉感知设备在虚拟现实中具有非常重要的作用。

2.3.1　人类听觉模型

1. 听觉生理结构

人耳是听觉器官的统称，与人眼视觉机构的复杂程度差不多。人耳听觉机构由具有不同作用的三部分组成，即外耳、中耳和内耳。图 2-27 所示为普通人耳的生理结构示意图。外耳包括耳廓和外耳道，主要负责定向收集声波；中耳包括鼓膜、听小骨、鼓室和咽鼓管等部分，主要把外耳收集到的声音传递给内耳，并保护内耳；内耳包括半规管、前庭和耳蜗三部分，负责放大、滤波和提取声音特征并传递给大脑，其中耳蜗主要起感声作用。

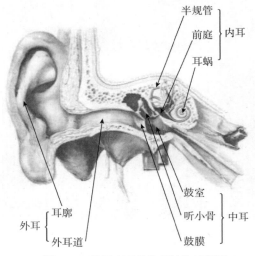

图 2-27　普通人耳的生理结构示意图

2. 听觉因素

(1) 频率范围

人耳可感知的频率范围为 20Hz～20kHz。随着年龄增加，频率范围缩小，特别是高频段。其中人耳平均分辨能力最灵敏的频段是 1kHz～3kHz 之间的频率，当频率从 1kHz 变化到 1003Hz时，耳朵能够觉察出频率的变化。在低于 1kHz 时，人耳的平均分辨能力略弱，需要变化约 10Hz才能觉察到。而在 16kHz～20kHz 这一频段时，人耳的分辨能力就更差。

(2) 声音定位

在房间里看电视的人，即使闭上眼睛也能够确定电视在哪里，这就是人的声音定位。人不仅能够听到直接来自电视机的声音，还能听到从房间四壁反射回来的声音。反射声音表面对声音起到过滤的作用。收听者自己的身体也会对声音产生过滤作用。声音以极其细微的时间差或者强度差传入内耳。收听者的大脑根据听到的声音特点和时间来确定电视机的位置，人类对声音的定位用来确定声源的方向和距离。通过相关研究得出，一般情况下人脑识别声源位置是利用经典的"双工理论"，即两耳收到的声音的时间差异和强度差异。时间差异是指声音到达两个耳朵的时间之差。即一个声源放在头的右侧测量声音到达两耳的时间，声音会首先到达右耳，若两耳路径之差为 20cm，则时间差为 0.6ms。当人面对声源时，两耳的声强和路径相等。同理，基于声音到达两耳的强度上的差异就称为声音强度差异。强度差对高频率声音定位特别灵敏，而时间差对低频率声音定位相对灵敏。所以，只要达两耳的声音存在时间差或者强度差，人就会判断出声源的方向。

(3) 声音的掩蔽

一个较弱的声音(被掩蔽音) 的听觉感受被另一个较强的声音(掩蔽音) 影响的现象称为人耳的"掩蔽效应"。一般分为两种类型：频域掩蔽和时域掩蔽。

频域掩蔽是指掩蔽声与被掩蔽声同时作用时发生掩蔽效应，又称为同时掩蔽。掩蔽声在掩蔽效应发生期间一直起作用，是一种较强的掩蔽效应。通常，频域中的一个强音会掩蔽与之同时发声的附近的弱音，弱音离强音越近，一般越容易被掩蔽；反之，离强音较远的弱音不容易被掩蔽。例如，一个 1000Hz 的音比另一个 900Hz 的音高 18dB，则 900Hz 的音将被 1000Hz 的音掩蔽。而若 1000Hz 的音比离它较远的另一个 1800Hz 的音高 18dB，则这两个音将同时被人耳听到。若要让 1800Hz 的音听不到，则 1000Hz 的音要比 1800Hz 的音高 45dB。一般情况下，低频的音容易掩蔽高频的音。

时域掩蔽是指掩蔽效应发生在掩蔽声与被掩蔽声不同时出现时，又称为异时掩蔽。异时掩蔽又分为超前掩蔽和滞后掩蔽。若掩蔽声音出现之前的一段时间内发生掩蔽效应，则称为超前掩蔽；否则称为滞后掩蔽。产生时域掩蔽的主要原因，是人的大脑处理信息需要花费一定的时间。异时掩蔽随着时间的推移会很快衰减，是一种弱掩蔽效应。一般情况下，超前掩蔽只有 5~20ms，而滞后掩蔽却可以持续 50~100ms。

(4) 头部有关的传递函数

传统的计算机系统在产生立体声音时，通常就考虑上面的几个听觉因素。但这些声音的产生并没有考虑操控者所在的位置。如果操控者的头部移动，声音效果并不随之改变，这就破坏了听觉的真实感。在实际的虚拟现实系统中，操控者会在一定的范围内移动，所以必须考虑随着操控者位置的变化，虚拟声源相对于耳朵的位置也应该发生变化，也就是考虑声源到耳内部的传递过程。

1974 年，普伦格(Plenge)认为通过改变进入耳朵的声音的形式，会产生外部的声音舞台的感觉。对于耳机(特别是插入式耳塞)，使人感觉到声音舞台是内部的。如果耳机的左右通道能够人为地实时构成声音，便会让人感觉声音是产生在外部。为此需知道声音的传播形状，也就是解释声源是如何传递到人耳内部的，通常被称为由声源到耳内部的传递函数。此函数是把跟踪操控者的头部位置得到的信息进行集成，通常称为"头部有关的传递函数"(Head-Related Transfer Functions，HRTF)。它反映头和耳对传声的影响，不同的人有不同的 HRTF。但是已经有研究开始寻找对各种类型的人都通用、并且能提供足够好的效果的 HRTF。

2.3.2　听觉感知设备特性与分类

听觉感知设备能够实现虚拟现实中的听觉效果。在虚拟的环境中，为了提供听觉通道，使操控者有身临其境的感觉，需要设备模拟 3D 虚拟声音，并用播放设备生成虚拟世界中的立体 3D 声音。相对于视觉显示设备来说，听觉感知设备相对较少，但是听觉感知设备对 VR 的体验也是至关重要的。在人的听觉模型中得知，听觉的根本就是 3D 声音的定位。所以对于听觉感知设备，其最核心的技术就是 3D 虚拟声音的定位技术。

1. 听觉感知设备的特性

(1) 全向 3D 定位特性

全向 3D 定位特征是指在 3D 虚拟空间中把实际声音信号定位到特定虚拟声源的能力。它能使操控者准确地判断出声源的精确位置，从而符合人们的真实境界中的听觉方式。如同在现实世界中，人一般先听到声响，然后再用眼睛去看，听觉感知设备不仅可以根据人的注视方向，而且根据所有可能的位置来监视和识别信息源。一般情况下，听觉感知设备首先提供粗调的机制，用来引导较为细调的视觉能力的注意。在受干扰的可视显示中，用听觉引导人眼对目标的搜索要优于无辅导手段的人眼搜索，即使是对处于视野中心的物体也是如此，这就是声学信号的全向特性。

(2) 3D 实时跟踪特性

3D 实时跟踪特性是指在 3D 虚拟空间中实时跟踪虚拟声源位置变化或场景变化的能力。当操控者头部转动时，这个虚拟声源的位置也应随之变化，使操控者感到真实声源的位置并未发生变化。而当虚拟物体位置移动时，其声源位置也应有所变化。因为只有声音效果与实时变化的视觉相一致，才可能产生视觉和听觉的叠加与同步效应。如果听觉感知设备不具备这样的实时能力，看到的景象与听到的声音会相互矛盾，听觉就会削弱视觉的沉浸感。

2. 听觉感知设备的分类

虚拟现实技术中所采用的听觉感知设备主要有耳机和扬声器两种，后者属于固定式声音输出设备，它允许多个操控者同时听到声音，一般在投影式 VR 系统中使用。扬声器固定不变的特性使其易于产生世界参照系的音场，在虚拟世界中保持稳定，且操控者使用起来活动性大。耳机式声音设备一般与头盔显示器结合使用。在默认情况下，耳机显示的是头部参照系的声音，在 VR 系统中必须跟踪操控者头部、耳部的位置，并对声音进行相应的过滤，使得空间化信息能够表现出操控者耳部的位置变化。

(1) 耳机

耳机是基于头部的听觉显示设备，会跟随操控者的头部移动，并且只能供一个人使用，提供一个完全隔离的环境。通常情况下，在基于头部的视觉显示设备中，操控者可以使用封闭式耳机屏蔽掉真实世界的声音。根据戴在耳朵上的方式，耳机分为两类：一类是护耳式耳机，它很大，有一定的重量，用护耳垫套在耳朵上，如图 2-28 所示；另一类是插入式耳机(或耳塞)，声音通过它送到耳中某一点，如图 2-29 所示。插入式耳机很小，封闭在可压缩的插塞中(或适于操控者的耳膜)，放入耳道中。一般情况下，耳机的发声部分远离耳朵，其输出的声音经过塑料管连接(一般为 2mm 内径)，它的终端在类似的插塞中。由于耳机通常是双声道的，因此比扬声器更容易实现立体声和 3D 空间化声音的表现。耳机在默认情况下显示头部参照系的声音。即当 3D 虚拟世界应该表现为来自某个特定的地点时，耳机就必须跟踪参照者头部的位置，显示出不同的声音，及时地表现出收听者耳朵位置的变化。与戴着耳机听立体声音乐不同，在虚拟现实体验中，声源应该在虚拟世界中保持不变，这就要求耳机具有跟踪操控者的头部并对声音进行相应过滤的功能。例如，在房间里看电视，电视的位置是在操控者的对面。如果戴上耳机，电视在操控者的前面发出声音，如果转身，耳机需跟踪头的位置，并使用跟踪到的信息进行计算，使得这个声音永远固定在操控者的前方，而不是相对于头的某个位置。

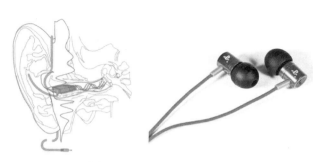

图 2-28　护耳式耳机　　　　　　　　图 2-29　插入式耳机

(2) 扬声器

扬声器又称"喇叭"，是一种十分常用的电声转换器件，它是一种位置固定的听觉感知设备。大多数情况下，扬声器能很好地给一组人提供声音，我们可以在基于头部的视觉现实设备中使用扬声器。

扬声器固定不变的特性，能够使操控者感觉声源是固定的，更适用于虚拟现实技术。但是使用扬声器技术创建空间化的立体声音就比耳机困难得多，因为扬声器难以控制两个耳膜收到的信号以及两个信号之差。在调节给定系统，对给定的听者头部位姿提供适当的感知时，如果操控者头部离开这个点，这种感知就会很快衰减。至今还没有扬声器系统包含头部跟踪信息，并用这些信息随着操控者头部位姿变化适当调节扬声器的输入。

环绕立体声是使用多个固定扬声器表现 3D 空间化声音的结果。环绕立体声的研究一直在进行。最有名的使用非耳机显示的系统是 CAVE(伊里诺斯大学开发的系统)，它将 4 个同样的扬声器，安装在天花板的四角上，而且其幅度变化(衰减)可以仿真方向和距离效果。在正在开发的系统中，扬声器安装在长方体的 8 个角上，而且把反射和高频衰减加入用于空间定位的参数中。这项技术的实现有一定的难度，主要是因为两个耳朵都能听见来自每个扬声器的声音。

2.4　触觉和力反馈设备

通常情况下，人们在看到一个物体的形状，听到物体发出的声音后，很希望亲手触摸物体，以感知它的质地、纹理和温湿等，从而获得更多的信息。同样，在虚拟环境中，人不可避免地希望能够与其物体进行接触，能够更详细、更全面地去了解此物体，触摸和力量感觉能够提高动作任务完成的效率和准确度。在虚拟世界中提供有限的触觉反馈和力觉反馈，将进一步增强虚拟环境的沉浸感和真实感。根据对人类因素的试验发现，简单的双指活动，如果将触觉反馈和视频显示综合起来，其性能要比单独使用视频显示提高 10%。并且，当视频显示失败时，附加使用触觉反馈会使性能提高 30%以上。由此可见，触觉和力觉反馈在虚拟世界中具有举足轻重的作用。

2.4.1　触觉感知

触觉反馈又称为接触反馈，是指来自皮肤表面敏感神经传感器的触感，包括接触表面的几何结构、表面硬度、滑动和温湿等实时信息。力反馈是指身体的肌肉、肌腱和关节运动或收紧的感觉，提供物体的表面柔顺性、物体的重量和惯性等实时信息。它主要抵抗操控者的触摸运动，并能阻止该运动。

触觉和力反馈是人类感觉器官的重要组成部分，是通过传送一类非常重要的感官信息，帮助操控者利用触觉来识别环境中的物体，并通过移动这些物体执行各种各样的任务。一般分为两类：一类是在探索某个环境时，利用触觉和力觉信息去识别所探索物体及物体所在的方位。另一类是利用触觉和力觉去操纵和移动物体以完成某种任务。

触觉反馈和力反馈是两种不同形式的力量感知，两者不可分割。当操控者感觉到物体的表面纹理时，同时也感觉到了运动阻力。在虚拟环境中，触觉和力反馈都是使操控者具有真实体验的交互手段，也是改善虚拟环境的一种重要方式。对于人类而言，大部分的触觉和力觉都来自于其手和手臂，以及其腿和脚。但是感受密度最高的应属其指尖，指尖能够区分出距离 2.5mm 的两个接触点。而人类的手掌却很难区别出距离 11mm 以内的两个点。在触觉和力反馈模型的研究中，主要以手指为研究核心来设计触觉和力反馈设备。触觉和力反馈与前面介绍的视觉、听觉反馈结合起来，可以大大提高仿真的真实感。没有触觉和力反馈，就不可能与环境进行复杂和精确的交互。在虚拟现实交互中，因为没有真实的被抓物体，所以对虚拟接触反馈和力反馈提出以下要求。

(1) 实时性要求。为实现真实感，虚拟触觉反馈和力反馈需要实时计算接触力、表面形状、平滑性和滑动等。

(2) 安全性保障。安全问题是触觉反馈和力反馈的首要问题。触觉反馈和力反馈设备需要对手或者人体的其他部位施加真实的力，一旦发生故障，就会对人体施加很大的力，可能伤害到人。因此要求有足够的力能让操控者感觉到，同时又不能太大，避免伤害到操控者。所以，通常要求这些装置具有"故障安全"性，即一旦计算机或装置出故障，操控者也不会受伤害，整个系统仍然是安全的。

(3) 轻便和舒适的特点。在这种设备中，如果执行机械太大太重，则操控者很容易疲劳，也增加了系统的复杂性和价格。轻便的设备便于操控者携带使用和现场安装。

2.4.2　几种触觉反馈设备

由于技术的发展水平有限，成熟的商品化触觉反馈装置只能提供最基本的"触到了"的感觉，无法提供材质、纹理和温湿等感觉，并且目前的触觉反馈装置仅局限于手指触觉反馈装置。按照触觉反馈的原理，手指触觉反馈装置可以分为视觉式、充气式、振动式、电刺激式和神经肌肉刺激式 5 类装置。

视觉式触觉反馈是基于视觉来判断是否接触，即是否看到接触。这是目前虚拟现实系统普遍采用的方法。通过碰撞检测计算，在虚拟世界中显示两个物体相互接触的情景。由此可见，基于视觉的触觉反馈事实上不应该属于真正的触觉反馈装置，因为操控者的手指根本没有接收到任何接触的反馈信息。

电刺激式的触觉反馈是通过生成电脉冲信号刺激皮肤，达到触觉反馈的目的。另一种神经肌肉刺激式也是通过生成相应刺激信号去刺激操控者相应感觉器官的外壁。由于这两种装置有一定的危险性，因此在这里不予讨论。

本节主要讲述较为安全的触觉反馈装置——充气式触觉反馈装置和振动式触觉反馈装置。

1. 充气式触觉反馈装置

充气式触觉反馈装置的工作原理是在数据手套中配置一些微小的气泡,每个气泡都有两条很细的进气和出气管道,所有气泡的进出气管汇总在一起与控制器中的微型压缩泵相连接,根据需要采用压缩泵对气泡进行充气和排气。充气时,微型压缩泵迅速加压,使气泡膨胀而压迫刺激皮肤达到触觉反馈的目的。图 2-30 所示是一种充气式触觉反馈装置(Teletact Ⅱ手套)及其工作原理图。Teletact 手套由两层组成,两层手套中间排列着 29 个小的空气袋和 1 个大的空气袋,便于分散接触。大气泡安装在手掌部位,使手掌部位也能产生接触感。当加压到 30 磅/平方英寸时,它抵抗操控者的抓取动作,提供对手掌的力反馈。此外,在食指指尖、中指指尖和大拇指指尖这三个手指灵敏部位配置了更多的气泡(食指指尖配置了 4 个空气袋的阵列,中指指尖有 3 个,大拇指指尖有 2 个),目的是仿真手指在虚拟物体表面上滑动的触感,只要逐个驱动指尖上的气泡就能给人一种接触感。

但是膨胀气泡技术存在一些固有的困难。首先,在制作数据输入手套时,很难设计出一种适合所有操控者的设备;其次,硬件使用麻烦,难以维护,非常脆弱;最后,填充和排空气泡的响应时间很慢,特别是基于气压的系统更是如此。这些固有的缺点导致了 Teletact 系列手套不再生产。

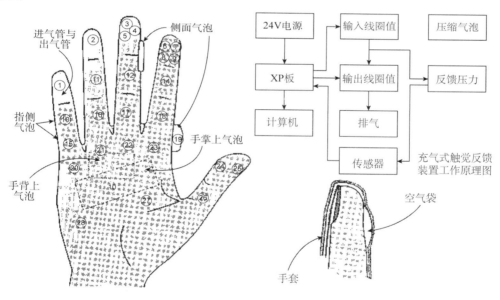

图 2-30 充气式触觉反馈装置及其工作原理图

2. 振动式触觉反馈装置

振动式触觉反馈装置将振动激励器集成在手套输入设备中,两种典型的装置为探针阵列式振动触觉反馈设备和轻型形状记忆合金的振动触觉反馈设备。

(1) 探针阵列式振动触觉反馈设备

探针阵列式振动触觉反馈设备的工作原理是利用音圈(类似于扬声器中带动纸盒振动的音圈)产生的振动刺激皮肤达到触觉反馈的目的。这一装置的原理是在传感手套中把两个音圈装在拇指和食指的指尖上,音圈由调幅脉冲来驱动,接受来自 PC 仿真触觉的模拟信号的调制,模拟信号经功率放大后送至音圈。

20 世纪 90 年代，EXOS 公司发布了一个使用声音线圈的新产品，系统称为 The Touch Master (接触设备)。它有 6～10 个声音线圈，以 210Hz 的固定频率激励，可以任意改变反馈信号的频率和幅度。

即使没有空间分布的信息，声音线圈也可以提供性能的改进。由于其结构，声音线圈的振动盘不能仿真单个指尖上的不同接触点。提供这种空间信息的一种技术是使用微针阵列，类似于 Braille 显示器所用的阵列。这些显示器是小针或空气喷嘴的阵列，它们可以被激励，以压迫操控者的指尖。但是，这些设备太重，尚不能用于虚拟现实的接触反馈。

(2) 轻型形状记忆合金的振动触觉反馈设备

这种振动式触觉反馈装置的系统是采用轻型的记忆合金(Shape Memory Metal，SMM)作为传感器的装置。约翰森(Johnson)制造出一个轻型"可编程接触仿真器"并取得了专利，它使用轻型的形状记忆合金驱动器来减少重量。形状记忆合金是锌铁记忆合金，是一种特殊的元件。当记忆合金丝通电、加热时，因焦耳效应发热，合金将收缩；当电流中断时，记忆合金丝冷却下来，恢复原始形状。为了产生触觉的位置感，把微型触头排列成点阵形式，如图 2-31(a)所示。每一触点都是可编程控制的。图 2-31(b)所示是微型触头的结构示意图，由图可见，微型触头是由一条弯成直角的金属条制成，通常称为拉长的悬臂梁，一端向上弯曲 90°，另一端固定在底板上。在直角拐弯处焊有一条记忆合金丝(SMM 线)。当记忆合金丝通电加热时产生收缩，向上拉动触头，弯曲悬臂梁角度为 θ，使悬臂梁弯曲端上的塑料帽触头顶出表面，接触手指皮肤而产生触觉感知；当电流中断时，记忆金属丝冷却下来，悬臂梁把触头收回驱动器阵列内，恢复原状。由于每个触头都是单独编程控制的，如果顺序地进行通/断控制，就可以使皮肤获得在物体表面滑动的感觉。

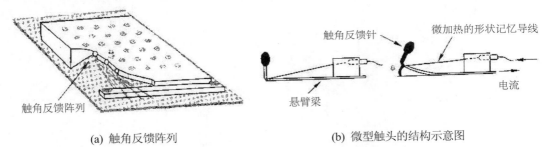

(a) 触角反馈阵列　　　　　　　　　　　　(b) 微型触头的结构示意图

图 2-31　记忆合金触觉反馈装置

对触头阵列的控制有两种方式，即时间控制方式和空间控制方式。按时间方式控制全部触头的导通和断开，产生触头周期的起伏效果，在指尖上造成振动感，达到触觉反馈的目的。按空间方式控制触头意味着空间位置不同的触头可独立控制，以便传达接触表面的形状。如果控制触头按行顺序导通/断开，将得到触头按行顺序接触皮肤的感觉，即类似于手指在表面滑动的触觉。

与充气式触觉反馈装置相比，记忆合金反应较快，通常适合在不连续、快速的反馈场合使用。

3. 力反馈设备

力反馈设备是运用先进的技术手段跟踪操控者身体的运动，将其在虚拟物体的空间运动转成对周边物理设备的机械运动，并施加力给操控者，使操控者能够体验到真实的力度感和方向感，给操控者提供一个立即的、高逼真的、可信的真实交互。在实际应用中常见的力反馈设备有力反馈鼠标、力反馈操纵杆、力反馈手臂、桌面式力反馈系统以及力反馈数据手套。

(1) 力反馈鼠标(六自由度三维交互球)

力反馈鼠标(FEELit Mouse)是给操控者提供力反馈信息的鼠标设备。操控者使用力反馈鼠标像使用普通鼠标一样移动光标。不同的是，当使用力反馈鼠标时，光标就变成了操控者手指的延伸。光标所触到的任何东西，感觉就像操控者用手触摸到一样。它能够感觉到物体真实的质地、表面纹理、弹性、湿度、摩擦、磁性和振动。例如，当操控者移动光标进入一个虚拟障碍物时，这个鼠标就会对人手产生反作用力，阻止这种虚拟的穿透。因为鼠标阻止光标穿透，操控者就会感到这个障碍物像一个真的硬物体，产生与硬物体接触的幻觉。

力反馈鼠标还可以让计算机操控者真实地感受到 Web 页面、图形软件、CAD 应用程序，甚至是 Windows 操作界面。当操控者上网购物时，只要把光标移动到某项商品上，反馈器就能模拟出物品的质感并反馈给操控者。但为了保证鼠标发挥作用，网络商店必须在自己的商品链接上加装相对应的软件来响应鼠标。图 2-32 所示为 Logitech 公司生产的力反馈鼠标 Wingman。

力反馈鼠标只提供了两个自由度，功能范围有限，限制了它的应用，并且其所对应的软件，如网络软件、绘图软件等都不尽如人意，需要进一步提高。目前，力反馈鼠标主要用在娱乐领域，如游戏等。

(2) 力反馈操纵杆

力反馈操纵杆装置是一种桌面设备，其优点是结构简单、重量轻、价格低和便于携带。该类产品最早是在 1993 年由施姆尔特(Schmult)和杰本(Jebens)发明的。发展至今已出现很多更简单、便宜的力反馈操纵杆，这些设备自由度比较小，外观也比较小巧，能产生中等大小的力，有较高的机械带宽。较具有代表性的例子有图 2-33 所示的瑞士罗技公司研制的 Wingman Strike Force 3D，其支持 9 个可编程按钮，以及 USB 接口和外加电源，在 Windows 的任何系统下都可以使用。

图 2-32　力反馈鼠标 Wingman　　　　图 2-33　力反馈操作杆 Wingman Strike Force 3D

此外，市面上还有 Saitek 公司的产品 Cyborg evo Force 力反馈摇杆等。

(3) 力反馈手臂

为了仿真物体重量、惯性和与刚性墙的接触，操控者需要在手腕上感到相应的力反馈。早期对力反馈的研究使用原来为遥控机器人控制设计的大型操纵手臂。这些具有嵌入式位置的传感器和电反馈驱动器的机械结构用来控制回路经过主计算机闭合，计算机显示被仿真世界的模型，并计算虚拟交互力，驱动反馈驱动器给操控者手腕施加真实力。

在日本，MITI(Ministry of International Trade and Industry，日本国际贸工部)的研究者已研制

出专为虚拟现实仿真设计的操纵手臂。手臂有 4 个自由度，设计紧凑，使用直接驱动的电驱动器，有 1 个六自由度的腕力传感器安装在手柄。传感器测量加于操作者的反馈力和力矩。图形显示提供虚拟物体和由操纵手臂控制的虚拟手臂，并行处理系统用于实时控制。有 1 个 CPU 用于图形显示，3 个 CPU 作仿真和操纵手臂控制。操纵手臂的布局由 T800 处理器计算，这是根据在关节的码盘采样得来的数据。计算的反馈力送到 D/A 变换器，然后送到直接驱动的马达控制器。这些分别负责每个关节马达的低层控制回路，控制采样时间约 1ms，而图形刷新率为每秒 16 个画面。

力反馈手臂有重力和惯性补偿，所以与虚拟环境无交互时在手柄上也不会感到力的存在。

Master Arm 是有 4 个关节的铝制操作器，它用线性位置传感器跟踪柱面关节的运动。运动的气缸把反馈力矩加于关节上，要求的力受到压力传感器控制。图 2-34 所示为 Master Arm 力反馈手臂，图 2-34(a)为手臂的结构，图 2-34(b)为系统布局。

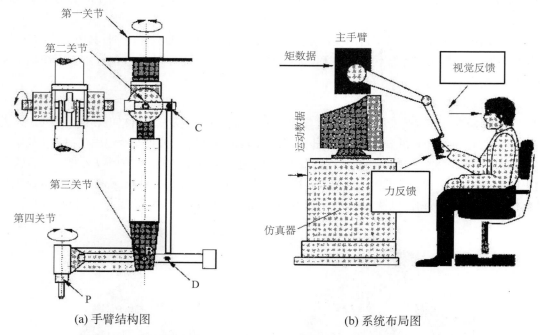

(a) 手臂结构图　　　　　　　　　　　　(b) 系统布局图

图 2-34　Master Arm 力反馈手臂装置示意图

(4) 桌面式力反馈系统

图 2-35 所示为美国 Sensable 公司的 Phantom 产品，这是一种常见的桌面力反馈装置，是在国外各实验室中广泛应用的产品。它的力反馈是通过一个指套加上的，操控者把他的手指或铅笔插入这个指套。3 个直流马达产生在 X、Y、Z 坐标上的 3 个力。Phantom 是与 GHOST SDK 合作的，后者是 C++ 的工具盒，它提供复杂计算的一些算法，并允许开发者处理简单的高层的物体和物理特性，如位置、质量、摩擦和硬度。Phantom 可以用作虚拟雕刻工具，刻制 3D 模型。FreeForm 软件应用了这个功能，操控者会产生在雕刻台上工作的幻觉。

(5) 力反馈数据手套

力反馈手臂、力反馈操纵杆和力反馈鼠标的共同特点是设备需放在台上或地面上，而且只在手腕上产生模拟的力，所以限制了其使用范围。对那些灵活性要求比较高的任务，有时需要独立控制每个手指上模拟的力,则需要另一类重要的力反馈设备,就是安装在人手上的力反馈数据手套。

图 2-36 所示为 Immersion CyberGrasp 数据手套。CyberGrasp 是一个轻便、无阻碍的力反应外壳,套在 CyberGlove 手套上给每个手指施加阻力。有了 CyberGrasp 力反馈系统,操控者就能探索仿真"虚拟世界"中计算机生成的 3D 物体的物理特性。CyberGrasp 系统支持 6 个自由度,是由带有 22 个传感器的 CyberGlove 改造得到的。

图 2-35　Phantom 桌面力反馈系统

图 2-36　CyberGrasp 数据手套

Immersion CyberGrasp 的规格参数如表 2-3 所示。

表 2-3　Immersion CyberGrasp 规格参数

规格	参数
作用力	每根手指 12N(最大,连续)
重量	450g(仅外骨骼,不含 CyberGlove 系统)
工作空间	驱动器模块 1m 半径内
仪表组	包含一个力控制装置和一个驱动器模块
接口	以太网,建议使用 CyberForce 机器人电枢

CyberGrasp 的局限性表现为跟踪器的范围小和操控者必须携带的设备重量大,必须戴在手臂上的设备重达 539g,会导致操控者疲劳。另外是系统的复杂性和价格都比较高,并且无法模拟被抓握的虚拟物体的重量和惯性。

力反馈设备与前面讨论过的触觉反馈设备有很多不同之处。首先,它要求能提供真实的力来阻止操控者的运动,这样导致使用更大的激励器和更重的结构,从而使这类设备更复杂、更昂贵。此外,力反馈设备需要很牢固地固定在某些支持结构上,以防止发生滑动和可能的安全事故。例如,操纵杆和触觉臂之类的力反馈接口是不可移动的,它们通常固定在桌子或地面上。具有一定移动性的设备,如力反馈手套,固定在操控者的前臂上,从而使操控者有更多的运

图 2-37　力反馈方向盘

动自由和更自然的仿真接口，但是由于设备的重量，容易使手部感到疲劳。

(6) 力反馈方向盘

图 2-37 所示是一种力反馈仿真的方向盘，它基于新一代"触觉式"反馈力技术规范(TouchSensor)，采用最新的光控采样技术开发而成，大幅度提升虚拟仿真时的真实度和精确度，可很好地重现纵横驰骋时的力量与速度真实的震撼，具有 USB 接口，可即插即用。人体工学设计踏板，独特稳固，可精准流畅地控制油门和刹车。

(7) 虚拟现实的交互设备——传感手套

VRgluv 力反馈传感手套(见图 2-38)的目标是实现力反馈以及手指级的手部追踪。控制器附件安装于手套的指定位置，除了高保真的手套实现手指跟踪外，还可以实现手腕的旋转跟踪。而手部的空间位置以及指向的方位也最大限度地与现实相匹配，可以使得游戏过程更加具有沉浸感。

图 2-38　VRgluv 力反馈传感手套

此外，VRgluv 力反馈传感手套还具有如下特点。

① VRgluv 的力反馈系统做得十分细致，每次接触到物体时，手套的系统都会自动创建接触物体的形状，以确保操控者接触到的每个物体都是独特、真实的。在手指的力反馈方面，VRgluv 在每只手指上都配套了力传感器，从而达到不同力度的握力和压力的即时反馈。操控者甚至可以从力反馈中来判断物体的形状和材质，从这一点上，VRgluv 可以说在性能和功能上比 CaptoGlove、Manus VR 和 GloveOne 等同类产品强。

② VRgluv 还能支撑各大 VR 平台的控制器，虽然兼容方式是将其他公司的控制器安装到手套上，但这也很好地支持了 Lighthouse 和 Oculus 等位置追踪系统。

(8) 数据衣(Data Suit)

数据衣(见图 2-39)将大量的光纤、电极等传感器安装在一个紧身服上，可以根据需要检测出人的四肢、腰部的活动以及各关节(如腕关节、肘关节)的弯曲角度，然后用计算机重建出图像。

(9) 三维扫描仪(3D Scanner)

三维扫描仪的功能是通过扫描真实物体的外观几何信息，构造出该物体对应的 3D 数字模型，通常分为接触式和非接触式两大类，又分为若干小类，具体请参阅有关逆向工程技术类的书籍。图 2-40 所示为一款三维光学扫描仪(3D Laser Scanner)，它属于非接触式扫描仪，应用最为广泛，其数据处理的过程一般包括点云数据采集、数据预处理、3D 几何模型重建和模型可视化 4 个步骤。该设备可以对物体内部结构进行 3D 重构，利用了诸如基于 CT、MRI 图像信息的 3D 重构技术等。

图 2-39　数据衣

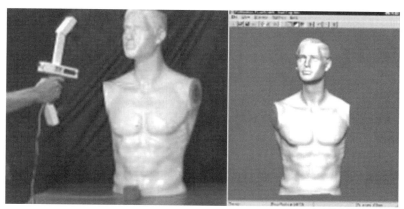
图 2-40　三维光学扫描仪

2.5　位置跟踪设备

　　虚拟现实技术是在三维空间中与人交互的技术，为了能及时准确地获取人的动作信息，检测有关物体的位置和朝向，并将信息报告给 VR 系统，就需要使用各类高精度、高可靠性的跟踪定位设备。这种实时跟踪以及交互装置主要依赖于跟踪定位技术，它是 VR 系统实现人机之间沟通的主要通信手段，是实时处理的关键技术。

2.5.1　位置跟踪设备概述

　　位置跟踪设备是实现人与计算机之间交互的方法之一。它的主要任务是检测有关物体的位置和方位，并将位置和方位信息报告给虚拟现实系统。在虚拟现实系统中，用于跟踪操控者的方式有两种：一种是跟踪头部位置与方位来确定操控者的视点与视线方向，而视点位置与视线方向是确定虚拟世界场景显示的关键；另一种也是最常见的应用，跟踪操控者手的位置和方向，手的位置和方向的信息是带有跟踪系统的数据手套所获取的关键信息。带跟踪系统的传感器手套把手指和手掌伸屈时的各种姿势转换为数字信号送给计算机，然后被计算机所识别、执行。

　　位置跟踪设备主要是 3D 位置跟踪器，是利用相应的传感器设备在 3D 空间中对活动物体进行探测并返回相应的 3D 信息。所以，3D 位置跟踪器的设计主要从六自由度和一些性能参数两方面来考虑。

1. 六自由度

　　在理论力学中，物体的自由度是确定物体的位置所需要的独立坐标数，当物体受到某些限制时，自由度减少。如图 2-41 所示，假如将质点限制在一条直线上运动，它的位置可以用一个参数表示，所以质点的运动只有一个自由度，即 i 为 1。假如将质点限制在一个平面上运动，位置由两个独立坐标来确定，它有两个自由度，i 为 2。假如质点在空间直线运动，位置由 3 个独立坐标来确定，i 为 3。

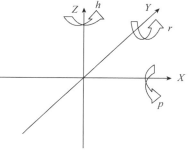
图 2-41　物体运动的自由度

物体在 3D 空间中做自由运动时，共有六自由度(DOF)，包括沿 X、Y 和 Z 坐标轴的 3 个独立平移运动和分别绕着 3 个坐标轴 X、Y 和 Z 独立旋转运动。这 6 个运动都是相互正交的，并对应于 6 个独立变量。

当 3D 物体高速运动时，对位置跟踪设备的要求是必须能够足够快地测量、采集和传送 3D 数据。这意味着传感器无论基于何种原理和技术，都不应该限制或妨碍物体的自由运动，如果物体运动受到某些条件的限制，自由度会相应减少。

2. 位置跟踪设备的性能参数

在虚拟现实系统中，对操控者的实时跟踪和接收操控者动作指令的交互技术的实现主要依赖于各种位置跟踪器，它们是实现人机之间沟通极其重要的通信手段，是实时处理的关键技术。通常，位置跟踪器具有以下几个方面的性能参数。

(1) 精度和分辨率。精度和分辨率决定一种跟踪技术反馈其跟踪目标位置的能力。分辨率是指使用某种技术能检测的最小位置变化，小于这个距离和角度的变化将不能被系统检测到。精度是指实际位置与测量位置之间的偏差，是系统所报告的目标位置的正确性，或者说是误差范围。

(2) 响应时间。响应时间是对一种跟踪技术在时间上的要求，它可分为 4 个指标，即采样率(Sample Rate)、数据率(Data Rate)、更新率(Update Rate) 和延迟(Lag)。采样率是传感器测量目标位置的频率。现在为了防止丢失数据，大部分系统采样率比较高。数据率是每秒钟所计算出的位置个数。在大部分系统中，高数据率是和高采样率、低延迟和高抗干扰能力联系在一起的，所以高数据率是人们追求的目标。更新率是跟踪系统向主机报告位置数据的时间间隔。更新率决定系统的显示更新时间，因为只有接到新的位置数据，虚拟现实系统才能决定显示的图像以及整个的后续工作。高更新率对虚拟现实十分重要。低更新率的虚拟现实系统缺乏真实感。延迟表示从一个动作发生到主机收到反映这一动作的跟踪数据为止的时间间隔。虽然低延迟依赖于高数据率和高更新率，但两者都不是低延迟的决定因素。

(3) 鲁棒性。鲁棒性是指一个系统在相对恶劣的条件下避免出错的能力。由于跟踪系统处在一个充满各种噪声和外部干扰的实际世界，跟踪系统必须具有一定的强壮性。一般外部干扰可分为两种：一种称为阻挡(Interference)，即一些物体挡在目标物和探测器中间所造成的跟踪困难；另一种称为畸变(Distortion)，即由于一些物体的存在而使探测器所探测的目标定位发生畸变。

(4) 整合性能。整合性能是指系统的实际位置和检测位置的一致性。一个整合性能好的系统能始终保持两者的一致性。与精度和分辨率不同，精度和分辨率是指一次测量中的正确性和跟踪能力，而整合性能则注重在整个工作空间内一直保持位置对应正确。虽然好的分辨率和高精度有助于获得好的整合性能，但累积误差会降低系统的整合能力，使系统报告的位置逐渐远离正确的物理位置。

(5) 合群性。合群性反映虚拟现实跟踪技术对多操控者系统的支持能力，包括两方面的内容，即大范围的操作空间和多目标的跟踪能力。实际跟踪系统不能提供无限的跟踪范围，它只能在一定区域内跟踪和测量，这个区域通常被称为操作范围或工作区域。显然，操作范围越大，越有利于多操控者的操作。大范围的工作区域是合群性的要素之一。多操控者的系统必须有多目标跟踪能力，这种能力取决于一个系统的组成结构和对多边作用的抵抗能力。系统结构有许多形式，可以是将发射器安装在被跟踪物体上面(所谓由外向里结构)，也可以是将感受器装在被跟踪物体上(所谓由里向外结构)。系统中可以用一个发射器,也可以用多个发射器。总之,能独立地对多个目标进行定位的系统将有较好的合群性。多边作用是指多个被跟踪物体共存情况下产生的相互影响,例如,一个被跟踪物体的运动也许会挡住另一个物体上的感受器,从而造成后者的跟踪误差。多边作用越小的系统,其合群性越好。

(6) 其他一些性能指标。跟踪系统的其他一些性能指标也是值得重视的,如重量和大小、安全性。由于虚拟现实的跟踪系统是要操控者戴在头上或套在手上,因此轻便和小巧的系统能使操控者更舒适地在虚拟现实环境中工作。安全性指的是系统所用技术对操控者健康的影响。

2.5.2 几种位置跟踪设备

1. 机械式位置跟踪设备

机械式位置跟踪是一种较古老的跟踪方式。机械跟踪器由一个串行或并行的运动结构组成,该运动结构由多个带有传感器的关节连接在一起的连杆构成,使用连杆装置组成。其工作原理是通过机械连杆上多个带有精密传感器的关节与被测物体相接触的方法来检测其位置变化。对于一个六自由度的跟踪设备,机械连杆必须有 6 个独立的机械连接部件,分别对应 6 个自由度,可将任何一种复杂的运动用几个简单的平动和转动组合来表示。图 2-42 所示为机械式位置跟踪设备的装置示意图。

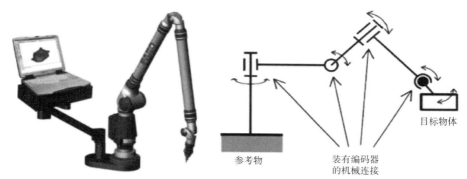

图 2-42 机械式位置跟踪设备的装置示意图

图 2-42 中的各组成部分的功能介绍如下。

(1) 每个连杆的维数是事先知道的,并且可供存储在计算机中的直接运动学计算机模型使用。

(2) 根据实时读取的跟踪器关节传感器的数据,确定机械跟踪器的某个端点相对于其他端点的位置和方向。

(3) 通常把一个端点固定在桌子或地板上,把另一个端点绑在物体上。

把能单独旋转的机械部件装配使用,给操控者提供多种旋转能力。通过各种连接角度计算端点位置,利用增量式编码器或电位计测量连接角。

机械式位置跟踪设备中所用到的光电编码器是由光栅盘和光电检测装置组成的,其工作原理示意见图 2-43。其中,光栅盘是在一定直径的圆板上等分地开通若干个长方形孔,光栅盘与电动机同速旋转,经发光二极管等电子元件组成的检测装置通过计算输出脉冲的个数可得到转过的角度。

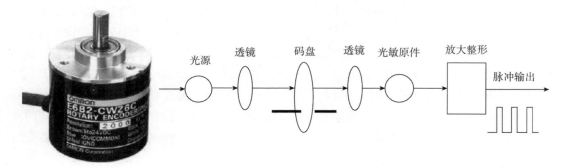

图 2-43　光电编码器及其工作原理

机械式位置跟踪设备的优点：

(1) 简单且易于使用。

(2) 精度稳定，取决于关节传感器的分辨率。

(3) 性能可靠，潜在的干扰源较少。

(4) 抖动较小，延迟较低。

(5) 没有遮挡问题。

机械式位置跟踪设备的缺点：

(1) 由于机械臂的尺寸限制，工作范围有限。

(2) 连杆过长时重量和惯性会随之增加，对机械振动的敏感性降低。

(3) 由于跟踪器机械臂自身运动的妨碍，操控者运动的自由度被降低。

(4) 当跟踪器必须由操控者支撑时会导致操控者疲劳，降低其在虚拟环境中的沉浸感。

2. 电磁式位置跟踪设备

电磁式位置跟踪设备是一种非接触式的位置测量设备，它一般由发射器、接收传感器和数据处理单元组成。电磁式位置跟踪设备是利用磁场的强度进行位置和方位跟踪。一般来说，电磁式位置跟踪设备包括发射器、接收器、接口和计算机。电磁场由发射器发射，接收器接收到这个电磁场后转换成电信号，并将此信号送到计算机，经计算机中的控制部件计算后，得出跟踪目标的数据。多个信号综合后可得到被跟踪物体的 6 个自由度数据。

根据发射磁场的不同，电磁式位置跟踪设备可分为交流电发射器型与直流电发射器型。

(1) 交流电发射器由 3 个互相垂直的线圈组成，当交流电在 3 个线圈中通过时，产生互相垂直的 3 个磁场分量在空间传播。接收器也由 3 个互相垂直的线圈组成，当有磁场在线圈中变化时，就在线圈上产生一个感应电流，接收器感应电流强度与其距发射器的距离有关。通过电磁学计算，可产生 9 个感应电流(3 个感应线圈分别对 3 个发射线圈磁场感应，产生 9 个电流)，计算出发射器和接收器之间的角度和距离。交流电发射器的主要缺点是易受金属物体的干扰。由于交变磁场会在金属物体表面产生涡流，使磁场发生扭曲，导致测量数据的错误，因此影响系统的响应性能。

(2) 直流电发射器也是由 3 个互相垂直的线圈组成的。不同的是，它发射的是一串脉冲磁场，即磁场瞬时从 0 跳变到某一强度，再跳变回 0，如此循环形成一个开关式的磁场向外发射。感应线圈接受这个磁场，再经过一定的处理后，可得出跟踪物体的位置和方向。直流电发射器能避免金属物体的干扰，因为磁场静止时，金属物体没有涡流，也就不会对跟踪系统产生干扰。

　　电磁式跟踪器工作原理如图 2-44 所示。当给一个线圈通上电流后，在线圈的周围将产生磁场。磁传感器的输出值与发射线圈和接收器之间的距离及磁传感器的敏感轴和发射线圈发射轴之间的夹角有关。

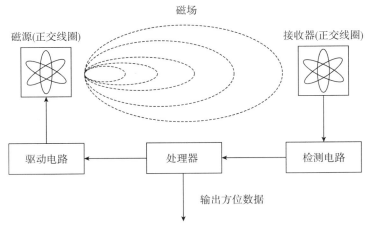

图 2-44　电磁式跟踪器工作原理

　　发射器由缠绕在立方体磁芯上的 3 个互相垂直的线圈组成，被依次激励后在空间产生按一定时空规律分布的电磁场(交流电磁场和直流电磁场)。

　　使用交流电磁场时，接收器由 3 个正交的线圈组成。当使用直流电磁场时，接收器由 3 个磁力计或霍尔效应传感器组成。

　　电磁式跟踪器的优点：

　　(1) 成本低，体积小，质量轻。

　　(2) 速度快，实时性好。

　　(3) 装置的定标较简单，技术较成熟，鲁棒性好。

　　电磁式跟踪器的缺点：

　　(1) 对环境要求严格，抗干扰性差。

　　(2) 工作范围因耦合信号随距离增大迅速衰减而受到了限制，这同时也影响了电磁跟踪器的精度和分辨率。

　　(3) 由于电磁场对人体的重要影响，电磁场强度不可能无限制地增长。

　　如何选用交流、直流电磁式跟踪器，需要在系统工作范围、精度、分辨率以及刷新率之间做出综合选择。

　　交流电磁式跟踪器的特点：

　　(1) 采用正弦交流信号驱动发射线圈产生一个交变磁场。

　　(2) 变化的磁场将在 3 个接收线圈中产生感应电流，电流大小与磁通量幅度和信号频率有关，如图 2-45 所示。

　　图 2-46 所示为安装在 DataGlove 上的三维电磁传感器。

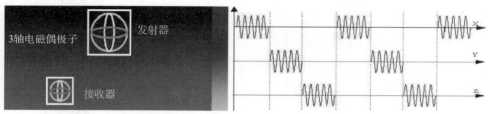

图 2-45 电流、磁通量幅度、信号频率关系图

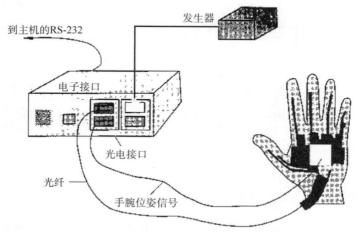

图 2-46 安装在 DataGlove 上的三维电磁传感器

直流电磁式跟踪器的特点:

(1) 极大地降低了涡流对测量精度的影响。但造成的不利影响就是延长了等待时间,降低了系统数据的刷新速率。

(2) 直流跟踪器利用脉冲、恒定电流来产生激励磁场,以使传感器能产生一个恒定的感应电流。

(3) 在使用过程中的环境干扰大多为直流信号,采用常规的信号处理手段(如滤波)无法滤除。

(4) 周围铁磁物质产生的磁场所造成的扭曲同样会影响直流跟踪器的精度。

表 2-4 为交流、直流电磁式跟踪器之间的比较。

表 2-4 交流、直流电磁式跟踪器的比较

规格	Fastrack(交流电磁式)	Flock of Bird (直流电磁式)
标准工作半径	0.75m (30 in)	1.2m (48 in)
扩展工作半径	2.25m (90 in)	3m (120 in)
角度范围	全方位	±180 度方位角和滚动角,±90 度仰角
平移精度	0.03 in RMS	0.1 in RMS
平移分辨率	0.0002 in/in range	0.03 in RMS
角度精度	0.15 度 RMS	0.5 度 RMS
角度分辨率	0.025 度 RMS	0.1 度 RMS at 12 in
更新速率(每秒的测量次数)	120(1 个接收器)、60(1 个接收器)、30(1 个接收器)	144(≤30 个接收器)
延迟(一个接收器)	8.5ms(无滤波)	7.5ms(无滤波)

(续表)

规格	Fastrack(交流电磁式)	Flock of Bird (直流电磁式)
金属干扰	铁氧体、低碳钢、铜、不锈钢、黄铜、铝	铁氧体、低碳钢、铜
接口	RS-232(波特率为 115200)或 IEEE-488(不超过 100Mbaud/s)	RS-232(波特率为 115200)或 RS422/485(波特率为 500000)
数据格式	ASCII 或二进制	二进制

图 2-47 所示为 NDI Aurora 电磁跟踪系统。

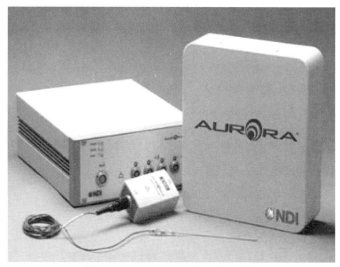

图 2-47　NDI Aurora 电磁跟踪系统

NDI Aurora 电磁跟踪系统的技术参数如表 2-5 所示。

表 2-5　NDI Aurora 电磁跟踪系统技术参数

规格/技术	参数
最大数据传输速率	921.6 波特
电源	100～240 伏交流电(通用电源输入)50/60 Hz
最大器械数量	8 个五自由度或 4 个六自由度
最大测量频率	40 Hz
支持输入/输出设备	每个器械 3 个设备

其中，所用到的传感器线圈外形尺寸(长×直径)：5 自由度，8 毫米×0.55 毫米。磁场发生器尺寸(高×宽×深)：200 毫米×200 毫米×70 毫米，磁场发生器重 2.8 千克。系统控制单元尺寸(高×宽×深)：88 毫米×235 毫米×295 毫米，系统控制单元重 3.4 千克。传感器接口单元尺寸(高×宽×深)：32 毫米×50 毫米×90 毫米，传感器接口单元重 250 克。

NDI Aurora 电磁跟踪系统的技术特征：

(1) 电磁测量技术没有光学跟踪系统使用中的视线干扰问题。

(2) 六自由度测量可使用单个微型传感器实现，使操控者能够设计创新工具。

(3) 可用数字 I/O 线使操控者能够建立基于特定应用的工具。

(4) Aurora 应用程序接口(API)使操控者能够进行简单的特定应用程序开发。

(5) 在 NDI Polaris 光学测量系统的基础上，Aurora API 快速集成了市场上最流行光学系统所应用的现有软件 Aurora 系统设计为医疗应用，具备所有必要的电气安全认证和分类，为 OEM 合作伙伴提供产品实现的最快路径。

(6) 系统可预先校准，快速设置，立即使用。

(7) 自动化工具检测，确保系统在使用过程中的连续可靠性。

优点是其敏感性不依赖于跟踪方位，基本不受视线阻挡的限制，体积小、价格便宜，因此对于手部的跟踪大都采用此类跟踪器。

缺点是其延迟较长，跟踪范围小，且容易受环境中大的金属物体或其他磁场的影响，从而导致信号发生畸变，跟踪精度降低。

图 2-48 所示为 Polhemus FASTRAK 电磁式运动追踪定位系统，系统定位精度：0.0015 英寸(0.0038 厘米)；分辨率：每英寸 0.0002 英寸；范围：4~10 英尺；数据传输速度：>75 Hz；更新频率：120 Hz；用途：头部跟踪、手的追踪、器械追踪、生物力学分析、图形/图符的远程控制、立体定位、远程机器人控制技术、三维数字化建模等。

图 2-48　FASTRAK 电磁式运动追踪定位系统

3. 超声波位置跟踪设备

超声波跟踪器是一种非接触式的位置测量设备，使用由固定发射器发射产生的超声信号来确定移动接收单元的实时位置。超声波位置跟踪设备一般采用 20Hz 以上的超声波，人耳听不到，不会对人产生干扰，目前是所有跟踪技术中成本最低的。它由 3 个超声发射器的阵列(由安装在天花板上的 3 个超声发射器组成)、3 个超声接收器(由安装在被测物体上的 3 个麦克风组成)以及用于启动发射同步信号的控制器 3 部分组成。图 2-49 所示为超声波跟踪器原理示意图。

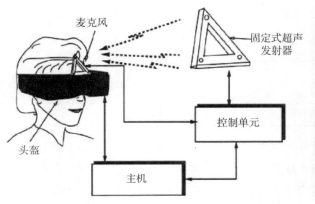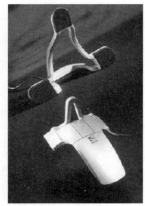

图 2-49　超声波跟踪器原理示意图

根据不同的测量原理，超声波位置跟踪设备的测量方法分为两种：飞行时间法(Time-of-Flight，TOF)(见图 2-50)和超声波相干测量法(Phase-Coherent，PC)(见图 2-51)。

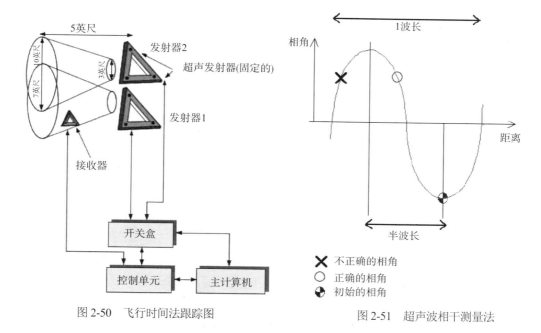

图 2-50　飞行时间法跟踪图　　　　　　　图 2-51　超声波相干测量法

(1) 飞行时间法

飞行时间法是基于三角测量的。周期性地激活各个发射器轮流发出高频的超声波，测量到达各个接收点的飞行时间，由此利用声音的速度得到发射点与接收点之间的 9 个距离，再由三角运算得到被测物体的位置。为了精确测量，要求发射器与接收器之间同步，为此可以采用红外同步信号。为了测量物体位姿的 6 个自由度，至少需要 3 个接收器和 3 个发射器。此外，还要求发射器与接收器合理布局。一般把发射器安装在天花板的 4 个角上。

原理：通过测量声波的飞行时间延迟来确定距离。通过使用多个发射器和接收器获得一系列的距离量，从而计算出准确的位置和方向。

特点：

① 在小的工作范围内具有较好的精度和响应性。

② 易受到外界噪音脉冲的干扰。

③ 适用于小范围内的操作环境。

④ 随着作用距离增大数据刷新频率和精度降低。

(2) 超声波相干测量法

原理：通过比较基准信号和传感器监测到的发射信号之间的相位差来确定距离。

特点：

① 具有较高的数据传输率。

② 可保证系统监测的精度、响应性以及耐久性等。

③ 不受到外界噪声的干扰。

④ 当在一个采样周期内，物体运动的距离超过声波信号波长的一半时会造成计算错误。

超声波相干测量法的工作过程：在测量相位差的方式中，各个发射器发出高频的超声波，测量到达各个接收点的相位差来得到点与点的距离，再由三角运算得到被测物体的位置。声波是正弦波，发射器与接收器的声波之间存在相位差，这个相位差也与距离有关。这种测量方法是基于相对距离的，无法得知目标的绝对距离，每步的测量误差会随时间而积累。绝对距离必须在初始时由其他设备校准。

(3) 超声波跟踪器的优缺点

优点：

① 不受外部磁场和铁磁性物质的影响，易于实现较大的测量范围。

② 成本低，体积小。

缺点：

① 延迟和滞后较大，实时性较差，精度不高。

② 声源和接收器之间不能有遮挡物体。

③ 受噪声和多次反射等干扰较大。

④ 由于空气中声波的速度与气压、湿度、温度有关，所以必须在算法中做出相应的补偿。

图 2-52 所示是 Hexamite HX11 超声波位置跟踪定位系统，它是保加利亚 Hexamite 公司基于超声波技术研发得一款位置跟踪定位产品，通过调制信号交换提取精度位置。它具有很高的性价比，具备高抗干扰性和精确性。Hexamite HX11 超声波位置跟踪定位系统通过多个网络的配合使用，可在数平方公里的区域内对某个物体进行精确跟踪定位，定位精度在 2cm 以内。Hexamite HX11 覆盖范围并无固定限制，使用单个网络也能以一定精度覆盖约为 0.5 平方公里的区域。另外，Hexamite HX11 超声波位置跟踪系统还可与互联网连接，通过互联网对全球范围内的任何目标进行定位，定

图 2-52　Hexamite HX11 超声波位置跟踪定位系统

位精确度在 2cm 以内。Hexamite HX11 超声波位置跟踪系统每个接收器每秒可记录多达 20 个位置。一个中型位置定位系统配有数百个发射机和接收器，也就是说每秒可以记录数千个位置。

4. 光学式位置跟踪设备

光学式位置跟踪设备也是一种非接触式的位置测量设备，使用光学感知来确定物体的实时位置和方向。光学式位置跟踪设备的测量与超声波位置跟踪设备类似，基于三角测量，要求畅通无阻，并且不受金属物质的干扰。

光学式位置跟踪设备比超声波位置跟踪设备具有更明显的优势：

(1) 光的传播速度远远大于声波的传播速度，因此光学式位置跟踪设备具有较高的更新率和较低的延迟。

(2) 具有较大的工作范围，这对于现代 VR 系统来说是非常重要的。

光学式位置跟踪设备主要包括感光设备(接收器)、光源(发射器)以及用于信号处理的控制器。用于位置跟踪的感光设备多种多样，如普通摄像机、光敏二极管等。光源可以是环境光，也可以使用结构光(如激光扫描) 或脉冲光(如激光雷达)。为了防止可见光的干扰，通常采用红外线、激光等作为光源。

常用的光学式位置跟踪设备分为 3 种：从外向里看(outside-looking-in)的跟踪设备、从里向外看(inside-looking-out)的跟踪设备和激光测距光学跟踪设备。

如果跟踪设备的感知部件，如普通摄像机、光敏二极管或其他光传感器是固定的，并且操控者身上装有一些能发光的灯标作为光源发射器，那么这种位置跟踪设备称为从外向里看的跟踪设备，位置测量可以直接进行，方向可以从位置数据中推导出。跟踪设备的灵敏度随着操控者身上灯标之间距离的增加和操控者与感知部件之间距离的增加而降低。反之，从里向外看的跟踪设备是在被跟踪的物体或操控者身上安装感知部件，通过感知部件观测固定的发射器，从而得出自身的运动情况，就好像操控者从观察周围固定景物的变化得出自己身体位置变化一样。图 2-53 所示是上述两种光学跟踪设备的布置图。

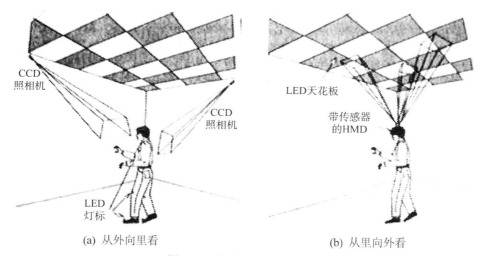

(a) 从外向里看   (b) 从里向外看

图 2-53　光学跟踪设备的布置

两种不同光学跟踪设备的比较如下。

(1) 从外向里看的光学跟踪设备。

① 位置测量可以直接进行，方向可以从位置数据中推导出来。

② 灵敏度随操控者身上的灯标之间距离的增加和操控者与照相机之间距离的增加而降低。

(2) 从里向外看的光学跟踪设备。

① 对于方向上的变化是最敏感的，因此在 HMD 跟踪中非常有用。

② 工作范围在理论上是无限的，因此对墙式和房间式图形显示设备来说非常有用。

从外向里看的光学跟踪设备主要用于动画制作和生物力学中的运动捕捉、光学运动捕捉，通过对目标上特定光点的监视和跟踪来完成运动捕捉的任务。

目前，有影响力的品牌产品有 SIMI 三维运动捕捉系统、VICON 运动捕捉系统(英国 Oxford Metrics Limited 公司的产品)、MOTION ANALYSIS 系统和 eyeSight 运动跟踪系统、任天堂 Wii Sensor Bar 定位系统、Microsoft Windows Mixed Reality 的定位系统、SteamVR 的 Lighthouse 系统、Oculus 的 Constellation 系统、PlayStation 相机系统和 Neon 追踪系统等。

典型的光学式运动捕捉系统通常使用 6～8 个相机环绕表演场地排列，这些相机的视野重叠区域就是表演者的动作范围。光学跟踪系统在实施过程中，为了便于处理，通常要求表演者穿上单色的服装，在身体的关键部位，如关节、髋部、肘部、腕部等位置贴上一些特制的标志或发光点，称为 Marker，视觉系统将识别和处理这些标志。系统定标后，相机连续拍摄表演者的动作，将图像序列保存下来，然后再进行分析和处理，识别其中的标志点，并计算其在每一瞬间的空间位置，进而得到其运动轨迹。

激光测距光学跟踪设备是将激光发射到被测物体，然后接收从物体上反射回来的光来测量位置。激光通过一个衍射光栅射到被跟踪物体上，然后接收经物体表面反射的二维衍射图信号。这种经反射的衍射图信号带有一定畸变，而这一畸变与距离有关，所以可用作测量距离的一种方法。像其他许多位置跟踪系统一样，激光测距系统的工作空间也受限制。由于激光强度在传播过程中的减弱和激光衍射图样变得越来越难以区别，因此其精度也会随距离增加而降低。但它无须在跟踪目标上安装发射/接收器的优点，使它具有潜在的发展前景。

与其他位置跟踪设备比较，由于光的传播速度很快，因此光学式位置跟踪设备最显著的优点是速度快、具有较高的更新率和较低的延迟，较适合实时性强的场合。其缺点是要求畅通无阻，不能阻挡视线。它常常不能进行角度方向的数据测量，只能进行 X、Y、Z 轴上的位置跟踪。另外，工作范围和精度之间也存在矛盾，在小范围内工作效果好，随着距离变大，其性能会变差。一般通过增加发射器或增加接收传感器的数目来缓和这一矛盾。但增加成本和系统的复杂性，会对实时性产生一定的影响。价格昂贵也是光学跟踪器的缺点，一般只在军用系统中使用。

5. 惯性位置跟踪设备

惯性传感器主要指陀螺和加速度计。这是由于陀螺所感测的角速度，加速度计所感测的加速度都是相对惯性空间的。通过自约束的惯性传感器测量一个物体的方向变化速率或平移速度变化率。现代惯性跟踪器是一个使用了微机电(MEMS)系统技术的固态结构。

惯性位置跟踪设备通过盲推得出被跟踪物体的位置，也就是说完全通过运动系统内部的推算，不涉及外部环境就可以得到位置信息。

目前惯性位置跟踪设备由定向陀螺和加速度计组成。定向陀螺用来测量角速度，如图 2-54(a)所示。将 3 个这样的陀螺仪安装在互相正交的轴上，可以测量出偏航角、俯仰角和滚动角速度，随时间的综合可以得到 3 个正交轴的方位角。加速度计用来测量 3 个方向上平移速度的变化，即 X、Y、Z 方向的加速度，它是通过弹性器件形变来实现的，如图 2-54(b)所示。加速计的输出需要积分两次，得到位置；角速度值需要积分一次，得到方位角。

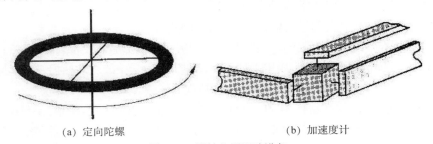

(a) 定向陀螺　　　　　　　　　　　　(b) 加速度计

图 2-54　惯性位置跟踪设备

6. 混合位置跟踪设备

为了解决惯性跟踪设备的偏差问题，以及达到更高的精度和更低的延迟，推出混合位置跟踪设备。

混合位置跟踪设备是指使用了两种或两种以上位置测量技术来跟踪物体的系统，能取得比使用任何一种单一技术更好的性能。它是采用来自其他类型跟踪设备的数据，周期性地重新设置惯性跟踪设备的输出，解决偏差问题。因为混合位置跟踪设备是其他跟踪设备和惯性跟踪设备的结合，所以通常也被称为混合惯性跟踪设备。典型的混合惯性跟踪设备由超声波位置跟踪设备和惯性跟踪设备组成。它包括安在天花板上的超声发射器阵列、3个超声接收器、用于超声信号同步的红外触发设备、加速度计和角速度计、计算机。混合位置跟踪设备的关键技术是传感器融合算法，如采用 Kalman 滤波。其过程是先使用积分获得方向和位置数据，然后直接输出这些数据，确保混合跟踪设备总体延迟比较低，最后输出数据与超声测距的数据进行比较，估计偏差数量，并重置积分过程。如果背景噪声很大，距离数据将被拒绝。

使用混合位置跟踪设备的优点是改进更新率、分辨率及抗干扰性(由超声补偿惯性的漂移)，可以预测未来运动达 50ms (克服仿真滞后)，快速响应(更新率为 150Hz，延迟极小)，无失真(无电磁干扰)。缺点是工作空间受限制(大范围时超声不能补偿惯性的漂移)，要求视线不受遮挡，受到温度、气压、湿度影响，混合惯性跟踪要求 3 个超声接收器。

图 2-55 所示为混合惯性跟踪设备的原理示意图。

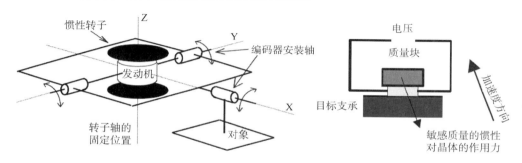

图 2-55　混合惯性跟踪设备的原理示意图

混合惯性跟踪设备的优点：

(1) 具有无源操作的优点，理论上的操作范围可以无限大。

(2) 数据刷新率很高，对减少延迟有很好的效果。

混合惯性跟踪设备的缺点是快速积累偏差。

图 2-56 所示为 InterSense 公司提供的混合位置跟踪设备 IS900。它使用惯性和超声传感器，以及传感器融合算法；实现六自由度的位置跟踪，可以预测未来 50ms 的运动。图 2-57 为其连接图。IS900 位置跟踪器与六自由度跟踪定位器是基于专利的 Constellation 技术，是要求最苛刻的沉浸式 3D 应用交付高精度广域跟踪，不受干扰的头部、手部与物体跟踪效果。无论是 CAVEs、PowerWalls、ImmersaDesk，还是房间、建筑物、模拟器，IS900 产品系都能为用户的特殊应用提供理想的、精确的动作跟踪解决方案。

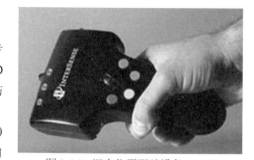

图 2-56　混合位置跟踪设备 1S900

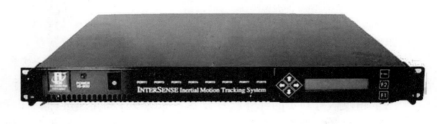

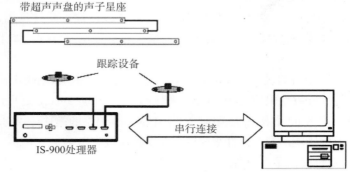

图 2-57　混合位置跟踪设备 1S900 连接图

7. 地磁定姿系统

在地面上标定方向的基准是地球自转轴，基于感受地球自转角速度的定向仪表如陀螺罗经、陀螺经纬仪、指北陀螺系统和速率陀螺等，不仅技术复杂、造价昂贵、维护困难和体积庞大，而且启动时间长。

地球自身固有的可做方位基准的矢量除了地球自转角速度矢量以外，还有地磁场强度。采用加速度计、磁阻传感器和单片机的地磁定姿系统，通过测量地球的重力场及磁场来计算运动物体的三自由度姿态数据，具有精度高、性能稳定、体积小、价格低廉、功耗低的特点。

2.5.3　跟踪设备的性能比较

跟踪设备的性能比较，如表 2-6 所示。

表 2-6　几种跟踪设备的性能比较

类型	发射源	便携	精度	价格	刷新率	延迟	范围
机械式	无	差	很高	较高	高	很小	很小
磁场式	有	好	较高	较低	较高	较大	单传感器小，多传感器大
超声波式	有	较好	时间法低，相位法高	很低	时间法低，相位法高	小	较小
光学式	有	较好	较高	昂贵	高	小	大
惯性式	无	好	较低	昂贵	很高	小	大
混合式	无	好	高	贵	高	小	大

2.5.4　常见的 3D 位置跟踪设备

3D 位置跟踪设备通常使用一种或几种跟踪传感器原理，除前面介绍过的设备外，还有用于输入的设备种类，如立体鼠标、数据手套等。

1. Spaceball

Spaceball，又称为 Space mouse 或 Cubic mouse，中文译为跟踪球、立体鼠标、3D 鼠标等。Spaceball 是一个带有传感器的圆球，用于测量操控者手施加在相应部件上的 3 个作用力和 3 个力矩。力和力矩根据弹簧形变定律间接测量。Spaceball 通常被安装在固定平台上，它的中心是固定的，并装有 6 个发光二极管。相应的球的活动外层装有 6 个光敏传感器。当操控者在移动外壳上施加力或扭转力矩时，6 个光敏传感器测量其 3 个力和 3 个力矩。这些力和力矩数据经过 RS-232 串行线发送给主计算机。

图 2-58 为 IBM SPACEBALL 4000FLX COM 口 3D 运动控制器，其最大的特点是可以与传统鼠标协同工作，实现了左右双手在计算机图形应用系统中的协作方式，但控制器不能代替鼠标的功能。操控者可以用一只手中的 3D 控制器来平移、缩放和转动三维模型，不断地调整模型的姿态，与此同时，另一只手用鼠标来完成模型的制作和调整。利用这个橡胶手感的球体在不同的维度进行运动，可以达到 3D 定位轨迹的效果。但球体并不像轨迹球那样完全旋转，仅需要小幅度移动就可以控制。球体两侧共有 12 个可自定义按键，可以在相应的软件中设定每个按键

图 2-58　IBM Spaceball 4000Lx

的功能，这样即使不使用快捷键也可以快速地达到自己操作的目的，从而提升工作和设计的效率。控制器自身会在按键时发出 BB 声提示操作。橡胶手感的手托可以装在控制器两边的卡槽内，数据线可以沿着双向沟槽引向不同方向，实现左右手不同习惯的人使用，十分人性化。控制器支持 100 多种应用软件，包括主要的 CAD/CAM/CAE、DCC 和办公软件(如 UG、CATIA、Pro/E、Ideas、SolidWorks、SolidEdge、ANSYS、Nastran、3ds MAX、Rhino、Maya、Photoshop、ACAD、Office 等)。

2. 数据手套

Spaceball 具有简单、工作速度快的优点，但从本质上来说，它限制操控者手部的自由运动，只能在接近桌面的一小块区域中活动。为了能较理想地感知人手的位置和姿态，也能感知每个手指的运动，要求 I/O 工具能处理手在一定空间的自由运动，具有更多的自由度去感觉单个手指的运动。通过经验可知，人的手指动作有"弯曲—伸直"，侧向"外展—内收"(五指并拢和分开)，拇指动作有"前位—复位"，前位使拇指与手掌相对。目前较有代表性的数据手套有 VPL 公司的 DataGlove、Vertex 公司的 CyberGlove、Mattel 公司的 PowerGlove 和 Exos 公司的 Dextrous Hand Master 等。它们都用传感器测量全部或部分手指关节的角度，例如，5 触点数据手套主要是测量手指的弯曲(每个手指一个测量点)，14 触点数据手套主要是测量手指的弯曲(每个手指两个测量点)，18 个传感器触觉数据手套和 28 个传感器触觉数据手套对应的测量点为 18 个和 28 个。还有 5DT、Measurand、DGTech、Fakespace、X-ISTImmersion 等公司均有有影响力的数据手套产品。由于数据手套本身不提供与空间位置相关的信息，所以必须与位置跟踪设备连用。

(1) DataGlove

VPL 公司是最早开发数据手套的公司，其产品称为 DataGlove，如图 2-59 所示。目前，VPL 的数据手套应用最多，最广泛、数据手套由很轻的弹性材料 lycra 构成，紧贴在手上，采

用光纤作为传感器。手指的每个被测的关节上都有个光纤环，用于测量手指关节的弯曲角度。数据手套的标准配置是每个手指背面只安装两个传感器，以便测量主要关节的弯曲运动，一个检测手指下部关节，另一个检测手指中间关节器。数据手套还提供测量大拇指并拢与张开，以及前位与复位的传感器作为选件。选件体积小、重量轻，方便安装在手套上。图 2-60 是数据手套 DataGlove 的连接示意图。

图 2-59　DataGlove

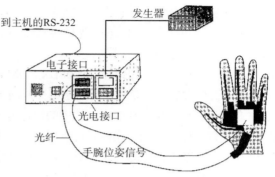

图 2-60　DataGlove 的连接示意图

　　　光纤传感器的优点是轻便和紧凑，操控者戴上手套感到很舒适。为了适应不同操控者手的大小，数据手套 DataGlove 有 3 种尺寸：小号、中号和大号。但此手套每穿戴一次，都需要进行手套校准(把原始的传感器读数变成手指关节角的过程)。这是因为操控者手的大小不同，穿戴的习惯不同。

　　　(2) Vertex 公司的赛伯手套

　　　Vertex 公司的赛伯手套(Cyber Glove)渐渐取代了原来的数据手套，并在虚拟现实系统中广泛应用。赛伯手套是为把美国手语翻译成英语所设计的。在手套尼龙合成材料上每个关节弯曲处织有多个由两片很薄的应变电阻片组成的传感器，在手掌区不覆盖这种材料，以便透气，并方便其他操作。这样，手套使用十分方便且穿戴也十分轻便。它在工作时检测成对的应变片电阻的变化，由一对应变片的阻值变化间接测出每个关节的弯曲角度。当手指弯曲时，成对的应变片中的一片受到挤压，另一片受到拉伸，使两个电阻片的电阻值一个变大、一个变小，在手套上每个传感器对应连接一个电桥电路，这些差分电压由模拟多路扫描器(MUX)进行多路传输，再放大，并由 A/D 转换器数字化，数字化后的电压被主计算机采样，再经过校准程序得到关节弯曲角度，从而检测到各手指的状态，如图 2-61 所示。

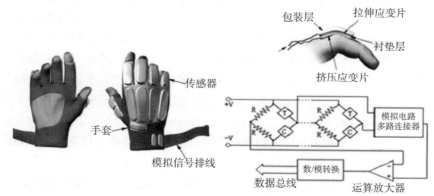

图 2-61　赛伯手套(Cyber Glove)工作原理图

　　赛伯手套中一般的传感器电阻薄片是矩形的(主要安装在弯曲处两边，测量弯曲角度)，也有 U 形的(主要用于测量外展—内收角，即五指张开与并拢)，对弯曲处测量有 16～24 个传感器(每个手指有 3 个)，对外展—内收角有 1 个传感器，此外还要考虑拇指与小指的转动，手腕的偏转与俯仰等。

　　在数据手套使用时，连续使用是十分重要的。很多数据手套存在着易于外滑、需要经常校正的问题，这是比较麻烦的事。赛伯手套的输出仅依赖于手指关节的角度，而与关节的突出无关。因此，每次戴手套时校正的数据不变。并且传感器的输出与弯曲角度呈线性关系，因此分辨率也不会下降。

　　(3) Exos 公司的灵巧手手套

　　1990 年 Exos 公司推出 Dextrous Hand Master 数据传感手套(DHM Glove)，如图 2-62 所示。它实际上不是一个手套，而是一个金属结构的传感装置，通常安装在操控者的手背上，其安装及拆卸过程相对比较烦琐，在每次使用前也必须进行调整。在每个手指上安装 4 个位置传感器，共采用 20 个霍尔传感器安装在手的每个关节处。

　　DHM Glove 数据传感手套是利用在每个手指上安装的机械结构关节上的霍尔应传感器测量，其结构的设计很精巧，对手指运动的影响较少，专门设计的夹紧弹簧和手指支撑保证在手的全部运动范围内设备的紧密配合。设备用可调 Velcr 带子安装在操控者手上，附加的支持和可调的杆使之适应不同操控者手的大小。这些复杂的机械设计成本高，是较为昂贵的传感手套。DHM Glove 数据传感手套具有高传感速率以及高传感分辨率的特点，常用于精度与速度要求较高的场合。其优点是响应速度快、分辨率高、精度高，但是它也在精度和校准上存在与其他手套类似的问题。

　　(4) 5DT 公司的 Glove 型 14 传感器数据手套

　　图 2-63 为 5DT GloveUltra 5 型或 14 传感器数据手套，它可以记录手指的弯曲(每根手指有 2 个传感器)，能够很好地区分每根手指的外围轮廓。系统通过一个 RS-232 接口与计算机相连接，Glove5 型 14 传感器数据手套也可以采用无线连接，无线手套系统通过无线电模块与计算机通信(最远支持 20m 距离)。这种数据手套有左手和右手型号可供选择。手套为可伸缩的合成弹力纤维制造，可以适应不同大小的手掌，同时它还可以提供一个 USB 的转换接口。

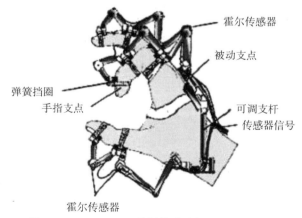
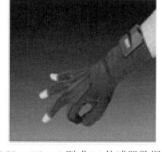

图 2-62　DHM Glove 数据传感手套　　　　图 2-63　5DT GloveUltra 5 型或 14 传感器数据手套

　　数据手套是虚拟现实系统最常见的交互式工具，它体积小、重量轻、操控者操作简单，所以应用十分普遍。

2.6　动作捕捉系统

动作捕捉英文为 Motion capture，简称 Mocap。技术涉及尺寸测量、物理空间里物体的定位及方位测定等方面，可以由计算机直接理解处理的数据。在运动物体的关键部位设置跟踪器，由 Motion capture 系统捕捉跟踪器位置，再经过计算机处理后得到三维空间坐标的数据。当数据被计算机识别后，可以应用在动画制作、步态分析、生物力学和人机工程等领域。

动作捕捉的起源普遍被认为是费舍尔(Fleischer)在 1915 年发明的影像描摹(Rotoscope)。这是一种在动画片制作中产生的技术。艺术家通过精细的描绘，播放真人录影片段当中的每一帧静态画面来模拟出动画人物在虚拟世界中的具备真实感的表演。这个过程本身是枯燥乏味的。但是对于动画师来说，幸运且具有纪念意义的是，1983 年麻省理工学院(MIT)研发出了一套图形牵线木偶。这套系统使用了早期的光学动作捕捉系统，叫作 Op-Eye，它依赖于一系列的发光二极管，通过制定动作，来生成动画脚本。本质上，这个牵线木偶充当了第一套"动作捕捉服装"。它自带非常有限数量的感应球，这些球能粗略地定位人体结构的关键骨骼点的位置。这套系统的产生，奠定了动作捕捉在之后迅速发展的基础，为后续各种动作捕捉提供了追寻的方向，也引领了之后动作捕捉技术的风潮，包括今天的动作捕捉技术在内。

2012 年由詹姆斯·卡梅隆导演的电影《阿凡达》全程运用动作捕捉技术完成，实现动作捕捉技术在电影中的完美结合，具有里程碑式的意义。其他运用动作捕捉技术拍摄的著名电影角色还有《猩球崛起》中的猩猩之王凯撒，以及动画《指环王》系列中的古鲁姆，都为动作捕捉大师安迪·瑟金斯饰演。2014 年 8 月 14 日，由梦工厂制作的全息动作捕捉动画电影《驯龙高手 2》在中国上映。

除了电影以外，动作捕捉在游戏领域也应用得极为广泛，诸如《光晕：致远星》《神鬼寓言3》《全面战争：幕府将军 2》《狙击精英 V2》等主机游戏都应用了动作捕捉技术。

现在我们提到动作捕捉技术，最常联想到的图画是一个动作捕捉演员身穿全黑的紧身衣，全身关键位置布上了白色的感应小球。实际上，这套系统就是依赖于早期光学跟踪系统的。关于动作捕捉最新的发展，实际上也可以说成是图形提线木偶系统的最终完善的成果。即便如此，这套标准对比与最新的无感应点动作扫描技术也显得过时。微软开发的应用在游戏主机 xbox360 上的 kinect 技术，可以不借助感应点扫描并捕捉物体的细微动作。而 New York's Organic Motion 公司注册的技术，通过即时测量数台不同摄像机之间画面的精确到毫秒单位的微小交错时间，来测量空间动作数据。

2.6.1　动作捕捉系统的分类

动作捕捉系统是指用来实现动作捕捉的专业技术设备。不同的动作捕捉系统依照的原理不同，系统组成也不尽相同。总体来讲，动作捕捉系统通常由硬件和软件两大部分构成。硬件一般包含信号发射与接收传感器、信号传输设备以及数据处理设备等；软件一般包含系统设置、空间定位定标、运动捕捉以及数据处理等功能模块。信号发射传感器通常位于运动物体的关键部位，如人体的关节处。持续发出的信号由定位传感器接收后，通过传输设备进入数据处理工作站，在软件中进行运动解算得到连贯的三维运动数据，包括运动目标的三维空间坐标、人体关节的六自由度运动参数等，并生成三维骨骼动作数据，可用于驱动骨骼动画，这就是动作捕捉系统普遍的工作流程。

动作捕捉系统种类较多，其技术原理可分为光学式、电磁式、声学式、机械式、惯性式 5 大类，其中光学式根据目标特征类型不同，又可分为标记点式光学和无标记点式光学两类。近期市场上出现所谓的热能式动作捕捉系统，本质上属于无标记点式光学动作捕捉范畴，只是光学成像传感器主要工作在近红外或红外波段。

1. 光学式

光学式动作捕捉系统基于计算机视觉原理，由多个高速相机从不同角度对目标特征点的监视和跟踪来完成运动捕捉的任务。理论上对于空间中的任意一个点，只要它能同时为两部相机所见，就可以确定这一时刻该点在空间中的位置。当相机以足够高的速率连续拍摄时，从图像序列中就可以得到该点的运动轨迹。

这类系统采集传感器通常都是光学相机，不同的是目标传感器类型不一。一种是在物体上不额外添加标记，基于二维图像特征或三维形状特征提取的关节信息作为探测目标，这类系统可统称为无标记点式光学动作捕捉系统；另一种是在物体上粘贴标记点作为目标传感器，这类系统称为标记点式光学动作捕捉系统。

(1) 无标记点式光学动作捕捉系统

图 2-64 为无标记点式光学动作捕捉系统，其原理有三种：第一种是基于普通视频图像的运动捕捉，通过二维图像人形检测提取关节点在二维图像中的坐标，再根据多相机视觉三维测量计算关节的三维空间坐标。由于普通图像信息冗杂，这种计算通常鲁棒性较差，速度很慢，实时性不好，且关节缺乏定量信息参照，计算误差较大，这类技术目前多处于实验室研究阶段。第二种是基于主动热源照射分离前后景信息的红外相机图像的运动捕捉，即所谓的热能式动作捕捉，原理与第一种类似，只是经过热光源照射后，图像前景和背景分离使得人形检测速度大幅提升，提升了三维重建的鲁棒性和计算速率，但热源从固定方向照射，导致动作捕捉时人体运动方向受限，难以进行 360° 全方位的动作捕捉，如转身、俯仰等动作并不适用，且同样无法突破因缺乏明确的关节参照信息导致计算误差大的技术壁垒。第三种是三维深度信息的运动捕捉，系统基于结构光编码投射实时获取视场内物体的三维深度信息，根据三维形貌进行人形检测，提取关节运动轨迹，这类技术的代表产品是微软公司的 kinect 传感器，其动作识别鲁棒性较好，采样速率高，价格非常低廉。但有不少爱好者尝试使用 kinect 进行动作捕捉，效果并不尽如人意，这是因为 kinect 的应用定位是一款动作识别传感器，而不是精确捕捉，同样存在关节位置计算误差大，层级骨骼运动累积变形等问题。总体来讲，无标记点式动作捕捉普遍存在的问题是动作捕捉精度低，并且由于原理固有的局限，导致运动自由度解算缺失(如骨骼的自旋信息等)造成动作变形等问题。

(2) 标记点式光学动作捕捉系统

标记点式光学动作捕捉系统一般由光学标识点(Marker)、动作捕捉相机、信号传输设备以及数据处理工作站组成。人们常称的光学式动作捕捉系统通常是指这类标记点式动作捕捉系统。在运动物体关键部位(如人体的关节处等)粘贴 Marker 点，多个动作捕捉相机从不同角度实时探测 Marker 点，数据实时传输至数据处理工作站，根据三角测量原理精确计算 Marker 点的空间坐标，再从生物运动学原理出发解算出骨骼的六自由度运动。根据标记点发光技术不同，还可分为主动式和被动式光学动作捕捉系统。

① 主动式光学动作捕捉系统。图 2-65 为主动式光学动作捕捉系统，其 Marker 点由 LED 组成。LED 粘贴于人体各个主要关节部位，LED 之间通过线缆连接，由绑在人体表面的电源装置供电。市场上最具代表性的产品是美国的 PhaseSpace，其主要优点是采用高亮 LED 作为光学标识，可在一定程度上进行室外动作捕捉，LED 受脉冲信号控制明暗，以此对 LED 进行时域编码识别，识别鲁棒性好，有较高的跟踪准确率。缺点是：不能进行快速动作的捕捉；不能进行快速运动的捕捉和数据分析；LED Marker 可视角度小，视觉三维测量精度较低，并且在运动过程中由于动作遮挡等问题仍然不可避免地导致频繁的数据缺失，如果为尽量避免遮挡造成的数据缺失，需要成倍增加动作捕捉镜头的数量，以弥补遮挡盲区问题，设备成本也随之成倍增加；系统可支持的 Marker 总数有严格限制。

图 2-64　无标记点式光学动作捕捉系统　　　　图 2-65　主动式光学动作捕捉系统

② 被动式光学动作捕捉系统。图 2-66 为被动式光学动作捕捉系统，也称反射式光学动作捕捉系统，其 Marker 点通常是一种高亮回归式反光球，粘贴于人体各主要关节部位，由动作捕捉镜头上发出的 LED 照射光经反光球反射至动作捕捉相机，进行 Marker 点的检测和空间定位。这类产品有美国的 Motion Analysis、英国的 Vicon 以及中国的天远产品，其主要优点是技术成熟，精度高、采样率高、动作捕捉准确，表演和使用灵活快捷，Marker 点可以随意增加和布置，适用范围很广。主要缺点是：系统一般需要在室内环境下才能正常工作；Marker 点识别出错率较高，这种情况通常导致运动捕捉现场实时动画演示效果不好，动作容易错位，并且需要在后期处理过程中通过人工干预进行数据修复，工作量大幅增加。其改进型的 Vicon 软件以及天远的 3DMoCap 都植入了先进的智能捕捉技术，具有很强的 Marker 点自动识别和纠错能力，很大程度上提高使用性，满足了现场实时动画演示的需要。

2. 电磁式

图 2-67 为电磁式动作捕捉系统。它一般由发射源、接收传感器和数据处理单元组成。发射源在空间产生按一定时空规律分布的电磁场；接收传感器安置在表演者身体的关键位置，随着表演者的动作在电磁场中运动，接收传感器将接收到的信号通过电缆或无线方式传送给处理单元，根据这些信号可以解算出每个传感器的空间位置和方向。目前常用的产品有 Polhemus 和 Ascension 公司生产的产品，其最大优点是易用性、鲁棒性和实时性好；缺点是金属物引起的电磁场畸变对精度影响大，采样率较低，不适用于快速动作的捕捉，同时，存在线缆式束缚和障碍，不利于复杂动作的表演。

图 2-66 被动式光学动作捕捉系统

图 2-67 电磁式动作捕捉系统

3. 声学式

图 2-68 为声学式动作捕捉系统。它由发送装置、接收系统和处理系统组成。发送装置一般是指超声波发生器，接收系统由 3 个以上的超声探头阵列组成。通过测量声波从一个发送装置到传感器的时间或者相位差，确定到接收传感器的距离，由 3 个呈三角排列的接收传感器得到的距离信息，解算出超声发生器到接收器的位置和方向。这类产品的典型生产厂家有Logitech、SAC 等，其最大优点是成本低；缺点是精度较差，实时性不高，受噪声和多次反射等因素影响较大。

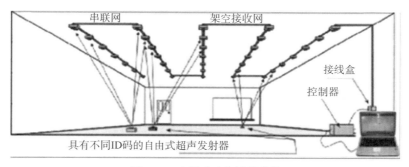

图 2-68 声学式动作捕捉系统

4. 机械式

图 2-69 为机械式动作捕捉系统。它依靠机械装置来跟踪和测量运动轨迹。典型的系统由多个关节和刚性连杆组成，在可转动的关节中装有角度传感器，可以测得关节转动角度的变化情况。在装置运动时，根据角度传感器所测得的角度变化和连杆的长度，可以得出连杆末端点在空间中的位置和运动轨迹。

X-1st 是这类产品的代表，其优点是成本低、精度高、采样频率高；最大的缺点是动作表演不方便，连杆式结构和传感器线缆对表演者动作约束和限制很大，特别是连贯的运动受到阻碍，难以实现真实的动态还原。

5. 惯性式

图 2-70 为惯性传感器式动作捕捉系统，它由姿态传感器、信号接收器和数据处理系统组成。姿态传感器固定于人体各主要肢体部位，通过蓝牙等无线传输方式将姿态信号传送至数据处理系统，进行运动解算。其中姿态传感器集成了惯性传感器、重力传感器、加速度计、磁感

应计、微陀螺仪等元素，得到各部分肢体的姿态信息，再结合骨骼的长度信息和骨骼层级连接关系，计算出关节点的空间位置信息。代表性的产品有 Xsens、3D Suit 等，这类产品主要的优点是便携性强、操作简单、表演空间几乎不受限制、便于进行户外使用。但由于技术原理的局限，缺点也比较明显：一方面，传感器本身不能进行空间绝对定位，通过各部分肢体姿态信息进行积分运算得到的空间位置信息造成不同程度的积分漂移，空间定位不准确；另一方面，原理本身基于单脚支撑和地面约束假设，系统无法进行双脚离地的运动定位解算；此外，传感器的自身重量以及线缆连接也会对动作表演形成一定的约束，并且设备成本随捕捉物体数量的增加成倍增长，有些传感器还会受周围环境铁磁体影响精度。

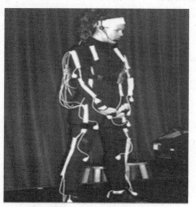 

图 2-69　机械式动作捕捉系统　　　　　图 2-70　惯性传感器式动作捕捉系统

2.6.2　不同动作捕捉系统间的特性比较

不同原理的动作捕捉系统各有优缺点，一般可从以下几个方面进行性能评估：定位精度、采样频率、动作数据质量、快速捕捉能力、多目标捕捉能力、运动范围、环境约束、使用便捷性、适用性等，据此对当前市场上常见的几种动作捕捉系统进行对比，如表 2-7 所示。

表 2-7　常见的几种动作捕捉系统对比情况

性能指标	惯性式	无标记点式	主动式光学	被动式光学
定位精度	低	低	一般	高
采样频率	高	低	低	高
动作数据质量	一般	低	一般	高
快速捕捉能力	高	低	低	高
多目标捕捉能力	一般 (成本加倍)	低 (成本不变)	一般 (成本不变)	高 (成本不变)
运动范围	大	小	一般	一般
环境约束	铁磁体干扰	阳光、热源干扰	强光源干扰	阳光干扰
使用便捷性	低 (线缆、负重)	高	低 (线缆、电源)	一般 (反光标记点)
适用性	一般 (人体、刚体)	低 (仅人体)	一般 (人体、刚体)	高 (人体、刚体、细节表情)

2.6.3　动作捕捉系统实际应用的技术参数

1. 动作捕捉相机采集帧率

动作捕捉相机采集帧率与通常所说的相机帧率一致，是指单位时间内图像数据采集的次数，单位一般是 fps，即帧/秒。相机采集帧率对于动作捕捉来说，具有两大物理意义：一是限定了动作采样频率，动作采样频率最大不超过相机采集帧率；二是直接决定了运动跟踪算法的有效性，进而决定了动作捕捉的正确率。运动跟踪贯穿动作捕捉的整个过程，一方面软件需要通过跟踪进行不同目标的识别和区分，另一方面通过跟踪预测可以缩小目标探测区域，有效提升计算速率和捕捉实时性。一旦跟踪失败，往往动作捕捉数据会出错，严重的话会导致丢失关键帧，影响捕捉的实时性。一般来说，相机帧率越高，跟踪性能越好，即捕捉数据正确率越高。

通常为了实现较好的动作捕捉性能，专业的动作捕捉系统制造商会进行深入的研究，以平衡硬件性能参数来满足使用要求。其中，动作捕捉相机分辨率和采集帧率是比较重要的一对相关参数。简单地说，分辨率越高，应该对应越高的采集帧率，因为分辨率增加相当于目标在图像上的运动预测不确定度增加。为保证计算速度，在跟踪搜索窗口不变的情况下，目标逃离跟踪窗口的概率大幅增加，造成跟踪失败，解决这个问题最有效的方法就是提高采集帧率，降低运动预测的不确定度，以确保跟踪正确率。专业的动作捕捉相机分辨率与采集帧率的关系一般应满足如表 2-8 所示的关系。

表 2-8　动作捕捉相机分辨率与采集帧率的关系

分辨率	采集帧率
30 万像素	≥30fps
130 万像素及以上	≥60fps
500 万像素及以上	≥100fps

2. 同步采集时间精度

专业的动作捕捉系统，特别是各类光学动作捕捉系统，同步采集时间精度是另一大重要的硬件参数，其物理意义是能够影响系统定位精度。同步采集时间精度是指系统在获取一个动作关键帧时，各相机曝光时刻间的时间差别。理论上讲，在同一个动作关键帧采集时，各相机必须在完全相同的时刻同步曝光，才能保证视觉三维测量的准确性。在实际应用中，专业的生产厂商会采用同步控制装置对系统进行精确同步控制，时间同步精度往往在百万分之一秒以上。没有同步控制装置或同步精度低的，直接导致空间定位偏差大，或者频繁出现异常噪声，影响动作捕捉的数据质量和使用效率。

3. 动作采样频率

动作采样频率指动作捕捉系统单位时间内采集动作关键帧的频率，其中动作关键帧是指某一时刻得到的一套完整的动作数据。动作采样频率决定了动作捕捉的细腻程度和采样密度，特别是对于动作分析的操控者来讲，采样频率对运动学计算意义重大，如计算速度、加速度等参数时，较高的动作采样频率尤其重要。

对于无标记点式光学系统和被动式光学系统来讲，动作采样频率和相机采集帧率一致，相机每曝光一次即得到一帧完整的动作数据，这时将相机采集帧率等价于动作采样频率是没有问题的。但是，对于主动式光学系统来讲，原理截然不同。由于 LED Marker 点采用时序编码，不同的 LED 随时间交替明暗变化，相机每曝光一次实际只对空间中的一个或几个 Marker 点进行采集，以此实现对不同 Marker 点的 ID 识别区分，捕捉时视场内往往有几十甚至上百个 Marker 点，当对所有 Marker 点完成一次采集时，才算作一次完整的动作采集，即一个动作关键帧，而相机采集可能已经进行了几十次。这时的动作采样频率远小于相机采集帧率，这类系统往往标注很高的相机采集帧率，但实际的动作采样率往往是 30fps 甚至更低。

4. 动作捕捉相机配置数量

动作捕捉相机配置数量具有重要的物理意义：视觉三维测量原理是特征目标被多个相机同时观测到，才能进行三维重建，当只有一个相机或没有相机观测到该目标时，对目标的重建就会失败，造成数据缺失，这种情况多是由于复杂动作、多人表演或与道具结合的表演过程中的各种遮挡导致。相机数量越多，布置的空间视点越多，目标被完全遮挡的概率就越小，数据缺失的也就越少，捕捉质量也就越好，降低数据后期处理的复杂度和工作量。此外，从视觉三维测量的原理出发，相机数量越多，也可以在一定程度上提升目标空间定位的精度。因此，在架设动作捕捉系统时，一定要考察清楚相机配置数量是否能够满足自身的捕捉需要。一般来说，动作捕捉场地越大，捕捉的物体越多，动作越复杂，需要的动作捕捉相机数量越多，数量配置与场地大小的大致对应关系可参考表 2-9。

表 2-9 动作捕捉相机配置数量与场地大小的对应关系

场地大小	相机配置数量
6m×6m	≥12 个
8m×8m	≥16 个
10m×10m 以上	≥24 个

5. 动作捕捉相机分辨率

在光学动作捕捉系统中，动作捕捉相机分辨率是系统的一个重要参数。动作捕捉相机分辨率意义并不在于画面的细腻程度和视觉体验，因为系统并不需要精细的画面，而是能够分辨出视场内的标记点或目标特征即可。因此动作捕捉相机的物理分辨率通常不需要影视级摄像机那么高，但是这里的分辨率具有两大物理意义：一是空间尺寸分辨能力，同样的视场范围，同样的工作距离下，分辨率越高，可识别的最小特征尺寸越小，通常这个意义在于，高分辨率的相机可以使用更小尺寸的 Marker(Marker 过大容易对动作表演造成干扰。一般情况下，Marker 不宜超过直径 20mm，但也不宜过小，太小容易被遮挡，可视角度随之变小，一般肢体捕捉 Marker 点不宜小于直径 10mm)；二是定位精度，尽管精度本身受分辨率、硬件同步性能、软件标定和三维重建算法等诸多因素影响，但分辨率决定了空间尺寸的分辨能力，并在一定程度上决定了空间定位的不确定度，造成三维数据不同程度的抖动，从而限制了定位精度，在其他因素控制较好的情况下，分辨率对系统精度起到决定性作用。

动作捕捉相机分辨率直接影响系统成本，通常更高的分辨率意味着更高的设备成本，因此对于大部分追求实用性和性价比的操控者来讲，分辨率能够满足自身的需求即可，无须盲目追求高分辨率。对于一般的动作捕捉应用来说，捕捉数据用来进行动画制作，其捕捉精度在亚毫米量级已经足够，因为这个量级的误差人眼是很难分辨的。在分辨率一定、相机视角一定的情况下，决定这个精度的因素主要在于相机工作距离，更直观地说，就是适用场地尺寸大小。捕捉场地越大，绝对精度越低。当场地大小超过绝对精度在亚毫米量级的要求时，应该采用更高分辨率的动作捕捉相机。以这个精度要求为基准，以常用的动作捕捉 60° 左右相机视角为例，可以得到一个分辨率与适用场地范围的参考对照表，如表 2-10 所示。

表 2-10　分辨率与适用场地范围的参考对照表

分辨率	适用场地大小
30 万像素	<7m×7m
130 万像素及以上	<15m×15m
500 万像素及以上	>15m×15m

6. 人体模型标记点配置数量

光学动作捕捉系统通常在软件中提供不同的人体标记点模型供操控者选择，即动作捕捉时单人身上布置的标记点总数，这个数量的物理意义在于它关系到骨骼运动解算的准确度。系统通过身上的标记点运用运动学原理解算关节运动信息，理论上标记点数量越多，动作解算越准确。为了反映全身各主要关节的六自由度运动信息，模型规划的基本标记点数量至少应大于 36 个，否则会缺失某些关节的某些运动自由度，造成骨骼动作数据失真。

7. 反光标记点尺寸大小

反光标记点尺寸大小没有严格限定，其物理意义在于与动作捕捉相机适配，保证在相机中能够被有效地探测到，同时不影响动作表演的自由性。一方面为避免遮挡引起的标记点可视角度过小等问题，标记点尺寸一般不小于直径 10mm；另一方面为避免标记点过大影响动作表演，尺寸一般不大于直径 20mm。具体尺寸一般与系统相机分辨率相对应，分辨率越高，标记点标配尺寸越小，例如，130 万像素以下系统一般使用 20mm 左右的标记点，而 500 万像素系统一般使用 10mm 左右的标记点。

2.7　面部表情捕获系统

面部表情捕获系统 FaceStation 是一套集成的应用软件，可为面部动画提供一整套解决方案。该软件包括：FaceTracker 用于实时捕获面部动作，FaceLifter 用于从事先录制的视频图像中提取面部动作，FaceDriver 用于与 3ds Max 集成，AvatarEditor 用于依据一个正面和侧面图像进行具体创建。FaceStation 运行于标准的 Windows 平台，Intel Pentium 和 AMD Athlon 处理器，支持大多数的 60Hz 摄像机、麦克风、便携式摄像机，此外仅需要一台桌灯和其他任何可让计算机视觉软件"找到"面部特征的光源即可。图 2-71 为 FaceStation 运行界面。

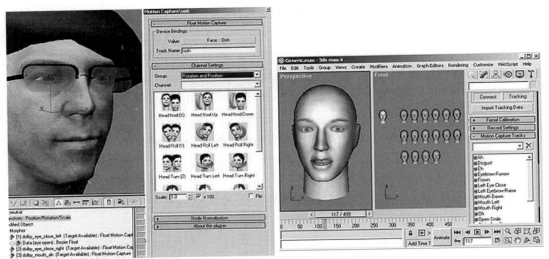

图 2-71　FaceStation 运行界面

2.8　嗅觉和味觉感知设备

2.8.1　嗅觉感知设备

目前国内研究人员基于综合应用人工智能、生物科技、电化学、有机化学、微电子等领域技术，从收集的近十万种气味分析出常见的一千多种，初步绘制出生活中大多数常见气味的"基因图谱"，并尝试着将气味的各种基础构成元素放置在独立装置中，组成包含数字编码、传输、解码、释放为一体的智能化集成设备。基于这样的设备已有数字气味的体验室问世。在这样的体验室中，当《黑客帝国 2》中男主角基努·里维斯走向美丽的女主角莫妮卡·贝鲁奇时，女主角身上一股诱人的香水味夹杂着淡淡的甜美气息迎面扑来，刹那间给人一种似幻似真的感觉。数字气味非常适合与影院、游戏、教育、电子商务等产业相结合。从全球范围来看，有关数字气味技术的研究和研发时间并不长，这是一项综合创新型的前沿技术。目前，气味王国已经与国内 VR 设备制造、影院、游戏场景运营进行合作。国外有部分企业也开始了类似的研究，对于这一技术的应用前景、商用价值、市场规模，有着无比巨大的想象空间。

2.8.2　味觉感知设备

人类在进食的时候，舌头味蕾会产生相应的生物电，并传到大脑，让我们食而知其味。在模拟人类的味觉感知中，可以用化学刺激办法实现，但在一个交互式的虚拟现实或增强现实系统中使用化学刺激是不实际的，因为化学药品既难保存也不方便操作。另外，对味觉的化学刺激本质上都是相似的，这就在应用于电子交互时不具备可操作性。为此，新加坡国立大学 Mixed Reality 实验室的一组研究人员提出一种不包含化学的方法——通过电流和温度来模拟人类几种原始味觉，并开发出相应的电子装置原型设备，如图 2-72 所示。这种独特、具有革新性的电子味觉交互设备装置包含两个重要部件组成：可以产生不同频率的低压电极(直接夹着操控者舌头)，还有 Peltier 温度控制器，即产生不同电流和热力刺激的控制模块与由两块银焊条组成的舌头接口(直接压在操控者的舌头上)。

(a) 味觉交互的舌头接口　　　　　　　　(b) 味觉测试原型系统

图 2-72　可模拟人类舌头味觉的电子装置原型设备

从实际测试来看，电子味觉交互的实验显示，酸味和咸味最容易被诱发，而甜味和苦味同样也在试验者舌头上表现出来，但是效果没酸味和咸味那么明显。实验测试结果如下。

- 酸味：60~180μA 的电流、舌头温度从 20℃上升到 30℃。
- 咸味：20~50μA 的低频率电流。
- 苦味：60~140μA 的反向电流。
- 甜味：反向电流，舌头温度先升到 35℃，再缓慢降低至 20℃。
- 薄荷味：温度从 22℃下降至 19℃。
- 辣味：温度从 33℃加热至 38℃。

2.9　其他交互设备

2.9.1　脑机交互装置

直接用大脑思维活动的信号与外界进行通信，甚至实现对周围环境的控制，是人类自古以来就追求的梦想。自从 1929 年汉斯·伯格(Hans Berger)第一次记录了脑电图以来，人们一直推测它或许可以用于通信和控制，使大脑不需要通常的媒介——外周神经和肢体的帮助而直接对外界起作用。然而，由于受当时整体科技水平的限制，加之对大脑思维机制了解尚少，这方面的研究进展甚微。

脑—机接口(Brain–Computer Interface，BCI)是在人脑与外部设备之间建立的一个直接通信渠道，如图 2-73 所示。此项技术在神经康复、认知计算、人机交互及人机混合智能等领域有广泛的应用前景。脑—机接口技术形成于 20 世纪 70 年代，是一种涉及神经科学、信号检测、信号处理、模式识别等多学科的交叉技术。随着人们对神经系统功能认识的提高和计算机技术的发展，BCI 技术的研究呈明显的上升趋势，特别是 1999 年和 2002 年两次 BCI 国际会议的召开为 BCI 技术的发展指明了方

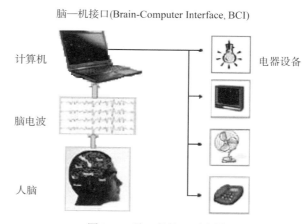

脑—机接口(Brain-Computer Interface, BCI)

计算机

脑电波

人脑

电器设备

图 2-73　脑—机接口示意图

向。目前，BCI 技术已引起国际上众多学科科技工作者的普遍关注，成为生物医学工程、计算机技术、通信等领域一个新的研究热点。

　　BCI 作为一个新的通信渠道，其通信速率(即每秒钟获取从大脑发出信息的比特数)是各国研究人员特别关注的问题。在以往公布的研究成果中，各种范式(包括采用植入电极的有创方法和采用头皮电极的无创方法)所能达到的最高通信速率都不超过每秒钟 2.5bit。

　　图 2-74 所示为脑—机交互的应用。

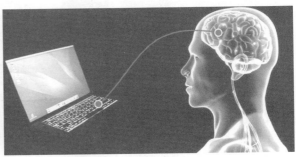

图 2-74　脑—机交互的应用

2.9.2　体感交互设备

　　近年来，国际上在三维体感交互设备上突破性产品连续出现。体感交互设备可以采集人体的三维运动数据，提供了将真实世界传感数据和虚拟环境合成的重要方式，是增强虚拟环境技术的重要设备。体感交互设备的突破主要来自于随着低成本红外半导体传感器的成熟提出的飞行时间(Time-of-Flight，TOF)技术，其测量原理与三维激光扫描仪大致相同，都是测量光的往返时间。所不同的是，激光扫描仪是逐点扫描，而 TOF 是对光脉冲进行调制并连续发送和捕获整个场景的深度。因此，与激光扫描相比，TOF 相机的优点是捕获速度非常快，缺点是分辨率低、测量精度低。

　　最早出现的 TOF 深度相机，知名的有 Zcam、Mesa、PMD、Canesta 等公司的产品，它们的光发射频率约几千万赫兹，捕获速度最高可达到 100 帧/秒，但分辨率并不高，而且价格昂贵。微软在 2010 年推出了 Kinect，它的红外 LED 向外投射光斑阵列，通过一种基于采样深度数据比较估计的光编码算法，大幅度降低了光的发射频率，提高了深度图计算的速度和分辨率(320×240)。2012 年微软又推出了 Kinect for Windows，进一步提高了深度图的分辨率，达到 640×480，并在适用距离和精度上有了较大提高，其 SDK 提供了更稳定的人体骨骼、面部跟踪以及三维重建 API。2012 年 5 月，Leap Motion 公司推出了小型运动控制系统 Leap 3D，可以追踪多个物体并识别手势，其识别精度为 0.01 毫米，再次掀起了整个互联网领域对体感交互设备的惊奇与热潮。2013 年 7 月 Leap3D 正式发售，Leap 3D 控制器只有 8 厘米长，它里面集成了两个 130 像素的网络摄像头传感器和 3 个红外 LED，采用的是将光编码技术和双目立体视觉相结合的算法。2013 年，加拿大 Thalmic Labs 公司研发的手势控制腕带 MYO 则独辟蹊径，更显神奇。它通过检测用户运动时胳膊上肌肉产生的生物电变化，不止实时，甚至提前在物理运动之前进行手势识别。

　　这些体感交互设备能够将真实世界的人体运动在虚拟环境中实时精确表示，增强了虚拟现实的交互能力。随着相关设备的发售和解密，我国也有一些公司和研究机构开始进行相关研究。

2.10　虚拟现实的计算设备

虚拟现实的计算设备，也就是专业图形处理计算机，是虚拟现实系统的重要组成部分，也是关键部分。它从输入设备中读取数据，访问与任务相关的数据库，执行任务要求的实时计算，从而实时更新虚拟世界的状态，并把结果反馈给输出显示设备，通常称其为“虚拟现实引擎”。也就是各种硬件配置，从单个计算机设备到网络互连在一起的能够实时的许多计算设备。

虚拟现实系统的性能优劣在很大程度上取决于计算设备的性能，由于虚拟世界本身的复杂性及实时性计算的要求(支持实时绘制场景、3D 空间定位、碰撞检测和语音识别等功能)，产生虚拟环境所需要的计算量极为巨大，这对计算设备的配置提出极高的要求，最主要的是要求计算设备必须具备高速的 CPU 和强有力的图形处理能力。因此，根据 CPU 的速度和图形处理能力，虚拟现实的计算设备通常分为高性能个人计算机、高性能图形工作站、高度并行的计算机和分布式网络计算机 4 大类。

2.10.1　高性能个人计算机与图像加速卡

现有的个人计算机的 CPU 速度和图形加速卡绘制能力能满足 VR 仿真中的大多数实时性要求。目前虚拟现实研发中最经济和最基本的硬件配置要求一般是配有图形加速卡的中高档 PC 平台，支持 Intel 或 AMD 芯片，支持 Windows NT 及 Windows 9x/2000/XP 等操作系统，能平稳运行目前以 3D 绘图语言为基础的开放式虚拟仿真系统，以 CRT 显示器或外接投影仪为主要展示手段，配合 VR 立体眼镜或头盔显示器能在 CRT 显示设备上进行立体显示观察。

此外，为加快图形处理速度，系统可配置一个或多个图形加速卡。下面介绍几种常见的图形加速卡。

(1) 耕昇 GT220 红缨—1G 版。耕昇 GT220 红缨采用的是最新的 GT216 核心，核心采用 DX10.1 规范的统一渲染架构，内建 48 个流处理器，支持 DirectX10.1 和 SM4.0，支持 PCI-Express2.0 总线规范，支持 VCI、H.264 的硬件解码与第三代 PureVideo HD 高清技术及双流解码技术。显存容量为 1024MB，默认工作频率(核心频率)为 645MHz，显存频率为 1580MHz。由于采用了 40nm 新工艺制造的核心，功耗和发热都有所降低，散热方面仅使用了体积较小的铝质风冷散热器。支持最大分辨率为 2560×1600。

(2) 华硕 EAH5870。华硕 EAH5870 是一款较先进的图形加速卡，采用先进的 40nm 工艺设计，同时还融入最新的 ATT EyeFinity、DirectX 以及 ATI Stream 技术。采用 RV870 显示核心，基于 40nm 制造工艺，拥有 1600 个流处理器单元、80 个纹理单元、32 个光栅单元，显存位宽保持在 256 位，完整支持 DirectX 111 与最新的 Shader Moder 5.0 技术，显存频率达到 4800MHz，支持最大分辨率为 2560×1600，核心频率达到 850MHz。

(3) 蓝宝石 Radeon HD5850。蓝宝石 Radeon HD5850 是目前人气较旺的一款游戏图形加速卡，基于 40nm 制程的 AMD-ATI RV870 核心，核心频率为 725MHz，采用统一超标量着色架构，拥有 1440 个流处理器、80 个纹理着色单元以及 32 个光栅处理单元，完整支持 DirectX 11、Shader Model 5.0 技术。显卡搭载的是 0.4ns GDDRS 显存颗粒，组成 1024MB/256 位的显存规格，其默认工作频率高达 4000MHz，支持最大分辨率为 2560×1600。

(4) 艾尔莎影雷者 980GTX+ 512B3 2DT。艾尔莎影雷者 980GTX +512B3 2DT 图形加速卡采用 55nm 制程的 NVIDIA G92-420 核心，内建 7.54 亿晶体管数量，核心频率为 740MHz，显存频率为 2200MHz。基于统一的渲染架构，拥有 128 个流处理器、64 个纹理着色单元，完整支持 DirectX 10 和 Shader Model 4.0 特效，支持 PCI-E 16X 2.0 接口标准，显存容量为 512MB，显存位宽为 256 位。

图 2-75 所示为适合虚拟现实系统用的部分显卡。

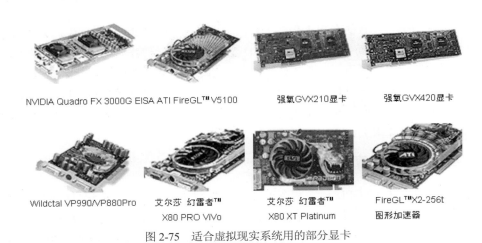

图 2-75　适合虚拟现实系统用的部分显卡

2.10.2　高性能图形工作站

目前，工作站是仅次于 PC 用得最多的计算设备。与 PC 相比，工作站的优点是有更强的计算能力、更大的磁盘空间和更快的通信方式。随着虚拟现实的不断成熟，主要的工作站制造厂家逐渐开发用高端图形加速器来实现现有的模型。Sun 和 SGI 公司采用的一种途径是用虚拟现实工具改进现有的工作站，像基于 PC 的系统那样。Division 公司采用的另一个途径是设计虚拟现实专用的"总承包"系统，如 Provision 100。这是基于工作站的虚拟现实机器的两种发展途径。

(1) HP Z800 图形工作站。图形生成器是虚拟现实显示系统的核心，它用来实时生成相应的图像，决定了图形生成的更新率、图形分辨率、图形复杂程度和图形质量。实时生成逼真的视景图像是一个十分复杂的计算过程，一方面它需要正确描述视景中各种实体的几何形态、相互位置和运动关系，另一方面它还必须基于实体的材质、纹理、环境气象和光照以及实体间的行为交互等进行大量的计算。具体技术参数包括 CPU：2 块 Intel XEON E5530，2.40GB；内存：ECC DDR3 12GB；主板：Intel 5520 芯片组；硬盘：SAS 300G 15K 高速硬盘；显卡：Fx5800 专业显卡，4GB 显存。

(2) Sun Blade 2500 工作站。Sun Blade 2500 工作站，提供最佳的性价比，可显现和解决复杂的技术问题。配备一组强大的工作站级功能，包括多达两个 1.28GHz UltraSPARC IIIi 处理器，最大 8GB DDR 内存(带有 ECC)，高带宽、低延迟内存控制器，可扩展的高性能存储元件，多个 PCI 总线以及可视化图形。Sun Blade 2500 工作站通过支持 Sun XVR-100、Sun XVR-500 或 Sun XVR-1200 图形加速器，为具有可视化需求的图形应用程序提供极佳的性能。Sun Blade 2500

工作站配备了 6 个 64 位 PCI 插槽、内置 USB 和 IEEE 1394a(FireWire) 端口及板载千兆位以太网端口(10/100/1000Base-T)，它还为各种采用先进技术的外设提供高吞吐量连接。

（3）Silicon Graphics Tezro 可视化工作站。Silicon Graphics Tezro 可视化工作站是 SGI 公司的产品之一。它的强大功能来自高带宽架构的 MIPS 处理器，在一台 Tezro 中最高可配置 4 个这样的处理器。这样，Tezro 就可以在台式机上提供业界最领先的可视化技术、数字媒体和 I/O 连接性。Tezro 支持高分辨率，包括 HDTV、立体图像选项、双通道和双头显示选项等先进的纹理操作，硬件加速阴影绘制和 96 位硬件加速累加缓冲器。Tezro 可用来为一流的个人和开发小组在最短的工作周期内得到最尖端的工作成果。

2.10.3　高度并行的计算机(超级计算机)

1. Altix 3000 系列集群系统

美国 SGI 公司推出的 Altix 3000 系列集群系统(见图 2-76)，配备英特尔奔腾 II 处理器，系统使用高带宽 SGI NUMAflexTM 结构光纤通道互连系统节点，节点之间在交换内存中的数据和互连信息时所获得的速度是使用传统标准交换机设备时速度的 200 倍。该集群系统还使用业界标准的 64 位 Linux 操作系统，为大规模数据处理、系统管理、资源管理做了全面优化。SGI Altix 3000 使用分布式高性能 CXFSTM 文件系统，提高了跨越异构网的数据访问速度。该产品具有如下特性。

（1）在基于标准的计算环境中提供具有突破性进展的性能。

（2）跨越大规模，拥有 64 个处理器的集群系统节点进行全局共享内存访问的技术。

（3）使用光纤信道实现集群式系统中节点互连，比传统的交换设备快 200 倍。

（4）使用业界标准的 Linux 系统，提供高效率的计算优化工具。

2. 曙光 TC1700

曙光信息产业有限公司推出的基于 IA 架构服务器节点的集群系统曙光 TC1700，它利用简单直观的管理工具来管理整个集群，将系统管理员从多台服务器重复、单调的管理工作中解放出来，提高工作效率。对操控者应用实现了"单一 IP、负载平衡、失效转移"工作模式，如单一系统映像技术、多机 HA 技术和负载平衡技术等。简单地说，单一系统映像技术就是让一个服务器聚集，无论对操控者还是对系统管理员使用起来像一台整体的计算机，而不是作为多台独立的计算机的管理技术。即系统中所有分布的资源被组织成一个整体统一管理和使用，操控者可以不去关心单个节点机的存在。从操控者的角度看，一个聚集系统就如同一个具有巨大配置的单一计算机系统。TC1700 是曙光公司机架式服务器集群的经典之作，具有可自由伸缩、高度可管理、高可用、高性能价格比等诸多优点。

3. 中国神威·太湖之光超级计算机

图 2-77 所示为上海超级计算中心的"神威"超级计算机。神威·太湖之光超级计算机由 40 个运算机柜和 8 个网络机柜组成。每个运算机柜比家用的双门冰箱略大，打开柜门，4 块由 32 块运算插件组成的超节点分布其中。每个插件由 4 个运算节点板组成，一个运算节点板又含 2 块"申威 26010"高性能处理器。一台机柜就有 1024 块处理器，整台神威·太湖之光共有 40960 块处理器，它的峰值性能达到 125.436PFlops，持续性能 93.015PFlops，性能功耗比 6051MFlops/W。

图 2-76　Altix 3000 系列集群系统　　　　　　图 2-77　"神威"超级计算机

2.10.4　分布式网络计算机

前面介绍的体系结构是把负载分布到单机的多个图形加速卡上进行处理。而分布式结构是把任务分布到 LAN 或 Internet 连接的多个工作站上,可以利用现有的计算机远程访问,多个操控者参与工作。分布式虚拟环境是指它驻留在两台或两台以上的网络计算机上,这些计算机共享整个仿真的计算负载。在分布式虚拟环境中的两个或多个操控者合作,是指他们依次执行给定的仿真任务,在某一时刻只有一个操控者与给定的虚拟物体交互。操控者协作指的是他们同时与给定的虚拟物体交互。两个操控者共享虚拟环境是最简单的共享环境,每个操控者都有一台带有图形加速卡的 PC,可能还连有其他一些接口。操控者之间通过 LAN 通信,使用 TCP/IP 协议发送简单的单播数据包。多操控者共享的虚拟环境允许三个或更多的操控者在给定的虚拟世界中交互。网络结构必须能够处理各种远程计算机上具有不同处理能力和不同类型的接口。它们的逻辑连接可以是单中心服务器、多服务器环型网、点到点 LAN、通过桥接路由器的混合点到点 WAN。

(1) 单中心服务器。把 PC 客户端都连接到中心服务器上,服务器主要协调大部分仿真活动,负责维护仿真中所有虚拟物体的状态。当操控者在共享虚拟环境中做出一个动作后,其动作以单播包的形式发给服务器,服务器对其进行压缩并发送给其他操控者。

(2) 多服务器环型网。用多个互连服务器代替中心服务器,形成环型网。每个服务器都维护着虚拟世界的相同副本,并负责它的客户端所需要的通信。

(3) 点到点 LAN。网络虚拟环境的功能分布在以多播 UDP 模式通信的多个客户端端点上,不受服务区的限制,任何一个客户端都可以与其他客户端进行信息交流。

(4) 混合点对点 WAN。使用代理服务器的网络路由器把多播信息打包成单播包,再发送给其他路由器,本地的代理服务器负责解包后,再以多播形式发送给本地客户。

2.11　虚拟现实系统的系统集成设备

由于虚拟现实系统涉及大量的感知信息和模型,因此为了实现各技术间的信息集成,还需要研究这些技术的集成技术,它包括图像边缘融合与无缝拼接技术、光谱分离立体成像技术、图像数字几何矫正技术、模型的标定技术、数据转换技术和识别与合成技术等。有些集成技术开发成硬件产品,有些开发成软件系统。本章仅介绍主被动立体信号转换器、无线彩色触摸屏智能中央控制系统等,其他的请阅第 3 章中的技术介绍。

2.11.1　主被动立体信号转换器

过去，立体投影还只是高端 CRT 投影机和大型高端 DLP 投影机的专利，高昂的费用让大多数需要立体影像的工作者望而却步。而今天，主被动立体信号转换器(见图 2-78)改变了这个局面。主被动立体信号转换技术是轻松实现三维立体投影显示的低成本解决方案，图 2-79所示是一种应用主被动立体信号转换器的系统架构。借助主被动 3D 转换器(AP 转换器)可以将输入的主动立体信号转换成两路同步的被动立体信号(左眼图像和右眼图像)，然后将左眼和右眼图像同步地输入给两台 LCD/LCOS 投影机，通过佩戴的偏振立体眼镜观看，可以得到高质量的 3D 影像效果。该产品采用标准的 LCD/LCOS 投影机技术显示真实的被动立体影像，虚拟现实系统操控者不再需要使用价格昂贵 CRT 或 DLP 专业投影机，便可以实现高分辨率、高清晰度、无闪烁、大幅面逐行三维投影显示。这一切为广大操控者提供了低成本的立体投影系统解决方案，使广大科研工作者在有限的经费预算内便可建成具有较高水准的专业虚拟现实实验室。

图 2-78　主被动立体信号转换器

图 2-79　应用主被动立体信号转换器的系统架构

2.11.2　无线彩色触摸屏智能中央控制系统

图 2-80 是一款无线彩色触摸屏智能中央控制系统 KT-AV，它是虚拟现实系统集成控制产品的经典之作，拥有可编程的控制结构、全双向控制方式、美观的控制面板，同时支持状态反馈，一目了然。它集成了 8 路红外遥控接口、6 路 RS-232/422/485 控制接口、8 路数字 I/O 控制接口、8 路+12V 弱继电器接口、二路 RS-485 网络接口等。其强大的红外学习功能对所有红外码都能有效学习，遥控灵敏；其灵活的开关机编程功能使得使用非常方便。该系统具有以下功能特点。

图 2-80　　无线彩色触摸屏智能中央控制系统 KT-AV

(1) 采用最新摩托罗拉 32 位内嵌式处理器，处理速度可达 275MHz。

(2) 强大的网络功能，完善的周边设备，稳定可靠的机器性能。

(3) 采用可编程逻辑阵列电路，运行速度更快，系统更稳定。

(4) 主机内置 16MB 内存及 8MB 的大容量 FLASH 存储器。

(5) 8 路独立可编程红外发射接口。

(6) 6 路独立可编程 RS-232/422/485 控制接口。

(7) 8 路数字 I/O 输入/输出控制口，带保护电路。

(8) 8 路弱电继电器控制接口。

(9) 支持 2 路 RS-485 控制总线，可任意扩展控制模块，如多台调光器、多台射频无线接收器、多台电源控制器等，最大可支持 256 个网络设备。

(10) 提供 2 条可扩展多功能插槽，可选配其他多功能控制卡。

(11) 全面支持第三方设备及控制协议，客户可自行设置多种控制协议和代码。

(12) 后面板具有系统软件传输接口。

(13) 支持多代码的控制，即一键发多种代码(IR 红外、RS- 485 代码、RS-232 代码)。

(14) 采用国际流行全贴片式(SMT)生产工艺。

(15) 国际通用电源(110～240V)，适合任何地区。

(16) 高品质、大批量生产，有较高的兼容性和稳定性，有较高的性价比。

思 考 题

1. 什么是人的视觉差？什么是视差角？人眼立体成像原理是什么？

2. 裸眼显示设备是如何实现立体视觉的？有几种实现方法？各自特点是什么？

3. 位置传感器的主要任务是什么？其性能指标有哪些？

4. 触觉反馈和力反馈有什么不同？

5. 试比较各种位置跟踪系统的优缺点。

6. 神威·太湖之光超级计算机采用哪些集群技术？

7. 试述云计算技术对虚拟现实技术发展的影响。

第3章 虚拟现实系统的关键技术

虚拟现实技术是一种逼真地模拟人在自然环境中视觉、听觉、触觉及运动等行为的人机交互技术。它融合了计算机图形学、多媒体技术、人工智能、人机接口技术、数字图像处理、网络技术、传感器技术以及高度并行的实时计算技术等多个信息技术分支。它的主要特征是沉浸感、交互性和想象力。它的关键技术包括环境建模技术、立体声合成和立体显示技术、交互技术、系统集成技术等。

由虚拟现实技术的定义可知，虚拟现实系统的目标是由计算机生成虚拟环境，参与者可以与之进行视觉、听觉、触觉、嗅觉、味觉等全方位的交互，并且虚拟现实系统能进行实时响应。要实现这种目标，除了需要有一些专业的硬件设备外，还必须有许多的相关技术及基于这些相关技术开发的软件系统加以实现。特别是在现在计算机的运行速度还达不到虚拟现实系统所需要求的情况下，相关关键技术就显得更加重要。要生成一个具有多维信息的场景，并且能使场景各种信息(图像、声音、气味、口味、触感)随人体各感觉行为的变化而实时地变化，一方面要靠设备上的性能提高来实现对虚拟现实所包含的各种信息的实时性，另一方面，还必须有压缩、简化、优化、分布与并行算法等理论方法及其软件技术的支持。也就是说，实现虚拟现实系统除了需要功能强大的、特殊的硬件设备支持以外，对相关的软件和技术也提出了很高的要求。

【学习目标】
- 了解虚拟现实的各种立体显示技术实现方法
- 了解虚拟现实的环境建模技术及实现方法
- 了解虚拟环境的实时三维绘制技术
- 了解虚拟三维声音系统的处理技术
- 了解嗅觉、味觉感知技术
- 了解虚拟环境的自然交互技术
- 了解唇读识别技术的主要研究内容

3.1 视觉信息的 3D 显示技术

早在虚拟现实技术研究的初期，计算机图形学的先驱伊凡·苏泽兰就在其 Sword of Damocles 系统中实现了立体显示，用人眼观察到了空中悬浮的被显示的对象，极为引人注意。现在流行的虚拟现实系统 WTK、DVISE 和 EON 等都支持立体眼镜或头盔式显示器。

由于人的左右眼之间有 6~8cm 的视觉差，因此左右眼各自处在不同的位置，所得的画面有一点细微的差异(即视差)。正是这种视差，人的大脑能将两眼得到的细微差别的图像进行融合，从而在大脑的前庭处产生出有空间感的立体物体。立体图的产生基本过程是对同一场景分别产生两个相应于左右双眼的不同图像，让它们之间具有一定的视差，从而保存了深度立体信息。在观察时借助立体眼镜等设备，使左右双眼只能看到与之相应的图像，视线相交于三维空间中的一点上(大概在人的前庭处)，从而产生三维深度信息。如图 3-1 所示。

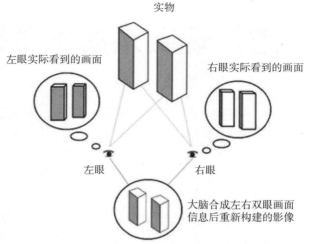

图 3-1　人眼立体成像机理示意图

基于人眼立体成像机理，在不同的发展时期，根据不同的应用，不同的公司开发了不同的 3D 显示技术与设备。从观看形式上来区分，有需要佩戴眼镜与不需要佩戴眼镜之分，眼镜也有主动与被动式之分。总体来说，佩戴眼镜观看技术发展比较成熟，设计和制造难度、制造成本较低，3D 效果好。而裸眼观看的技术还处于起步阶段，制造难度高，成本高，观看的效果也还不尽如人意，尤其是观看的角度有限制，清晰度差，3D 效果也不好。

3.1.1　彩色眼镜法(分色法)

要实现美国科学家伊凡·苏泽兰提出的《终极显示》(*The Ultimate Display*) 中所设想的真实感，首先必须实现立体的显示，给人以高度的视觉沉浸感，现在已有多种方法与手段来实现。

佩戴红绿滤色片眼镜看的立体电影就是其中一种，这种方法被称为彩色眼镜法或分色法。其原理是在进行电影拍摄时，先模拟人的双眼位置从左右两个视角拍摄出两个影像，然后分别以滤光片(通常以选配两种色差比较大的颜色滤光片，如红色、绿色)投影重叠投影到同一画面上，制成一条电影胶片。在放映时观众需戴一个一片为红色另一片为绿色的眼镜。利用红色或绿色滤光片能吸收其他的光线，而只能让相同颜色的光线透过的特点，使不同的光波波长通过红色镜片的眼睛只能看到红色影像、通过绿色镜片的眼睛只能看到绿色影像，实现立体电影。在美国 20 世纪 50 年代的立体电影中应用较常见，图 3-2 为红绿滤色片眼镜。

分色法观看
立体影片

图 3-2　红绿滤色片眼镜

但是，由于滤光镜限制了色度，只能让观众欣赏到黑白效果的立体电影，而且观众两眼的色觉不平衡，很容易疲劳。

3.1.2　偏振光眼镜法(分光法)

偏振光眼镜法，目前应用较多。光波是一种横波，当它通过媒质时或被一些媒质反射、折射及吸收后，会产生偏振现象，成为定向传播的偏振光。偏振片就是使光通过后成为偏振光的一种薄膜，它是由能够直线排列的晶体物质均匀加入聚氯乙烯或其他透明胶膜中，经过定向拉伸而成。拉伸后胶膜中的晶体物质排列整齐，形成如同光栅一样的极细窄缝，使只有振动方向与窄缝方向相同的光通过，成为偏振光。当光通过第一个偏振片时就形成偏振光，只有当第二个偏振光片与第一个偏振光片窄缝平行时才能通过，当第二个偏振光片与第一个偏振光片窄缝垂直时刚好不能通过，如图 3-3 所示。

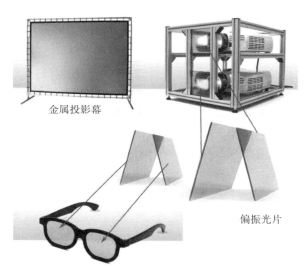

图 3-3　偏振光通过的基本原理示意图

这种方法是在立体电影放映时，采用两个电影机同时放映两个画面，重叠在一个屏幕上，并且在放映机镜头前分别装有两个相差互为 90° 的偏振光镜片，投影在不会破坏偏振方向的金属幕上，成为重叠的双影，观看时观众戴上偏振轴互为 90° 并与放映画面的偏振光相应的偏光眼镜，即可把双影分开，形成一个立体效果的图像。目前，有些投影式虚拟现实系统也采用此技术方案，LG、康佳、TCL、海信、创维等品牌采用偏光式 3D 显示法。

3.1.3　串行式立体显示法(分时法，快门式)

要显示立体图像主要有两种方法：一种是同时显示技术，即在屏幕上同时显示分别对应左右眼的两幅图像；另一种是分时显示技术，即以一定的频率交替显示两幅图像。

同时显示技术就是上面所说的彩色眼镜法和偏振光眼镜法，如彩色眼镜法是对两幅图像用不同波长的光显示，参与者的立体眼镜片分别配以不同波长的滤光片，使双眼只能看到相应的图像，这种技术在 20 世纪 50 年代曾广泛用于立体电影放映系统中，但是在现代计算机图形学和可视化领域中主要是采用光栅显示器，其显示方式与显示内容是无关的，很难根据图像内容决定显示的波长，因此这种技术对计算机图形学的立体图绘制并不适合。

　　头盔显示器是一种同时显示的并行式头盔式显示装置，左右两眼分别输入不同的图像源，HMD 对图像源的要求较高，所以一般条件下制造的 HMD 都相当笨重。比较理想的应用是对图像源要求不高的串行式立体显示技术，但其技术难度比并行式大，制造成本较高。

　　目前应用得较多的是分时的串行式立体显示法，也称分时法或快门式立体显示技术，它是以一定频率交替显示两幅图像，参与者通过以相同频率同步切换的有源或无源眼镜来进行观察，使参与者双眼只能看到相应的图像，其真实感较强，如图 3-4 所示。

　　串行式立体显示设备主要分为机械式、光电式两种。最初的立体显示设备是机械式的，但这种通过机械设备来实现"开关效应"难度相当大，很不实用。很快，光电式的串行式设备诞生了，它基于液晶的光电性质，用液晶设备作为显示"快门"，这种技术已成为当前立体显示设备的主流。

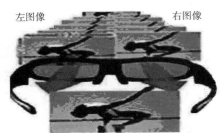

左图像　　　　　右图像

图 3-4　串行式立体显示法(分时法)

　　一般液晶光阀眼镜由两个控制快门(液晶片)、一个同步信号光电转换器组成。其中，光电转换器负责将 CRT 依次显示左、右画面的同步信号传递给液晶眼镜，当它被转换为电信号后用以控制液晶快门的开关，从而实现了左右眼看到对应的图像，使人眼观察获得立体成像。当显示器的图像切换时，同步信号就被光电转换器送到开关机构，开关机构又来控制光阀。在图像切换和光阀切换之间有一个较大的时间延迟，因而当右图像已经被切换为左图像时，右光阀没有来得及完全关闭，这样就会造成右眼看到了左眼的图像，一般来说，转换频率控制在 40~60 帧/秒为宜。三星、松下、索尼、海尔、夏普、长虹等品牌推出的 3D 电视，采用的都是主动快门式 3D 显示法。

3.1.4　分波式立体显示法

　　光是人眼所能观察到的波长介于 0.76nm~0.38nm 的电磁波。光波从人眼能感觉的颜色上又分为红、绿、蓝等各种颜色，而每种颜色的光的波长并不是一个特定值，而是介于一个范围之间，如红光波长介于 0.63nm~0.76nm，紫色波长介于 0.38nm~0.46nm。分波式 3D 系统正是利用了上述特性光波波长的特性。图 3-5 为分波式系统示意图。

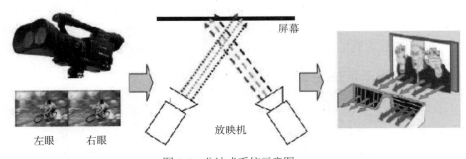

左眼　　右眼　　　　　　放映机　　　　　屏幕

图 3-5　分波式系统示意图

　　分波式系统的组成与分光式非常类似。节目的拍摄并无不同，只是当在设备上进行显示时，利用了光波波长特性。在光分式(偏振光)系统中，利用偏振光实现左图像与右图像的分离，左图像与右图像采用不同偏振方向的偏振光；而在分波式系统中，利用不同波长的光波进行分离，左图像采用某特定波长红光、绿光和蓝光，右图像采用不同于左图像的某特定波长的红光、绿光和蓝光。

观众所佩戴眼镜的左右镜片都涂有不同的多个涂层。左镜片的涂层只允许左图像所采用的特定波长红光、绿光和蓝光通过；而右镜片的涂层恰恰相反，只允许右图像所采用的特定波长红光、绿光和蓝光通过，从而达到对左右图像进行分离的目的：左眼只能看到左图像，右眼只能看到右图像。左右两幅图像经过大脑的合成，最终呈现出一帧立体图像。

分波式的 3D 成像效果较好(与偏振光式相当)，现阶段主要被 Dolby 公司的 3D 影院系统所采用。系统的造价也较低，只需要普通的白屏幕就可以进行 3D 电影的放映(相比起来，偏振光式则需要金属屏幕，造价相对较高)。眼镜造价也较低，佩戴起来也比较轻便。该系统的主要难度在于不同波长滤光涂层的开发，开发技术掌握在 Dolby 公司的手中。这种技术现阶段还无法用于 3D 电视系统，只用于 3D 影院系统。

3.1.5　不闪式 3D 显示技术

不闪式 3D 显示技术也属于眼镜式 3D 技术，它是最接近我们实际感受立体感，最自然的方式。如同在电影院里享受 3D 影像，能够同时看两个影像，把分离左侧影像和右侧影像的特殊薄膜贴在 3D 显示器(含电视)表面和眼镜上。通过显示器分离左右影像后同时送往眼镜，通过眼镜的过滤把左右影像分离后送到各个眼睛，大脑再把这两个影像合成让人感受 3D 立体感。对于担心子女过分贴近电视而影响眼健康的聪明父母而言，更喜欢遵守视听推荐距离的不闪式 3D 显示技术。而且，因为采用 IPS 硬屏面板，所以在左右视角上都没有限制，不管是在哪个角度看都很鲜明，没有色变现象，不闪式 3D 电视在任何角度都能享受 3D 影像。

不闪式 3D 显示技术具有以下特点。

(1) 没有闪烁，能体验让眼睛非常舒适的 3D 影像。不闪式 3D 没有电力驱动，可舒适佩戴眼镜并且全然没有闪烁感。因此可以尽情享受让眼睛非常舒适的 3D 影像。看实际测量闪烁程度的数据就能知道数据几乎是零，不会有头晕的状态出现。

(2) 可视角度广。

(3) 能够用轻便舒适的眼镜享受 3D 影像。

(4) 体验没有重叠画面的 3D 影像。

(5) 体验没有画面拖拉现象的高清晰 3D 影像。

该技术在 3D 电视技术得到应用。

3.1.6　裸眼立体显示实现技术

现在，立体显示技术已从"眼镜式"立体显示技术发展到不用戴眼镜的"裸眼式"3D 显示技术。美国的 DTI 公司、日本的三洋电机公司、夏普公司、东芝公司、国内的北京超多维科技有限公司等均在研发生产一种可以不用戴立体眼镜，而直接采用裸眼就可观看的立体液晶显示器，首次让人类摆脱 3D 眼镜的束缚，给人们带来了震撼的效果，也极大地激发了各大电子公司对 3D 液晶显示技术研发的热情，很多新的技术与产品不断出现。为了保证 3D 产品之间的兼容性，在 2003 年 3 月，由夏普、索尼、三洋、东芝、微软公司等 100 多家公司组成 3D 联盟，共同开发立体显示产品。

　　立体液晶显示技术结合了双眼的视觉差和图片三维的原理，会自动生成两幅图片，一幅给左眼看，另一幅给右眼看，使人的双眼产生视觉差异。由于左右双眼观看液晶的角度不同，因此不用戴上立体眼镜就可以看到立体的图像。当然，这种液晶显示器还可实现 2D 和 3D 工作模式切换。

　　从技术上来看，裸眼式 3D 不外乎 4 种模式：光屏障式、柱状透镜技术、指向光源以及直接成像。3D 全息投影属于直接成像的一种。目前主流的模式为前两种：光屏障式技术和柱状透镜技术。

1. 光屏障式技术

　　光屏障式技术的实现方法是使用一个开关液晶屏、偏振膜和高分子液晶层，利用液晶层和偏振膜制造出一系列方向为 90°的垂直条纹。这些条纹宽几十微米，通过它们的光就形成了垂直的细条栅模式，称为"视差障壁"。而该技术正是利用了安置在背光模块及 LCD 面板间的视差障壁。通过将左眼和右眼的可视画面分开，使观看者看到 3D 影像。其原理如图 3-6 所示。

　　这种技术在成本上比较有优势，如夏普 SH8158U 和 ivvi K5 手机以及 3DS 游戏机都是采用这种技术。不过采用这种技术的屏幕亮度偏低，只能在一个合适的角度和位置才能有比较好的视觉效果。

2. 柱状透镜技术

　　运用柱状透镜技术的 3D 显示器在显示屏前增加了一个多透镜屏，用一排垂直排列的柱面透镜控制左右图像的射向，使右眼图像聚焦于观看者右眼，左眼图像聚焦于观看者左眼，从而让观看者在不同角度看到不同的影像，产生立体幻像。其优势在于因为是在液晶显示屏的前面加上一层柱状透镜，所以其亮度不会受到影响。图 3-7 为柱状透镜技术原理示意图。

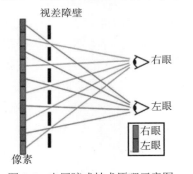

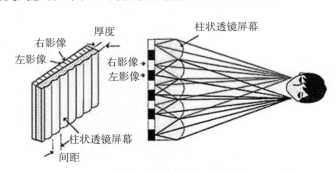

图 3-6　光屏障式技术原理示意图　　　　　图 3-7　柱状透镜技术原理示意图

(注：光屏障式与柱状透镜同属于光栅式原理)

　　目前，厂商已经可以把透镜的截面做到微米级，使得条纹状立体图像更加精细。因此这种技术广泛用于高清晰的 3D 数字电视、3D 手机、3D 大屏幕显示等，ivvi K5 采用的超多维公司特制的裸眼 3D 液晶屏也运用了这个技术原理。值得一提的是，苹果公司在 2016 年 7 月 21 日申请了裸眼 3D 技术的专利，而同年 9 月 8 日发布的 iPhone 7 系列手机并没有配备此技术。

　　裸眼 3D 立体显示技术作为一项科技感十足的全新显示技术，受到很多消费者乃至科技人员的赞美，让我们期待它普及市场的那一天。

3.1.7　全息摄影技术

全息摄影相对于传统的摄影技术来说是一种革命性的发明。光作为一种电磁波，有 3 个属性：颜色(即波长)、亮度(即振幅)和相位。传统的摄影技术只记录了物体所反射光的颜色与亮度信息，而全息摄影则把光的颜色、亮度和相位 3 个属性全部记录下来。

全息摄影采用激光作为照明光源，并将光源发出的光波分为两束，一束直接射向感光片，另一束经被摄物的反射后再射向感光片。两束光在感光片上叠加产生干涉，感光底片上各点的感光程度不仅随强度也随两束光的位相关系而不同。所以全息摄影不仅记录了物体上的反光强度，也记录了位相信息。

人眼直接去看这种感光的底片，只能看到像指纹一样的干涉条纹，但如果用激光去照射它，人眼透过底片就能看到原来被拍摄物体完全相同的三维立体像。一张全息摄影图片即使只剩下很小的一部分，依然可以重现全部景物。

全息摄影在理论上是一种很完美的 3D 技术，从不同角度观看，观看者会得到一幅角度不同的 3D 图像。而上述的 3D 显示技术都无法做到这一点。全息摄影可应用于无损工业探伤、超声全息、全息显微镜、全息摄影存储器、全息电影和电视。但由于技术复杂，全息摄影在上述领域还没有得到商业应用。有关全息摄影技术详见第 5 章的内容介绍。

综上所述，在不同的发展时期，根据不同的应用，不同的公司开发了不同的 3D 显示技术。从观看形式上来区分，有需要佩戴眼镜的，有不需要佩戴眼镜，眼镜也有主动与被动式之分。总体来说，佩戴眼镜观看技术发展比较成熟，设计和制造难度、制造成本较低，3D 效果好；而裸眼观看的技术还处于起步阶段，制造难度高，成本高，而观看的效果不尽如人意，尤其是观看的角度有限制，清晰度差，3D 效果也不好。表 3-1 为现有立体显示方式的对比。

表 3-1　立体显示方式的对比

观看方式	采用技术		应用方式	成熟度	优缺点
眼镜式	主动快门式	分时式	3D 电视	★★★★	优点：3D 成像质量最好
		分光式	3D 影院	★★★★	优点：成像质量较好
					缺点：造价高
		分波式	3D 影院	★★★★	优点：成像质量较好
	被动式	分色式	初级 3D 影院和电视	★★★	优点：造价低廉
					缺点：3D 效果差，色彩丢失严重
裸眼式	光栅式和柱状透镜式		3D 电视机和显示器	★★★	优点：不需要佩戴眼镜
					缺点：3D 效果差难以实现大屏幕
	全息摄影			★★	优点：从各个角度观看都可以
					缺点：不成熟

3.2　虚拟现实系统中的虚拟环境建模技术

在虚拟现实系统中，要营造虚拟环境，首先要建立构成虚拟环境中的一切事物的模型，然后在其基础上再进行实时绘制、立体显示,形成一个虚拟的世界。虚拟环境建模的目的在于获取实际或虚构的三维环境的三维模型数据(含几何、物理、行为等方面的模型数据),并根据其应用的需要,利用获取的三维模型数据建立相应的虚拟环境模型。只有构建出反映研究对象的真实有效的模型,虚拟现实系统才有可信度。

由第 1 章的虚拟现实类型可知,对应于不同类型的虚拟现实的虚拟环境,可能有 3 种情况。

(1) 模仿真实世界中的环境。例如,生产车间等建筑物、武器系统或战场环境、工业产品、大自然景物以及自然现象等。这种真实环境是现实中已经存在的,其建立过程实际是实物虚化的过程。为了本质地、逼真地模仿真实世界中的环境,要求逼真地建立其几何模型、物理等模型,甚至于有生命体的生理性、心理性模型以及行为模型等。例如,建立数字化虚拟人模型、动植物模型等。而且,环境的动态行为也应符合客观物理规律或自然规律等。基于这类模型的虚拟现实系统,实际上是计算机数字仿真系统。

(2) 人类主观构造的环境,即虚构的环境。例如,影视作品、3D 游戏的三维动画、工业领域设计的新数字产品(是真实世界还不存在的,如发明的产品)等。环境可以是虚构的,其几何模型和物理模型也可以是完全虚构的。因为是虚构的,所以环境的动态行为不一定要符合客观物理规律或自然规律等。

(3) 模拟出真实世界环境中客观存在的,但人类又不可感知或者感知困难的信息(物理量)。例如,物质内部微观构造、空气中速度、温度、电场、磁场、压力的分布、环境对象的静态和动态特性量等,对于物质微观结构进行放大尺度的模仿,使人能看得到看得真切,因而在微观领域开展科学研究是非常有用的手段。这一类虚拟现实系统主要应用在视算技术中的可视化领域。此外,从虚实结合角度来看,增强现实系统显示的虚拟信息也算是可视化信息。

由上可知,虚拟现实系统的建模技术所涉及的内容极为广泛。目前,在计算机建模、仿真等方面有很多较为成熟的理论方法与技术。通常,虚拟现实系统中的环境建模技术具有以下 3 个特点。

(1) 虚拟环境中可以有很多的物体,往往需要建造大量完全不同类型的物体模型。

(2) 虚拟环境中有些物体有自己的行为,而一般图形建模系统中只构造静态的物体,或是物体简单的运动。

(3) 虚拟环境中的物体必须有良好的操纵性能,当参与者与物体进行交互时,物体必须以某种适当的方式来做出相应的实时反应。

在虚拟现实系统中,环境建模应该包括基于视觉、听觉、触觉、力觉、味觉等多种感觉通道的建模。但基于目前的技术水平,常见的主要是三维视觉建模和三维听觉建模。在当前应用中,环境建模主要是三维视觉建模,这方面的理论与方法较为成熟。三维视觉建模又可细分为几何建模、物理建模、行为建模等。几何建模是基于几何信息来描述物体模型的建模方法,它处理物体的几何形状的表示,研究图形数据结构的基本问题。物理建模涉及物体的物理属性及物理规律。行为建模反映研究对象的物理本质及其内在的工作机理。

3.2.1　几何建模技术

传统意义上的虚拟环境基本上都是基于几何的,用数学意义上的曲线、曲面等数学模型预先定义好虚拟环境的几何轮廓,再采取纹理映射、光照等数学模型加以渲染。在这种意义上,大多数虚拟现实系统的主要部分是构造一个虚拟环境并从不同的路径方向进行漫游。要达到这个目标，首先是构造几何模型，其次模拟虚拟照相机在 6 个自由度运动(3 个位移，3 个转动)，并得到相应的输出画面。

基于几何的建模技术是一种研究具体物体的几何信息的表示与处理(包括物体的几何信息数据结构及相关构造的表示、操纵数据结构的算法等)的综合技术。几何建模技术是研究在计算机中，如何表达物体模型形状的技术。

几何建模是 20 世纪 70 年代中期发展起来的，它是一种通过计算机表示、控制、分析和输出几何实体的技术，是 CAD/CAM 技术发展的一个新阶段。

以几何信息和拓扑信息反映结构体的形状、位置、表现形式等数据的方法进行建模，称为几何建模。几何信息指在欧氏空间中的形状、位置和大小，最基本的几何元素是点、直线、面。拓扑信息是指拓扑元素(顶点、边棱线和表面)的数量及其相互间的连接关系。

任何物体的几何模型都可分为面模型与体模型两类。其建模方法有两类：一类是以曲线、曲面为基础的曲面构建方法。应用对象主要是由复杂曲面组成的产品，如汽车、飞机、船舶等，这类产品既不是完全由简单的二次曲面组成，也不像人脸那样毫无规律而言。另一类则是以三角曲面为基础的曲面构造方法，最适合表现无规则、复杂型面的物体，特别是玩具、艺术品、历史文物这类对象。体模型用体素来描述对象的结构，其基本几何元素多为四面体。面模型则相对简单一些，而且建模与绘制技术也相对成熟，处理方便。体模型拥有对象的内部信息，可以很好地表达模型在环境因素作用下的整体特征等，但其动、静态的位形实时计算量也相应增加。

具体的几何建模通常有以下几种方法。

(1) 基于编程的几何建模方法。该方法是利用相关程序语言来进行精确几何建模，如 OpenGL、Java3D、VRML 等。这类方法主要针对虚拟现实技术的 3I 特点而编写，编程相对容易，建模效率较高，但对于复杂模型编程量很大，且生成的数据量也较大。

(2) 基于人机交互的几何建模方法。该方法可利用常用的 3D CAD 软件来进行精确建模，如 AutoCAD、3ds MAX、Maya、SoftImage、Pro/E、UG、CATIA、SolidWorks 等，参与者可交互式地创建某个对象的几何模型。但这些软件普遍存在与各虚拟现实软件/平台的集成性问题，即这类软件所生成的模型数据格式并非虚拟现实软件所要求的数据格式、坐标系设置以及度量单位。因此，实际使用时需要将 CAD 模型数据转化为各虚拟现实系统软件或平台所能完全接受的中性格式文件。

(3) 基于逆向工程技术的 3D 几何模型重构方法。基于逆向工程技术的建模方法有多种，最典型的是采用逆向工程技术系统中的三维扫描仪对实际物体进行三维建模。它能快速、方便地将真实世界的几何、彩色信息转换为计算机能直接处理的数字信号，而不需进行复杂、费时的建模工作。

在虚拟现实应用中，有时可采用基于图片的建模技术。对建模对象实地拍摄两张以上的照片，根据透视学和摄影测量学原理，标志和定位对象上的关键控制点，建立三维网格模型。例如，可使用数码相机直接对建筑物等进行拍摄，得到有关建筑物的照片后，采用图片建模软件进行建模，如 MataCreations 公司的 Canoma 是比较早推出的软件，适用于由直线构成的建筑物；REALVIZ 公司的 ImageModeler 是第二代产品，可以制作复杂曲面物体；最近，Discreet 推出的 Plasma 等软件，这些软件可根据所拍摄的一张或几张照片进行快速建模。

与大型 3D 扫描仪比较，这类软件有很大的优势：使用简单、节省人力、成本低、速度快，但实际建模效果一般，常用于大场景中建筑物的建模。

3.2.2　物理建模技术

在虚拟现实系统中，虚拟物体在外观特征上必须像真的一样。至少固体物质不能彼此穿过，物体在被推、拉、抓取时应按预期方式运动。所以说几何建模的下一步发展是物理建模，也就是在建模时赋予对象的物理属性。虚拟现实系统的物理建模是基于物理方法的建模，往往采用微分方程来描述，使它构成动力学系统。这种动力学系统由系统分析和系统仿真来研究，系统仿真实际上就是动力学系统的物理仿真。具体采用什么建模方法需要结合各学科领域理论知识，并结合物体、物体所处的环境因素进行选择。其中，以下两种技术是值得关注的物理建模技术。

1. 分形技术

分形技术是指可以描述具有自相似特征的数据集。自相似的典型例子是树：若不考虑树叶的区别，当我们靠近树梢时，树的树梢看起来也像一棵大树，由相关的一组树梢构成一根树枝，从一定距离观察时也像一棵大树。当然由树枝构成的树从适当的距离看时自然是棵树。虽然，这种分析并不十分精确，但比较接近。这种结构上的自相似称为统计意义上的自相似。自相似结构可用于复杂的不规则外形物体的建模。该技术首先被用于河流和山体的地理特征建模。举一个简单的例子，可利用三角形来生成一个随机高度的地形模型：取三角形 3 边的中点按顺序连接起来。将三角形分制成 4 个三角形，同时，在每个中点随机地赋予一个高度值，然后，递归上述过程，就可产生相当真实的山体。

分形技术的优点是简单的操作就可以完成复杂的不规则物体建模，缺点是计算量大，不利于实时性。因此，目前在虚拟现实中一般仅用于静态远景的建模。

2. 粒子系统

粒子系统是一种典型的物理建模系统。粒子系统是用简单的体素完成复杂运动的建模，所以体素是用来构造物体的原子单位。体素的选取决定了建模系统所能构造的对象范围。粒子系统由大量称为粒子的简单体素构成，每个粒子具有位置、速度、颜色和生命周期等属性。这些属性可根据动力学计算和随机过程得到，通过设置这些属性可以产生运动进化的画面。为产生逼真的图形，它要求有反走样技术，并花费大量绘制时间。在虚拟现实中，粒子系统用于动态的物体所伴随的诸如火焰、水流、雨雪、旋风、喷泉现象的建模。

3.2.3　行为建模技术

几何建模与物理建模相结合，可以部分实现虚拟现实"看起来真实、动起来真实"的特征。而要构造一个能够更逼真地模拟现实世界的虚拟环境，还必须采用行为建模技术。

行为建模技术研究的主要是物体运动的处理和对其行为的描述。人们在创建模型的同时，不仅赋予模型的外形、质感等表征属性，同时也赋予模型的物理属性和"与生俱来"的行为与反应能力，并且服从一定的客观规律。虚拟环境中的行为动画有别于传统的计算机动画，主要表现在两个方面。

(1) 在计算机动画中，动画制作人员控制整个动画的场景；而在虚拟环境中，参与者与虚拟环境可以以任何方式进行自由交互。

(2) 在计算机动画中，动画制作人员可完全计划动画中物体的运动轨迹；而在虚拟环境中，设计人员只能规定在某些特定条件下物体如何运动。

在虚拟环境行为建模中，其建模方法主要有基于数值插值的运动学方法与基于物理的动力学仿真方法。

1. 运动学方法

运动学方法是指通过几何变换如物体的平移和旋转等来描述运动。在运动控制中，无须知道物体的物理属性(如惯性参数)。在关键帧动画中，运动是显示指定几何变换来实施的。首先设置几个关键帧用来区分关键的动作，其他动作根据各关键帧可通过内插等方法来完成。这种行为建模法多用在基于虚物实感型虚拟现实的虚拟环境建模中，但所构建的虚拟环境是否符合客观规律暂不考虑，因为它不需要考虑引起运动的因素。

关键帧动画概念来自传统的卡通片制作。在传统动画制作中，动画师设计卡通片中的关键画面，即关键帧。然后，由助理动画师设计中间帧。在三维计算机动画中，计算机利用插值法设计中间帧。

由于运动学方法产生的运动是基于几何变换的，复杂场景的建模将比较困难。

2. 动力学仿真方法

动力学运用物理定律来定量描述物体的行为。该方法不但考虑物体的运动属性，而且考虑引起物体运动的因素，如力和力矩、能量转换、物体的质量和惯性、其他的物理作用和运动约束条件。这种方法的优点是对物体运动的描述更加精确、运动更加符合自然规律。与运动学相比，动力学仿真方法能生成更复杂更逼真的运动，但是计算量更大，而且难以控制运算的收敛性。动力学仿真方法的一个重要问题是对运动的控制。采用运动学动画与动力学仿真都可以模拟物体的运动行为，但各有其优越性和局限性。运动学动画技术可以做得很真实和高效，但相对应用面不广。而动力学仿真技术利用真实规律精确描述物体的行为，比较注重物体间的相互作用，较适合物体间交互较多的环境建模。它具有广泛的应用领域，适合于基于实物虚化型的虚拟现实系统，也适合于按照客观规律虚构的物体，如工业中各种发明产品的数字化建模等，因为所发明成果可以是现实世界不存在的，还在设计师脑海中，但可以借助 VRT 使得虚物实感化体验得以实现。所以动力学仿真方法的虚拟环境建模是最全面的。

行为建模技术本身还在不断发展着，随着微观科学技术的发展，许多过程所建立的宏观规律下的理论方法不一定适合客观的、微观环境。

3.2.4　听觉的建模技术

1. 声音的空间分布

对任何声音都要求提供正常的空间分布，这要求考虑被传送声音的复杂频谱。声音的传输涉及空间滤波器的传输功能，就是在声波由声源传到耳膜时发生的变换。因为每个人有两只耳朵，所以每只耳朵加一个滤波器。由于虚拟环境中多数工作集中在无回声空间，加之声源与耳的距离对应的时间延迟，确定滤波器只需要根据听者的身体、头和耳有关的反射、折射和吸收。于是，传输功能可看作与头有关的传递函数(HRTF)。

当然，在考虑真实的反射环境时，传输功能受到环境声结构和人体声结构的影响。对不同声源位置的 HRTF 估计，是通过听者耳道中的探针麦克风的直接测量。一旦得到 HRTF，则监测头部位置，对给定的声源定位，并针对头部位置提供适当的 HRTF，实现仿真。图 3-8 所示为空间声学分布示意图。

更复杂的真实的声场模型是为建筑应用开发的，

图 3-8　空间声学分布示意图

但它不能由当前的空间定位系统实时仿真。随着实时系统计算能力的增加，利用这些详细模型将适用于仿真真实的环境。

建模声场的一般途径是产生第二声源的空间图。在回声空间中，一个声源的声场建模为在无回声环境中的一个初始声源和一组离散的第二声源(回声)。第二声源可以由 3 个主要特性描述：距离(延迟)；相对第一声源的频谱修改(空气吸收、表面反射、声源方向、传播衰减)；入射方向(方位和高低)。

通常可用两种方法找到第二声源：镜面图像法和射线跟踪法。镜面图像法确保找到所有几何正确的声音路径。射线跟踪法难以预测为发现所有反射所要求的射线数目。射线跟踪方法的优点是，即使只有很少的处理时间，也能产生合理的结果。

通过调节可用射线的数目，则很容易以给定的帧频工作。镜面图像方法由于算法是递归的，不容易改变比例。射线跟踪方法在更复杂的环境可以得到更好的结果，因为处理时间与表面数目的关系是线性的，不是指数的。虽然对给定的测试情况，镜面图像法更有效，但在某些情况下射线跟踪法性能更好。CRE(Crystal River Engineering)公司的三维音效技术较为成熟，用了十多年时间与美国太空总署(NASA)共同研究头部相关传递函数(HRTF)，其 Convolvotron、Beachtron、Acostetron、Alphatron 等产品都提供了三维声音的专家级支持。

2. 增强现实中听觉的显示

听觉通道的增强现实很少被人关注。其实如在视觉通道一样，在许多应用中需要有计算机合成的声音信号与采样的真实声音信号。采样的真实声音信号可以来自当地环境，也可以借助遥控操作系统来自远程环境。一般来自当地环境的信号可以由耳机周围的声音泄漏得到，或者由当地环境中的定位麦克风(可能在头盔上)得到，并把声音信号加在电路中合成而不是在声音空间中合成。但是，因为希望在加入以前处理这些环境信号，或者希望环境信号声源在远地的情况利用同样的系统，所以要用后一种途径。声音增强现实系统应能接收任何环境中麦克风感受的信号，以适应给定情况的方式变换这些信号，再把它们增加到虚拟现实系统提供的信号上。当前，声音增强现实系统最典型的应用是使沉浸在某种虚拟现实任务中的参与者同时处理真实世界中的重要事件(如真实世界中的各种提示声音等)。

3.2.5　气味的数字化技术

在已知的数字化视觉体系中，三原色的搭配组合可以产生出缤纷色彩，气味却远不是这么简单。尽管大多数气味的基础元素构成是有机化合物，但气味变化有无数种，目前人类已知的细胞受体工作机理也仅仅是气味奥秘的冰山一角。医学研究已经证明气味是有最基本的维度的，大概有 6 个。现实中任何气味都是被这 6 个向量反复迭代的综合气味。基于这 6 个维度(向量)，人们提出一种叫作嗅觉柱(column)的模型(一个由六顶点构成的柱子)，如图 3-9 所示。已知的各种气味都存在于这个柱子里面的某个坐标点。和人类目前理解最透彻的视觉系统不一样，视觉有完整且发达的传导网络，成熟且专职的感受细胞，而嗅觉和味觉是靠受体感受的化学感觉，其中嗅觉是远感觉，针对的是外部环境，而味觉是近感觉，针对的是具

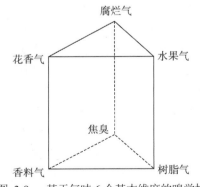

图 3-9　基于气味 6 个基本维度的嗅觉柱

体对象。也就是说，对于人类来说，嗅觉存在的意义并不是分辨有多少种气味，而是给人类最基本的提示：这个东西有没有气味、它能不能吃、它好不好吃。

目前，科技专家已经综合应用人工智能、生物科技、电化学、有机化学、微电子技术从近十万种气味，分析了常见的一千多种，并绘制出生活中大多数常见气味的"基因图谱"，并将气味的各种基础构成元素放置在独立装置中，组成包含数字编码、传输、解码、释放为一体的智能化集成设备。例如，国内的气味王国已经能够通过气敏传感器阵列、信号处理系统、模式识别系统等技术，实现气味信息的数字化，并能网络化传输和智能终端再现。这无疑是颠覆式的虚拟现实嗅觉体验技术。

此外，电子鼻是另外一种利用气体传感器阵列的响应图案来识别气味的电子系统，其识别气味的主要机理是在阵列中的每个传感器对被测气体都有不同的灵敏度，以及不同的响应曲线。例如，气体甲可在某个传感器上产生高响应的电压信号，而在其他传感器上产生低响应。同样地，对气体乙产生高响应的传感器，对气体甲则不敏感，产生低响应电压信号。因此整个传感器阵列对不同气体的响应图案是不同的，正是这种区别，才使得系统能根据传感器阵列的响应图案来识别气味。

3.2.6　味觉的体验技术

新加坡科学家在东京技术研讨会上展示了一项可在虚拟现实中传递食物味道的新技术。4个元件可在几秒钟内导致温度在 5℃范围内发生变化，刺激舌头的味觉受体，使其感受食物真正的味道。这项技术的工作原理是向味觉受体发射弱电脉冲，使舌头感觉到虚拟食物的味道。相关的设备是一个配有电池组和传感器的小箱子，箱子里的元件可以通过温度变化刺激舌头的味觉受体，使其感觉到味道变化。

3.3　真实感实时绘制技术

要实现虚拟现实系统中的虚拟世界，仅有立体显示技术是不够的，虚拟现实中还有真实感与实时性的要求。也就是说，虚拟世界的产生不仅需要真实的立体感，而且虚拟世界还必须实时生成，这就必须要采用真实感实时绘制技术。

3.3.1　真实感绘制技术

真实感绘制是指在计算机中重现真实世界场景的过程。真实感绘制的主要任务是要模拟真实物体的物理属性，即物体的形状、光学性质、表面的纹理和粗糙程度，以及物体间的相对位置、遮挡关系等。

实时绘制是指当参与者视点发生变化时，他所看到的场景需要几乎同步更新，这就要保证图形显示更新的速度必须跟上视点的改变速度，否则就会产生迟滞现象。一般来说，要消除迟滞现象，计算机每秒钟必须生成 10～20 帧图像，当场景很简单时，例如仅有几百个多边形，要实现实时显示并不困难，但是，为了得到逼真的显示效果，场景中往往有上万个多边形，有时多达几百万个多边形。此外，系统往往还要对场景进行光照明处理、反混淆处理及纹理处理等，这对实时显示提出了很高的要求。

传统的真实感图形绘制的算法追求的是图形的高质量与真实感，而对每帧画面的绘制速度并没有严格的限制。与传统的真实感图形绘制有所不同，在虚拟现实系统中实时三维绘制要求图形实时生成，可用限时计算技术来实现，同时由于在虚拟环境中所涉及的场景常包含在数十万甚至上百万个多边形，虚拟现实系统对传统的绘制技术提出严峻的挑战。就目前计算机图形学水平而言，只要有足够的计算时间，就能生成准确的像照片一样的计算机图像。但虚拟现实系统要求的是实时图形生成，由于时间的限制，我们不得不降低虚拟环境的几何复杂度和图像质量，或采用其他技术来提高虚拟环境的逼真程度。

为了提高显示的逼真度，加强真实性，常采用下列方法。

1. 纹理映射

纹理映射是将纹理图像贴在简单物体的几何表面，以近似描述物体表面的纹理细节，加强真实性。贴上图像实际上是个映射过程。映射过程应按表面深度调节图像大小，得到正确透视。参与者可在不同的位置和角度来观察这些物体，在不同的视点和视线方向上，物体表面的绘制过程实际上是纹理图像在取景变换后的简单物体几何上的重投影变形的过程。

纹理映射是一种简单、有效改善真实性的措施。它以有限的计算量，大幅度改善，显示逼真性。实质上，它用二维的平面图像代替三维模型的局部。

2. 环境映照

在纹理映射的基础上出现了环境映照的方法，它采用纹理图像来表示物体表面的镜面反射和规则透射效果。具体来说，一个点的环境映照可通过取这个点为视点，将周围场景的投影变形到一个中间面上来得到的，中间面可取球面、立方体、圆柱体等。这样，当通过此点沿任何方面视线方向观察场景时，环境映照都可以提供场景的完全、准确的视图。

3. 反走样

绘制中的一个问题是走样(aliasing)，由于采样不充分，重建后造成信息失真，称为走样。它会造成显示图形的失真。由于计算机图形的像素特性，所以显示的图形是点的矩阵。在光栅图形显示器上绘制非水平且非垂直的直线或多边形边界时，或多或少会呈现锯齿状或台阶状外观。这是因为直线、多边形的色彩边界是连续的，而光栅则是由离散的点组成，在光栅显示器上表现直线、多边形等，必须在离散位置上采样。

反走样算法试图防止这些假象。一个简单方法是以两倍分辨率绘制图形，再由像素值的平均值，计算正常分辨率的图形。另一个方法是计算每个邻接元素对一个像素点的影响，再把它们加权求和得到最终像素值。这可防止图形中的"突变"，而保持"柔和"。

走样是由图像的像素性质造成的失真现象，反走样方法的实质是提高像素的密度。在图形绘制中，光照和表面属性是最难模拟的。为了模拟光照，已有各种各样的光照模型，从简单到复杂排列，分别是简单光照模型、局部光照模型和整体光照模型。从绘制方法上看，有模拟光的实际传播过程的光线跟踪法，也有模拟能量交换的辐射度方法。

除了在计算机中实现逼真物理模型外，真实感绘制技术的另一个研究重点是加速算法，力求能在最短时间内绘制出最真实的场景，如求交算法的加速、光线跟踪的加速等。包围体树、自适应八叉树都是著名的加速算法。

3.3.2　基于几何图形的实时绘制技术

实时三维图形绘制技术是指利用计算机为参与者提供一个能从任意视点及方向实时观察三维场景的手段，它要求当参与者的视点改变时，图形显示速度也必须跟上视点的改变速度，否则就会产生迟滞现象。传统的虚拟场景基本上都是基于几何的，就是用数学意义上的曲线、曲面等数学模型预先定义好虚拟场景的几何轮廓，再采取纹理映射、光照等数学模型加以渲染。在这种意义上，大多数虚拟现实系统的主要部分是构造一个虚拟环境，并从不同的方向进行漫游。要达到这个目标，首先是构造几何模型；其次模拟虚拟摄像机在 6 个自由度运动，并得到相应的输出画面。

　　由于产生三维立体图包含较之二维图形更多的信息，而且虚拟场景越复杂，其数据量就越大，因此，当生成虚拟环境的视图时，必须采用高性能的计算机及设计好的数据的组织方式，从而达到实时性的要求。一般来说，至少保证图形的刷新频率不低于 15 帧/秒，最好是高于 30 帧/秒。有些性能不好的虚拟现实系统会由于视觉更新等待时间过长，可能造成视觉上的交叉错位。即当参与者的头部转动时，由于计算机系统及设备的延迟，使新视点场景不能及时更新，从而产生头已移动而场景没及时更新的情况；而当参与者的头部已经停止转动后，系统此时却将刚才延迟的新场景显示出来，这不但大大地降低了参与者的沉浸感，严重时还会使人产生头晕、乏力等现象。

　　为了保证三维图形能实现刷新频率不低于 30 帧/秒，除了在硬件方面采用高性能的计算机，提高计算机的运行速度以提高图形显示能力外，还有一个经实践证明非常有效的方法是降低场景的复杂度，即降低图形系统需处理的多边形的数目。目前，有下面几种常用方法用来降低场景的复杂度，以提高三维场景的动态显示速度：预测计算、脱机计算、3D 剪切、可见消隐、LOD 细节层次模型，其中，LOD 细节层次模型应用较为普遍。

1. 预测计算

　　该方法根据各种运动的方向、速率和加速度等运动规律，如人手的移动，可在下一帧画面绘制之前用预测、外推法推算出手的跟踪系统及其他设备的输入，从而减少由输入设备带来的延迟。

2. 脱机计算

　　由于 VR 系统是一个较为复杂的多任务模拟系统，在实际应用中有必要将一些可预先计算好的数据存储在系统中，如全局光照模型、动态模型的计算等，这样可加快需要运行时的速度。

3. 3D 剪切

　　将一个复杂的场景划分成若干个子场景，存在部分子场景间几乎不可见或完全不可见。如把一个建筑物按楼层、房间划分成多个子部分，此时，观察者处在某个房间时仅能看到房间内的场景及门口、窗户等与之相邻的其他房间。因此，系统应针对可视空间剪切。虚拟环境在可视空间以外的部分被剪掉，这样可以有效地减少在某一时刻所需要显示的多边形数目，以减少计算工作量，从而有效降低场景的复杂度。

　　剪切是去掉物体不可见部分，保留可见部分。首先要剪切不可见的物体，其次是剪切部分可见的物体上的不可见部分。常见的方法是采用物体边界盒子判定可见性，是为减少计算复杂性采用的近似处理。具体有以下几种算法。

　　(1) Cohen-Sutherland 剪切算法。使用 6-bit 码表示一个线段是否可见，有 3 种情况：全部可见，全部不可见，部分可见。若部分可见，则线段再划分成子段，分段检查可见性。直到各个子段都不是部分可见(全部可见或全部不可见)。

　　(2) Cyrus-Beck 剪切算法。它利用线段的参数定义，由参数确定线是否与可视空间 6 个边界平面相交。

(3) 背面消除法。该方法用于减少需要剪切的多边形的数目。多边形有正法线，视点到多边形有视线，由正法线和视线的交角确定多边形是否可见(正对视点的平面可见，背对视点的平面不可见)。

采用 3D 剪切方法对封闭的空间有效，而开放的空间则很难使用这种方法。

4. 可见消隐

场景分块技术与参与者所处的场景位置有关，可见消隐技术与参与者的视点关系密切。使用这种方法，系统仅显示参与者当前能"看见"的场景，当参与者仅能看到整个场景中很小的部分时，由于系统仅显示相应场景，此时可大大减少所需显示的多边形的数目。一般采用的措施是消除隐藏面算法(消隐算法)，从显示图形中去掉隐藏的(被遮挡的)线和面。常见的有以下几种方法。

(1) 画家算法。它把视场中的表面按深度排序，然后由远到近依次显示各表面。它不能显示互相穿透的表面，也不能实现反走样。对两个有重叠的物体，如 A 的一部分在 B 前，B 的另一部分在 A 前，不能采用此算法。

(2) 扫描线算法。它从图像顶部到底部依次显示各扫描线。对每条扫描线，用深度数据检查相交的各物体。可实现透明效果，显示互相穿透的物体，以及反走样，可由各个处理机并行处理。

(3) Z-缓冲器算法(Z-buffer)。对一个像素，Z-缓冲器中总是保存最近的表面。如果新的表面深度比缓冲器保存的表面的深度更接近视点，则新的代替保存的，否则不代替。它可以用任何次序显示各表面，但不支持透明效果，反走样也受限制。有些工作站甚至已把 Z-缓冲器算法硬件化。

然而，当参与者"看见"的场景较复杂时，这些方法作用不大。

5. LOD 细节层次模型

LOD 技术是在不影响画面视觉效果的条件下，通过逐次简化景物的表面细节来减少场景的几何复杂性，从而提高绘制算法的效率。该技术通常对每一个原始多面体模型建立几个不同逼近精度的几何模型。与原模型相比，每个模型均保留了一定层次的细节。在绘制时，根据不同的标准选择适当的层次模型来表示物体。LOD 技术具有广泛的应用领域，目前在实时图像通信、交互式可视化、虚拟现实、地形表示、飞行模拟、碰撞检测、限时图形绘制等领域都得到了应用。很多造型软件和 VR 开发系统都支持 LOD 模型表示。图 3-10 所示为一个典型的 LOD 细节层次模型示意图。

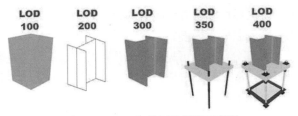

图 3-10　LOD 细节层次模型示意图

从理论上来说，LOD 细节层次模型是一种全新的模型表示方法，改变了传统图形绘制中的"图像质量越精细越好"的观点，而是依据参与者视点的主方向、视线在景物表面的停留时间、景物离视点的远近和景物在画面上投影区域的大小等因素来决定景物应选择的细节层次，以达到实时显示图形的目的。另外，通过对场景中每个图形对象的重要性进行分析，使得对最重要的图形对象进行较高质量的绘制，而不重要的图形对象则采用较低质量的绘制，在保证实时图形显示的前提下，尽可能地提高视觉效果。

与其他技术相比，细节选择是一种很有发展前途的方法，因为它不仅可以用于封闭空间模型，也可以用于开放空间模型，并且具有一定的普适性，目前已成为一个热门的研究方向，受到全世界相关研究人员的重视。但是，LOD 细节层次模型的缺点是所需储存址较大，当使用 LOD 细节层次模型时，有时需要在不同的 LOD 细节层次模型之间进行切换，这样就需要多个 LOD 细节层次模型。同时，离散的 LOD 细节层次模型无法支持模型间的连续、平滑过渡，对场景模型的描述及其维护提出了较高的要求。表 3-2 为各种 LOD 细节层次模型建模方法的比较。

表 3-2　LOD 细节层次模型构建方法的比较

结构	算法	优点	缺点
基于 TIN 的层次结构	层次模型	能控制模型的简化误差	难以避免产生狭长三角形，没有考虑视点的位置信息，有视觉跳动现象
	自适应层次模型	部分避免产生狭长三角形	速度较低
	渐进模型	无视觉跳动现象	速度较慢
基于 Grid 的树结构	四叉树模型	层次清晰、结构规范，与空间索引统一，易构造与视点相关的模型	不适合非规则地形，可能出现区域边界不连续，可视化时可能出现空洞
	二分树模型	层次较清晰、结构较规范，易构造与视点相关的模型	不适合非规则地形，速度较慢，跳动现象依然存在
混合结构	层次模型+四叉树	合理控制模型的简化误差，适合不同区域分别构建	需要解决分区边界裂缝的拼接问题

3.3.3　基于图像的实时绘制技术

基于几何模型的实时动态显示技术的优点主要是观察点和观察方向可以随意改变，不受限制。但是，同时也存在一些问题，如三维建模费时费力、工程最大；对计算机硬件有较高的要求；漫游时每个观察点及视角实时生成时数据量较大，影响实时性。因此，近年来很多学者在研究直接用图像来实现复杂环境的实时动态显示。

实时的真实感绘制已经成为当前真实感绘制的研究热点，而当前真实感图形实时绘制的其中一个热点问题就是基于图像的绘制(Image Based Rendering, IBR)。IBR 完全摒弃了传统的先建模、后确定光源的绘制方法，它直接从一系列已知的图像中生成未知视角的图像。这种方法省去了建立场景的几何模型和光照模型的过程，也不用进行如光线跟踪等极费时的计算。该方法尤其适用于野外极其复杂场景的生成和漫游。

1. 基于图像的实时绘制技术的优势

基于图像的绘制技术是基于一些预先生成的场景画面，对接近于视点或视线方向的画面进行变换、插值与变形，从而快速得到当前视点处的场景画面。与基于几何的传统绘制技术相比，基于图像的实时绘制技术的优势在于以下 3 个方面。

(1) 计算量适中，采用 IBR 方法所需的计算量相对较小，对计算机的资源要求不高，因此可以在普通工作站和个人计算机上实现复杂场景的实时显示，适合个人计算机上的虚拟现实应用。

(2) 作为已知的源图像既可以是计算机生成的，也可以是用相机从真实环境中捕获的，甚至是两者混合生成，因此可以反映更加丰富的明暗、颜色、纹理等信息。

(3) 图形绘制技术与所绘制的场景复杂性无关，交互显示的成本仅与所要生成画面的分辨率有关，因此 IBR 能用于表现非常复杂的场景。

2. 基于图像的实时绘制技术的种类

目前，基于图像绘制的相关技术主要有以下两种。

(1) 全景技术。全景技术是指在一个场景中选择一个观察点，用相机或摄像机每旋转一下角度拍摄得到一组照片，再在计算机上采用各种工具软件拼接成一个全景图像。它所形成的数据较小，对计算机要求低，适用于桌面型虚拟现实系统中，建模速度快，但交互性较差，只能在指定的观察点进行漫游。该技术在网上展示领域的应用较为广泛。

(2) 图像的插值及视图变换技术。研究人员研究了根据在不同观察点所拍摄的图像，交互地给出或自动得到相邻两个图像之间对应点，采用插值或视图变换的方法，求出对应于其他点的图像，生成新的视图，根据这个原理可实现多点漫游，具有一定的交互性，这便是图像的插值及视图变换技术。

3.4 3D 虚拟声音的实现技术

听觉信息是仅次于视觉信息的第二感知通道。听觉通道给人的听觉系统提供声音显示，也是创建虚拟世界的一个重要组成部分。为了提供身临其境的逼真听觉，听觉通道应该满足一些要求，使人感觉置身于立体的声场之中，能识别声音的类型和强度，能判定声源的位置。同时，在虚拟现实系统中加入与视觉并行的 3D 虚拟声音，一方面可以在很大程度上增强参与者在虚拟世界中的沉浸感和交互性，另一方面也可以减弱大脑对于视觉的依赖性，降低沉浸感对视觉信息的要求，使参与者能从既有视觉感受又有听觉感受的环境中获得更多的信息。

3.4.1 3D 虚拟声音的概念与作用

虚拟现实系统中的 3D 虚拟声音与人们熟悉的立体声音完全不同。人们日常听到的立体声录音，虽然有左右声道之分，但就整体效果而言，感觉到立体声音来自听者面前的某个平面；而虚拟现实系统中的 3D 虚拟声音，听者感觉到的声音却是来自围绕听者双耳的一个球形中的任何地方，即声音可能出现在头的上方、后方或者前方。如战场模拟训练系统中，当参与者听到了对手射击的枪声时，他就能像在现实世界中一样准确而且迅速地判断出对手的位置，如果对手在身后，听到的枪声就应是从后面发出的。因而把在虚拟场景中能使参与者准确地判断出声源的精确位置、符合人们在真实境界中听觉方式的声音系统称为 3D 虚拟声音。

声音在虚拟现实系统中的作用，主要有以下几点。

(1) 声音是参与者和虚拟环境的另一种交互方法，人们可以通过语音与虚拟世界进行双向交流，如语音识别与语音合成等。

(2) 数据驱动的声音能传递对象的属性信息。

(3) 增强空间信息，尤其是当空间超出了视域范围。借助于 3D 虚拟声音可以衬托视觉效果，使人们对虚拟体验的真实感增强。即使闭上眼睛，也知道声音来自哪里。特别是在一般头盔显示器的分辨率和图像质量都较差的情况下，声音对视觉质量的增强作用就更为重要了。原因是听觉和其他感觉一起作用时，能在显示中起增效器的作用。视觉和听觉一起使用，尤其是当空间超出了视域范围的时候，能充分显示信息内容，从而使系统提供给参与者更强烈的存在和真实性感觉。

图 3-11 是全球首部采用 8K 分辨率与 3D 声场技术的 VR 音乐 MV 示意图。借助 VR 头显，视听双重沉浸式体验让参与者如同身临演唱会舞台、置身于乐队表演中，体会"专享"的演唱会，这是传统 MV "只可远观"的方式无法比拟的极致享受。

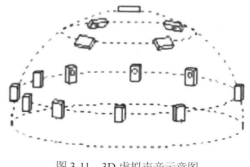

图 3-11　3D 虚拟声音示意图

3.4.2　3D 虚拟声音的特征

在 3D 虚拟声音系统中最核心的技术是 3D 虚拟声音定位技术，它的主要特征如下。

(1) 全向三维定位特性(3D Steering)。全向三维定位特性是指在三维虚拟空间中把实际声音信号定位到特定虚拟专用源的能力。它能使参与者准确地判断出声源的精确位置，从而符合人们在真实境界中的听觉方式。如同在现实世界中，一般都是先听到声响，然后再用眼睛去看这个地方，三维声音系统不仅允许参与者根据注视的方向，而且可根据所有可能的位置来监视和识别各信息源，可见三维声音系统能提供粗调的机制，用以引导较为细调的视觉能力的注意。在受干扰的可视显示中，用听觉引导肉眼对目标的搜索要优于无辅助手段的肉眼搜索，即使是对处于视野中心的物体也是如此。这就是声学信号的全向特性。

(2) 三维实时跟踪特性(3D Real-Time Localization)。三维实时跟踪特性是指在三维虚拟空间中实时跟踪虚拟声源位置变化或景象变化的能力。当参与者头部转动时，这个虚拟的声源的位置也应随之变化，使参与者感到真实声源的位置并未发生变化。而当虚拟发声物体移动位置时，其声源位置也应有所改变。因为只有声音效果与实时变化的视觉相一致，才可能产生视觉和听觉的叠加与同步效应。如果三维虚拟系统不具备这样的实时变化能力，看到的景象与听到的声音会相互矛盾，听觉就会削弱视觉的沉浸感。

(3) 沉浸感与交互性。3D 虚拟声音的沉浸感是指加入 3D 虚拟声音后，能使参与者产生身临其境的感觉，这可以更进一步使人沉浸在虚拟环境之中，有助于增强临场效果。而三维声音的交互特性则是指随参与者的运动而产生的临场反应和实时响应的能力。

3.4.3　语音识别技术

语音识别技术(Automatic Speech Recognition，ASR)，是指将人说话的语音信号转换为可被计算机程序识别的文字信息，从而识别说话人的语音指令以及文字内容的技术。

语音识别一般包括参数提取、参考模式建立、模式识别等过程。当参与者通过一个话筒将声音输入到系统中，系统把它转换成数据文件后，语音识别软件便开始以参与者输入的声音样本与事先储存好的声音样本进行对比工作，声音对比工作完成之后，系统就会输入一个它认为最"像"的声音样本序号，由此可以知道参与者刚才念的声音是什么意义，进而执行此命令。这个过程听起来很简单，但要真正建立识别率高的语音识别系统，是非常困难的，目前世界各地的研究人员还在努力研究最好的方式。

3.4.4 语音合成技术

语音合成技术(Text to Speech，TTS)，是指用人工的方法生成语音的技术，当计算机合成语音时，如何做到听者能理解其意图并感知其情感，一般对"语音"的要求是可懂、清晰、自然、具有表现力。

一般来讲，实现语音输出有两种方法，一是录音/重放，二是文—语转换。第一种方法，首先要把模拟语音信号转换成数字序列，编码后，暂存于存储设备中(录音)，需要时，再经解码，重建声音信号(重放)。录音/重放可获得高音质声音，并能保留特定人的音色。但所需的存储容量随发音时间线性增长。

第二种方法是基于声音合成技术的一种声音产生技术，它可用于语音合成和音乐合成，是语音合成技术的延伸，能把计算机内的文本转换成连续自然的语声流。若采用这种方法输出语音，应预先建立语音参数数据库、发音规则库等。需要输出语音时，系统按需求先合成语音单元，再按语音学规则或语言学规则，连接成自然的语流。

在虚拟现实系统中，采用语音合成技术可提高沉浸效果，当试验者戴上一个低分辨率的头盔显示器后，主要是从显示中获取图像信息，而几乎不能从显示中获取文字信息。这时通过语音合成技术用声音读出必要的命令及文字信息，就可以弥补视觉信息的不足。

如果将语音合成与语音识别技术结合起来，可以使试验者与计算机所创建的虚拟环境进行简单的语音交流。如果使用者的双手正忙于执行其他任务，语音交流的功能就显得极为重要。因此，这种技术在虚拟现实环境中具有突出的应用价值。相信在不远的将来，ASR 和 TTS 技术将更加成熟，通过语言实现人机自然交互、人机无障碍沟通。

3.5　人机自然交互与传感技术

3.5.1 人机交互的经历

从计算机诞生至今，计算机的发展速度是极为迅速的，而人与计算机之间交互技术的发展较为缓慢，人机交互接口经历了以下几个发展阶段。

1. 字符命令行方式

20世纪40年代到20世纪70年代，人机交互采用的是命令行界面(Command-Line Interface，CLI)，字符命令行方式是人机交互接口第一代。人机交互使用文本编辑的方法，可以把各种输入/输出信息显示在屏幕上，并通过问答式对话、文本菜单或命令语言等方式进行人机交互。但参与者只能使用手敲击键盘这一种交互通道，通过键盘输入信息，输出也只能是简单的字符。因此，这一时期的人机交互接口的自然性和效率都很差。人们使用计算机，必须先经过很长时间的培训与学习。

2. 图形接口方式

到 20 世纪 80 年代初，出现了图形用户界面(Graphical User Interface，GUI，又称图形用户接口)，GUI 的广泛流行将人机交互推向图形参与者接口的新阶段。人们不再需要死记硬背大量的命令，可以通过窗口(Windows)、图标(Icon)、菜单(Menu)、指点装置(Point)直接对屏幕上的对象进行操作，形成了所谓的 WIMP 的第二代人机接口。与命令行接口相比，图形参与者接口采用视图、点(鼠标)，使得人机交互的自然性和效率都有较大的提高，从而极大地方便了非专业参与者的使用。

3. 多媒体接口界面

到 20 世纪 90 年代初，多媒体接口界面成为流行的交互方式，它在接口信息的表现方式上进行了改进，使用了多种媒体，同时接口输出也开始转为动态、二维图形/图像及其他多媒体信息的方式，从而有效地增加了计算机与参与者沟通的渠道。

图形交互技术的飞速发展充分说明了对于应用来说，使处理的数据易于操作并直观是十分重要的问题。人们的生活空间是三维的，虽然 GUI 已提供了一些仿三维的按钮等元素，但接口仍难以进行三维操作。人们习惯于日常生活中的人与人、人与环境之间的交互方式，其特点是形象、直观、自然，人通过多种感官来接收信息，如可见、可听、可说、可摸、可拿等，而且这种交互方式是人类所共有的，对于时间和地点的变化是相对不变的。但无论是命令行接口，还是图形参与者接口，都不具有以上所述的进行自然、直接、三维操作的交互能力。因为在实质上它们都属于一种静态的、单通道的人机接口，参与者只能使用精确的、二维的信息在一维和二维空间中完成人机交互。

4. 自然交互技术

虚拟现实技术的发展，实现了人机交互自然方式，因此也被称为新型人机交互接口技术。从不同的应用背景看，虚拟现实技术是把抽象、复杂的计算机数据空间表示为直观的、参与者熟悉的事物，它的实质在于提供了一种高级的人与计算机交互的接口，使参与者能与计算机产生的数据空间进行直观的、感性的、自然的交互。它是多媒体技术发展的高级应用。在这个自然交互中，人机角色真正发生变化，人起主导性作用，机要适应人，所以虚拟现实技术也称为宜人、适人化技术。

虚拟现实技术中强调自然交互性，即人处在虚拟世界中与虚拟世界进行交互，甚至意识不到计算机的存在，即在计算机系统提供的虚拟空间中，人们可以使用眼睛、耳朵、皮肤、手势和语音等各种感觉方式直接与之发生交互，这就是虚拟环境下的新型自然交互技术。目前，与虚拟现实技术中的其他技术相比，这种新型自然交互技术相对不太成熟。作为新一代的人机交互系统，虚拟现实技术与传统交互技术的区别在以下几方面。

(1) 自然交互。人们研究"虚拟现实"的目标是实现"计算机应该适应人，而不是人适应计算机"，认为人机接口的改进应该基于相对不变的人类特性。在虚拟现实技术中，人机交互可以不再借助键盘、鼠标、菜单，而是使用头盔、手套，甚至向"无障碍"的方向发展，从而使最终的计算机能对人体有感觉，能聆听人的声音，通过人的所有感官进行沟通。

(2) 多通道。多通道接口是在充分利用一个以上的感觉和运动通道的互补特性来捕捉参与者的意向，从而增进人机交互中的可靠性与自然性。在进行计算机操作时，人的眼和手会十分累，效率也不高。虚拟现实技术可以将听、说和手、眼等协同工作，实现高效人机通信，还可以由人或机器选择最佳反应通道，从而不会使某一通道负担过重。

　　(3) 高"带宽"。现在计算机输出的内容已经可以快速、连续地显示彩色图像，其信息量非常大。在输入方面，虚拟现实技术则利用语音、图像及姿势等的输入和理解，进行快速大批量的信息输入。

　　(4) 非精确交互技术。除了键盘和鼠标均需要参与者的精确输入，人们的动作或思想往往并不需要很精确，仅希望计算机理解人的要求，甚至纠正人的错误，因此虚拟现实系统中智能化的接口将是一个重要的发展方向。在这种交互方式中，人机交互的媒介是将真实事物用符号表示，是对现实的抽象替代，而虚拟现实技术则可以使这种媒介成为真实事物的复现、模拟甚至想象和虚构。它能使参与者感到并非是在使用计算机，而是在直接与应用对象打交道。

　　此外，为了提高人在虚拟环境中的自然交互程度，研究人员在软硬件方面加强了研究，发展了手势识别、面部表情识别以及眼动跟踪技术等。

3.5.2　手势识别技术

　　人与人之间交互形式很多，有动作和语言等多种。在语言方面，除了采用自然语言(口语、书面语言)外，人体语言(表情、体势、手势) 也是人类交互的基本方式之一。与人类交互相比，人机交互就呆板得多，因而研究人体语言识别，即人体语言的感知及人体语言与自然语言的信息融合，对于提高虚拟现实技术的交互性有重要的意义。手势是一种较为简单、方便的交互方式，也是人体语言的一个非常重要的组成部分，它是包含信息量最多的一种人体语言，与语言及书面语等自然语言的表达能力相同。因此在人机交互方面，手势完全可以作为一种手段，因为它生动、形象、直观，具有很强的视觉效果。

　　手势识别系统的输入设备主要分为基于数据手套的手势识别系统和基于视觉(图像)的手势识别系统两种。基于数据手套的手势识别系统的优点是系统的识别率高，缺点是做手势的人要穿戴复杂的数据手套和位置跟踪器，相对限制了人手的自由运动，并且数据手套、位置跟踪器等输入设备价格比较昂贵。基于视觉的手势识别是从视觉通道获得信号，有的要求人要戴上特殊颜色的手套，有的要求戴多种颜色的手套来确定人手部位。通常采用摄像机采集手势信息，由摄像机连续拍摄手部的运动图像后，先采用轮廓的办法识别出手上的每一个手指，进而再用边界特征识别的方法区分出较小的、集中的各种手势。该方法的优点是输入设备比较便宜，使用时不干扰参与者，但识别率比较低，实时性较差，特别是很难用于大词汇量的手势识别。

　　手势识别技术研究的主要内容是模板匹配、人工神经网络和统计分析等。模板匹配技术是将感器输入的数据与预定义的手势模板进行匹配，通过测量两者的相似度来识别出手势；人工神经网络技术具有自组织和自学习能力，能有效地抗噪声和处理不完整的模式，是一种比较优良的模式识别技术；统计分析技术是通过基于概率的方法，统计样本特征向量确定分类的一种识别方法。

　　手势识别技术的研究不仅能使虚拟现实系统交互更自然，同时还有助于改善和提高聋哑人的生活学习和工作条件，同时也可以应用于计算机辅助哑语教学、电视节目双语播放、虚拟人的研究、电影制作中的特技处理、动画的制作、医疗研究、游戏娱乐等诸多方面。

3.5.3　面部表情识别技术

　　人类从现实世界获得的信息 80%以上来自视觉感知，所以有"百闻不如一见"的说法。视觉信息的获取是人类感知外部世界、获取信息的最主要的感知通道，这也就使得视觉通道成为多感知的虚拟现实系统中最重要的环节。在视觉显示技术中，实现立体显示技术是较为复杂与关键的，因此立体视觉显示技术成为虚拟现实技术的一种关键技术。这项应用于非精确人机交互技术的研究有面部表情识别技术等。面部表情识别技术主要研究内容为以下几个方面。

1. 基于特征的人脸检测

(1) 轮廓规则。人脸的轮廓可近似地看成一个椭圆，则人脸检测可以通过检测椭圆来完成。通常把人脸抽象为 3 段轮廓线：头顶轮廓线、左侧脸轮廓线、右侧脸轮廓线。对任意一幅图像，首先进行边缘检测，并对细化后的边缘提取曲线特征，然后计算各曲线组合成人脸的评估函数，检测人脸。

(2) 器官分布规则。虽然人脸因人而异，但都遵循一些普遍适用的规则，即五官分布的几何规则。检测图像中是否有人脸，即检测图像中是否存在满足这些规则的图像块。首先对人脸的器官或器官的组合建立模板，如双眼模板、双眼与下巴模板；然后检测图像中几个器官可能分布的位置，对这些位置点分别组合，用器官分布的集合关系准则进行筛选，从而找到可能存在的人脸。

(3) 肤色、纹理规则。人脸肤色聚类在颜色空间中一个较小的区域，因此可以利用肤色模型有效地检测出图像中的人脸。与其他检测方法相比，利用颜色知识检测出的人脸区域可能不够准确，但如果在整个系统实现中作为人脸检测的粗定位环节，它具有直观、实现简单、快速等特点，可以为进一步进行精确定位创造良好的条件，以达到最优的系统性能。

(4) 对称性规则。人脸具有一定的轴对称性，各器官也具有一定的对称性。扎姆帝斯基(Zabmdsky)提出连续对称性检测方法，检测一个圆形区域的对称性，从而确定是否为人脸。

(5) 运动规则。若输入图像为动态图像序列，则可以利用人脸或人脸的器官相对于背景的运动来检测人脸，比如利用眨眼或说话的方法实现人脸与背景的分离。在运动目标的检测中，帧相减是最简单的检测运动人脸的方法。

2. 基于图像的人脸检测方法

(1) 神经网络方法。这种方法将人脸检测看作区分人脸样本与非人脸样本的两类模式分类问题，通过对人脸样本集和非人脸样本集进行学习以产生分类器。神经网络方法避免了复杂的特征提取工作，能根据样本自我学习，具有一定的自适应性。

(2) 特征脸方法。在人脸检测中，利用待检测区域到特征脸空间的距离大小判断是否为人脸，距离越小，表明越像人脸。特征脸方法的优点在于简单易行，但由于没有利用反例样本信息，对与人脸类似的物体辨别能力不足。

(3) 模板匹配方法。这种方法大多是直接计算待检测区域与标准人脸模板的匹配程度。最简单的方法是将人脸视为一个椭圆，通过检测椭圆来检测人脸。另一种方法是将人脸用一组独立的器官模板表示，如眼睛模板、嘴巴模板、鼻子模板以及眉毛模板、下巴模板等，通过检测这些器官模板来检测人脸。总体来说，基于模板的方法较好，但计算代价比较大。

3.5.4　眼动跟踪技术

在虚拟世界中，生成视觉的感知主要依赖于对人头部的跟踪，但单纯依靠头部跟踪是不全面的。为了模拟人眼的这个性能，人们在 VR 系统引入眼动跟踪技术。眼动跟踪的基本工作原理是利用图像处理技术，使用能锁定眼睛的特殊摄像机。通过摄入从人的眼角膜和瞳孔反射的红外线连续地记录视线变化，从而达到记录、分析视线追踪过程的目的。

　　常见的视觉追踪方法有眼电图、虹膜—巩膜边缘、角膜反射、瞳孔—角膜反射、接触镜等几种。眼动跟踪技术可以弥补头部跟踪技术的不足之处，同时又可以简化传统交互过程步骤，使交互更为直接，目前多被用于军事领域(如飞行员观察记录)、阅读以及帮助残疾人进行交互等领域。

　　虚拟现实技术的发展，其目标是要使人机交互从精确的、二维的交互向精确的、三维的自然交互(含精确和非精确的)。因此，尽管手势识别、眼动跟踪、面部表情识别等这些自然交互技术在现阶段还很不完善，但随着现在人工智能等技术的发展，基于自然交互的技术将会在虚拟现实系统中有较广泛的应用。

3.5.5　触觉(力觉)反馈传感技术

　　触觉通道给人体表面提供触觉和力觉。当人体在虚拟空间中运动时，如果接触到虚拟物体，虚拟显示系统应该给人提供这种触觉和力觉。

　　触觉通道涉及操作以及感觉，包括触觉反馈和力觉反馈。触觉(力觉)是运用先进的技术手段将虚拟物体的空间运动转变成特殊设备的机械运动，在感受到物体的表面纹理的同时也使参与者能够体验到真实的力度感和方向感，从而提供一个崭新的人机交互接口。也就是运用"作用力与反作用力"的原理来"欺骗"参与者的触觉，达到传递力度和方向信息的目的。在虚拟现实系统，为了提高沉浸感，参与者希望在看到一个物体时，能听到它发出的声音，并且还希望能够通过自己的亲自触摸来了解物体的质地、温度、重量等多种信息后，这样才觉得全面地了解了该物体，从而提高VR系统的真实感和沉浸感，并有利于虚拟任务执行。如果没有触觉(力觉)反馈，操作者无法感受到被操作物体的反馈力，得不到真实的操作感。

　　触觉感知包括触摸反馈和力量反馈所产生的感知信息。触摸感知是指人与物体对象接触所得到的全部感觉，包括有触摸感、压感、振动感、刺痛感等。触摸反馈一般指作用在人皮肤上的力，它反映了人触摸物体的感觉，侧重于人的微观感觉，如对物体的表面粗糙度、质地、纹理、形状等的感觉；而力量反馈是作用在人的肌肉、关节和筋腱上的力量，侧重于人的宏观、整体感受，尤其是人的手指、手腕和手臂对物体运动和力的感受。比如，用手拿起一个物体时，通过触摸反馈可以感觉到物体是粗糙或坚硬等属性，而通过力量反馈能感觉到物体的重量。

　　由于人的触觉相当敏感，一般精度的装置根本无法满足要求，所以触觉与力反馈的研究相当困难。目前大多数虚拟现实系统主要集中并停留在力反馈和运动感知上面，其中，很多力觉系统被做成骨架的形式，从而既能检测方位，又能产生移动阻力和有效的抵抗阻力。面对于真正的触觉绘制，现阶段的研究成果还很不成熟。对于接触感，目前的系统已能够给身体提供很好的提示，但不够真实；对于温度感，虽然可以利用一些微型电热泵在局部区域产生冷热感，但这类系统价格昂贵。

　　虽然目前已研制成了一些触摸/力量反馈产品。但它们大多还是粗糙的、实验性的，距离真正的实用尚有一定的距离。

3.6　实时碰撞检测技术

　　为了保证虚拟环境的真实性，参与者不仅要能从视觉上如实看到虚拟环境中的虚拟物体以及它们的表现，而且要能身临其境地与它们进行各种交互，这就要求虚拟环境中的固体物体是不可穿透的，当参与者接触到物体并进行拉、推、抓取时，能证实碰撞的发生并实时做出相应的反应。这就需要 VR 系统能够及时检测出这些碰撞，产生相应的碰撞反应，并及时更新场景输出，否则就会发生穿透现象。正是有了碰撞检测，才可以避免诸如人穿墙而过等不真实情况的发生，虚拟的世界才有真实感。

　　碰撞检测问题在计算机图形学等领域有很长的研究历史，近年来，随着虚拟现实等技术的发展，已成为一个研究的热点。准确的碰撞检测对提高虚拟环境的真实性、增加虚拟环境的沉浸性有十分重要的作用，而虚拟现实系统中高度的复杂性与实时性又对碰撞检测提出了更高的要求。

　　在虚拟世界中，通常包含很多静止的环境对象与运动的活动物体，每一个虚拟物体的几何模型都是由成千上万个基本几何元素组成。虚拟环境的几何复杂度使碰撞检测的计算复杂度大大提高，同时由于虚拟现实系统中有较高实时性的要求，要求碰撞检测必须在很短的时间内完成，因而碰撞检测成了虚拟现实系统与其他实时仿真系统的瓶颈，碰撞检测是虚拟现实系统研究的一个重要技术。

　　碰撞问题一般分为碰撞检测与碰撞响应两个部分。碰撞检测的任务是检测到有碰撞的发生及发生碰撞的位置。碰撞响应是在碰撞发生后，根据碰撞点和其他参数促使发生碰撞的对象做出正确的动作，以符合真实世界中的动态效果。由于碰撞响应涉及力学反馈、运动学等领域的知识，本节仅简单介绍碰撞检测问题。

3.6.1　碰撞检测的要求

　　在虚拟现实系统中，为了保证虚拟世界的真实性，碰撞检测须有较高实时性和精确性。所谓实时性，对于基于视觉显示要求来说，碰撞检测的速度一般至少要达到 24Hz，而基于触觉要求来说，碰撞检测的速度至少要达到 300Hz 才能维持触觉交互系统的稳定性，只有达到 1000Hz 才能获得平滑的效果。而精确性的要求则取决于虚拟现实系统在实际应用中的要求，比如对于小区漫游系统，只要近似模拟碰撞情况，此时，若两个物体之间的距离比较近，而不管实际有没有发生碰撞，都可以将其当作是发生了碰撞，并粗略计算其发生的碰撞位置；而对于如虚拟手术仿真、虚拟装配等系统的应用，就必须精确地检测碰撞是否发生，实时地计算出碰撞发生的位置，产生相应的反应。

3.6.2　碰撞检测的实现方法

　　现有的碰撞检测算法主要可划分为两大类：层次包围盒法和空间分解法。这两种方法的目的都是尽可能地减少需要相交测试的对象对或是基本几何元素对的数目。

　　层次包围盒法是碰撞检测算法中广泛使用的一种方法，它是解决碰撞检测问题固有时间复杂性的一种有效的方法。它的基本思想是利用体积略大而几何特性简单的包围盒来近似地描述复杂的几何对象，并通过构造树状层次结构来逼近对象的几何模型，从而在对包围盒树进行遍历的过程中，通过包围盒快速相交测试来及早地排除明显不可能相交的基本几何元素对，快速剔除不发生碰撞的元素，减少大量不必要的相交测试，而只对包围和重叠的部分元素进行进一步的相交测试，从而加快了碰撞检测的速度，提高碰撞检测效率。比较典型的包围盒类型有沿坐标轴的包围盒 AABB、包围球、方向包围盒、固定方向凸包等。层次包围盒方法应用得较为广泛，适用复杂环境中的碰撞检测。

空间分解法是将整个虚拟空间划分成相等体积的小的单元格，只对占据同一单元格或相邻单元格的几何对象进行相交测试。比较典型的方法有 K-D 树、八叉树、BSP 树、四面体网、规则网等。空间分解法通常适用于稀疏的环境中分布比较均匀的几何对象间的碰撞检测。

3.7　脑机交互技术

科幻电影《阿凡达》中展示了主人公用意念控制机器的场景，虽然现有的研究成果还不能实现电影中复杂的操作，但已经出现了一种利用脑电波来控制、监测人体的技术，即脑机交互技术。

该技术用脑电分析仪与视觉系统构建一个平台，以不同场景带来的不同情绪和脑电波的对应变化关系建立一个数据库，从而分析各种情绪对应的脑电波特征。了解了脑电波对应的动作、情感后，就可以逆向将这些脑电波设置为特定指令，并教给机器来识别，从而实现用意念控制机器的目的。

脑机交互技术应用广泛，例如北京航空航天大学自动化科学与电气工程学院的学生魏彦兆带领同学利用脑机交互技术，研发出了"脑卒中康复机器人"。该机器人可以让双手不便的病人自主控制双手运动。脑卒中康复机器人具有一个能采集、感应脑电波信号的脑电帽，脑电帽有 9 个接触点，运行时，这 9 个接触点会采集人的脑电波信号，然后将脑电波信号传输给计算机，计算机再对脑电波信号进行处理、识别，从而驱动病人所戴的外骨骼手套做出相应动作。

图 3-12 所示是一款"脑卒中康复机器人"的演示。

图 3-12　"脑卒中康复机器人"演示

除了医疗领域以外，脑机交互技术还应用于教育、交通等领域。在教育方面，学生在课堂上戴上脑机交互头环，老师就能通过脑电波监测系统，实时监控学生的注意力情况，了解学生的注意力是否集中。在交通方面，列车司机可以佩戴一种特制的安全帽，这种安全帽内置生物电极和信号处理模块，可实时采集、处理司机的脑电波信号，并通过对司机脑电波信号进行监测、分析，第一时间识别并预警司机疲劳状态和健康状况，确保行驶安全。

3.8　唇读识别技术

人类的语言认知过程是一个多通道的感知过程。除声音信息通道外，唇动视觉信息可以作为一种语音理解源。视觉语言具有许多潜在的应用，因此通过机器的自动唇读识别技术近年来成为一个备受关注的研究领域。作为人机交互的一部分，对唇读规律及其识别的研究具有重要的理论意义和实用价值，它能够有效地改善语音、手语等其他信道的识别率。以下是唇读识别技术的主要研究步骤与内容。

(1) 利用肤色模型和人脸的几何特征检测出人脸，将嘴唇区域分成级结构，并利用多级结构的嘴唇区域进行检测的算法来检测嘴唇，实现对嘴唇的粗定位到精定位。具体来说，该检测方法是在检测出人脸后，通过 Fisher 变换增强嘴唇区域，然后利用最大类间方差法二值化图像来完成粗定位，再结合 YIQ 唇色模型进一步验证后实现唇部精定位。利用该方法得到的分割结果初始化轮廓的参数，有效提高了轮廓定位的速度和准确度。

(2) 嘴唇的跟踪和特征提取。首先自动生成 snake 的初始模型，然后在 GVF-snake 的基础上重新设计 snake 的外部能量函数，利用色彩差分运算提取有意义区域的边缘梯度，对 GVF 向量场进行归一化处理并改进平滑因子，最后采用光流法和 snake 模型结合的方法对序列图像进行跟踪。

(3) 提取嘴唇的运动特征。可用基于帧间特征点运动矢量的唇动特征提取方法来提取有效的嘴唇特征点，并研究图像序列相邻帧之间的嘴唇运动的规律，获得包含大量口型动态信息的有效特征。

(4) 唇读识别。运用 BP 神经网络的唇读识别方法，即采用附加动量法和自适应学习速率法在样本集上训练 BP 网络，该训练方法可避免网络陷入局部最小的问题，同时加快 BP 网络的收敛速度。在唇动特征的支持下，识别算法在对说话人的发音口型识别中进行验证。

目前的研究进展表明，基于唇动特征的唇语识别算法是有效的，且能够一定程度地适应光照、唇色等条件变化，能充分考虑发音时口型轮廓的变化特征，基本能够实现在视频环境下，说话人实时发音，计算机能同时在允许的一定时间延迟内识别其口型。

3.9　虚拟现实系统的集成技术

由于虚拟现实系统涉及大量的感知信息和模型，因此为了实现各技术间的信息集成，还需要研究这些技术的集成技术，它包括图像边缘融合与无缝拼接技术、光谱分离立体成像技术、图像数字几何矫正技术等。

3.9.1　图像边缘融合与无缝拼接技术

在多通道系统中，图像的边缘融合与无缝拼接技术是虚拟现实系统搭建的主要技术要求之一。目前主要的方法和技术手段有两种，一种是由外围的硬件边缘融合处理系统来实现，称为硬件边缘融合；另一种是通过某个集成了具有边缘融合算法和功能的特定软件进行操作，称为软件边缘融合。其中，硬件边缘融合是比较可行的成熟解决方案。

采用软件边缘融合往往会导致的结果就是图形处理速度大幅下降，跳帧现象严重，同步延迟加剧，融合效果低下，开发难度加大，系统应用灵活性差，也就是说参与者一旦采用某个 3D 软件来进行图像边缘融合和无缝拼接，以后的所有科研或应用都必须依赖该软件，而科研参与者的科研和应用方向往往又是多方面的、跨领域的，这样参与者耗巨资构建的虚拟现实实验室系统环境的利用率和使用灵活性将被限制。而采用由外围的硬件边缘融合器来实现数字图像的边缘融合和无缝拼接，将可以完全避免这一系列的问题，经过国内外多年的实践证明，采用由外围的硬件边缘融合器来进行图像的边缘融合几何校正(曲面校正)无缝拼接是首选方案。

硬件边缘融合和软件边缘融合的技术对比如表 3-3 所示。

表 3-3　硬件边缘融合和软件边缘融合的技术对比

比较对象	硬件边缘融合	纯软件边缘融合
技术方案	纯外围硬件融合技术	特定软件集成融合算法
融合效果	效果好(98%)，无融合痕迹	差(60%)，有融合痕迹
几何变形校正效果	好	一般
对图形处理速度的影响	无影响	有影响
价格	较高	低廉
稳定性	稳定	不稳定
通信延迟	无延迟	有延迟
对二次开发的影响	没有影响	有影响

边缘融合器的融合效果最好的验证方法是看该融合器对单色图像是否能进行良好融合，比如：RGB 基本色，即红色融合、蓝色融合、绿色融合以及灰色融合。如果单色图像能做到良好融合，则该融合器的性能是比较出色的，不仅可以观看一些美观的图片，还可以对三维场景进行实时的播放和交互。

(1) 软件边缘融合效果，如图 3-13 所示。

(2) 硬件边缘融合效果，如图 3-14 所示。

图 3-13　软件边缘融合效果　　　　　图 3-14　硬件边缘融合效果

3.9.2　光谱分离立体成像技术

光谱分离立体成像技术是目前世界上最先进的立体投影显示技术，特别是在被动式多通道立体投影显示系统或被动式背投影立体显示系统中，该技术的作用和价值尤为突出。目前包括 BARCO 在内的一些国际知名厂商，均将该项技术应用于其被动式立体投影显示系统解决方案中。

该技术与传统的偏振立体成像技术最大的区别在于，它采用光谱分离的方法实现左右眼立体像对的高度分离，从而实现被动立体成像。这种技术在实现立体成像时不再需要特殊的具有偏振反射特性的金属投影幕，只需要普通的投影屏幕，甚至在白墙上就可以实现立体成像，从而有效地避免偏振立体成像技术中因屏幕太大或多通道系统存在的"太阳效应"问题。图 3-15 为基于光谱分离立体成像技术的成像效果。

图 3-15　基于光谱分离立体成像技术的成像效果

光谱分离立体成像技术与传统的主被动立体成像技术相比较，其技术优点有以下几点。

(1) 不再需要特殊的具有偏振反射特性的金属屏幕，不会产生因为屏幕太大或投影通道数量太多而导致的全屏亮度不一的现象，全屏幕亮度和色彩均衡。

(2) 左右立体像对被严格滤波和高度分离，戴上眼镜观看立体图像时无重影现象。

(3) 图像质量好，无闪烁，舒适性好，持久观看无头晕现象。

(4) 眼镜轻便，不需要配备电源和复杂的电路，因此舒适感更好。

(5) 不需信号同步发射器，头部可随意移动，佩戴者互相之间不会产生干扰，可满足大量观众场合应用。

(6) 光谱分离眼镜直接观看 LCD 或 CRT 显示器，也不会出现任何亮度和色彩失真问题。

3.9.3　图像数字几何矫正技术

投影机在设计时都是针对平面投影屏幕的，投射出的画面也是矩形的(通常为 4∶3 或 16∶9)，而当这样的投影仪把图像投射到弧形或球面的投影屏幕时，就会导致每台投影机投射到环形幕布上的影像画面出现图像变形失真，这种图像变形失真现象被称为非线性失真。为了在弧形屏幕或球面屏幕上得到正确的图像显示效果，就必须对生成后的实时图像进行处理，这种图像变形失真矫正处理被称为数字几何矫正。所以对于多通道柱面投影系统而言，解决图像非线性失真和数字几何矫正是个关键问题。图 3-16 所示为图像数字几何矫正原理图。

在目前技术情况下，有两种方法可以实现非线性失真矫正，一种方法是通过光学矫正，即通过具有独特变形矫正功能的特定投影机来完成，这种方案的一个缺点是投资巨大，往往一台这样的投影机就需要几十万美元，使得一般的参与者难以承受；另一种方法是使用计算机非线性失真矫正技术(几何矫正)来实现，这是目前优先选用的技术方案，具体方案是硬件非线性失真矫正方案。采用硬件非线性失真矫正方案的最大优点是不占用图形工作站的资源，即图形工作站只负责三维图形场景的实时加速处理，处理后的实时影像经图形子系统输出至硬件边缘融合系统。

(1) 多通道环幕的图像几何矫正前，图像下部曲面变形，如图 3-17 所示。

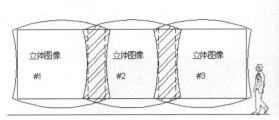 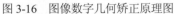

图 3-16　图像数字几何矫正原理图

图 3-17　图像几何矫正前

(2) 多通道环幕的图像几何矫正过程，如图 3-18 所示。

(3) 多通道环幕的图像几何矫正后的投影效果，如图 3-19 所示。

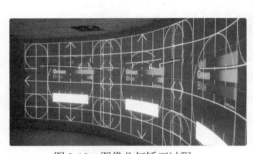

图 3-18　图像几何矫正过程

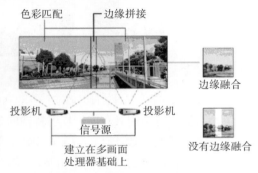

图 3-19　图像几何矫正后的投影效果

　　非线性失真矫正处理数学模型，由系统进行数字图像的非线性失真矫正处理，计算机本身不负担该项消耗资源巨大的工作，这样，图形工作站的图形处理和外围硬件系统的非线性失真矫正处理工作就互不干扰，这不仅保证了图形工作站的图形处理能力，而且还提高了数字图像的非线性失真矫正效果，也是目前公认的、效果最好的、最具性能价格比的数字图像非线性失真矫正技术方案。

思 考 题

1. 虚拟现实系统中涉及哪些关键技术？
2. 虚拟环境建模的内容包含哪几种模型？
3. 试述立体显示技术原理。
4. 立体显示技术有哪几种？
5. 简述采用 3D 虚拟声音系统的意义。
6. 简述语音识别技术原理。
7. 脸部识别通常采用哪些技术？
8. 什么是脑机交互技术？
9. 试述唇读识别技术的主要研究内容。

第4章 虚拟现实系统软件

视觉建模是虚拟现实及其派生技术的关键环节,在这个环节中需要用到三维建模软件来构造三类虚拟现实中的视觉感知体的几何模型、物理模型和行为模型等。本节将这些软件按功能特点分为两大类进行简介,一类是构建虚拟环境的三维视觉建模软件,另一类是关于基于视觉几何模型以及物理模型和行为模型开发出的虚拟现实模型(或虚拟现实应用系统)。

【学习目标】

- 了解虚拟现实技术的建模软件
- 了解虚拟现实开发软件

4.1 构建虚拟环境的三维视觉建模软件

目前大多数虚拟现实软件不具有三维建模功能,少数虚拟现实软件平台有建模功能,但其功能有限,且价格昂贵。因此,实际应用中多数借助其他建模软件来建立虚拟环境的几何模型、物理模型和行为模型。本节简要介绍一些可满足三类虚拟现实的视觉建模需要的三维建模软件。

4.1.1 实物虚化的 3D 视觉建模软件

从第 3 章的内容可知,对应于逆向工程技术的、可独立运行的主流软件有 Imageware 和 Geomagic 等。前者适合基于实物扫描的点云数据构造出具有规则几何特征面的实物 3D 模型,如工业制品、工程设计类产品;后者适合于基于实物扫描的点云数据构造出具有曲率变化剧烈的实物 3D 模型,如人脸、玩具、艺术品等。此外,在各种大中型 CAX 软件系统中也自带逆向工程功能模块,如 CATIA、Pro/E、UGNX 等。基于这些软件构建的 3D 模型可满足工业制造或施工工艺信息上的需求。此外,Autodesk 公司开发的 ImageModeler 是一个以影像为基础的高阶建模软件,它利用照片、影片或电影影像去构建 3D 模型。ImageModeler 能真实精确地记录复杂的几何和材质——即使是非常复杂的模型也可以用少量的多边形有效率地产生,它能把原来物体的影像当作材质贴在模型的表面上,因此最后得到的模型是非常逼真的,而且可以减少定义材质的时间和成本。ImageModeler 可以通过一张照片来完成三维建模。只要在照片上的二维物体上标记点就可以建立逼真的三维模型,然后导出 Cult3D 格式进行虚拟设计。通过 ImageModeler,建立照片级真实度的三维模型比常规计算机建模时间更短,特别适合 Web 应用。ImageModeler 可支持很多输出格式,如 3ds Max 的 max 格式、Cult3D 的 co 和 c3d 格式、AutoCAD DXF 的 dxf 格式、LightWave 3D 的 lws 格式、Maya 的 ma 格式、OBJ 的 obj 格式、Realviz Camera 的 rz3 格式、ShockWave 3D 的 w3d 格式、SoftImage 3D 的 xsi 格式、ViewPoint Medio 的 mts 和 mtx 格式、VRML 的 wrl 等格式。

4.1.2 虚构的虚拟环境的 3D 视觉建模软件

有许多三维建模软件可以用来构建虚构的虚拟环境的视觉 3D 模型。值得注意的是，目前有些直接在虚拟现实环境下进行建模的软件，与常见的三维建模软件还是有一定区别的，主要体现在由三维建模软件所建立的三维模型在数据格式上有很大差异，不太适合于虚拟现实实时系统。但由于虚拟现实环境建模软件相对较为专业、价格昂贵、种类太少等，所以在实际应用中，特别是 Web3D 应用开发中，都采用三维建模软件。

目前，虚构的虚拟环境的三维视觉建模工具软件有很多种，如 3ds Max、Maya、Rhino、C4d、AliasStudio、Pro/E、UGNX、CATIA、AutoCAD、SolidWorks 和 MDT 等。此外，还有虚拟现实、视景仿真、声音仿真等专用建模工具，如 Creator、Creator-Pro、Creator Terrain Studio、SiteBuilder3D、PolyTrans、DVE-Nowa 等。具体可以区分为室内外设计类、工业、工程设计类、影视特效类、游戏设计类。其中，Pro/E、UGNX、CATIA、AutoCAD、SolidWorks 和 MDT 等是工程设计与分析软件，通常称为工程 CAD 软件，适合构建通过制造或施工工艺获得的虚拟物体。因为这些 CAD 软件不仅具有丰富的建模方法，而且可以提供精确完整的工艺信息以及物理属性信息等。但这些软件的渲染能力差，有的甚至没有渲染功能，这些缺点可以通过 3ds Max、Maya、Rhino、C4d、AliasStudio、Creator、Creator-Pro、Creator、SiteBuilder3D 等来弥补。同时，这些 CAD 软件也没有完成基于分形技术和粒子系统的建模功能。

接下来简要介绍几款建模软件。

(1) 3ds Max 的使用范围比较广，包括影视、动画、建筑，也有人使用 3ds Max 来进行工业类产品或工程设计，不过多用其渲染功能，真正使用 3ds Max 来建模的工业设计师较少。3ds Max 属于多边形建模工具，所能做到的细节非常有限，精确度也达不到工业造型的要求，与下游工程软件的兼容性较弱，也就是说使用 3ds Max 做工业设计，只能做外观设计。

(2) Maya，它由 Alias/Wavefront 公司推出的一个非常优秀的三维动画制作软件，专长于角色动画制作，其视觉特效较强，建模功能强大，但 Maya 易学难精，是一个非常庞大的系统。Maya 的操作界面及流程与 3ds Max 比较类似。因此，3ds Max 用户很容易从 3ds Max 过渡到 Maya。实际上从 3ds Max 开始，3ds Max 与 Maya 的差距在逐渐缩小。缺点是入门比较困难，用户群相对少。Maya 要求的机器配置比 3ds Max 稍高。

(3) Rhino 是一款造型软件，用于工业设计现在已非常普遍。Rhino 之所以流行于工业设计，是因为其简单、快捷的操作界面，并且精确度非常高，可以做出许多极其精确的细节，易学也容易精通，支持各种各样的建模以及渲染插件，大大增加了其功能。较少的约束，简便的工作流程，Rhino 的设计思想会让你觉得，它属于一款辅助设计的软件。Rhino 基于 NURBS 建模技术，可以与下游工程软件连接，简化了产品设计的流程。

(4) C4d 多年来一直是工业渲染比较流行的软件，Rhino 建模+C4d 渲染的工作流程多年来一直被多家公司沿用。C4d 的渲染速度比较快，对于工业模型的支持也比较好，效果也不错。KeyShot 和 Vray for Rhino 的插件提高了其集成性。

(5) Pro/E 是一款工程软件，一直是机电产品、模具设计上使用得比较多的一款软件，近年来用于产品外观造型也比较多，它是一款基于参数化的软件。所谓参数化，简单来说，就是基于数值尺寸来确定造型的，也就是说，Pro/E 建出来的工业模型，是需要有确定的尺寸的。Pro/E 约束强大，这是它的优点，也是缺点，刚学习时会有点不习惯，故不是很适合追求个性的工业设计师。Pro/E 具有很好的集成性和开发性，基于参数化的设计也可以使得后期修改模型变得简便。

(6) UGNX 也是一款工程软件，但这款工程软件使用起来更加灵活，基于半参数化技术，能实现比 Pro/E 更快的建模速度，对于尺寸约束的要求也没有那么严格，可以轻松实现各种复杂实体及造型的构建，具有很好的集成性和开发性。

(7) CATIA 是法国达索公司的产品开发旗舰解决方案。作为 PLM 协同解决方案的一个重要组成部分，它可以通过建模帮助制造厂商设计他们未来的产品，并支持从项目前阶段、具体的设计、分析、模拟、组装到维护在内的全部工业设计流程。

- 设计对象的混合建模：在 CATIA 的设计环境中，无论是实体还是曲面，都做到了真正的交互操作。
- 具有强大的变量和参数化混合建模：在设计时，设计者不必考虑如何参数化设计目标，CATIA 提供了变量驱动及后参数化能力。
- 几何和智能工程混合建模：对于一个企业，可以将企业多年的经验积累到 CATIA 的知识库中，用于指导本企业新手，或指导新产品的开发，加速新型号推向市场的时间。
- CATIA 具有在整个产品周期内方便修改的能力，尤其是后期修改性，无论是实体建模还是曲面造型，由于 CATIA 提供了智能化的树结构，用户可方便快捷地对产品进行重复修改，即使是在设计的最后阶段需要做重大的修改，或者是对原有方案的更新换代，对于 CATIA 来说，都是非常容易的事。该软件具有很好的集成性和开放性。

(8) Alias Studio 是一款造型软件，具有专业级别的渲染功能。是全球工业设计师公认的最好设计工具，能解决工业设计流程中从草图到可视化的所有流程，Alias Studio 在汽车造型上的功力独步天下，精确性令一般工程软件也望尘莫及，能够轻松达到 A 级曲面的要求。独树一帜的操作方式令初学者望而生畏，简单来说就是功能强大，难学也难精通。然而当熟悉操作它以后，你会发觉，它设计的严谨性会使得你的设计如鱼得水，它属于一款能帮助用户思考的设计软件。

(9) Modo 是一款高级多边形细分曲面、建模、雕刻、3D 绘画、动画与渲染的综合性 3D 软件。虽然 Modo 是一款多边形建模软件，却依然可以达到非常高的精度，可以做出精度非常高的细节。Modo 支持实时渲染，渲染速度非常快，拥有大量的预设材质，通过格式转换，也能较好地支持工业模型。Modo 的动画功能也非常强大，官方预设不但包括材质，还有很多模型，方便设计师调用。Modo 使用在产品设计方面最得意的是，官方有专门为产品表现设计的摄影棚渲染套件，能达到非常高的渲染效果，Modo 高级渲染功能能实现令人瞠目结舌的视觉特效。Modo 在兼顾视觉特效表现的同时，也定位在设计领域，这种针对性使得设计师的工作变得更简便。在学习难度方面，Modo 相当于轻量级别的 Maya，易学也容易上手。

(10) Showcase 是一款展示软件，是 Alias Studio 一直使用的配套可视化软件，严格来说它不是一款渲染器，它的定位是一款方案决策软件。Showcase 的情况与 KeyShot 比较类似，其渲染速度非常快，拥有大量的预设材质，支持实时渲染，对工业模型的支持也非常好，但 Showcase 能调节灯光，渲染速度比 KeyShot 要快。Showcase 独树一帜的方案对比功能，使得它常被用于公司内部方案决策，这个方案对比功能可以实现同一物件颜色、材质和局部造型的对比。然而 Showcase 渲染的质量比 KeyShot 差，效果更单一。

(11) KeyShot 之所以在现今的工业设计领域流行起来，是因为它具备上述工业级别渲染器四个特性的绝大部分。世界知名企业中使用 KeyShot 进行渲染的，有诺基亚、阿迪达斯等。其渲染速度非常快，拥有大量的预设材质，支持实时渲染，对工业模型的支持也非常好。但它的缺点也非常明显，渲染效果不高，易学难精，渲染风格单一。另外，KeyShot 的灯光设置比较麻烦，在特殊的产品表现中缺点尤为明显。

(12) Vray 渲染器一直在建筑设计上使用得最多，近年来也在工业渲染上有所建树。Vray for Rhino 插件的引入直接改变了 Rhino 用户的渲染习惯。一直以来，有很多人用 Rhino 建模，再导入 3ds Max 当中，使用其 Vray 进行渲染。插件的出现使得 Vray 在工业渲染上的地位得到攀升。Vray 的渲染速度快，效果也很多，材质设置非常简单。然而缺点也很明显，它的渲染设置时间主要集中在灯光设置阶段，需要不断调试以获得最好的效果。

4.1.3　3ds Max 建模软件

3D Studio Max，常简称为 3ds Max 或 MAX，是 Discreet 公司开发的(后被 Autodesk 公司合并)基于 PC 系统的三维动画渲染和制作软件。其前身是基于 DOS 操作系统的 3D Studio 系列软件。在 Windows NT 出现以前，工业级的 CG 制作被 SGI 图形工作站所垄断。3D Studio Max + Windows NT 组合的出现一下子降低了 CG 制作的门槛，开始运用在电脑游戏中的动画制作，而后更进一步参与影视片的特效制作，例如《X 战警 II》《最后的武士》等。在 Discreet 3ds Max 7 后，正式更名为 Autodesk 3ds Max，最新版本是 3ds Max 2018。在应用范围方面，广泛应用于广告、影视、工业设计、建筑设计、三维动画、多媒体制作、游戏、辅助教学以及工程可视化等领域。

3ds Max 常用于虚拟现实技术的建模，尤其是 Web3D 的应用开发。与其他的同类软件相比，它具有以下优点。

(1) 基于 PC 系统的低配置要求。

(2) 入门容易，学习简单。3ds Max 软件制作流程十分简洁高效，易学易用，操作简便，拥有非常人性化的工作界面，可随意定制，各种工具也方便易用。

(3) 性价比高。3ds Max 有非常好的性能价格比，它所提供的强大功能远远超过了它自身低廉的价格，一般的制作公司都可以承受，这样就使项目的制作成本大大降低，而且它对硬件系统的要求相对来说也很低，一般普通的配置就可以满足需要。

(4) 提供了功能强大的建模功能。它具有更方便、快捷、高效的建模方式与工具，提供了多边形建模、放样、表面建模工具以及 NURBS 等方便有效的建模手段，使建模工作轻松有趣。

(5) 用户人数众多，交流方便。由于 3ds Max 在国内外使用的用户人数众多，所以其相关的教程也很多，特别是在互联网上，关于 3ds Max 的论坛有很多。正是由于它有广泛的用户群，在虚拟现实建模时，相关 3ds Max 的插件非常多，使用 3ds Max 来进行虚拟现实建模的也很多，如在 5.0 以上的版本中提供 VRML 97 文件格式的导出功能，通过相关插件可导出 Cult3D 的 *.c3d 文件及 Virtools 的*.nmo 文件格式等，大大提高了文件的共享性和集成性，拓宽了 3ds Max 的应用范围。

图 4-1 所示为 3ds Max 8.0 的工作界面。

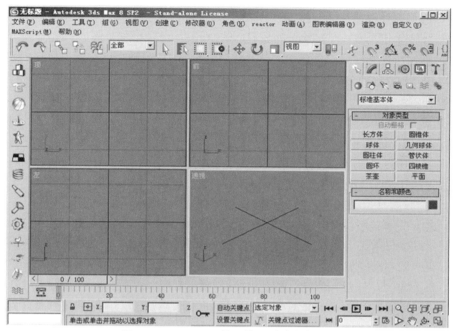

图 4-1　3ds Max 8.0 的工作界面(中文版)

4.1.4　Multigen Creator 建模平台

Multigen Creator 系列软件是 MultiGen-Paradigm 公司开发的一个用于可视化系统数据库进行创建与编辑的软件工具集。

Multigen Creator 系列产品是一个高度自动化、功能强大、交互的三维建模工具，具有强大的多边形建模、矢量建模、大面积地形精确生成功能，以及多种专业选项及插件，能高效、最优化地生成实时三维(RT3D)数据库，并与后续的实时仿真软件紧密结合，专门创建用于视景仿真的实时三维模型。它是世界上领先的实时三维数据库生成系统，可以用来对战场仿真、娱乐、城市仿真和计算可视化等领域的视景数据库进行产生、编辑和查看。这种先进的技术由包括自动化的大型地形和三维人文景观产生器、道路产生器等强有力的集成选项来支撑。同时，它是一个完整的交互式实时三维建模系统，广泛的选项增强了其特性和功能。

Multigen Creator 建模平台较其他实时三维建模软件提供了更多的交互式实时三维建模能力，它拥有针对实时应用优化的 OpenFlight 数据格式，这个数据格式已成为仿真领域事实上的业界标准。它在专业市场的占有率高达 80%以上，不仅可用于大型的视景仿真、模拟训练、城市仿真、工程应用、科学可视化等，也可用于娱乐游戏环境的创建，是虚拟现实/仿真业界的首选产品。

其基本模块为 Base Creator、Creator Pro、Terrain Bundle 和 Road Tools 等。

1. Base Creator

Base Creator 提供交互式多边形建模及纹理应用工具，构造高逼真度、高度优化的实时三维模型，提供格式转换功能，能将常用 CAD 或动画三维模型转换成 Open-Flight 数据格式。它包括以下功能。

(1) 多窗口、多视角、所见即所得的操作界面。

(2) 多边形模型创建及编辑。

(3) 模型变形工具及模型随机分布工具。

(4) 数据库层次结构(面、体、组等)创建、属性查询及编辑。

(5) Mesh 节点(紧密多边形结构)创建。

(6) 多种数据库组织、优化选项。

(7) 用多个调色板对色彩、纹理及多种贴图方式、材质、灯光、红外效果、三维声音进行定制和有效管理；最高 8 层纹理的多层混合贴图。

(8) 对纹理属性、显示效果的精确控制。

(9) 细节层次(LOD)创建及渐交(Morphing)效果。

(10) 4 类仪表盘自动创建。

(11) 大面积分布光点的定义与自动生成(模拟机场、城市、乡村的灯光)。

(12) 二维、三维文字创建。

(13) 实例创建及外部引用。

(14) 背景图、天空颜色渐变、雾效果。

(15) 可直接输入 AutoCAD(.dxf)、3DStudio(.3ds)文件(针对实时应用进行简化和数据库重组)，输出 AutoCAD、VRML 文件。

2. Creator Pro

Creator Pro 是功能强大、交互的建模工具，在它所提供的"所见即所得"的建模环境中，可以建立所期望的、被优化的三维场景。Creator Pro 将多边形建模、矢量建模和地表产生等特征集于一体，具有无与伦比的效率和创造性。

Creator Pro 不但可以创建航天器、地面车辆、建筑物等模型，还可以创建诸如飞机场、港口等特殊的地域。它不仅包括了 Base Creator 的所有功能，还增加了许多新功能。

(1) 多边形和纹理建模功能。使用 Creator Pro 直观的、可交互的多边形建模和纹理应用工具，可构造高逼真度的三维模型，并可对它进行实时化而无须更多的人工干预。

(2) 矢量化建模和编辑功能。利用矢量数据高效地建立感兴趣的地域，读入或生成矢量数据并对它进行编辑，Creator Pro 自动创建全纹理和彩色的模型并把它加到地形表面。通过利用 Creator Pro 中的矢量数据可以减少多次创建相似场景的工作量，使用 Creator Pro 的矢量工具可以将早期生成的 Open Flight 模型放置到场景的任何位置。

(3) 地表特征生成功能。Creator Pro 拥有一套完整的工具集，可快速生成地形，并且精确地使用来自 USGS 和 NIMA 等有效数据源的标准数据或根据图像产生的数据。自动化的细节等级能够为任何应用创建多种分辨率的地形。

3. Terrain Bundle

为了加强高精确度地形的自动生成功能，在 Creator Pro 的基础上开发出了 Terrain Bundle。它是一种快速创建大面积地形数据库的工具，可以使地形精度接近真实世界，并带有高度逼真的三维文化特征和纹理特征。利用一系列投影算法及大地模型，建立并转换地形，同时保持与原形一致的方位。通过自动的整体纹理映射，它能生成可与照片媲美的地形，包括道路、河流、市区等特征。它的路径发现算法，比线性特征生成算法更优越，可以自动在实时三维场景中建立数千个逼真的桥梁和路口。

4. Road Tools

Road Tools 是高级道路建模工具，它利用精确的高级算法生成路面特征，以满足驾驶仿真的需要。它主要应用于车辆的设计、特殊的驾驶员培训、事故模拟重现等领域。它必须基于 Base Creator 或 Creator Pro 使用。

4.2　虚拟现实开发软件

除了本章第一节介绍的建模软件外，要建立三类虚拟现实模型，还需要在模型中进行交互模型的构建，而这个是一般三维建模软件所不具备的功能。另外，虚拟现实技术是一项综合技术，所开发的虚拟现实模型应具有灵活性、可移植性与实时交互的特性，这就对其开发用的软件环境提出了非常高的要求。如果从基本的代码行(如用 C/C++与 OpenGL)开始开发一个全新的虚拟现实应用系统，工作量是非常大的。因此，虚拟现实应用系统的开发工作主要还是利用比较成熟的虚拟现实系统平台进行开发或二次开发，如基于 VRT 的专业设计软件平台的开发等。本节介绍国内外几个比较有代表性的开发平台。

4.2.1　虚拟世界工具箱 WTK

WTK(World Tool Kit) 是美国 Sense8 公司开发的虚拟现实系统中的一种简洁的、跨平台软件开发环境，也是目前世界上最先进的虚拟现实和视觉模拟开发软件之一，可用于科学和商业领域建立高性能的、实时的、综合 3D 工程。它是具有很强功能的终端用户工具，可用来建立和管理一个项目并使之商业化。WTK 也支持基于网络的分布式模拟环境以及工业上大量的界面设备，如头盔显示器、跟踪器和导航控制器。

一个典型的基于 WTK 的系统由以下元素组成：主机、WTK 函数库、C 编译器、3D 建模软件、图像捕获硬件与软件、图像编辑软件、图形加速卡、内存管理系统等，如图 4-2 所示。

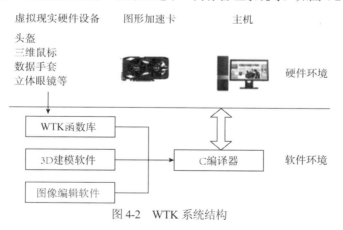

图 4-2　WTK 系统结构

WTK 的特点如下。

(1) 为性能而设计。WTK 的算法设计使画面高品质得到根本的保障。这种高效的视觉数字显示提高了运行、控制和适应能力，它的特点是高效传输数据及细节分辨。

(2) 为开发而强化。WTK 提供了强大的功能，它可以开发出最复杂的应用程序，还能提高一个组织的生产效率。一个用 C 代码编写的对象定位库提供给用户 1000 个高级语言的函数，可用来构造、交互和控制实时模拟系统。一个函数调用相当于执行 1000 行代码，这将奇迹般地缩短产品开发时间。WTK 被规划为包括 The Universe 在内的 20 多个类，它们分别管理模拟系统、几何对象、视点、传感器、路径、光源和其他项目。附加函数用于器件实例化、显示设置、碰撞检测、从文件装入几何对象、动态几何构造、定义对象动作和控制绘制。

(3) 开放性和系统优化。WTK 使 OpenVRTM 的理论成为现实，它提供了一个工具可简洁地跨过不同的平台，包括 SGI、Evans 和 Sutherland、Sun、HP、DEC 和 Intel。优化的功能使它可以对付每一个平台界面，它直接通过连续的系统图片库使最快速的传输图片成为可能。另外，WTK 支持多种输入/输出设备，并且允许用户修改 C 代码，如设备驱动器、文件阅读器和绘图例行程序；也允许它和多种信息源进行交互。

(4) 高级函数调用。WTK 包含的函数可用来实例化和访问通用的设备，如 Polhemus FASTRAK 公司的 Ascension Bird 公司的跟踪设备。

4.2.2　虚拟现实软件平台介绍

1. Vega 经典实时视景仿真软件

Vega 是 MultiGen-Paradigm 公司最主要的工业软件环境，是应用于实时视景仿真、声音仿真、虚拟现实及其他可视化领域的世界领先的软件环境。Vega 将先进的模拟功能和易用工具相结合，对于复杂的应用，能够提供快速、方便的建立、编辑和驱动工具。Vega 能显著地提高工作效率，同时大幅度减少源代码开发时间。

Vega 无论对于程序员还是非程序员来说都是理想的实用工具，因为 Vega 为他们提供了一个稳定、兼容且简单易用的界面，从而使他们在开发和维护工作中能够保持高效。Vega 可以使他们集中精力解决领域内的问题，而无须花费大量的时间和精力去编程。Vega 提供一种基于多处理器硬件结构的开发和运行环境，它为每一个有效的处理器逻辑分配系统任务；同时也允许使用者根据需要对某个处理器进行设置，并允许定制系统配置以满足极高性能需求。

Vega 和其他同类型软件相比较，除了其强大的功能外，它的 LynX 图形用户界面也是独一无二的。在 Vega 的 LynX 图形用户界面中，只需利用鼠标单击就可配置或驱动图形，在一般的城市仿真应用中，几乎不用编写任何源代码就可以实现三维场景漫游。同时，Vega 还包括完整的 C 语言应用程序接口 API，在 NT 下以 VC6.0 为开发环境，以满足软件开发人员要求的最大限度的灵活性和功能定制。Vega 支持多种数据调入，允许多种不同数据格式综合显示，它还提供高效的 CAD 数据转换。

MltiGen-Paradigm 公司还提供和 Vega 紧密结合的特殊应用模块，这些模块使 Vega 很容易满足特殊模拟要求，如航海、红外线、雷达、高级照明系统、动画人物、大面积地形数据库管理、CAD 数据输入、DIS 等。

Vega 的标准功能配置为 LynX 应用开发界面、C 语言应用编程接口、应用库及完整文档、Vega 编程手册、LynX 用户手册。

LynX 应用开发界面是一种 X/Motif 基础的单击式图形环境，它可以快速、容易、显著地改变应用性能、视频通道、多 CPU 分配、视点、观察者、特殊效果、一天中不同的时间、系统配置、模型、数据库等，而不用编写源代码。LynX 可以扩展成新的、用户定义的面板和功能，快速地满足用户的特殊要求，能在极短时间内开发出完整的实时应用及其动态预览功能，可以立即看到操作的变化结果，LynX 界面包括了应用开发所需的全部功能。

2. Vega Prime 实时视景仿真软件

Multigen-Paradigm 公司最新开发的精华实时视景仿真软件 Vega Prime 代表视景仿真应用程序开发的一个新的进步，Vega Prime 使视景仿真应用程序快速、准确开发变得易如反掌，是最具有适应性和可扩展性的商业软件。Vega Prime 在提供高级仿真功能的同时还具有简单易用的优点，能快速、准确地开发出合乎要求的视景仿真应用程序。Vega Prime 是有效的、快速的、准确的视景仿真应用开发工具。

通过使用 Vega Prime，能把时间和精力集中于解决应用领域内的问题，而无须过多考虑三维编程的实现。此外，Vega Prime 具有灵活的可定制能力，能根据应用需要调整三维程序。

Vega Prime 还包括许多有利于减少开发时间的特性，使其成为现今最高级的商业实时三维应用开发环境。这些特性包括自动异步数据库调用、碰撞检测与处理、对延时更新的控制和代码的自动生成。

此外，Vega Prime 还具有可扩展可定制的文件加载机制、对平面或球体的地球坐标系统的支持、对应用中每个对象进行优化定位与更新的能力、星象模型、各种运动模式、环境效果、模板、多角度观察对象的能力、上下文相关帮助和设备输入/输出支持等功能。

Vega Prime 基本模块包括 LynX Prime 图形用户界面配置工具和 Vega Prime 的基础 VSG(Vega Scene Graph)高级跨平台场景渲染 API。此外，Vega Prime 提供了多个针对不同应用领域的可选模块，使其能满足特殊的行业仿真需要，还提供了开发自己模块的功能。

(1) VSG(Vega Scene Graph)应用程序接口。VSG 是高级的跨平台的场景渲染 API，是 Vega Prime 的基础，Vega Prime 包括了 VSG 提供的所有功能，并在易用性和生产效率上做了相应的改进。在为视景仿真和可视化应用提供的各种低成本商业开发软件中，VSG 具有最强大的功能，它为仿真、训练和可视化等高级三维应用开发人员提供了最佳的可扩展的基础。VSG 具有最大限度的高效性、优化性和可定制性，无论有何需求都能在 VSG 基础之上快速、高效地开发出满足需要的视景仿真应用程序，VSG 是开发三维应用程序的最佳基础。

(2) Vega Prime FX 特殊效果仿真。Vega Prime FX 提供了实时三维视景仿真应用需要的特殊效果。可以通过 LynX Prime 或高级的 API 对特殊效果进行修改和添加，而且可根据场景渲染的需要预先定义或调整特殊效果。

用户能通过 Vega Prime FX 轻松创建和定制粒子特殊效果，定义如速度、重力加速度、大小和生命周期等参数；Vega Prime 的纹理动画可基于预期的帧频率或与真实帧频率相关的精确时间；特殊效果可淡出或淡入，同时粒子的形状、大小和颜色随时间推移面而变化；支持碰撞检测，可通过几何体外框的相交来触发粒子效果，还可指定粒子与某些几何体(如墙壁)外框相碰撞后弹回；特殊效果既可以照亮场景中周围的几何体，又可受一天中时间推移和场景光线的影响。

(3) Vega Prime LADBM 大地形数据库管理。Vega Prime LADBM 用于开发针对复杂大地形数据库的应用程序，通过使用动态查阅管理和 AOI(Area of Interest，兴趣区域)来优化大地形数据库的组织结构和装载过程，保证视景仿真应用程序高效运行。

(4) Vega Prime IR Scene 传感器图像仿真。Vega Prime IR Sene 在数学上是对传感器图像的精确仿真，它定量计算和显示包括自然背景、文化特征和动态物体在内的真实环境的红外传感器图像，它与 Vega Prime 使用同一虚拟环境，并产生与真实世界相关的红外景观。

(5) Vega Prime IR Sensor 传感器图像实际效果。Vega Prime IR Sensor 产生具有传感器真实

效果的红外场景，通过使用它可以控制图形显示参数或使用真实的传感器参数，从而使场景获得实际的传感器效果。Vega Prime IR Sensor 能根据真实的传感器参数产生正确的效果，并且可以根据需要对效果进行组合。它能控制多种传感器参数，提供最全面的传感器效果。

4.3　基于 Web 的 3D 建模技术平台

Web3D 技术属于桌面级的非沉浸式虚拟现实，由于会受到周围现实环境的干扰，用户不能完全地沉浸在虚拟现实环境中，因而真实感体验相对较差，但是这种虚拟现实技术的投入比较少，对于硬件的要求相对较低，一般不借助于传感设备，也不强求用户的沉浸感，而是注重在 Web 上实现三维图形的实时显示和动态交互，因而应用范围比较广泛。本节介绍了 Web3D 技术的发展概况、目前常用的各种软件的功能和特点，以及 Web3D 技术的发展趋势等。

4.3.1　Web3D 的起源

1. VRML 的产生

Web3D 最早可追溯到 VRML(Virtual Reality Modeling Language，虚拟现实建模语言)。VRML 最初是由马克·佩西(Mark Pesce)构想出来的，他期望在 Web 上的三维图形有标准可循。1993 年，由马克·佩西和托尼·帕里西(Tony Parisi)开发了一个称为 Labyrinth(迷宫)的浏览器，这是 WWW 上 3D 浏览器的雏形。1994 年 3 月首届 WWW(World Wide Web，万维网)国际会议上将 VRML 术语定义为用于在 Web 上的三维实现语言。VRML 语言的出现使得虚拟现实技术得以应用于互联网络，从而揭开了 Web3D 的发展序幕。

2. VRML 的发展

VRML1.0 版草案在 1994 年 10 月的第二届 WWW 国际会议上被制定，VRML1.0 有一定的局限性，它存在成像速度慢。不能进行并行处理、限制灯光范围等缺点；特别是它不允许物体移动，使得所创建的世界是静止不动的。

VRML2.0 规范于 1996 年 8 月发布，VRML2.0 以 SGI 公司的动态境界提案为基础，相对于 VRML1.0 而言，其交互性、碰撞检测等功能上都有很大改善和提高。

1997 年 12 月，VRML 作为国际标准正式发布，并于 1998 年 1 月获得 ISO 批准，通常称为 VRML97。它是 VRML2.0 经过编辑修订和少量功能性调整后的结果。作为 ISO/IEC 国际标准，VRML 的稳定性得到了保证，并在随后推动了一批 Internet 上交互式三维应用的迅速发展。

4.3.2　Web3D 的发展

随着网络和计算机的发展，基于 Web 的虚拟现实应用技术也在日趋活跃。一些独立厂商开发出了自己的 Web3D 解决方案，这些实现技术面向不同的应用需求，并没有完全遵循 VRML 标准，但在渲染速度、图像质量、造型技术、交互性以及数据的压缩与优化上都有胜过 VRML 之处。

1998 年 VRML 组织更名为 Web3D 组织。2002 年 7 月，Web3D 组织发布了可扩展 3D(X3D)标准草案，是虚拟现实建模语言(VRML)的后续产品，是用 XML 语言表述的。X3D 的主要任务是把 VRML 的功能封装到一个轻型的、可扩展的核心之中，开发者可以根据自己的需求，扩展其功能。

X3D 整合了正在发展的 XML、Java、流技术等先进技术，包括了更强大、更高效的 3D 计算能力、渲染质量和传输速度，以及对数据流强有力的控制、多种多样的交互形式。X3D 标准的发布，为 Web3D 图形的发展提供了广阔的前景。

X3D 集成了最新的图形硬件技术。它的可扩展性将使它能在未来 Web3D 图形技术中提供最优秀的性能。它具有以下特点。

(1) 开放性，无授权费用。

(2) 已经正式同 MPEG-A Multimedia 标准整合在一起。

(3) XML 的支持，使得 3D 数据更容易在网络上实现。

(4) 同下一代图形格式 SVG (Scalable Vector Graphics)兼容。

(5) 3D 物体可以通过 SAI/ EAI 甚至浏览器的 DOM 接口来操作。

4.3.3 Web3D 的应用

Web3D 的目的就是在网络上实现实时三维模型的浏览，并可以实现动态效果和实时交互。它的提出是直接针对网络的，所以应用领域非常广泛。

Web3D 有着独特的技术特色，它以较低的成本获得一定程度的虚拟现实体验，在立体空间的展示、立体物体的展示、展品的介绍、虚拟空间的营造与构建、虚拟场景的构造等方面有着独特的优势。目前这种非沉浸式的网络虚拟现实系统 Web3D 技术在电子商务、远程教育、计算机辅助设计、工程训练、娱乐游戏业、企业和虚拟现实展示、虚拟社区等领域已经获得了广泛的应用，并取得了许多可喜的研究成果。

4.3.4 Web3D 的典型开发技术

网络媒体特别是电子商务，对图形图像技术、视频技术提出了更新的要求，各个 3D 图形公司纷纷推出了自己的 Web3D 制作工具，使得 Web3D 虚拟现实技术操作更为简单，使用更加便捷。这些 We3D 技术，可以按照产生虚拟环境或模型的方法将其分为两大类：基于图像的 Web3D 虚拟现实技术(Imaged-based Technology)和基于模型的 Web3D 虚拟现实技术 (Model-based Technology)。目前 Web3D 的开发技术除了传统的 VRML/X3D 以外，常见的还包括 Cult3D、Java3D、ShockWave3D、Virtools、Viewpoint 等。

1. Cult3D

Cult3D 是瑞典的 Cycore 公司开发的应用软件，目前已被美国 NVIDIA(美国丽台)公司收购，它是一种跨平台的 3D 渲染引擎，支持目前主流的各种浏览器，从 PC 到苹果的各种机型和 UNIX、Linux、Windows 等各种常用的操作系统。

Cult3D 为 3D 产品添加交互性动作，并把完成后的 3D 文件压缩，它可以把 3D 产品嵌入到 Office、Adobe 的 Acrobat 和网页以及用于支持 ActiveX 的软件开发中。由于采用了先进的压缩算法，Cult3D 最后生成的以.co 为扩展名的文件很小，非常适合于在网络上传输。由于 Cult3D 是使用 Java 语言开发出来的，所以它生成的文件可以无缝地镶嵌到网页中。

Cult3D 在表观和交互上和 Viewpoint 相似，但 Cult3D 的内核是基于 Java，它甚至可以嵌入 Java 类，利用 Java 来增强交互和扩展，实现二次应用开发。Cult3D 的开发环境比 Viewpoint 更人性化和条理化，开发效率也要高得多。Cult3D 可以应用到多媒体制作上，但 Cult3D 应用更多的是电子商务以及企业网站的产品展示上。

2. Java3D

Java3D 实际上是 Java 语言在三维图形领域的扩展，是面向对象的编程。它可以实现生成物体、颜色贴图和透明效果、模型变换及动画等功能。Java3D 技术不需要安装插件，最初在客户端用一个 Java 解释包来解释就行了。不过，后来 Microsoft 公司宣布不再支持 Java，其常用的操作系统 Windows XP 也没有内建 Java 虚拟机，所以如果在 Windows XP 使用 Java3D 必须安装 Java 虚拟机。其他 Web3D 软件是必须在客户端安装浏览器插件的。

虽然 Java3D 去除了插件瓶颈，却仅适用于产品展示领域，因为场景规模过大，Java3D 对运算的要求比较高，也是头痛的瓶颈。

3. ShockWave3D

ShockWave3D 是 Macromedia 公司和 Intel 公司合作开发的网络多媒体技术，它通过 Macromedia Director 进行制作，Director 为 ShockWave3D 加入几百条 Lingo 控制函数，通过这些函数使得 ShockWave3D 在交互能力和扩展能力上具有强大的优势。通过 Havok，ShockWave3D 可以模拟真实物理环境和刚体特性。目前多应用在不太复杂的网络游戏上。

4. Virtools

Virtools 是法国 Virtools 公司推出的国外专业游戏、3D/VR 设计和企划人员广泛使用的软件及开发平台。Virtools 之所以会受到专业人士的采用，是因为利用其完全可视化接口与高度逻辑化编辑方式，轻松地将互动模块加入到一般的 3D 模块中，非常适合非程序设计出身的设计人员。Virtools 开放式的架构，极其灵活，允许开发者使用模块的脚本，方便有效地实现对象的交互设计和管理。普通的开发者可以用鼠标拖放脚本的方式，通过人机交互图形化用户界面，同样可以制作高品质图形效果和互动内容的作品。

作为高端的开发者，利用 SDK(Software Development Kit，软件开发工具包)和 VSL(Virtools Scripting Language，Virtools 专用脚本语言)，通过相应的 API 接口，可以创建自定义的交互行为脚本和应用程序。

Virtools 是一套具备丰富的互动行为模块的实时 3D 环境虚拟实境编辑软件，可以制作出许多不同用途的 3D 产品，应用于计算机游戏、多媒体、建筑设计、教育训练、仿真与产品展示等领域。

5. Viewpoint

Viewpoint 是美国 Viewpoint 公司推出的，生成的文件格式非常小，三维多边形网格结构具有可伸缩和流质传输等特性，使得它非常适合于在网络上应用，可以在它的 3D 数据下载的过程中看到一个由低精度的粗糙模型逐步转化为高精度模型的完整过程。VET(Viewpoint Experience Technology)可以和用户发生交互操作，通过鼠标或浏览器事件引发一段动画或是一个状态的改变，从而动态地演示一个交互过程。VET 除了展示三维对象外，如一个能容纳各种技术的包容器，它可以把全景图像作为场景的背景，把 Flash 动画作为贴图使用。Viewpoint 的主要应用领域是物品展示的产品宣传和电子商务。

6. Unity3D

Unity3D 是一款创新的多平台 Web3D 游戏引擎，采用了和大型、专业的游戏开发引擎相同的架构方式和开发方式，对于 Web3D 行业来说应该是一款重量级的产品。

有人评价说，Unity3D 的出现和大量应用将把 Web3D 拉入游戏的快车道上来。游戏行业的"高投入、高风险、高利润"众人皆知，但是 Unity3D 的出现解决了第一高"高投入"的大问题。

Unity3D 包含集成的编辑器、跨平台发布、地形编辑、着色器、脚本、网络、物理、版本控制等特性，吸引了众多游戏开发者和 VR 开发者的目光。

Unity3D 使用了 PhysX 的物理引擎，暂时还未支持流体和布料的效果。在植被方面使用了 Unitree，并内置了大量的 Shader 供开发者使用，这些 Shader 可满足开发者的常用效果。Unity3D 支持 JaveScript、C#，可见其在脚本方面功能比较强大。如果开发非网页的独立版，还可使用插件。

7. EON 虚拟现实软件

EON 虚拟现实软件是美国 EON Reality 公司开发的一套模块化多用途的三维交互式仿真软件开发工具，它能够让用户自定义行为及交互方式，也能够进行仿真测试及实时更改测试的参数，可应用在设计、研究、制造、生产、教育、训练与维护等领域。EON 强调资源(软件/硬件)的集成与延展、基于 Web 的交互式三维文件的安全维护、逼真度及后台数据库的结合。EON Studio 技术和 VRML 技术在结构上十分相似，可以认为，EON Studio 技术是 VRML 技术基础上的延伸和扩充。EON 虚拟现实软件包括 EON Studio、EON Immersive、EON SDK、EON SERVER、EON Mobile Visualize、EON Planner、EON Turbo、EON FastView、EON Icather 和 EON Raptor 等功能组件。

(1) EON Studio。是一套适合工商业、学术界与军事单位使用的多用途 3D/VR 内容整合制作套件。这套工具易学易用、表现逼真、整合性强、制作的档案很小，另外可轻易结合 Web 及立体眼镜，让企业、学校、研究单位可以整合设计、营销与教育训练资源。

(2) EON Immersive。是一套以 EON Studio 为基础的系统整合套件，主要的功能在于可以连接一些外围设备，如头盔、手套、力量回馈器之类的设备。对于使用者而言，因为 Immersive 已经将相关 Driver 写好，无须再自行撰写，可以省下许多时间。与大部分的虚拟实境外围设备兼容，例如电子资料手套、位置追纵器、力回馈装置等，让使用者可以融入到虚拟实境中与场景、对象或人物互动，提升虚拟实境的真实感。

(3) EON SDK。是 EON Studio 功能节点的扩展工具，是一套专为 EON 研发节点与组件的软件。EON SDK 加入两个精灵，可以将基础程序语言的程序码链接到 EON 作业平台和资料库。研发出来的新组件，甚至独立的节点，都可以得到 EON SDK 的授权认证，再提供给其他人员用来研发 EON Studio 的外挂程序。运用 SDK 可以借由新增或创造节点提高系统效能，这些节点除了提供新功能之外，也能提升或取代原有的标准节点，使用方法如同 EON 内部的节点一样没有改变，因此这些外挂程序的元件可与系统完全整合。

(4) EON Server。是一套可通过 Web 传递与管理 EON Studio 制作的、而且较为复杂的 3D 互动内容(例如，Planner、Demonstrator、Support、Configurator)的分散式网络平台。EON Server 本身具有快速在网络上传递互动资料的能力，并且可以随时追踪使用者连接到系统资料库以及与应用系统互动情况。EON Server Solution 套件本身包含两个组件，一是动态下载(Dynamic Load)组件，一是追踪(Track)组件。目前这两个组件已经实际被使用在企业上。

(5) EON Mobile Visualizer。目前无线通信的困扰在于无法下载高品质的影像到无线通信设备，无线通信整合大师可以轻易解决这些问题。

（6）EON Planner。提供一个虚拟空间，让顾客浏览设计完成的环境与物件摆设，使用者可以选择不同规格、不同大小的房间，或依照个人需求来定制。空间确定后，只要使用鼠标就能选择产品，进行不同的配置，也可以知道不同产品或区块之间的距离，仔细看过商品局部细节以及和其他商品比较后再做决定。摆设完以后会自动出现价格，并在银幕上显示完整的成品。顾客可以以 3D 或 2D 的方式存档，并列印出设计图和所选商品的明细表。

（7）EON FastView。是可以完全与 ArchiCAD 7.0 相容的附加功能，能使一栋完整的建筑物或物件即时呈现在观看者面前。不管是视角或游走路径，也能即时作存档或修正，同时通过网络共享 ArchiCAD 的模型。

（8）EON Turbo。是具有高度拟真效果、快速下载以及 100%平台独立等特性的 3D 影像式解决方案。EON Turbo Generator 可以转换现存的 EON 3D 资料，让资讯易于在网站或电子通信上刊载。使用者在几分钟内即可看见数百种 3D 物件，且旋转物件模型，能清楚看见所选物件细部以及接触物件相关内容。更新内容只需使用鼠标就可执行，不需用到高价位的数码相机。

（9）EON Icather。是一个沉浸式显示软件和 3D 交互式编辑软件，内置了对多种虚拟现实外设的支持，其中包括 EON 提供的虚拟现实系统，如 Concave Reality System、Immersive Reality System 和 Desktop Reality System。Concave Reality System 可以使多用户完全沉浸于虚拟环境当中。在 Immersive Reality System 下，用户可以仅仅通过手和头部的运动在虚拟环境当中进行操作，而在 Desktop Reality System 下，用户可以通过鼠标或操纵杆在虚拟环境当中进行同样有效的操作。

（10）EON Raptor。是一款专门用于 Discreet、3ds Max、Autodesk VIZ 的插件。使用 EON Raptor 能快速实时地浏览巨大复杂模型，并能快速创建出两种交互式的虚拟现实模型程序，即网页类型和独立运行类型的虚拟现实模型程序，文件名后缀为 eoz。即使没有任何编程经验的用户，也能在几分钟之内开发出交互式应用程序，并将其发布到网上。Raptor 的作用可不是一般意义上的 max 输出插件，它可以实现一系列的交互功能，如以三维场景中的第一人称视觉漫游，类似于 Cult3D 的全功能物体交互操作，这些都不需要 EON Studio 软件即可实现。

（11）EON CAD。针对工业上的用户，EON Professional 提供了一个高级的 CAD/3D 数据转换组件。使用该组件能快速便捷地将 CAD/3D 数据转换成 EON 所能识别的格式，不会产生材质或者模型信息的丢失，EON Professional 支持超过 30 种的数据格式，其中就包括 AutoCAD、CADKey、IGES、Maya、3ds Max、LightWave、SoftImage 3D 和 Solidworks。同时，EON Professional 的功能包含支持关键帧、自动法线校正、顶点定位、几何体/面片的压缩，以及在保留模型原 UV 贴图和纹理的同时进行重复贴图(例如地板瓷砖的贴图)。

EON CAD 是 EON 公司与 Right Hemisphere 公司合作开发的，结合 Deep Exploration 这款软件和 Polytools、CoreCAD 这 2 个模块以及 EON 软件本身的功能。在 Deep Exploration 这个软件平台的基础上，EON CAD 软件模块有以下拓展功能：能将 MicroStation、CATIA、Alias、Unigraphics、Pro/E 和 STEP 等软件的数据直接转换成 EON 软件的数据格式(.eoz 或者.eop)，如图 4-3 所示。此外，它还支持批量转换。

8. 国内 Web3D 开发软件

2007 年，国内出现了第一个完全自主知识产权的 Web3D 开发软件 WebMax，随后又出现了 VRPIE 和 Converse 等一些国产引擎软件。

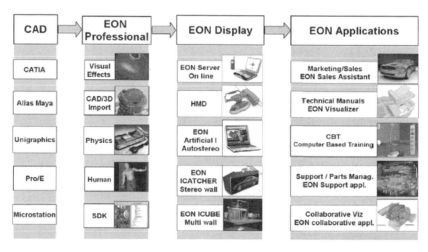

图 4-3　EON 数据转换路线图

(1) WebMax

WebMax 是由中国上海创图公司研发的 Web3D 开发软件技术，其相应软件 WebMax 采用 DirectX 和 C++编写。该技术采用三维实时分布式渲染技术来实现无限大规模场景的实时渲染，与三维网络游戏的核心技术类似，但又有所不同。

WebMax 技术在三维网络游戏技术的基础上增加了压缩和网络流式传输的功能，三维数据不需要事先下载到本地，便可以直接在网页内边浏览边下载。与国外同类技术相比，互动性更强、压缩比更高、运算速度更快。目前已成功应用于多个领域，对表现大范围的建筑场景特别方便，压缩比很大，网络浏览速度较快，画质和交互性都较好，并可结合数据库进行模型与数据的调用。

WebMax 与上述国外同类技术的性能参数比较，如表 4-1 所示。

表 4-1　WebMax 与上述国外同类技术的性能参数比较

技术产品	知识产权所属公司	运行速度	压缩比
WebMax	中国上海创图公司	>2000 万面/秒	120∶1
ShockWave3D	美国 Macromedia 公司和 Intel 公司	>300 万面/秒	50∶1
Cult3D	瑞典 Cycore 公司	>500 万面/秒	80∶1
Viewpoint	美国 Viewpoint 公司	>600 万面/秒	100∶1
Virtools	法国 Virtools 公司	>2000 万面/秒	10∶1

(2) VRPIE

VRPIE 是中视典数字科技有限公司于 2007 年推出的虚拟现实新品，延续了 VRP 软件操作简单的一贯优点，直接面向美工；VRPIE 使用脚本系统来进行交互；可以直接嵌入图片视频和 Flash，实现多媒体功能；没有 WebMax 的压缩内核好，画质质量差不多，只是在软件成熟度比较好，操作简单。

VRPIE 三维网络平台由两部分组成，分别为 VRP-BUILDER 制作端软件和 VRPIE-PLAYER 客户端插件。

VRP-BUILDER 制作端软件用来编辑和发布 VRPIE 场景文件。可接受绝大多数 3ds Max

的模型格式和动画，再加上互动操作、环境特效、界面设计后，将场景打包发布到互联网。

VRPIE-PLAYER 客户端插件非常小巧，不到 100KB，使用微软 ActiveX 技术标准来嵌入 IE 网页。它会在用户第一次打开 VRPIE 网页的时候，提示安装 VRPIE 客户端插件。在 VRPIE 浏览器自动下载完毕之后，即进入三维数据文件下载阶段，支持流式下载，意即下载完一部分就可以开始浏览一部分，不需要等待全部下载完才能浏览。并且数据会在本机缓存，脱机时或下次打开同样网页的时候，浏览器会对数据进行判断，如果数据未改变，则直接从本地读取，否则从服务器再次读取。VRPIE 可广泛用于企业和电子商务、教育、娱乐、数码产品、房产、汽车、虚拟社区等领域，将有形的实物和场景在网上进行虚拟展示。

(3) Converse3D(C3D)

2007 年年底，国内出现了 Converse3D 引擎，也是跟 VRPIE 一样，为国内的 Web3D 新加一员。它是北京中天灏景网络科技有限公司自主研发的 Converse3D 虚拟现实引擎系统。该软件采用 DirectX 和 C++编写。研发公司之前做过三维游戏，在模拟体育类游戏方面做得比较成功，后来发现虚拟现实行业有极大的潜力，所以把很大精力都倾注在 C3D 虚拟现实引擎的研发上，目前正致力于虚拟社区的完善和推广。C3D 三维虚拟社区可广泛应用于旅游景点、城市规划、虚拟校园、虚拟商城等行业，成为玩家交流、商家或政府部门发布信息、获取反馈的必要工具。

(4) Rocket3D Studio

这是一款国产的、由 6 度 VR 团队开发的面向场景浏览的虚拟现实技术。Rocket3D Studio 是个简单、方便的开发工具，由以下几个部分组成：场景编辑器对场景进行编辑、配置；编译器把场景的各种信息转变为 Rocket3D 渲染引擎可以识别的字节码；调试工具对场景进行预览、调试；3ds Max 输出插件将 3ds Max 的数据导出为场景编辑器可以识别的文件；测试版 Rocket3D 渲染引擎可以输出一些额外信息，帮助制作场景；实用工具在场景制作中是可能用得到的工具；特效插件(如喷泉、雪花、雨水、云彩等)。

4.3.5　Web3D 的未来

目前 Web3D 技术在互联网上已经取得了很好的发展势头，但其未来发展仍然面临很多问题。Web3D 应用发展的主要问题有如下两个。

(1) 网络带宽的限制，当前的网络带宽还不能满足实时地传输大量数据的要求，对于要求实时渲染的 Web3D 技术来说，网络带宽仍是制约其发展的一个因素。随着 5G 网络技术的发展，未来的网络带宽和网速将有较大提高，从而有助于提高 Web3D 的应用深度和广度。

(2) 实现的标准不统一，目前每种 Web3D 技术都是由不同的公司自行开发的解决方案，它们使用的数据格式和方法都不一样，没有统一的标准。用户在观看以不同 Web3D 技术生成的网络三维图形时，必须下载不同的浏览插件(即网络三维引擎)，这会直接影响用户浏览 Web3D 图形的体验性。

为了解决标注不统一的问题，需要整个行业携起手来，摒弃矛盾、抛开成见，目标一致，在此基础上，找一个共赢的合作模式。这种模式可以 Web3D 联盟形式，整合参与者的技术、产品方案，形成统一的制作流程、统一的 Web3D 服务。这样有利于行业内部形成统一的研发标准，在外部表现出一致的制作、浏览、操作等接口。有了这些方面的统一，就有望形成 Web3D 的国内行业标准。图 4-4 所示是虚拟现实标准统一路线图。

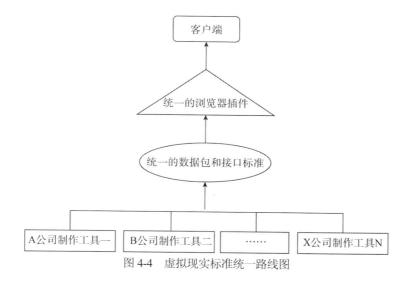

图 4-4　虚拟现实标准统一路线图

思 考 题

1. 在虚拟现实系统中，建模目的是什么？
2. 常见的建模软件有哪些？工程设计类 CAD 软件有何特点？
3. 简述 EON 系列软件的特点。
4. 简述 Cult3D 软件的特点。
5. Web3D 的种类有哪些？
6. Web3D 的主要应用领域有哪些？
7. Web3D 的发展趋势是什么？

第5章 全景摄影和全息投影技术

全景摄影的英文名称是 Panorama，也被称为虚拟全景(Virtual Panorama)、三维全景虚拟现实(实景虚拟)、基于全景图像的真实场景虚拟现实等。尽管如此，其实都是把通过摄影设备 360° 拍摄的一组照片拼接成一个全景图像(或称全景照片——一种大于双眼正常有效视角(大约水平 90°，垂直 70°)或双眼余光视角(大约水平 180°，垂直 90°)，乃至 360° 完整场景范围的照片，可用一个专用的播放软件在互联网上显示，并使操作者能用鼠标控制环视的方向，实现左右、上下、远近、大小地浏览对象。通过全景照片，操作者能感到仿佛置身于实景环境。

全息投影技术，它是利用干涉和衍射原理记录并再现物体真实的三维图像的技术。与全景摄影技术不同的是，全息对象不适合网上展示。全息投影技术是实物虚化技术的一种，而且还是一种无须佩戴眼镜的 3D 技术，与其他裸眼 3D 技术相比，具有可以从任意角度看到立体的虚拟人和物的优势，因而应用于博物馆、舞台节目、产品虚拟展览、汽车服装发布会、酒吧娱乐、场所互动投影、全息电影和全息电视、全息储存、全息显示和全息防伪商标等领域。

【教学目的】
- 了解全景摄影技术的原理、分类、特点和应用领域
- 了解国内外有关全景照片的制作软件，掌握全息摄影作品的制作方法
- 了解全息投影技术的原理、分类、特点和应用领域

5.1 全景摄影技术概述

概括地说，全景摄影技术是一门实现基于平面照片或视频影像合成具有立体感的 3D 模型或立体影像的技术。全景照片生成过程如下：拍摄所需鱼眼图片→鱼眼图片导入全景软件进行拼合→生成全景在各种载体上显示的文件，如图 5-1 所示。

图 5-1 全景照片生成过程

随着计算机、互联网和 Web 技术发展和广泛应用，使得全景摄影在各个领域得到更加广泛的应用，如虚拟大学校园、虚拟旅游景点、虚拟公园、电子商务网站中的 3D 商品展示和三维导航等领域。其实，全景摄影并不是真正意义上的 3D 图形技术，它之所以能够广泛应用，主要是因为它具有如下几个优点。

(1) 实景拍摄，有照片级的真实感，因此，也可认为全景摄影是目前最方便的、低成本的、最真实的实现实物虚化的一种技术手段。

(2) 有一定的交互性，用户能用鼠标控制环视的方向，可看天、看地、看左、看右、看近、看远。

(3) 不需要单独下载与运行插件，一个小小的 Java 程序，自动下载后就可以在网上观看全景照片。

目前，全景摄影的应用领域有商品的广告与推销(电子商务的虚拟商场)、远程教学、旅游业、新闻机构、娱乐业、多媒体演示、建筑业、古建筑艺术等。

5.1.1　全景摄影技术的分类

目前，全景摄影已从简单的柱形全景摄影，发展到球形全景摄影，再到对象全景摄影。

(1) 柱形全景：是最简单的全景摄影，可以环水平 360°观看四周的景色，但是如果用鼠标上下拖动时，上下的视野将受到限制，看不到天顶，也看不到地底。这是因为用普通相机拍摄照片的视角小于 180°。显然这种照片的真实感不强。

(2) 球形全景：视角是水平 360°，垂直 180°，全视角。球形全景照片的制作比较复杂。首先必须全视角拍摄，即要把上下前后左右全部拍下来，普通相机要拍摄很多张照片。然后再用专用的软件把它们拼接起来，做成球面展开的全景图像。最后选用播放软件，把全景照片嵌入网页。但不是所有的制作软件都支持球形全景。有的专业公司提供球形全景制作的全套软硬件设备，但价格昂贵。

(3) 对象全景：是瞄准互联网上的电子商务的发展需要而提出的一种全景摄影技术。对象全景照片的制作过程：相机固定，拍摄时瞄准对象(比如要拍摄手机，手机就是对象)，转动对象，而不是移动相机，每转动一个角度，拍摄一张，顺序完成。然后选用对象全景图面制作软件制作成播放软件，并把它们嵌入网页，发布到网站上，即可通过网页浏览器观看。

全景摄影在网上发布时必须使用相应的播放软件，网页的访问者在观看全景照片时，要先下载播放插件，才能观看。许多全景软件制作商提供它们专用的插件。全景照片在网上发布选用哪种播放软件最好？最好的播放插件是 Java Applet。Java Applet 不仅文件尺寸小，而且自动下载和安装，欣赏者只要轻轻单击鼠标，等待 1～2 分钟即可观看。网站上的全景照片都使用 Java Applet，全部文件尺寸不超过 150KB。

5.1.2　全景摄影的发展前景

全景摄影是一种比较实用的技术，是能在窄网络带宽下展示准 3D 图形的好工具。然而它毕竟不是真 3D 图形技术，交互性远远不如基于造型技术的虚拟现实。全景摄影的发展主要在以下几个方向。

(1) 虚拟商场：在一个虚拟的环境中，可以任意挑选和观看货架上的商品，足不出户就可以逛商场。

(2) 虚拟旅游：可以在虚拟的环境下或导游图的指导下，进入想看的景点，观看高质量的球形全景照片，可以足不出户在网上游览全世界。

(3) 球形视频：这是一种全动态、全视角、带音响的全景环境，美国已有公司推出其顶尖产品，效果也不错。随着 5G 及以上的网络技术发展，球形视频将得到更广泛的应用。

5.2　全景摄影硬件要求

制作高质量的全景图片，不仅需要有相应的全景硬件配套，还必须要学会安装调整全景硬件：摄影机与云台合理装配，尤其是找到不同相机镜头的节点，节点的正确选择才可以保证在整个拍摄过程中，图像不会发生相对位置的偏移，这样在后期的全景软件合成中将可以保证图片的精度和全景照片全方位观看时不会产生偏心转动的感觉。下面介绍全景摄影的硬件选配、镜头的节点位置与调整。

5.2.1　全景摄影器材的认识

1. 主要的全景摄影器材

(1) 数码相机：数码相机和传统的光学相机都可以使用，但是使用数码相机无须使用胶卷，也无须将胶卷扫描，文件可以直接使用，因此推荐使用数码相机。推荐使用的数码相机有尼康Coolpix 4500，4300，5000，995，990，950，900，885，880，800，700 等。对于制作球形全景，可选相机有尼康 Coolpix 系列中的 Coolpix 5400、5700、8700 等。

(2) 鱼眼镜头：鱼眼镜头是用于捕捉超过 180°视野的图像。一幅 360°×180°的全景可以由2 幅或 3 幅全景拼合而成。推荐使用的鱼眼镜头为尼康 FC-E8 Fisheye Converter Lens。对于制作球形全景可选尼康 FC-E9，不过都需要加转接环。Coolpix5700 型和 8700 型需 UR-E12 转接环，Coolpix5400 型需 UR-E10 转接环。

(3) 云台：云台与相机种类相关。可搭配的云台有四种：QSJ 系列全景云台、Manfrotto 302 QuickTime VR、Manfrotto 303 SPH 和 Kaidan Quickpan III CS。

(4) 三脚架：一个可调的三脚支架，用于支撑摄影器材以确保拍摄时相机的稳定。一般情况下，三脚架可以任意搭配，但由于使用了数码相机、鱼眼镜头和云台，所以需要挑选稳定性好的三脚架。由于鱼眼镜头覆盖的范围相当大，拍摄时可以把整个三脚架拍摄进去，所以要求三脚架的手柄不能太长。推荐使用伟峰的三脚架 6305 等。

2. 数码相机和鱼眼镜头

普通的 35mm 相机镜头所能拍摄的范围约为水平 40°，垂直 27°，由此，如果采用普通数码相机拍摄的图像制作 360°×180°的全景图像的话，需要拍摄很多张，而且将导致拼缝太多而过渡不自然，因而需要水平和垂直角度都大于 180°的超广角镜头。这样的镜头在市场上并不多见，目前主要以尼康的鱼眼镜头为主，型号为 FC-E8(Nikon FC-E8 Fisheye Converter Lens)。其性能指标如图 5-2 所示。

性能指标	图示
焦长缩至0.21倍	
提供183° 观景角度	
5片4组	
体积约74mm×50mm	
重量约205g	鱼眼镜头FC-E8

图 5-2　尼康 FC-E8 鱼眼镜头性能指标

为了能获得较好的全景效果，一般要选择数码相机的像素在 200 万以上，这样输出的图形质量才能较好。与尼康的鱼眼镜头 FC-E8 相匹配的数码相机主要是尼康的 Coolpix 系列。尼康 Coolpix 系列数码相机相关的技术参数比较，如图 5-3 所示。

其他公司的鱼眼镜头，如 Olympus 公司的 Olympus FCON-02 鱼眼镜头也可以和该公司的 Olympus D-340L、Olympus D-340R、Olympus D-360L、Olympus D-400Z、Olympus D-450Z、Olympus D-460Z 等相机相配，但是根据一些用户的使用经验来看，效果并不是最理想的。

另一款来自滨海光学系统公司(Coastal Optical Systems, Inc.)的数码单反鱼眼镜头也能获得高质量的全景图片，其产品如图 5-4 所示。

产品型号	尼康Coolpix 4500	尼康Coolpix 5000
产品图片		
CCD/CMOS分辨率	410万像素	524万像素
最大有效分辨率	2272×7014	2560×1920
焦距	38-155mm(4x数码变焦)	28-85mm

图 5-3　尼康 Coolpix 系列数码相机的技术参数

图 5-4　滨海光学系统公司的数码单反鱼眼镜头

3. 云台的作用

要了解云台的作用，首先需要了解相机的"节点"(nodal point)的概念。相机的"节点"是指照相机的光学中心，穿过此点的光线不会发生折射，如图 5-5(a)所示。在拍摄鱼眼照片时，相机必须绕着节点转动，才能保证全景拼合的成功。云台的作用正是如此。

云台安装于三脚架上，它保证了相机转动时，镜头的"节点"正好位于转动轴上。不采用云台而直接使用数码相机和鱼眼镜头拍摄鱼眼图像将会产生偏移，空间信息不完全，导致图像无法正确拼合，如图 5-5(b)所示。

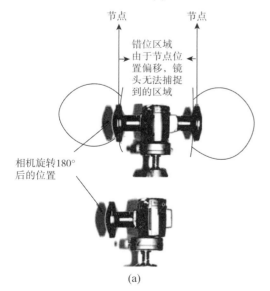

(a)　　　　　　　　　　(b)

图 5-5　云台的作用

图 5-6 所示是加了云台，偏移消失了，左右两图的拍摄成像点始终在三脚架的中心位置。

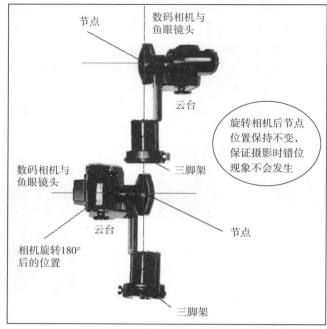

图 5-6　加了云台，拍摄成像点始终在三脚架的中心位置

5.2.2　相机的节点位置

图 5-7 所示是佳能 8-15mm 变焦鱼眼的镜头节点参考图。

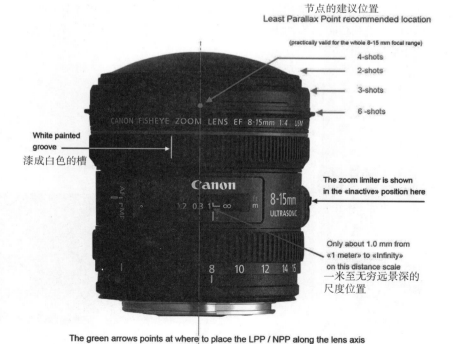

图 5-7　佳能 8-15mm 相机节点位置示意图

按照图 5-8 和图 5-9 所示，将相机(包括镜头)安装到云台上。

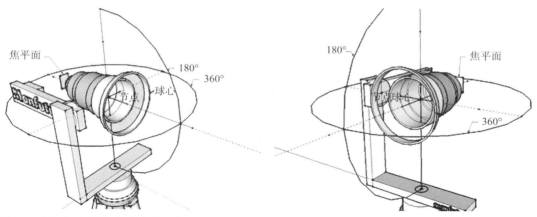

图 5-8　将相机(包括镜头)安装在云台上的示意图 1　　　图 5-9　相机(包括镜头)安装在云台上的示意图 2

图 5-10 和图 5-11 所示为寻找节点、节点与旋转中心轴的安装调整实物示意图。

图 5-10　寻找节点、节点与旋转中心轴的安装调整
　　　　　实物示意图 1

图 5-11　寻找节点、节点与旋转中心轴的
　　　　　安装调整实物示意图 2

尼康 10.5mm 的节点位置如图 5-12 和图 5-13 所示。

尼康10.5mm镜头
的节点非常接近
于金色环线

图 5-12　尼康 10.5mm 的节点位置 1　　　　　　图 5-13　尼康 10.5mm 的节点位置 2

5.2.3　有变焦数码单反相机的配置

(1) 相机：通常可以使用的相机有 Nikon SLR DC(D100、D1、D1H、D1X、D2H、D70)、Canon SLR DC(D60、D30、1D、10D、300D)等。

(2) 鱼眼镜头：这一系列相机能配的鱼眼镜头有 Sigma 8mm f/4 EX Circular Fisheye、Nikkor 8mm f/2.8 Fisheyelens、Coastal Optical Digital SLR Fisheye Lens，以及其他品牌视角大于 180°的鱼眼镜头等。

(3) 云台：Manfrotto 302 QuickTime VR、Manfrotto 303 SPH 和 Kaidan Quickpan III CS，如图 5-14 所示。

单反相机较普通数码相机的优势明显，可以制作高清晰度的全景照片，不过这一系列的配置由于受到 CCD 尺寸的影响，接上鱼眼镜头以后拍摄出的图像不是整球形，原先的球形两边被切掉成为一个鼓形图片，如图 5-15 所示，由于直线两边的角度约为 115°，因此图片拼合必须采用有四鱼眼拼合功能的软件。

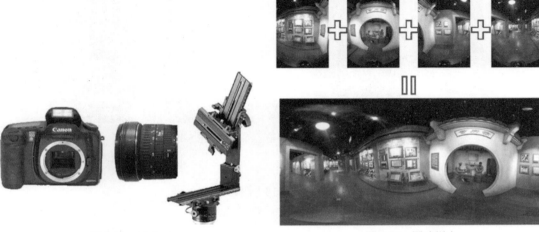

图 5-14　云台　　　　　　　　　　　　　图 5-15　图片拼合

5.2.4　无变焦数码单反相机的配置

(1) 相机：如 Canon 1DS、Kodak DCS PRO SLR。

(2) 能配合的镜头、云台：同有变焦数码单反机的配置。

这一系列的配置主要是费用比较高，但是拍摄的图像质量和色彩非常好，不仅可以用于网页，也可以用在全屏幕播放全景。

5.2.5　胶片单反机的配置

(1) 相机：大部分品牌如 Nikon、Canon、Pentax、Kodak、Seagull 等都可用。

(2) 鱼眼镜头和云台：同有变焦数码单反机的配置。

胶片单反机拍摄的照片需经过扫描后方可使用，为了使图像不会有所损失，需要使用分辨率较高的扫描仪，得到的图像处理也很方便，采用两鱼眼拼合即可。

5.3　对象全景图制作软件

造型师是由上海杰图软件技术有限公司开发的一款对象全景图制作软件，用于制作 Flash 三维物体。它提供了一种在互联网上逼真展示三维物体的方法。通过对一个现实物体进行 360° 环绕拍摄得到的图像进行自动处理，生成 360°物体展示模型，使观看者可以通过网络交互地观看物体。该软件可广泛应用于网站建设、电子商务、汽车、房地产、服装鞋帽、玩具、文物等领域。

利用造型师软件制作被展物品全景图片的基本步骤如下。

(1) 打开造型师软件，单击打开左上角"文件"菜单的第一项"打开图形文件"，如图 5-16 所示。

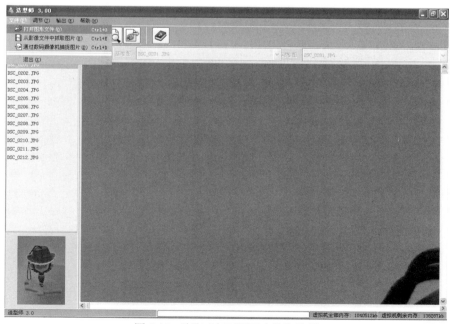

图 5-16　选取"打开图形文件"选项

  (2) 在查看选项栏中找到全景照片所在地址，并将全景照片逐项选取，选取完毕后，单击">"按钮，将图片按照拍摄顺序进行导入(见图 5-17)。建议在导入这一步骤将图片排列好顺序，因为在后续步骤调整图片顺序较复杂。成功导入后软件显示如图 5-18 所示，单击"确定"按钮。

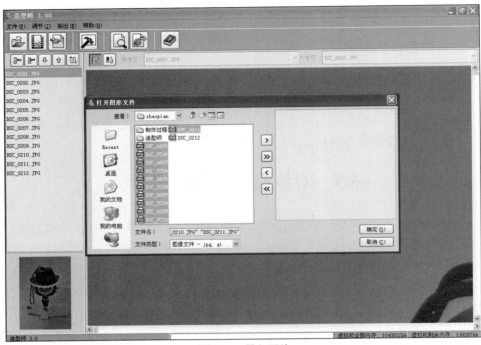

图 5-17　导入照片

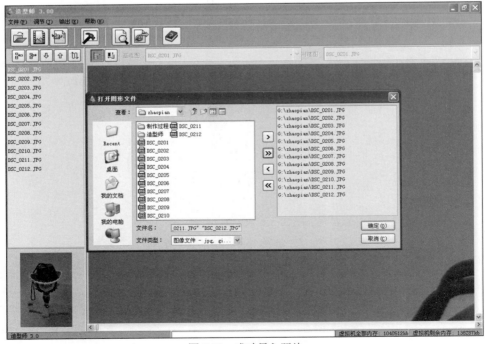

图 5-18　成功导入照片

（3）出现图 5-19 所示的定义图像区域窗口。拖动图片的上下左右方向箭头将全景图的大小区域进行选择，该窗口所选择的图片区域为最后全景图生成的大小区域。在选择完毕之后单击窗口右下角的"确定"按钮。

图 5-19　定义图像区域窗口

（4）成功将选取照片导入造型师软件，会出现图 5-20 所示界面。在菜单栏中选取"输入"菜单的第一项"预览 360 度物体"，单击后出现图 5-21 所示窗口。由于如今摄影器材比以往有较大的提升，所以最后照片的存储大小比较大，而这类照片处理的过程会非常漫长，如果超出虚拟机内存大小甚至会使软件停止运行，所以在制作全景照片时需要用户定义分辨率大小，勾选"由宽度保持图像长宽比例"复选框，调整分辨率到合适的位置，记录该分辨率，单击"确定"按钮，等待预览图生成。生成后查看预览图效果，如图 5-22 所示。

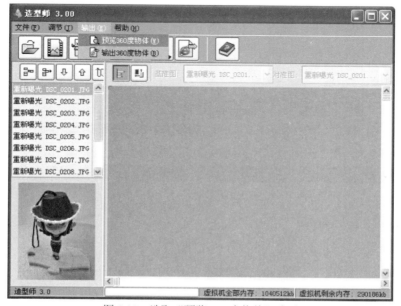

图 5-20　选取"预览 360 度物体"选项

图 5-21 修改分辨率参数   图 5-22 查看预览图效果

（5）预览图无误后，在菜单栏中找到"输出"菜单，选取其中的第二项"输出360度物体"，出现"发布"对话框，如图5-23所示。在该对话框可以选择发布质量，在"播放器尺寸"下拉列表中选择"用户定义"，"高度"和"宽度"文本框中填写之前预览时的参数，单击"发布"按钮，成功生成图5-24所示文件。

图 5-23   "发布"对话框

图 5-24 最终生成文件

(6) 生成文件后, 单击该文件夹中的 html 文件, 利用浏览器打开该文件, 最终作品如图 5-25 所示。

图 5-25 最终成品图

除了造型师软件外, 还有许多全景制作软件, 如国外的 PixMaker、国内的造景师、漫游大师等。归纳起来, 基于这些软件的全景制作过程基本相仿, 所以掌握一种软件, 再去掌握其他软件也很容易。

5.4 全景图拼接算法

图像和视频缝合在全景图生成、360° 全景相机以及 VR 全景领域有非常广泛的应用。常用的图像缝合工具有 Microsoft 的 ICE、PTGui、开源软件 Hugin 等, 基于视频的拼接有 VideoStitch、StitcHD 以及 stitching_with_cuda。

图像缝合的算法步骤可以描述为:

(1) 定义映射模型, 常用的包括球面、柱面、平面, 其中球面映射应用最为广泛。

(2) 根据输入图像, 提取特征点, 对特征进行匹配, 得到输入图像之间的映射关系 T。

(3) 根据映射关系 T 进行图像的 Warp 变换, 对齐图像。

(4) 利用颜色调整来消除图像间的色差, 采用图像融合来消除拼缝。

其算法流程图如图 5-26 所示。

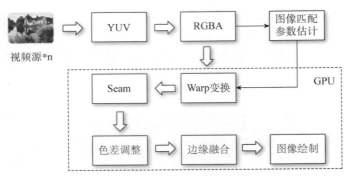

图 5-26　图像缝合算法流程图

以下是实现全景图拼接算法的分析。

1. 映射模型

映射模型可以看作用于图像映射的载体,相当于二维图像映射到三维空间的一种变换,如图 5-27 所示。

图 5-27　映射模型

其对应缝合效果如图 5-28 所示。

图 5-28　对应缝合效果

选择合适的映射模型非常重要,需要与图像采集场景以及应用方式相匹配。一般对于水平拼接,采用柱面映射描述性最佳,而对于 360°全景,球面映射或者立方体(多面体)映射的效果更好。

2. 特征点提取与匹配

对于自动拼接来讲，特征点提取是必不可少的一步操作。结合前面所提到的特征，选取常用的特征描述(可以选择 SIFT、Surf、Orb 等)，大部分图像缝合不涉及尺度问题，从速度考虑 ORB 通常是比较好的选择。

特征匹配用来计算图像之间的映射关系(采用 RANSAC 或者概率模型)，得到每个匹配图像对之间的单应矩阵，结合上一步的映射模型，可以得到最终的图像变换序列 T1T2T3······

在计算映射变换之后，就得到了图像之间的全景变换关系，或者叫作相机变换参数(参照 opencv 里的 detail::CameraParams)，对于视频拼接来讲，这个变换参数通常是不变的。

此外，也可以利用手动的方式进行调整，只要确保图像之间的对齐即可，因此特征的提取与匹配并不是必选项。

3. 图像 Warp 变换

图像 Warp 变换所采用矩阵的形式描述如下：

$$p' = H \cdot p \tag{1}$$

其中，$H = \begin{bmatrix} h_{11} & h_{12} & h_{13} \\ h_{21} & h_{22} & h_{23} \\ h_{31} & h_{32} & 1 \end{bmatrix}$.

矩阵 H 被称为投影变换矩阵。对上式进行分解化简，即是通常所谓的单应性变换为式(2)和式(3)：

$$x' = \frac{h_{11}x + h_{12}y + h_{13}}{h_{31}x + h_{32}y + 1} \tag{2}$$

$$y' = \frac{h_{21}x + h_{22}y + h_{23}}{h_{31}x + h_{32}y + 1} \tag{3}$$

图像 Warp 变换是一项耗时的操作，相当于对里面每一个像素点进行一次变换，像素之间的操作相互独立，因此操作通常放在具有较强性能 GPU 上来并行处理。对于 CUDA 来讲，透视变换相当于将输入图像的索引坐标值映射到纹理坐标上。

4. 色差调整

色差调整既可以从自动白平衡方向入手，也可以手动调整色温，其基本思路都是通过统计每幅图的颜色区间分布，对于不同的颜色进行调整到与参考颜色一致的空间内。目前比较常用的是 Reinhard 方法，将图像 I 转换到 lab 空间(降低三原色之间的相关性)，通过图像的统计分析，利用目标图像 I′ 的均值及标准差进行线性调整，公式描述为：

$$\begin{cases} L = (l - \overline{l}) \cdot \dfrac{\sigma_{l'}}{\sigma_l} + \overline{l'} \\[2ex] A = (a - \overline{a}) \cdot \dfrac{\sigma_{a'}}{\sigma_a} + \overline{a'} \\[2ex] B = (b - \overline{b}) \cdot \dfrac{\sigma_{b'}}{\sigma_b} + \overline{b'} \end{cases} \tag{4}$$

　　线性变换(方差作为斜率)能够保证源图像与目标图像在 Lab 颜色空间具有近似相同的均值和方差。通常可以选定一幅图像作为调整基准,当然也可以计算需要变换的所有图像的均值作为一个目标值,需要由使用者来决定。

5. 图像融合

　　图像融合目的在于拼缝消除,常用图像融合的方法有 Alpha 平均、羽化融合和 Multi-Band 融合 3 种方法。从效果上来讲,Multi-Band 能够达到比较好的融合效果,当然效率也低。这里采用的方法称为 Laplacian(拉普拉斯)金字塔。可以理解为通过对相邻两层的高斯金字塔进行差分,将原图分解成不同尺度(频率)的子图,对每一个子图(对应不同频带)进行加权平均,得到每一层的融合结果,最后进行金字塔的反向重建,得到最终融合效果。

　　关于图像融合,可以检索到很多现成公开的代码,这里不再过多描述。对于融合的关键在于选择用于融合的子图像区域部分,但既要注意图像过大导致的效率问题,也要避免图像较小带来的信息缺失。

　　OpenCV 的代码是视频缝合比较好的入门参考资料,在此基础上可以根据自己的侧重对代码进行效率或者效果上的二次开发与优化。OpenCV 的流程框架如图 5-29 所示。

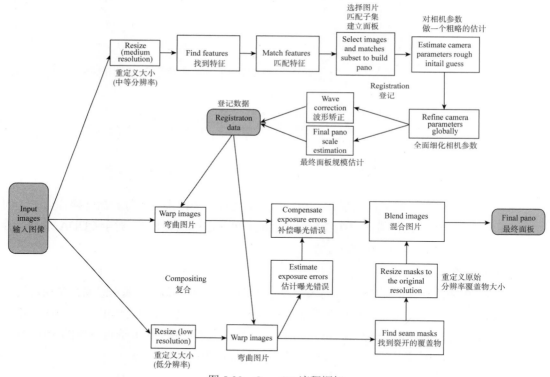

图 5-29　OpenCV 流程框架

公开的 OpenCV 代码实现及注释如下:

```
[cpp] view plain copy
// 拼接, use gpu
Stitcher stitcher = Stitcher::createDefault(true);
// 默认是 0.6, 最大值 1 最慢, 此方法用于特征点检测阶段, 如果找不到特征点, 要调高
   stitcher.setRegistrationResol(0.6);
```

//stitcher.setSeamEstimationResol(0.1); // 默认是 0.1

//stitcher.setCompositingResol(-1);　// 默认是-1，用于特征点检测阶段，找不到特征点的话，改-1

stitcher.setPanoConfidenceThresh(1); // 默认是 1，见过有设 0.6 和 0.4 的

stitcher.setWaveCorrection(false); // 默认是 true，为加速选 false，表示跳过 WaveCorrection 步骤

//stitcher.setWaveCorrectKind(detail::WAVE_CORRECT_HORIZ);//还可以选 detail::WAVE_CORRECT_VERT，波段修正(wave correction)功能(水平方向/垂直方向修正)。因为 setWaveCorrection 设的 false，此语句没用

//找特征点 surf 算法，此算法计算量大，但对刚体运动、缩放、环境影响等情况下较为稳定
//stitcher.setFeaturesFinder(new detail::SurfFeaturesFinder);

stitcher.setFeaturesFinder(new detail::OrbFeaturesFinder);// ORB

//Features matcher which finds two best matches for each feature and leaves the best one only if the ratio between descriptor distances is greater than the threshold match_conf.

//match_conf 默认是 0.65，选太大了没特征点

detail::BestOf2NearestMatcher* matcher = new detail::BestOf2NearestMatcher(false, 0.5f);

stitcher.setFeaturesMatcher(matcher);

//Rotation Estimation,It takes features of all images, pairwise matches between all images and estimates rotations of all cameras.

//Implementation of the camera parameters refinement algorithm which minimizes sum of the distances between the rays passing through the camera center and a feature，/这个耗时短

stitcher.setBundleAdjuster(new detail::BundleAdjusterRay);

//Implementation of the camera parameters refinement algorithm which minimizes sum of the reprojection error squares.

//stitcher.setBundleAdjuster(new detail::BundleAdjusterReproj);

//Seam Estimation

//Minimum graph cut-based seam estimator

//stitcher.setSeamFinder(new detail::GraphCutSeamFinder(detail::GraphCutSeamFinderBase::COST_COLOR));
//默认就是这个

//stitcher.setSeamFinder(new detail::GraphCutSeamFinder(detail::GraphCutSeamFinderBase::COST_COLOR_GRAD));//GraphCutSeamFinder 的第二种形式

//啥 SeamFinder 也不用，Stub seam estimator which does nothing.

stitcher.setSeamFinder(new detail::NoSeamFinder);

//Voronoi diagram-based seam estimator.

//stitcher.setSeamFinder(new detail::VoronoiSeamFinder);

//exposure compensators/曝光补偿

//stitcher.setExposureCompensator(new detail::BlocksGainCompensator);//默认的就是这个

//不要曝光补偿

stitcher.setExposureCompensator(new detail::NoExposureCompensator);

//Exposure compensator which tries to remove exposure related artifacts by adjusting image intensities

//stitcher.setExposureCompensator(new detail::detail::GainCompensator);

//Exposure compensator which tries to remove exposure related artifacts by adjusting image block intensities

//stitcher.setExposureCompensator(new detail::detail::BlocksGainCompensator);

// 边缘 Blending

//stitcher.setBlender(new detail::MultiBandBlender(false));// 默认使用这个，use gpu

//Simple blender which mixes images at its borders

stitcher.setBlender(new detail::FeatherBlender);// 这个简单，耗时少

// 拼接方式，柱面？球面 OR 平面？默认为球面

//stitcher.setWarper(new PlaneWarper);

```
stitcher.setWarper(new SphericalWarper);
//stitcher.setWarper(new CylindricalWarper);
// 开始计算变换
Stitcher::Status status = stitcher.estimateTransform(imgs);
if (status != Stitcher::OK)
{
 std::cout << "Can't stitch images, error code = " << int(status) << std::endl;          return -1;
}
else
{
   std::cout << "Estimate transform complete" << std::endl;
}
Mat pano;
 status = stitcher.composePanorama(imgs,pano);
```

5.5　全息投影技术

　　全息投影技术，也被称为虚拟成像技术、三维空间立体成像技术、真三维裸眼 3D 技术等，它是利用干涉和衍射原理记录并再现物体真实的三维图像的技术。与全景摄影技术不同的是，全息对象不适合网上展示。全息投影技术也是实物虚化技术的一种，而且还是一种无须佩戴眼镜的 3D 技术(属于裸眼 3D 技术的一种)。与其他裸眼 3D 技术相比，具有可以从任意角度看到立体的虚拟人和物的优势，因而在一些博物馆、舞台节目(在日本的舞台上较为流行，初音未来是世界第一个应用伪全息投影技术制作的虚拟歌手)、产品虚拟展览、汽车服装发布会、酒吧娱乐、场所互动投影、全息电影和全息电视、全息储存、全息显示和全息防伪商标等领域。图 5-30 所示为基于全息投影技术的 G20 杭州峰会闭幕式文艺演出的水上芭蕾舞演出场景。

图 5-30　基于全息投影技术的 G20 杭州峰会闭幕式文艺演出的水上芭蕾舞演出场景

5.5.1　基本概念

　　全息是指被摄对象包含其颜色、轮廓信息的 2D 画面和反映物体影像的相位信息(物体与观察视角间的距离、运动轨迹、空间关系等信息)。通过这种方式获得的静态或者动态成像是 3D 的。这里需要了解几个不同的术语。

(1) 全息摄影技术(holography)：是由丹尼斯·加博尔发明的一种摄影方法，这种摄影方式打印出来的照片可以从多个角度观看，但是有角度局限性。很多防伪标识都是使用全息摄影打印出来的图像制作的。

(2) 全息影像技术(holographic display)：尚在研究中，多在科幻作品中出现全息影像技术。制作一种物理上的纯三维影像，观看者可以从不同的角度不受限制地观察，甚至进入影像内部。

(3) 全息投影技术(front-projected holographic display)：广义来说，也可以算作是全息影像技术的一种，但是所谓的全息画面只是投射在一块透明的“全息板”上面。因此，所谓的全息图像是一个平面而非立体图像，它也是目前应用最广泛的全息技术。

5.5.2　发展历史

全息技术最广泛的应用，就是全息投影技术。一般来说，全息投影的思路是通过光的干涉和衍射原理，来记录并再现物体的三维信息。全息摄影技术最早于 1947 年由英国物理学家丹尼斯·加博尔发现，并因此获得了 1971 年的诺贝尔物理学奖。盖伯的实验解决了全息技术发明中的基本问题，即波前的记录和再现，但由于当时缺乏明亮的相干光源(激光器)，全息图的成像质量很差。其他物理学家也进行了许多开创性的工作。这项发现其实是英国一家公司在改进电子显微镜的过程中不经意的产物(专利号 GB685286)。这项技术从发明开始就一直应用于电子显微技术中，在该领域中被称为电子全息投影技术，直到 1960 年美国密歇根大学雷达实验室制成氦氖激光器的发明后才取得了实质性的进展。

第一张实际记录了三维物体的光学全息投影照片是在 1962 年由苏联科学家尤里·丹尼苏克拍摄的。与此同时，美国密歇根大学雷达实验室的工作人员艾米特·利思和尤里斯·乌帕特尼克斯在盖伯全息术的基础上引入载频的概念发明了离轴全息术，有效地克服了当时全息图成像质量差的主要问题——孪生像问题。三维物体显示成为当时全息术研究的热点，但这种成像科学远远超过了当时经济的发展，制作和观察这种全息图的代价是很昂贵的，全息技术基本成了以高昂的经费来维持不切实际的幻想的代名词。

1969 年，本顿发明了彩虹全息术，掀起以白光显示为特征的全息三维显示新高潮。彩虹全息图是一种能实现白光显示的平面全息图，与丹尼苏克的反射全息图相比，除了能在普通白炽灯下观察到明亮的立体像外，还具有全息图处理工艺简单、易于复制等优点。

随着投影技术的快速发展，更准确、抗干扰能力更强的投影出现了，全息投影也重新被提上了日程。但即使如此，全息投影的介质问题依旧没有得到很好的解决。

直到 2001 年全息膜问世，人类终于找到了能够获得相对清晰效果的，同时成本低廉的全息投影介质材料。全息投影技术也由此广泛应用于展览、博物馆、舞台演出、时装秀等领域，成为能给观众带来视觉震撼的一种新手段。

2010 年，日本最著名的虚拟偶像初音在“感谢祭”上使用全息投影技术亮相。虽然当时的技术还很薄弱，初音形象仅仅是停留在屏幕上却被立体化，效果足够震撼。直到今天，我们已经可以在各种旅游景区、博物馆、典礼开幕式、演唱会，甚至机场和高级酒店的导航服务中看到全息投影的应用。

2014 年 6 月，美国加州的一家新创公司，开始研发三维全息投影芯片，目前已在智能手机中得到应用，有的手机已具有三维投影的功能。除了智能手机之外，该公司研发的三维全息投影芯片，还将进入到各种显示设备中，比如电视机、智能手表，甚至是"全息桌面"。届时，三维全息投影时代将真正到来。

5.5.3　全息投影的技术原理

光波是一种电磁波，它在传播中带有振幅和相位的信息。普通照相是用感光材料(如照相底片)作记录介质，用透镜成像系统(如照相机)使物体在感光材料上成像。它所记录的只是来自物体的光波的强度分布图像，即振幅的信息，而不包括相位的信息。因此，普通照相只能摄取二维(平面)图像。要同时记录光波的振幅和相位的信息，可借助于一束相干的参考光，利用物光和参考光的光程差，以确定两束光波之间的相位差。因此借助参考光，便可记录来自物体的光波的振幅和相位的信息。

全息投影技术就是利用光的干涉和衍射原理记录并再现物体真实的三维图像的记录和再现的技术。图 5-31 是全息投影拍摄实验系统实物架构，主要由相干光源(激光器)、防震平台及光学元件(要求在几秒到几分钟甚至几十分钟内，光路必须达到较高稳定度，光程差的变化量不得超过 λ/10)。常用的光学元件有全反射镜、扩束镜、针孔滤波器、光分镜、透镜、散射器和全息干板。

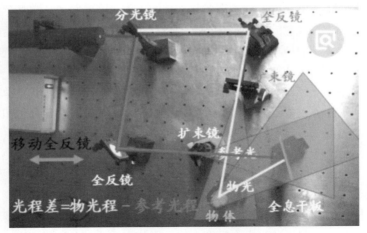

图 5-31　全息投影拍摄实验系统实物架构

图 5-32 所示是全息投影拍摄实验系统物理简化图，图 5-33 所示是基于拍摄的物体全息形成示意图。

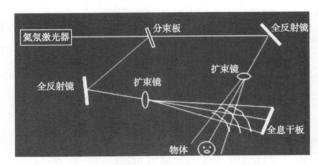

图 5-32　全息投影拍摄实验系统物理简化图

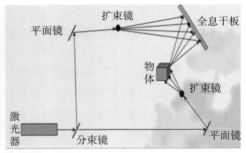

图 5-33　基于拍摄的物体全息形成示意图

1. 拍摄过程

如图 5-33 所示，通过实验调整使得一束相干光(频率严格一致，表现为可以产生明显的干涉作用)被 1∶1 分成一束照射到拍摄物体的物光和另一束参考光，并保证光程(光走的距离)近似相同，这样被摄物体在激光辐照下就形成漫射式的物光束。另一部分激光作为参考光束则射到全息底片上，并和物光束叠加产生干涉，把物体光波上各点的位相和振幅转换成在空间上变化的强度，从而利用干涉条纹间的反差和间隔将物体光波的全部信息记录下来。记录着干涉条纹的底片经过显影、定影等处理程序后，便成为一张全息图，或称全息照片。

通过分析知道，全息照相是根据光的干涉原理，所以要求光源必须具有很好的相干性(频率严格一致，表现为可以产生明显的干涉作用)。激光的出现，为全息照相提供了一个理想的光源。这是因为激光具有很好的空间相干性和时间相干性，实验中采用 He-Ne 激光器，用其拍摄较小的漫散物体，可获得良好的全息图。

除了光源外，为了拍出一张满意的全息照片，拍摄系统还必须满足以下要求。

由于全息底片上记录的是干涉条纹，而且是又细又密的干涉条纹，所以在照相过程中极小的干扰都会引起干涉条纹的模糊，甚至使干涉条纹无法记录。比如，拍摄过程中若底片位移一个微米，则条纹就分辨不清，为此，要求全息实验台是防震的。全息台上的所有光学器件都用磁性材料牢固地吸在工作台面钢板上。另外，气流通过光路，声波干扰及温度变化都会引起周围空气密度的变化。因此，在曝光时禁止大声喧哗，不能随意走动，保证整个实验室绝对安静。笔者的经验是，各组都调好光路后，同学们离开实验台，稳定一分钟后，再在同一时间内曝光，得到较好的效果。

物光和参考光的光程差应尽量小，两束光的光程相等最好，最多不能超过 2cm，调光路时用细绳量好；两束光之间的夹角要在 30°～60°之间，最好在 45°左右，因为夹角小，干涉条纹就稀，这样对系统的稳定性和感光材料分辨率的要求较低；两束光的光强比要适当，一般要求在 1∶1～1∶10 之间都可以，光强比用硅光电池测出。

因为全息照相底片上记录的是又细又密的干涉条纹，所以需要高分辨率的感光材料。普通照相用的感光底片由于银化物的颗粒较粗，每毫米只能记录 50～100 个条纹，天津感光胶片厂生产的 I 型全息干板，其分辨率可达每毫米 30000 条，能满足全息照相的要求。

冲洗过程也是关键环节。按照配方要求配药，配出显影液、停影液、定影液和漂白液。上述几种药方都要求用蒸馏水配制。冲洗过程要在暗室进行，药液不能见光，保持在室温 20℃左右进行冲洗，配制一次药液保管得当可使用一个月左右。

2. 成像过程(再现过程)

图 5-34 所示是成像过程的示意图。即利用衍射原理再现物体光波信息的成像过程(再现过程)：全息图犹如一个复杂的光栅，在相干激光照射下，一张线性记录的正弦型全息图的衍射光波一般可给出两个像，即原始像(又称初始像)和共轭像。再现的图像立体感强，具有真实的视觉效应。

实际观察的时候只要使用参考光照射全息底片，即可在全息底片上观测到原来的三维物体。这是最简单的全息图原理，此外，还有白光(指非相干光源，如灯光、日光)即可再现的全息图(广泛应用于防伪标识)，彩色全息图(可以用白光再现被摄物体的颜色)，等等。这些全息图的制作过程相当复杂。

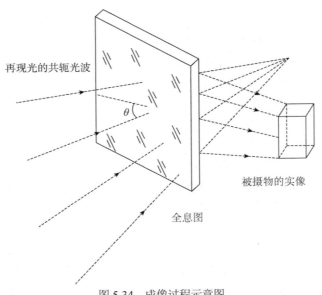

再现光的共轭光波

θ

被摄物的实像

全息图

图 5-34 成像过程示意图

3. 全息投影的特点和优势

(1) 再造出来的立体影像有利于保存珍贵的艺术品资料。

(2) 拍摄时每一点都记录在全息片的任何一点上,一旦照片损坏也关系不大。

(3) 全息照片的景物立体感强,形象逼真,借助激光器可以在各种展览会上进行展示,效果非常好。

4. 全息投影实现方式

按照全息投影所基于的介质不同,全息投影实现主要分为以下 3 种方式。

(1) 水雾投影。这是最简单也是成本最低的一种全息投影模式,它是将激光打在喷出的水雾上形成反射,从而展现出立体的全息影像,比如水幕电影。

(2) 360°全息显示屏。360°全息显示屏技术是将图像投射镜子上,再让镜子进行高速的旋转,从而产生 3D 的立体影像。具体来说,它是利用高速旋转的镜面来反射激光,利用观众的视觉误差来制造全息效果。问题是这种技术推广起来很麻烦,高速旋转的仪器首先噪声很大,并且存在危险。而且介质与投射影像之间必须高度配合,很难在一台仪器上展现若干不同的影像,导致成本十分高昂。

(3) 全息膜投影。今天使用最多的,就是全息膜投影。其原理是利用一层透明度很高的薄膜来反射出全息影像,搭配周围光线较暗,薄膜本身看不清,就有了所谓高仿全息的效果。

目前,全息膜投影技术的具体实现又分为以下两类。

(1) 透射全息投影技术,它是利思和乌帕特尼克斯所发明的技术。这种技术通过向全息投影介质(晶体或全息胶片)照射激光,然后从另一个方向来观察重建的图像。经过改进形成的彩虹全息投影可以使用白色光来照明,以观察重建的图像。彩虹全息投影广泛应用于诸如信用卡、安全防伪和产品包装等领域。这些种类的彩虹全息投影通常在一个塑料胶片形成表面浮雕图案,然后在背面镀上铝膜,使光线透过胶片以重建图像。

(2) 反射全息投影技术，或称为丹尼苏克全息投影技术。这种技术可以通过使用白色光源从和观察者相同的方向来照射胶片，通过反射来重建彩色的图像，以重建图像。

5. 全息投影技术类型

全息投影技术分为以下 3 种。

(1) 空气投影和交互技术：美国查达因(ChadDyne)发明了一种空气投影与交互技术。利用该技术可以在气流形成的墙上投影出具有交互性的图像。此技术思想来源于海市蜃楼的原理，将图像投射在水蒸气液化形成的小水珠墙上，由于分子震动不均衡，可以形成层次和立体感很强的图像。该技术是上述水雾投影实现模式的基础。

(2) 激光束投射实体的 3D 影像：这种技术是利用氮气和氧气在空气中散开时，混合成的气体变成灼热的浆状物质，并在空气中形成一个短暂的 3D 图像。这种方法主要是不断在空气中进行小型爆破来实现的。

(3) 激光旋转投影：这种技术是将图像投影在一种高速旋转的镜子上，从而实现三维图像。该技术是 360° 全息显示屏实现模式的基础。

全息技术的理想目标是基于空气介质的全息投影。在各种科幻电影中，都会提到一种东西：从手表或者某种仪器中投射出一个大屏幕或者全息图像，然后就可以进行无接触的人机交互，实现诸如全息通话、导航等。这是人类真正追求的全息投影。基于空气介质的全息投影技术的特点是不受白光干扰，随时在空气中成像，并可以模拟复杂的立体模型。据说在美国的一些实验室中，已经可以做到不借用任何介质，单纯在空气中实现全息投影，如图5-35 所示，也就是说这种技术不再停留于理论中，已经成了现实。但是，目前的空

图 5-35　激光束投射实体的 3D 影像

气全息投影质量还比较差，比如说像素少，颗粒感极大，并且只能够实现单一颜色的全息投射，实现的成本高昂。

综上所述，无处不在的全息投影，虽然因成本和成像质量等原因离人类最终目标还很远，但是其发展速度已经足够惊人。一旦能够成真，那么人类恐怕将再也不需要屏幕。从泛屏幕阶段进入无屏幕阶段，将是人类经历的一次技术革命。

5.6　伪全息、伪立体投影(幻影成像)

全息投影技术不同于平面银幕投影，仅仅在二维表面通过透视、阴影等效果实现立体感，它是真正呈现 3D 的影像，可以从 360°的任何角度观看影像的不同侧面。然而，全息投影技术需要在激光照下才能拍摄，后期成像制作成本过高。所以，目前商业应用的大多是更低成本的伪全息技术(无须激光器等设备)，但它不是真正的立体成像技术。

5.6.1　伪全息、伪立体投影(幻影成像)原理

1. 什么是伪全息、伪立体投影(幻影成像)

伪全息、伪立体投影技术是指采用投影机或其他显示方法,将光源折射45°后成像在成像膜的一种全息投影技术。其成像技术原理如图5-36所示。

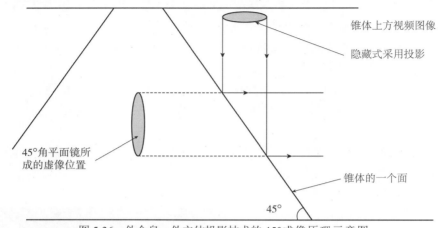

图5-36　伪全息、伪立体投影技术的45°成像原理示意图

2. 伪全息、伪立体投影(幻影成像)主要类型

目前,广泛应用的伪全息、伪立体投影(幻影成像)主要有单面投影式和4面投影式等。

(1) 单面投影式原理如图5-36所示,直接投影在一个与水平成45°的由透明材料制成的投影板上,经45°折射后在板的另一侧成像。图5-37(a)和(b)所示为单面投影式的伪全息、伪立体投影(幻影成像)的装置与效果图。

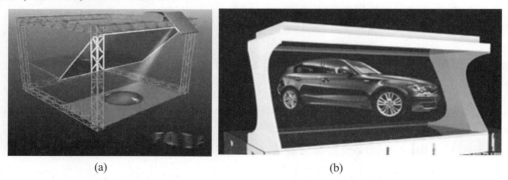

图5-37　单面投影式的伪全息、伪立体投影(幻影成像)的装置与效果图

目前该技术广用于舞台上,如虚拟演员的产生与互动等。在用于舞台上时,投影机数量不止一台,但都直接背投在全息投影膜上。最早的全息膜技术,像屏幕一样将薄膜树立在观众正面。但这样的问题是薄膜容易被看出来,并且观众不能离开正面视角,否则马上穿帮。2010年时初音应用的就是这种技术,但目前已经很少使用。

如今更多的全息投影技术,都是将全息膜进行45°倾斜,通过底部[见图5-38(a)]或者顶部[见图5-38(b)]装置进行投影,在一块或者几块全息膜上折射。这样观看效果更加逼真,也可以在更大的角度观看到全息效果。

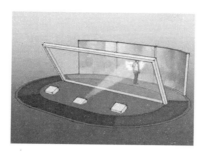

(a) 投影机安装在底部

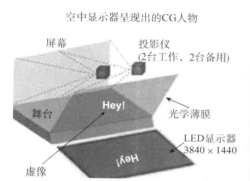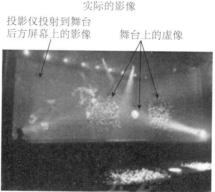

(b) 投影机安装在顶部的舞台效果图

图 5-38　伪全息投影技术的配置及效果

　　2013 年，周杰伦的"魔天伦"世界巡回演唱会中就运用了全息投影技术。在演唱会上对唱的虚拟邓丽君图像(见图 5-39)，就是以这种技术完成的。但这种技术要求投影区块必须是暗光区，一旦有白光干扰就会失真。并且模拟效果不够逼真，依旧存在色彩和像素上的问题。

图 5-39　周杰伦演唱会上对唱的虚拟邓丽君图像

　　(2) 4 面投影式，也称 360°(伪全息)成像，原理与单投影式一样。它由 4 台投影机分别负责对应于被投物体的前、后、左、右所拍摄的视频或图像，4 路光源折射 45°后成像于四面体的内空间，可供 360°观看。图 5-40 所示为 4 面投影式或称 360°(伪全息)成像装置,它是由透明材料制成的四面锥体，由 4 个不同角度拍摄的、物体的 2D 视频(或 2D 图像)，折射 45°成像并汇集到一起后形成具有感观维度的立体影像。可以从锥体的 4 个面分别看到物体的不同侧面，但它不是立体的。

(a)   (b)

图 5-40   360°(伪全息)成像装置

图 5-41 所示是基于伪全息、伪立体投影技术的产品虚拟展示效果图。

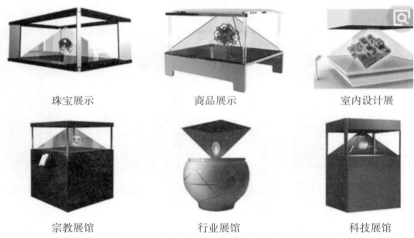

珠宝展示   商品展示   室内设计展

宗教展馆   行业展馆   科技展馆

图 5-41   基于伪全息、伪立体投影技术的产品虚拟展示

5.6.2   全息摄影技术设备

1. 全息图形操作台

图 5-42 所示产品是国内中视典公司开发的一款具有更简洁、更直观的交互体验的产品——全息图形操作台。该产品将传统的人机交互模式升级成全息的、真实尺寸的模型，用户可以多角度观看模型，直接在自由的空间内与模型进行分析、修改、操控等交互。

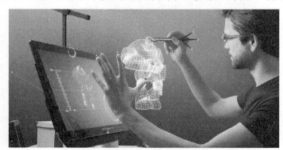

图 5-42   全息图形操作台

当用户佩戴立体眼镜后，头部转动和观看视角将被系统实时捕捉，系统根据用户即时的视角进行运动视差调整。不同于传统的立体视觉仅仅提供的是景深感，运动视差绑定带给用户的是更贴近真实自然的视觉效果，即用户视角往左右偏离时，用户不仅可以看到前后景深感，同

时还可以看到观测物体的左右面，呈现一种自然的对景象的深度感知效果。这种视觉体验有着很强的冲击力，用户观测到的模型近乎全息的效果呈现在眼前的空气中。

如图 5-42 所示，通过手持六自由度交互手柄，系统可以捕捉到用户的手部在空间中的位置信息，用户直接用该交互手柄在空气中对眼前的全息图像进行交互。手柄上的 3 个按键提供了简洁的交互方式，如选择、旋转、任意摆放和拼接物体等。用户可以自然地拖动呈现在“空气”中的物品靠近自己，从多角度地观看模型细节及透视，感受无与伦比的空间感和真实感，就像将一个真实的物品握在手中操作一样自然、简单。该平台可应用于如下领域。

(1) 教育与科普。3D 全息互动教学课件、生物 3D 人体结构分析、细菌病毒结构分析、可视化细胞分析、器官模型、地理地质结构、自然灾害演示、河流形成原理、物理齿轮运转。

(2) 医疗与临床。医疗机械设计、手术器械分析、设备模拟操作、3D 可视化病例分析、高清器官模型教学、空间可视化病例模型分析、模拟手术培训教学演示。

(3) 设计与制造。机械设备原型设计、机械工作原理展示、机械组装维修培训、Pro/E 设计展示及应用、CAD 模型分析、2D 设计图与 3D 模型同步、汽车模型展示、产品生产周期管理。

2. 全息幻影成像系统

目前，市面上的幻影成像系统是基于“实景造型”和“幻影”的光学成像结合，将所拍摄的影像(人、物)投射到布景箱内的主体模型景观中，演示故事的发展过程，绘声绘色，虚幻莫测，非常直观，给人留下较深的印象。全息幻影成像系统一般由立体模型场景、造型灯光系统、光学成像系统、影视播放系统、计算机多媒体系统、音响系统及控制系统组成，可以实现大的场景、复杂的生产流水线、大型产品等的逼真展示，因而在以下场所得到广泛应用。

(1) 汽车 4S 店(车款展示)。

(2) 博物馆、历史馆、文化馆(播放虚拟历史动画)。

(3) 教育展厅展馆(传播文化)。

(4) 时尚商品旗舰店、专卖店(新品推介)。

(5) 历史纪念馆(用于播放历史素材)。

(6) 公司接待室或会议室(公司介绍、展品展示)。

(7) 展厅会场设计公司(活动会场布置)。

(8) 家具和艺术品专营店(产品展示)。

(9) 电影院(电影预告和片花欣赏)。

(10) 医学领域。

图 5-43 所示是全息幻影成像系统的应用效果图。图 5-44 所示是手的第五掌骨全息穴位图。

(a)　　　　　　　　　　　　　　　　　　　(b)

图 5-43　全息幻影成像系统的应用效果图

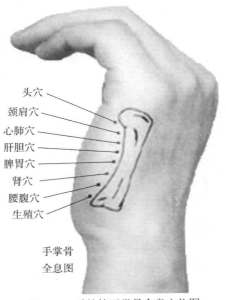

图 5-44　手的第五掌骨全息穴位图

5.7　其他全息技术

全息摄影技术已从光学领域推广到其他领域，因此出现了微波全息、超声全息等技术，这些技术得到了很大发展，并成功地应用在工业医疗等方面。地震波、电子波、X 射线等方面的全息也正在深入研究中。在激光全息方面，还出现白光全息、彩虹全息，以及全景彩虹全息等，因此全息三维立体显示正在向全息彩色立体电视和电影的方向发展。除此以外，红外、微波和超声全息技术等在军事侦察和监视上有十分重要的意义。我们知道，一般的雷达只能探测到目标方位、距离等，而全息照相则能给出目标的立体形象，这对于及时识别飞机、舰艇等有很大作用，因此备受人们的重视。但是可见光在大气或水中传播时衰减很快，在不良的气候下甚至于无法进行工作，为克服这个困难发展出了红外、微波及超声全息技术，即用相干的红外光、微波及超声波拍摄全息照片，然后用可见光再现物象，这种全息技术与普通全息技术的原理相同，但技术的关键是寻找灵敏记录的介质及合适的再现方法。超声全息摄影能再现潜伏于水下的物体的三维图样，因此可用来进行水下侦察和监视。由于对可见光不透明的物体，往往对超声波透明，因此超声全息可用于水下的军事行动，也可用于医疗透视及工业无损检测等。

思　考　题

1. 全景摄影技术与全息摄影技术有何区别？
2. 全景摄影技术有哪些类型？各自特点是什么？
3. 试述全息投影技术原理、分类、特点和应用领域。
4. 全息投影技术原理与虚拟植入技术有何区别？
5. 伪全息投影技术有哪些类型？

第6章 增强现实技术

增强现实技术是综合了计算机图形、光电成像、融合显示、多传感器、图像处理、计算机视觉等多门学科成果而发展起来的，并成为虚拟现实技术研究的一个重要分支，也是近年来的一个研究热点。本章系统地介绍了增强现实(含混合现实和增强虚拟现实)概念、增强现实技术特点、系统组成形式、关键技术、主流增强现实系统设备、增强现实开发软件和增强现实应用程序开发的实例分析等。

【学习目标】
- 理解增强现实的基本概念
- 了解增强现实技术的含义，增强现实技术系统的组成形式与分类
- 了解增强现实技术的应用领域
- 了解增强现实技术与虚拟现实技术之间的异同点

6.1 概　述

增强现实技术一般指的是将计算机产生的虚拟信息或物体叠加到现实场景中，从而产生出一个虚实结合的混合场景的技术。用户通过 HMD(头戴式显示设备)或者视觉眼镜或者手持式监测设备等，从混合场景中得到更多关于现实场景的信息。增强现实能提供一种半浸入式的环境，强调真实场景与虚拟信息或物体和时间之间的准确对应关系。与传统的虚拟现实不同，增强现实是在已有的现实场景的基础上，为操作者提供一种虚实复合的视觉效果。当操作者在真实场景中移动时，虚拟物体也随之变化，使虚拟物体与真实环境完美结合，既可以减少生成复杂实验环境的硬件资源上的开销，又便于对虚拟试验环境中的物体进行操作，真正达到亦真亦幻的境界。增强现实系统一般由头戴式显示器、位置跟踪系统、交互设备及计算设备和软件组成。增强现实技术融合了多媒体、三维建模、实时视频显示及控制、多传感器融合、实时跟踪及注册、场景融合等多项新技术与新手段。

常见的增强现实系统有基于台式图形显示器的系统、基于单眼立体显示器的系统(一只眼看显示屏上的 3D 虚拟环境，另一只眼看真实环境)、基于光学透视式头盔显示器的系统、基于视频透视式头盔显示器的系统等。

由于 AR 技术大大提升了人类的感知能力，已经开始影响人们的日常生活，其应用日渐成熟与多样。AR 技术可广泛应用到军事、医疗、建筑、教育、工程设计、装备运维、影视、娱乐与艺术等领域。

6.1.1 技术原理与特征

概括地说，增强现实技术是一种将真实环境(场景)信息和虚拟环境信息"无缝"集成的新技术,即把原本在现实环境的一定时间和空间范围内人类很难感知到的客观信息(如视觉、听觉、

味觉、嗅觉和触觉等无法感知的信息),通过科学技术、模拟仿真可视化后再叠加到真实环境,或将虚拟信息叠加到真实环境,被人类感官所感知,从而达到超越现实的感官体验。增强现实技术是把真实的环境和虚拟的物体实时地叠加到了同一个画面或空间。因此,虚实结合、实时交互和三维注册(registration,也称作定位、配准)是增强现实技术的三大特征。

6.1.2 增强现实、混合现实、虚拟现实三者间的关系

现在业内普遍认可从真实环境到虚拟环境中间经过了增强现实环境与增强虚拟环境这两类虚拟现实增强技术,国际上一般把真实环境(计算机视觉)、增强现实、增强虚拟环境、虚拟现实这4类相关技术统称为虚拟现实连续统一体(VR continuum)。与早期相比,增强现实环境和增强虚拟环境的概念已经发生了很大的变化,技术领域大为拓宽。1994 年,多伦多大学的保罗·米尔格拉姆(Paul Milgram)和岸野文郎(Fumio Kishino)提出了一种描述增强现实(Augmented Reality,AR)、混合现实(Mixed Reality,MR)和虚拟现实(Virtual Reality,VR)三者间关系的方法,并给出了一个"真实环境—虚拟环境的连续体图"(见图 6-1),用以说明 VR、MR、AR 之间的关系。连续体的两端分别是完全的真实环境和完全的虚拟环境,中间则是混合现实环境。

图 6-1 真实环境—虚拟环境的连续体图

混合现实环境泛指将真实环境和虚拟环境以一定的比例混合为一个整体的环境。增强现实环境(Augmented Reality Environment,ARE)和增强虚拟环境(Augmented Virtuality Environment,AVE)均属于混合现实环境。增强虚拟环境靠近虚拟环境一端,指的是环境中的大部分内容为计算机生成的虚拟环境,但添加一些真实景物以增加真实感。增强现实环境靠近连续体中真实环境的一端,要求大部分场景为真实环境,添加虚拟景物以增强对真实环境的认识。形象地说,虚拟现实系统是试图把环境送入使用者的计算机,而增强现实系统却是要把计算机带进使用者的真实工作环境中。增强现实在虚拟环境与真实环境之间的沟壑上架起了一座沟通的桥梁。

具体来说,增强现实技术通过运动相机或可穿戴显示装置的实时连续标定,将三维虚拟对象(信息)稳定一致地投影到操作者视觉窗口中,达到"实中有虚"的表现效果。如图 6-2 所示,真实环境是我们所处的物理空间或其图像空间,其中的人和竖立的 VR 牌是虚拟对象,随着视点的变化,虚拟对象也进行对应的投影变换,使得虚拟对象看起来像是位于真实环境的三维空间中。图 6-2 和图 6-3 中的虚线对象代表虚拟环境对象,实线对象代表真实对象或其图像。

增强现实还有一个特殊的分支,称为空间增强现实(Spatially Augmented Reality),或称投影增强模型(Projection Augmented Model),将计算机生成的图像信息直接投影到预先标定好的物理环境(正式场景)表面,如曲面、穹顶、建筑物、精细控制运动的一组真实物体等。本质上来说,空间增强现实是将标定生成的虚拟对象投影到预设真实环境的完整区域,作为真实环境对象的表面纹理。与传统的增强现实由用户佩戴相机或显示装置不同,这种方式不需要操作者携带硬件设备,而且可以支持多人同时参与,但其表现受限于给定的物体表面,而且由于投影纹

理与视点无关，在交互性上有所不足。实际上，我国现在已经很流行的柱面、球面、各种操控
模拟器显示及多屏拼接也可以归为这一类。最著名的投影增强模型的是早期的 Shader Lamps。

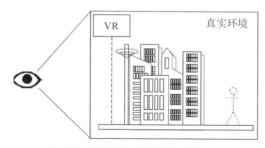
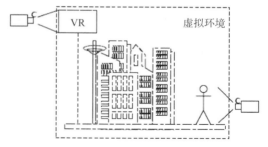

图 6-2　增强现实技术"实中有虚"　　　　　　　图 6-3　增强虚拟环境技术"虚中有实"

　　　增强虚拟环境技术预先建立了虚拟环境的三维模型，通过相机或投影装置的事先或实时标
定，提取真实对象的二维动态图像或三维表面信息，实时将对象图像区域或三维表面融合到虚
拟环境中，达到"虚中有实"的表现效果。如图 6-3 所示，在虚拟环境中出现了来自于真实环
境的实时图像，其中 VR 牌上的纹理和人体都来自于相机采集的图像，人体甚至可以是实时的
三维对象及其表面纹理图像。

　　　与增强现实中存在的投影增强模型技术正好相反，增强虚拟环境技术中也有一类对应的技
术，用相机采集的图像覆盖整个虚拟环境，即作为虚拟环境模型的纹理，操作者可以进行高真
实感的交互式三维浏览。当这种三维模型是球面、柱面、立方体等通用形状的内表面时，这种
技术也就是现在已经很普及的全景图片或视频。全景视频将真实环境的一幅鱼眼或多幅常规图
像投影到三维模型上，构造出单点的全方位融合效果，多幅图像之间的拼接可以是图像特征点
匹配或相机预先标定等方式。微软 Bing 地图架构师布雷斯•A. 雅克斯(Blaise Aguera y Arcas)
在 TED 2010 的演讲中演示了一种新颖的地图应用研究，在全景图片增加实时视频内容的叠加，
如图 6-4 所示。这种增强方式可以反映同一地点各种影像的空间几何关系，操作者可以自由浏
览全景，就像在现场一样，产生了更加真实的虚拟环境效果。

图 6-4　TED 2010 演讲中演示在全景图片上叠加真实影像的地图应用研究

　　　将增强现实与增强虚拟环境两者进行比较，增强现实以个人获取的真实环境图像为基础，
让虚拟对象适应操作者视点或摄像头的运动变化，因此在本质上是面向个人的，适合于支持交
互；而增强虚拟环境以虚拟环境为基础，通过三维注册让不同地点的 2D 或 3D 视觉采集实时

融合进虚拟环境，虚拟现实的三维绘制本身就可以是和视点相关的，因此在本质上是面向空间数据的，适合于建立应用服务。目前，增强虚拟环境技术主要应用于远程呈现系统、远程沉浸系统开发等。

6.1.3　VR、AR、MR 之间的区别

增强现实技术是随着虚拟现实技术的发展而产生的，因此两者间存在着不可分割的密切关系，但也有着显著的差别。

1. 在浸没感的要求上有明显的区别

虚拟现实系统强调用户在虚拟环境中的视觉、听觉、触觉等感官的完全浸没，强调将用户的感官与现实环境绝缘而沉浸在一个完全由计算机所控制的信息空间之中。通常需要借助能够将用户视觉与环境隔离的显示设备，一般采用浸没式头盔显示器。

与之相反，增强现实系统不仅不隔离周围的现实环境，而且强调用户在现实环境的存在性，并努力维持其感官效果的不变性。增强现实系统致力于将计算机产生的虚拟环境与真实环境融为一体，从而增强用户对真实环境的理解，因此需要借助能够将虚拟环境与真实环境融合的显示设备，通常采用透视式头盔显示器。

2. 在配准精度和含义等方面不同

在浸没式虚拟现实系统中，配准是指呈现给用户的虚拟环境与用户的各种感官匹配。这种配准误差是视觉系统与其他感官系统及本体感觉之间的冲突，而且心理学研究表明，往往是视觉占了其他感觉的上风。因此，用户会慢慢适应这种由视觉与本体感觉冲突所造成的不适应现象。而在增强现实系统中，配准主要是指计算机产生的虚拟物体与用户周围的真实环境全方位对准。要求用户在真实环境的运动过程中维持正确的配准关系，较大的配准误差不仅使用户不能从感官上确认虚拟物体在真实环境中的存在性和一体性，甚至会改变用户对其周围环境的感觉。严重的配准误差甚至会导致完全错误的行为。

3. 技术不同

VR 侧重于创作出一个虚拟场景供人体验。AR 强调复原人类的视觉的功能，如自动识别跟踪物体，而不是手动指出；自动跟踪并且对周围真实场景进行 3D 建模，而不是照着场景做一个极为相似的。

4. 设备不同

VR 通常需要借助能够将操作者视觉与现实环境隔离的显示设备，一般采用浸没式头盔显示器。AR 需要借助能够将虚拟环境与真实环境融合的显示设备。

5. 交互区别

因为 VR 是纯虚拟场景，所以 VR 装备更多的是用于操作者与虚拟场景的互动交互，更多使用的是位置跟踪器、数据手套、动捕系统、数据头盔等。

由于 AR 是现实场景和虚拟场景的结合，所以基本都需要摄像头，在摄像头拍摄的画面基础上，结合虚拟画面进行展示和互动，如 GoogleGlass。

6. 应用区别

虚拟现实强调操作者在虚拟环境中的视觉、听觉、触觉等感官的完全浸没，对于人的感官来说，它是真实存在的，而对于所构造的物体来说，它又是不存在的。因此，利用这一技术能

模仿许多高成本的、危险的真实环境，因而其主要应用在虚拟教育、数据和模型的可视化、军事仿真训练、工程设计、城市规划、娱乐和艺术等方面。增强现实并非以虚拟环境代替真实环境，而是利用附加信息去增强使用者对真实环境的感官认识，因而其应用侧重于辅助教学与培训、医疗研究与解剖训练、军事侦察及作战指挥、精密仪器制造和维修、远程机器人控制、娱乐等领域。

综合上述，表 6-1 归纳了 VR、AR、MR 之间的主要区别点。

表 6-1　VR、AR、MR 之间的区别

名称	VR，虚拟现实	MR，混合现实	AR，增强现实
理解	主要在于虚拟，看到的场景和人物是假的，是把用户的意识带入一个虚拟环境。VR 是纯虚拟数字画面	既包括增强现实和增强虚拟，指的是合并现实和虚拟环境而产生的新的可视化环境。MR 是数字化现实加上虚拟数字画面	看到的场景和人物部分是真的、部分是假的，把虚拟的信息仿真模拟并呈现在真实环境中。AR 虚拟数字画面加上裸眼现实
主要功能	创建和体验虚拟环境的计算机仿真系统	在新的可视化环境里物理和数字对象共存，并实时互动	自动去跟踪识别物体，并且对周围真实场景进行 3D 建模
应用领域	侧重于游戏、视频、直播与社交大市场	介于 VR、AR 之间	侧重于工业、军事等垂直应用
交互区别	不需要摄像头	需要摄像头	需要摄像头
设备	采用浸没式头盔显示器	综合 VR、AR 显示设备的性能	需要借助能够将虚拟环境与真实环境融合的显示设备
技术	侧重于创作出一个虚拟场景供人体验，通过隔绝式的视音频内容带来沉浸感，对显示画质要求高	即强调虚拟场景和真实场景的 3D 建模，还强调自动跟踪技术	强调复原人类的视觉的功能。自动跟踪并且对周围真实场景进行 3D 建模。强调虚实无缝融合，对感知交互要求高
沉浸感	要求完全沉浸	不完全沉浸	不完全沉浸
配准精度	配准是指呈现给用户的虚拟环境与用户的各种感官匹配	要求高。配准主要是指计算机产生的虚拟物体与用户周围的真实环境全方位对准	要求高。配准主要是指计算机产生的虚拟物体与用户周围的真实环境全方位对准
代表性产品	Oculus	Magic Leap 的产品	微软 Hololens

6.2　增强现实系统的组成形式

一个增强现实系统由显示技术设备、跟踪和定位技术设备、界面和可视化技术软硬件、标定技术设备、AR 软件和操作系统等组成。其中，跟踪和定位技术设备及标定技术设备共同完成对位置与方位的检测，并将数据报告给 AR 系统，实现被跟踪对象在真实环境里的坐标与虚拟环境中的坐标统一，达到让虚拟物体与操作者环境间的无缝结合目标；为了生成准确定位，增强现实系统需要进行大量的标定，测量值包括摄像机参数、视域范围、传感器的偏移、对象定位及变形等；计算机是整个系统的大脑，所有的图像、数据最后都会被汇总到这里，因此计算机需要进行大量的运算，包括惯性跟踪器测量结果的处理、随动电机平台的控制、虚拟环境

的建立、虚拟摄像机的控制、立体图像的生成、增强现实效果的实现等；头盔式显示器是系统的显示输出设备，计算机在渲染后的带有立体视觉的增强现实图像会被输出到它上面供操作者观察，因此头盔式显示器也是系统中和观察者具有最直接联系的设备，操作者沉浸感的实现在很大程度上取决于头盔显示器的成像质量和佩戴感觉上，而不是计算机渲染出的增强现实效果，所以头盔式显示器在保证输出图像没有畸变的前提下，整体的体积越轻薄越好；惯性跟踪器是用来测量观测者的头部运动情况，并实时将数据发送给计算机，为了实现各个设备和虚实摄像机之间的匹配，所有设备共用惯性跟踪器的测量结果，因此惯性跟踪器相当于系统中的主控元件，其精度直接影响整套系统的精度；计算机作为系统的数据处理中心，在处理相关数据后，计算出电机的转动速度和距离，发送控制信号给平台，驱动平台上的真实摄像机改变拍摄方向。为了使最后的虚实图像能够匹配，计算机在控制随动电机平台的同时还需要对虚拟计算机的位置进行调节，使虚实计算机的拍摄角度始终保持一致。对于计算机系统来说，每一帧图像都被传送给计算机，这些图像经过渲染与融合后生成增强现实的立体图像，并被输出到头盔显示器上供操作者观看。

在上述过程中，软件系统所要完成的任务，可以分为离线和实时两个阶段。在离线阶段需要对真实摄像机进行标定，同时计算头盔式显示器的畸变，生成畸变校正贴图。

对真实摄像机进行标定是为建立虚拟环境、设置虚拟景物服务的。绘制畸变校正图像主要是用来调整需要显示到头盔显示器上的图像，使它们在显示前产生桶形畸变，这样在经过头盔显示器的枕形畸变后，又会恢复到正常比例提供给操作者观看。在得到畸变校正贴图后，就可以将图像修正的工作放到 GPU 中进行，从而在很大程度上减轻 CPU 的负担，提高系统的速度。

目前，常用的 AR 系统有以下几种组成形式。

6.2.1　基于台式显示器的增强现实系统

基于台式显示器的增强现实系统(Monitor-Based Augmented Reality System)的原理，如图 6-5(a)所示。摄像机摄取的真实环境图像输入到计算机中，与计算机图形系统产生的虚拟景象合成，并输出到屏幕显示器，操作者从屏幕上看到最终的增强场景图片。它虽然不能带给操作者较强的沉浸感，却是一套最简单实现 AR 的系统方案。由于这套系统方案的硬件要求很低，因此多在 AR 的实验研究中使用。基于台式显示器的增强现实系统实现方案如图 6-5(b)所示。

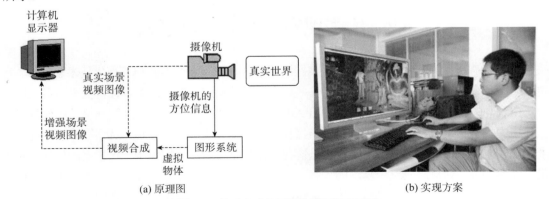

(a) 原理图　　　　　　　　　　　　　　　　(b) 实现方案

图 6-5　基于台式显示器的增强现实系统

6.2.2　光学透视式增强现实系统

类似于虚拟现实系统，增强现实系统的实现方案也采用头盔式显示装置，主要为视觉信息 3D 显示装置，用以增强操作者的视觉沉浸感。但与虚拟现实的 HMD 有所不同，在 AR 中广泛应用的是穿透式 HMD。根据具体实现原理又划分为两大类，分别是基于光学原理的穿透式 HMD(Optical See-through HMD) 和基于视频合成技术的穿透式 HMD(Video See-through HMD)。光学透视式增强现实系统实现方案如图 6-6 所示。

光学透视式增强现实系统具有简单、分辨率高、没有视觉偏差等优点，但它同时也存在着定位精度要求高、延迟匹配难、视野相对较窄和价格高等不足。

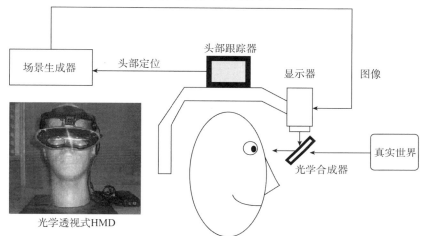

图 6-6　光学透视式增强现实系统

6.2.3　视频透视式增强现实系统

视频透视式增强现实系统采用的是基于视频合成技术的穿透式 HMD，实现方案如图 6-7 所示。

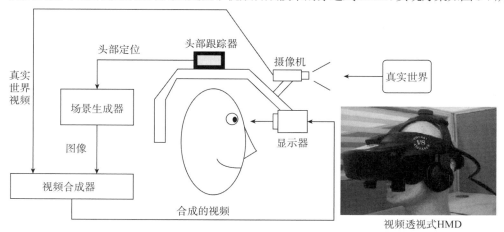

图 6-7　视频透视式增强现实系统

6.2.4　基于手持显示器的增强现实系统

图 6-8 所示为基于手持式显示器的增强现实系统。这是一种平面 LCD 显示器，使用捆绑

的摄像机提供基于视频透视的增强，手持显示器充当一个窗口或放大镜，显示用 AR 覆盖的真实对象。

图 6-8　基于手持式显示器的增强现实系统

6.2.5　基于投影显示器的增强现实系统

图 6-9 所示为基于投影显示器的增强现实系统应用实例——基于 AR 技术的购鞋试穿系统。这样的系统可将增强信息直接投影到真实对象的表面上，无须佩戴特殊的眼镜，但需要裸眼 3D 显示或全息技术支撑。

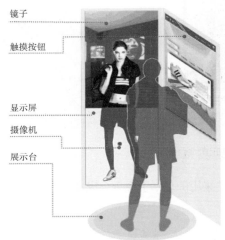

图 6-9　基于 AR 技术的购鞋试穿系统

6.3　增强现实系统的关键技术

由于 AR 应用系统在实现的时候要涉及多种因素，因此 AR 研究对象的范围十分广泛，包括信号处理、计算机图形和图像处理、人机界面和心理学、移动计算、计算机网络、分布式计算、信息获取和信息可视化，以及新型显示器和传感器的设计等。AR 系统虽不需要显示完整的场景，但是由于需要通过分析大量的定位数据和场景信息来保证由计算机生成的虚拟物体可以精确地定位在真实场景中，因此，AR 系统中一般包含以下 4 个基本功能与步骤：①获取真实场景信息；②对真实场景和相机位置信息进行分析；③生成虚拟景物；④合并视频或直接显示，即图形系统首先根据相机的位置信息和真实场景中的定位标记来计算虚拟物体坐标到相机视平面的仿射变换，然后按照仿射变换矩阵在视平面上绘制虚拟物体，最后直接通过光学透视式头盔显示器显示或与真实场景的视频合并后，一起显示在普通显示器上。

由此可知，显示技术、注册技术、交互技术及虚实场景之间的融合技术等是实现一个基本 AR 系统的关键技术。

6.3.1 显示技术

AR 系统可以通过多种设备来显示虚拟物体和真实场景的叠加，目前最常用的是透视式头盔显示器。透视式头盔显示器又可以分为光学透视和视频透视式头盔显示器两种。

光学透视式头盔显示器的结构与战斗机上常用的平视显示器类似。一般来说，玻璃等透明材料都具有一定的透射和反射能力，光学叠加就是同时利用透射和反射完成叠加的。操作者透过斜放的透明板可以看到外部的场景，同时显示器显示出的虚拟物体图像经过透明板反射给操作者。在操作者看来，这两者是叠加在一起的，以此达到增强现实的效果。

视频透视式头盔显示器用微型显示器遮挡在操作者眼前，阻隔了操作者原有的视线，将操作者所看的景物替代为显示器中显示的景物。由于增强现实系统要求操作者能看到真实场景，因此需要在微型显示器适当的位置安装摄像机，将该摄像机摄取的图像与虚拟物体图像叠加，送往显示器显示。这样，操作者从头盔中看到的景物仍然包含他本来应看到的真实场景，看上去好像是从头盔中透过来看到外面一样。同时，头盔又可以显示虚拟物体，达到增强现实的效果。

上述两种显示设备各有优缺点，适用于不同的环境，两者之间的比较如下。

1. 视频透视式头盔显示器的主要优缺点

(1) 虚实场景合成效果逼真。光学透视式头盔显示器的一个主要问题是计算机生成的虚拟场景不能完全遮挡真实环境中的物体。造成这种问题的原因是光学透视式头盔显示器前方的光学透镜组允许来自真实和虚拟环境中的光线同时通过，从而造成虚拟物体呈现出半透明状态。这一问题破坏了虚实融合的真实感及遮挡提供给操作者的深度信息，从而使得虚实合成效果大打折扣。视频透视式头盔显示器将通过摄像机采集到的实时视频及图形图像渲染工具所绘制的虚拟场景相叠加，操作者观察到的是虚实融合后的视频图像，从而避免了光学显示器存在的上述问题，一定程度提高了系统真实感。

(2) 时间延迟的统一性。

(3) 对于光学透视式头盔显示器，操作者可以实时地观察到真实环境的景象，虚拟场景需要经过一系列的运算之后才能叠加到真实场景中，从而造成动态配准误差，使得虚拟场景在真实场景中产生游移现象。而视频透视式头盔显示设备将当前图像与虚拟场景配准之后同时展示给操作者，虽然整体上有可能延时，但两者之间不存在滞后问题，从而提高了配准精度。

2. 光学透视式头盔显示器的主要优缺点

(1) 安全性。视频透视式头盔显示器是一种封闭式的显示设备，一旦断电，操作者将无法看到外界的景象，光学透视式头盔显示器则不存在上述问题，因而在某些需要考虑安全性的特殊领域，光学透视式头盔显示器更具优势。

(2) 不存在视点偏差。对于视频透视式头盔显示器，为了使拍摄的外部环境景象和操作者感受相符，摄像机应该尽可能地与人眼视点相重合，但由于不可能完全满足上述要求，使得操作者看到的视频景象与真实景象存在偏差。

综上所述，光学透视和视频透视式头盔显示器各有优缺点，究竟如何选择，应该根据实际的经济条件和应用领域做出决定。表 6-2 归纳了几种显示技术的特点。

表 6-2　几种显示技术的特点

显示技术	成像距离	优点	缺点
头戴式显示技术	成像在离观察者眼睛4～10厘米处，观察者头部需要戴上显示设备	视频透视式头盔显示器的主要优点：虚实场景合成效果逼真；光学透视式头盔显示器的主要优点：安全性高和不存在视点偏差	分辨率低，视域受限
手持式显示技术	成像于离观察者一个手臂远的距离	便于携带	处理器性能低，存储容量小，视域范围小，摄像头精度低
空间显示技术	将显示设备和人体分离，并在离人体较远处成像	支持高分辨率、宽视域、高亮型和高对比度的影像	不可移动性，合成影像精度低

6.3.2　注册技术

三维环境注册所要完成的任务是实时地检测出操作者头部的位置和视线方向，计算机根据这些信息确定所要添加的虚拟信息在投影平面中的映射位置，并将这些信息实时显示在显示屏的正确位置。注册技术的好坏直接决定增强现实系统的成功与否。三维环境注册技术有 3 个核心问题：实时性(无延时)、稳定性(精确，无抖动)、鲁棒性(不受光照、遮挡、物体运动的影响)。在 AR 应用中，三维注册方法可以分为基于硬件的三维注册、基于计算机视觉的三维注册及混合注册 3 种。表 6-3 列出 AR 应用的三维注册方法的分类。

表 6-3　AR 应用的三维注册方法分类

一级分类	二级分类	三级分类
基于硬件的三维注册	电磁式跟踪法	无
	光学式跟踪法	无
	超声波式跟踪法	无
	机械式跟踪法	无
基于计算机视觉的三维注册	单视图法	单应性矩阵法
		直接估算法
	双视图法	基础矩阵法
		单应性矩阵法
	三视图法	三焦距张量法
	多视图法	多视图张量法
混合注册	无	无

1. 基于硬件的三维注册

基于硬件的三维注册主要利用多种方位跟踪技术手段，获取虚实配准所需的位置信息。该方法其最大优点是系统延迟小。缺点是设备昂贵、对外部传感器的校准比较难，且受设备和移动空间的限制，系统安装不方便。该方法依据跟踪技术的不同又可分为电磁式跟踪法、光学式跟踪法、超声波式跟踪法和机械式跟踪法等。

(1) 电磁式跟踪法：根据磁发射信号和磁感应信号之间的耦合关系确定被测对象的方位。

(2) 光学式跟踪法：采用摄像装置或光敏器件接收具有一定几何分布的光源或反光球所发出的光，通过接收的图像及光源和传感器的空间位置来计算运动物体的六自由度信息。

(3) 超声波式跟踪法：利用不同声源发出的超声波到达某一特定地点的时间差、相位差或者声压差进行定位跟踪。

(4) 机械式跟踪法：通过机械关节的物理连接来测量运动物体的位置及方向。

事实上，上述几种方法各有缺点，如电磁式跟踪易受工作环境中磁场和金属物体的影响，超声波式跟踪易受环境噪声、温度、湿度等因素的影响。另外上述设备通常较为昂贵，且体积和重量并不适合操作者长时间佩戴，从而在一定程度上影响了这些方法的实用性。

高精度的深度捕获设备及其相机跟踪算法，仍将是增强现实领域研究的重点问题，其突破将促进增强现实技术的快速实用化。

2. 基于计算机视觉的三维注册

它与基于硬件的跟踪方法相比，无须特殊硬件设备，所需设备简单、成本低廉。从客观上分析，场景的图像包含场景中的众多信息，如平行线、占优势的平面物体、垂直线、角点、纹理等，这些信息为计算摄像机的位置和姿态提供了客观保证。而且基于视觉的方法除能得到注册定位的相机姿态外，还可以同时获得相机的内参数矩阵、场景结构、光照信息及遮挡等。具体方法有单视图法、双视图法、三视图法和多视图法等。在基于视觉跟踪的注册技术上，主要分为两种：人工标识识别和基于自然特征的注册算法。目前，大多数基于"增大化现实"的技术系统使用第一种方法来满足系统的实时性和鲁棒性要求。最为常用的基于人工标识的三维注册系统，当属由美国华盛顿大学和日本广岛城市大学联合开发的 ARToolKit。该系统具有实时、精确的三维注册功能，使得工程人员能够非常方便、快捷地开发增强现实应用系统。ARToolKit 的优点是标识为黑色正方形，制作简单，易推广，同时操作者可以通过改变方框内的图形来代表不同的虚拟场景，更具实用性。但 ARToolKit 也存在缺陷：ARToolKit 在标识部分遮挡时无法完成虚实配准工作。事实上，目标黑方框在系统运行过程中很可能由于各种原因(如操作者手接触摄像机等)被遮挡住。因此，上述限制在很大程度上影响了系统的可用性。

3. 混合注册

混合注册除了硬件方法的缺点之外，还需要考虑视觉与硬件方法的数据融合问题，在很大程度上影响了系统的运行效率和注册精度。其优点是算法鲁棒性强、定标精度高，缺点是系统成本高、系统安装烦琐、移植困难。

表 6-4 列出上述三种注册方法的原理、优缺点。

表 6-4　注册方法的原理、优缺点

注册方法	具体方法	原理	优点	缺点
基于硬件的三维注册	电磁式跟踪法 光学式跟踪法 超声波式跟踪法 机械式跟踪法	据信号发射源和感知器获取的数据求出物体的相对空间位置和方向	系统延迟小	设备昂贵、对外部传感器的校准比较难,且受设备和移动空间的限制,系统安装不方便

（续表）

注册方法	具体方法	原理	优点	缺点
基于视觉计算的三维注册	单视图法 双视图法 三视图法 多视图法	根据一幅或几幅真实场景图像反求出观察者的运动轨迹，从而确定虚拟信息"对齐"的位置和方向	无须特殊硬件设备，所需设备简单，成本低廉，配准精度高	计算复杂性高，造成系统延迟大；大多数都用非线性迭代，造成误差难控制、鲁棒性不强的缺点
混合注册	两者混合的配准技术	根据硬件设备定位操作者的头部运动位姿，同时借助视觉方法对配准结果进行误差补偿	算法鲁棒性强、定标精度高	系统成本高、系统安装烦琐、移植困难

6.3.3　交互技术

AR 的主要目的之一是实现操作者与真实环境中的虚拟场景之间的自然交互，系统需要通过定位设备获取操作者对虚拟场景发出的行为指令，对其做出理解，并给出相应的反馈结果。AR 应用系统通常使用以下 3 种方式完成操作者与系统之间的交互操作。

（1）空间点：通过三维空间点的位置选择真实场景中的虚拟物体，是 AR 中最基本的交互方式。系统借助于空间点的三维坐标来判断是否选中待操作虚拟场景，如果该物体是普通三维虚拟场景，则可以重新定义其位置和姿态。如果目标是菜单或其他虚拟工具，则可以依靠它们的指引来确定下一步的行为。空间点通常需要通过二维或三维坐标指定。例如，AR 应用可以依靠鼠标在二维屏幕坐标系下选择空间中的三维目标。大多数情况下，AR 系统通过若干二维定位标记作为输入，通过投影变换获取对应的空间三维坐标。特殊定位标记方法仅需借助模式识别技术进行模板匹配，与专用三维坐标输入硬件相比，该方法能够避免烦琐的线路连接，且具有更直观和接近自然的交互效果。

（2）命令：AR 中的命令是由一个或多个空间点构成的特定姿势或状态，这些姿势或状态对于操作者和系统都意味着已知的行为。AR 中的典型命令包括接触、选择、触发和拖曳，通过组合使用可以对虚拟目标完成各种操作。命令也可以依靠二维空间点输入实现，如使用手势识别，可以通过预定义的特征点组成各种手势对应于不同的系统命令。普通菜单作为命令交互的一种形式，可以直接应用于基于移动设备的 AR 应用中。可使用个人数字助理(PDA)实现建筑物内导航功能，也可直接使用菜单选择出发地和目的地。

（3）特制工具：特制工具通常是空间点输入工具和系统软件的组合。系统软件为某种特定的操作定义一组功能集合，可以表现为虚拟控制面板的方式。在操作中，通过空间点工具操作虚拟目标和控制面板提供的功能项，如滑块、按钮、选项或文字输入等，能够增强对特定应用的交互能力。在 Studierstube 项目的许多应用中，提供称为个人交互面板的特制工具与计算机生成的虚拟物体交互。这个工具被设计为由一支定位笔和一个标定面板两部分组成，面板可以作为虚拟场景的定位参考。同时，应用系统也可以将虚拟的三维按钮等控制装置动态地叠加在面板上，使之成为一个虚拟控制面板。其中，定位笔能够作为 6D 鼠标使用，通过它可以精确地选择和操纵虚拟场景，定位笔和标定板的接触可以使操作者获得真实的接触感。

6.3.4　虚实融合技术

为增强 AR 系统的真实感，不仅需要在跟踪定位过程的基础之上进行精确的位置配准，还需要实现虚拟场景与真实物体之间的遮挡、阴影及光照一致性等效果。AR 的显示系统并不提供这些支持，它们需要依靠软件系统来实现。

在当前的大多数 AR 系统中，虚拟场景总是被叠加到真实环境视频之上，但是对于半透明的光学透视式头盔显示器，虚拟场景之后的真实场景仍然可以被观察到。一种简单的方法是在虚拟场景之后绘制无光照效果的虚拟物体，虽然这种方法不能实现理想的遮挡效果，但是可以为操作者提供相应的深度信息。遮挡、光照和阴影效果能够增强 AR 系统中虚实场景合成效果的一致性。为实现 AR 环境中的虚实遮挡，需要获取真实环境场景的模型，为渲染过程提供深度信息。在阴影生成方面，需要考虑真实与虚拟物体之间的阴影和虚拟物体之间的阴影。在 AR 场景的光照设置中，需要考虑真实场景和虚拟物体光照条件的一致性，并能够适应真实环境光照条件的变化。遮挡、阴影及光照一致性问题是当前 AR 领域的几个重要研究课题。目前解决遮挡问题比较成熟的方法有基于深度的虚实遮挡处理方法和基于轮廓的实时立体匹配方法。

1. 基于深度的虚实遮挡处理方法

该方法通常首先计算场景图像上每个像素点的深度信息，然后根据观察者的视点位置、虚拟物体的插入位置及求得的深度信息等，对虚拟物体与真实物体的空间位置关系进行分析，如果虚拟物体被真实物体遮挡，则在显示合成场景图像时只绘制虚拟物体中未被遮挡的部分，而不绘制被遮挡的部分。横弥(Yokoya)等提出利用立体视觉设备获取估计真实场景中物体的深度信息，而后根据观察视点位置和所估计的深度信息完成虚实物体的遮挡处理。为了减小运算量，该方法将立体匹配仅局限在虚拟场景在当前图像中的投影区域内，其存在的问题是容易导致系统的运算速度随着虚拟场景在图像上投影面积的改变而变得不稳定。此外，虚拟物体与真实场景交界处会产生较为明显的遮挡失真现象，难以获得令人满意的计算精度。为了保证计算量的稳定性，福廷(Fortin)等根据场景景物到观测视点的距离，将场景由远而近分成多个区域来处理虚实物体的遮挡。

2. 基于轮廓的实时立体匹配方法

该方法能快速而准确地获得真实物体轮廓的深度信息，不过对标识块的部署要求较高。受场景深度捕获算法提取精度和速度的限制，目前增强现实中的虚实遮挡技术还只能完成简单形状的遮挡关系。

在增强现实中，除遮挡关系外，还需要考虑真实物体对虚拟物体的交互，主要表现为碰撞检测。当一个虚拟物体被人为操纵时，需要能够检测到它与真实环境中物体的碰撞，以产生弹开、力反馈等物理响应。现有的增强现实研究将碰撞检测作为算法验证。

6.3.5　增强虚拟环境技术

建立真实环境的精确模型需要耗费大量的人力，建模形成的庞大数据库难以及时更新或修正，纹理来自于事先采集，不能反映真实环境的动态情况等。增强虚拟环境与增强现实刚好相反，它是将真实环境信息融入虚拟环境中。增强虚拟环境技术出现的初衷就是为了解决这些问题，因此成为研究热点。

　　基于视频图像的增强虚拟环境技术，是实现增强虚拟环境技术的主流技术，它是利用相机捕捉真实对象的图像或三维模型，并将真实图像或三维模型实时注册到虚拟环境中，使增强后的虚拟环境能够表示真实对象的状态和响应交互。基于视频图像的增强虚拟环境的方法的基本思想是认为视频信息可以用来创建沉浸式的虚拟环境，进而实现多视频流的有效分析，进行视频不能提供的操作，如变换新的任意虚拟视角的视频等。该方法经美国 Sarnoff 公司的萨惠尼(H.S.Sawhney)等发展，可以不再用视频创建虚拟模型，而是用视频去增强已有虚拟的模型。传统的监控系统采用二维堆叠显示大量视频流，而他们的 Video Flashlights 系统首次尝试把实时视频的图像作为纹理，实时映射到静态三维模型，在图形硬件的帮助下将多个已标定相机的视频进行统一实时渲染。这种把多个视频注册到同一个三维环境的尝试，使得操作者能够以一个全局的视角来统一观察模型和视频，扩展了操作者的视域，增强了视频的空间表现力。

6.3.6　视频融合技术

　　视频融合是实现虚拟环境真实感显示的关键。目前。大多数现有虚拟环境系统的图形绘制只是融合静态三维模型和真实光场信息进行真实感渲染。这方面最早是保罗·德韦克(Paul Debevec)在博士期间所做的开创性工作，提出手工将三维拓扑和图像内容进行映射，利用建筑的三维几何结构对照片进行视点相关的绘制，实现了非相机视点的真实感漫游效果，但当时并未实现真实的三维空间标定关系。

　　传统的纹理映射要求纹理坐标与三角形顶点是有先验关联，必须在渲染之前进行指定。与这种图像到模型的方法相反，AVE 系统使用的是模型到图像的方法。视频投影只需要提取获知相机所在的位置和相机的图像，即可实时地计算模型上每个顶点的坐标。当相机的位置发生变化，或者视频中的内容发生变化，可以直接或间接地计算这种模型到图像的映射关系。投影纹理映射用于映射一个纹理到物体上，就像将幻灯片投影到墙上一样。虽然该方法主要用于一些阴影算法及体绘制算法中，但是它在计算机视觉、基于图像的渲染和三维可视化等其他领域也有很大的用途。

　　同时，因为图像应该只映射到相机可见的区域，所以必须判断图像投影时的可见性信息。阴影贴图方法可以有效地提供可见性信息，在阴影里则为不可见区域，不在阴影的区域则为纹理映射的区域。另一种方法是阴影体方法，也可以获得投影可见性，而且可以避免阴影贴图技术因深度精度不足而造成的锯齿问题。

　　在 AVE 系统中，一个区域可能会有多个相机同时可见，也就是出现了部分纹理重叠的问题。麻省理工学院的德坎普(DeCamp)等对虚拟空间划分区域，每个相机对应一个区域，避免一个区域有多相机同时可见的情况。台湾大学的陈教授(Chen S C)等在视频进行投影之前，对所有图像先进行拼接，得到两两相机之间的图像拼接关系，定义一个二维的相机地图，地图里的每个点只对应一个相机。这些方法通过手工选择避免了纹理混合，还可以通过视点相关的纹理融合实现自动的混合显示。哈瓦勒(Harville M)提出了一种实现多纹理混合的简单易用方法。该方法把投影仪在重叠区域的混合因子设置成该点与图像最近边界的距离，距离边界越远，混合因子越大，在边界上实现淡出/淡入的效果，避免图像的不连续现象。

6.3.7　移动互联网上的相关技术与应用

随着移动互联网的兴起，一些研究和应用开始将虚拟增强技术引入移动互联网上。在三维重建的基础上，INRIA GrImage 课题组在 ACM Multimedia 2010 上展示了在法国三个城市之间进行的远程再现原型，多个位于不同地点的操作者，包括移动电脑操作者，能够共享同一个虚拟环境，如图 6-10 所示，两个操作者是以重建出的三维模型的方式加入共享虚拟环境里，另一个操作者则是通过二维视频的方式加入。三个操作者通过不同终端设备进行交互，展示了一个具有移动接入支持的多点远程沉浸系统。

图 6-10　基于 GrImage 的三节点远程再现系统

随着智能手机的崛起，移动互联网上增强现实移动 APP 在几年之内飞速增长。这些应用都离不开标配的摄像头，以及使用陀螺仪、GPS 等设备的辅助定位，最终以视频图像叠加的方式展示给操作者。下面对典型的几类应用 APP 进行介绍。

(1) 实景识别：Google 推出图片搜索应用 Goggles，它的功能是可以利用手机拍照的方式，使用图像识别技术来识别地标、标识、条形码和二维码等，也可以用于识别绘画作品、书籍、DVD 和 CD 等，应用会将获得的识别信息，通过虚实图像合成的方式有效地放置于图像范围内。

(2) 户型图绘制：加拿大蒙特利尔的创业公司 Sensopia 在 2011 年发布了 MagicPlan。该应用通过 iPhone 或者 iPad 对室内进行拍摄，利用相机和陀螺仪进行摄像头的跟踪，在此基础上测量并绘制出房屋户型图。该 APP 综合使用相机跟踪技术与手持设备交互技术，进而在由特征点建立起来的三维空间中进行测绘。

(3) 特效制作：Action Movie FX 是可以制作简单的好莱坞电影特效的虚实图像合成工具，内置几种固定的特效，如汽车翻毁、飞机坠毁、导弹打击等。该 APP 捕捉物体运动轨迹，通过图像视频叠加的方法对现实进行特效增强。

(4) 结合位置服务的 AR 应用：Wikitude World Browser 是一款基于地理位置的增强现实应用，可以通过指南针、摄像头和 GPS，将虚拟信息数据标注到现实环境中。在陌生环境下，操作者开启 GPS 定位，对想了解的地方进行拍摄，服务器会返回这个地方的有用信息，如酒店信息、景点名胜的特色图片和视频等。

现在已经出现了多款移动增强现实开发引擎或平台，目前最著名的商业 AR 引擎是高通的 vuforia 平台和 metaio 等。Obvious Engine 是一款 iOS 上的增强现实框架引擎，它使用物体表面的自然特征来进行相机跟踪，其开发者说它可以在大多数光照环境下达到 30 帧/秒的跟踪速度，并且支持 OpenGL 和 Unity3D 开发集成。

移动互联网上的增强现实 APP 的发展已经进入高速发展阶段，各种层出不穷的创意吸引着消费者进行下载使用，但目前的增强现实应用还非常有限，受制于屏幕、摄像头等设备的进一步更新发展。在未来几年，各种商业创意、3D 屏幕和深度相机的加入，将可能推动增强现实 APP 的大发展。

6.4　增强现实技术应用领域

　　AR 技术不仅在与 VR 技术相类似的应用领域，诸如尖端武器、飞行器的研制与开发、数据模型的可视化、虚拟训练、娱乐与艺术等领域具有广泛的应用，而且由于其具有能够对真实环境进行增强显示输出的特性，在医疗研究与解剖训练、精密仪器制造和维修、军用飞机导航、工程设计和远程机器人控制等领域，具有比 VR 技术更加明显的优势。

1. 在军事领域的应用

　　在军用战斗机和直升机上装备头上显示(Head-Up Displays，HUDs)和头盔式观测(Helmet-Mounted Sights，HMS)设备已有一段历史，用于将导航图叠加在飞行员的真实视野之上。除了提供基本的导航和飞行信息以外，这些图形甚至已经定位在环境中的目标之上，用于武器的瞄准。室外的 AR 系统可为陆上步兵提供许多辅助信息，起到导航、测距、目标搜索等非常关键的作用，可用于战时或平时军事训练。部队可以利用增强现实技术进行方位的识别，获得实时所在地点的地理数据等重要军事数据。美国海军研究所已经资助了一些增强现实研究项目。国防先进技术研究计划署(DARPA)已经投资了 HMD 项目，来开发可以配有便携式信息系统的显示器。其理念在于，增强现实系统可以为军队提供关于周边环境的重要信息，例如，显示建筑物另一侧的入口，这有点像 X 射线视觉。增强现实显示器还能突出显示军队的移动，让士兵可以转移到敌人看不到的地方。

2. 在医疗领域的应用

　　对使用 AR 系统的医生而言，来自 MRI、CT 扫描、超声波成像等的信息直接显示在病人的身上，并且精确显示了施行手术的准确部位。AR 对于一般的医学可视化工作也很有帮助。因为 AR 不影响操作者的真实视野，在利用各种成像技术的同时，外科医生还可以用肉眼发现那些 MRI、CT 扫描、超声波成像等所没有检测到的特征。因此，AR 使医生可以同时获取两种不同类型的信息。

3. 在古迹复原和数字化文化遗产保护领域的应用

　　文化古迹的信息以增强现实的方式提供给参观者，操作者不仅可以通过 HMD 看到古迹的文字解说，而且能看到遗址上残缺部分的虚拟重构。

4. 在设备维修领域的应用

　　AR 的一个重要应用领域是大型复杂机械的组装、维护和检修。利用 AR 技术，将大量复杂的手册或指南内容以生动的 3D 图形表示，并直接与真实视野结合，直观形象地对每一步工作进行现场指导。对工程技术人员而言，这远比翻看内容繁多的指导丛书要容易理解得多，极大地提高了工作的质量和效率。在这一领域，目前已研制出可演示的原型系统，如史蒂夫·费纳(Steve Feiner)带领的哥伦比亚大学计算机图形与操作者界面实验室研制的 KARMA，用于激光打印机的维修。波音目前正在推行一项名为 TRP(Technology Reinvestment Program，技术再投资计划)的研究计划，试图将 AR 技术用于地面工厂。增强现实可以将标记器连接到人们正在施工的特定物体上，然后增强现实系统可以在它上面描绘出图像。

5. 在网络视频通信领域的应用

　　该系统使用增强现实和人脸跟踪技术，通话的同时在通话者的面部实时叠加一些如帽子、眼镜等虚拟物体，在很大程度上提高了视频对话的趣味性。

6. 在电视转播领域的应用

通过增强现实技术可以在转播体育比赛的时候，实时地将辅助信息叠加到画面中，使观众可以得到更多的信息。

7. 在娱乐、游戏领域的应用

增强现实游戏可以让位于全球不同地点的玩家，共同进入一个真实的自然场景，以虚拟替身的形式，进行网络对战。可以将游戏映射到周围的真实环境中，并可以真正成为其中的一个角色。澳大利亚的一位研究人员创作了一个将流行的视频游戏 Quake 和增强现实结合起来的原型游戏，他将一个大学校园的模型放进了游戏软件中。

另外，AR 在娱乐和新闻业的一个应用雏形就是大家所熟悉的每晚的天气预报节目。主持人站在变化的气象图前，为我们指点天气的变化情况。实际上，主持人不过是站在摄影棚中的一块绿屏或蓝屏前完成节目的录制，再利用一种"色度选择"技术将计算机绘制的图形与录制完成的真实图像合成。AR 技术还可以将真实的演员与虚拟的背景实时、三维地融合在一起，娱乐业将其看作一项节约影视制作成本的方法：用计算机创建和存储道具和布景远比实物廉价得多。当然，严格按照阿祖马(Azuma)对 AR 的定义，这类应用并不是真正意义上的 AR 技术，因为它不具备"真实环境与虚拟环境实时交互"的特点，虚拟物体的叠加是在真实行为按照已定计划完成后再进行的加工。麻省理工学院(MIT)媒体实验室正在进行一项名为 ALIVE 的研究，试图进一步开发 AR 在实时交互方面的应用效果，实现真正意义上的 AR。

8. 在旅游、展览领域的应用

人们在浏览、参观的同时，通过增强现实技术将接收到途经建筑的相关资料，观看展品的相关数据资料。哥伦比亚大学已经研制出名为 MARS 的校园导游系统。索尼计算机科学实验室目前已研制出用于校园导游、购物指南、博物馆导游等多方面的 AR 系统。

9. 在智慧城市信息平台的应用

北京理工大学王涌天教授在苹果的 App Store 上开发并发布了一款免费应用，叫作出行百科(增强现实版)XINGWIKI，整合了城市旅游、餐饮、娱乐、购物、生活、媒体等人们生活中所需的一切信息，并有精准的 AR(增强现实)朝向数据导航，为操作者轻松定位、准确指引，从而方便、快捷、有效地帮助人们选择所需品，提高城市生活质量。该平台还提供了全面的城市室内导航、景点园区导航等攻略：如城市概况、景点园区导航(游览项目介绍、距离、等待时间等)、商圈室内导航、城市特色及文化推荐等，让操作者轻松感受本地氛围，做最好最全面的城市导游、导览、导购新平台市政建设规划，采用增强现实技术将规划效果叠加真实场景中以直接获得规划的效果。

城市镜头是国内首款聚合了目前移动互联最新 AR 技术的智能手机应用，并致力打造全新的城市导游、导览、导购，景点与游客、商户与操作者无缝链接全新的移动互联多资源整合平台。举起爱机，面向要去的方向，整街商铺、公共设施悉数罗列。摄像头实景展现功能，让用户看到、听到、闻到，给他身临其境、新奇有趣的导航体验。换个方向，又是完全不同的搜索结果，所谓"城市镜头手机中，前后左右各不同"，给操作者以新奇实用的导航体验。

10. 在商业领域的应用

图 6-11 所示为第七代凯美瑞上市发布会 AR 展示。AR 技术实现了虚拟影像与现实环境的叠加，打破了发布会现场空间的局限，也使真实的凯美瑞变得更加具有科技感，并且容易理解。高品质的 CG 影像能够可视化地展示汽车外壳下不被人可见的产品构件和运动原理。

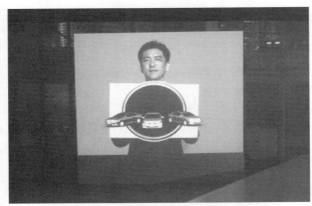

图 6-11　第七代凯美瑞上市发布会 AR 展示

11. 在产品设计领域的应用

AR 技术在设计领域的应用为产品三维模型提供了更好的展示手段，使三维模型与二维的设计、施工图纸能更加紧密地结合起来。AR 技术可在产品设计阶段有效地应用于实时方案比较、设计修改、三维空间综合信息整合、辅助决策和设计方案多方参与协同评估等方面。

12. 在烹饪领域的应用

图 6-12 所示是日本东京技术研究所 Hasegawa 实验室开发的 3D 烹饪模拟实验系统。

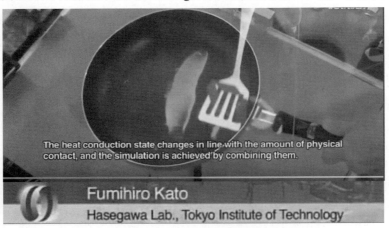

图 6-12　3D 烹饪模拟实验系统

6.5　增强现实系统的软件平台

增强现实技术发展至今，在软件方面已有很大进展，目前已有多种软件开发工具包和 API(Application Programming Interface，应用程序接口)，如苹果的 ARToolKit、Google 的 ARCore，还有 Vuforia、Wikitude、Kudan、EasyAR、D'Fusion、EON Geo、Coin3D 和 MR Platform 等。其中，苹果的 ARToolKit、Google 的 ARCore 为开源工具包。面向商业化解决方案有 Metaio 和 Vuforia 等。国产增强现实引擎 EasyAR(Easy Augmented Reality)是视辰信息科技(上海)有限公司的增强现实解决方案系列的子品牌，EasyAR 无须授权、无水印、无识别次数的限制，开放后可免费下载，无须任何费用，是一款完全免费的 AR 引擎。

6.5.1　增强现实软件

1. D'fusion

D'Fusion 增强现实软件是一种图像跟踪识别软件，只需通过标准的电脑接受一个或多个视频输入(video inputs)即可创造出高效能及高品质的增强现实，使现实环境和虚拟环境进行实时的互动。

D'Fusion 增强现实软件基于标准的 PC 平台，能够提供卓越的创意表现和高质量、多领域的图像应用。它的简易性和兼容性为各大厂商所青睐，拥有"顶尖"的技术，如无标记的跟踪和纹理贴图工具。

D'Fusion 的应用范围非常广泛，虚拟的场景可以是电视、电影的制作，也可以是维修、维护的过程指导，或者是文化遗址的虚拟重建。

2. ARToolKit

ARToolKit 是一套开放源代码的工具包，它是由日本大阪大学的广田(Hirokazu)博士开发，用于快速编写 AR 应用。ARToolKit 受到了华盛顿大学人机界面实验室和新西兰坎特伯雷大学人机界面实验室支持，已成为在 AR 领域使用最广泛的开发包。许多 AR 的应用都是使用 ARToolKit 或在其基础上改进的版本来进行开发的。ARToolKit 采用基于标记的视频检测方法进行定位，其工具包中包含摄像机校正工具、视频捕捉、图像检测和操纵六自由度传感器等开发 AR 应用的基本功能，它支持将 Direct3D、OpenGL 图形和 VRML 场景合并到视频流，同时支持显示器和 S-HMD 等多种显示设备。MR Platform 由日本的混合实境实验室开发，其中包含一个能减少人眼与头盔上摄像机之间平行度误差的 S-HMD 和一个运行于 Linux 环境下用 C++ 语言开发的软件开发工具包(SDK)。

ARToolKit 适用于跨平台，因此有良好的移植性，应用方便。它是在真实场景中事先放做好的黑色方形标识卡，如图 6-13 所示。实际上它是一个黑色的正方形卡片 Hiro，即 Marker，虚拟物体将显示在这个 Hiro 的 Marker 之上。通过摄像机识别标识卡，然后结合计算摄像机的位置与姿态，定位虚拟物体的位置。这种方式快速精确，但是存在一种缺陷：没有对场景主动重建，当标识卡被遮挡，就不能很好地进行虚拟配准。

ARToolKit 是为实现 AR 应用的一个工具，这些应用包括虚拟图像叠加在现实环境中。在开发增强现实应用中的一个关键问题是观察者视角，为了确定从哪个角度绘制图像，需要确定观察者的观察角度。ARToolKit 用计算机视觉算法解决了这个问题。

ARToolKit 图像识别库计算摄像机的位置，并且实时定位物理标识的相对位置，这使 ARToolKit 广泛应用于增强现实应用中。

图 6-14 所示是采用 ARToolKit 实现的 AR 程序截图，黑色的正方形卡片为 Marker，显示在 Hiro 的 Marker 之上的是虚拟的 CG 动画。

图 6-13　黑色方形标识卡

图 6-14　Marker 上的虚拟 CG 动画

3. ARCore

Google 推出的增强现实 SDK(ARCore)，是一个用于构建 AR 应用程序的软件平台，它可以利用云软件和设备硬件，将数字对象放到现实环境中。软件开发者可以下载使用该软件，开发 Android 平台上的增强现实应用，或者为 APP 增加增强现实功能。2017 年 10 月 19 日，三星和谷歌宣布了一项合作，将谷歌的增强现实开发平台 ARCore 引入三星 Galaxy 智能手机系列。ARCore 具有 3 大主要功能。

(1) 动作捕捉：使用手机的传感器和相机，可以准确感知手机的位置和姿态，并改变显示的虚拟物体的位置和姿态。

(2) 环境感知：感知平面，比如我们面前的桌子、地面，可以在虚拟空间中准确复现这个平面。

(3) 光源感知：使用手机的环境光传感器，感知环境光照情况，对应调整虚拟物体的亮度、阴影和材质，让它看起来更融入环境。

谷歌发布的 ARCore 预览版是一个快速和高性能的、可广泛应用的 SDK 工具，能为数百万台符合要求的移动设备实现高质量的 AR 效果。

从目前已有的开发者测试视频来看，ARCore 在已经支持的设备上追踪性能不比 ARToolKit 差，根据环境变化的实时光照调整也很好，但是谷歌为了增强使用体验，在初始化确定一个平面之后为保证虚拟图像稳定，会在一定范围内锁定这个平板的位置不变，只有在传感器数据发生较大变化时才改动，这样会导致当追踪不是特别精确的时候，虚拟图像可能突然大幅度抖动的情况。

ARCore 目前支持 Pixel、三星 S8，系统要升级到 Android 7.0 Nougat 或最新的 Android 8.0 Oreo。

4. EasyAR

EasyAR 是 Easy Augmented Reality 的缩写，是视辰信息科技(上海)有限公司的增强现实解决方案系列的子品牌，意义是：让增强现实变得简单易实施，让客户都能将该技术广泛应用到广告、展馆、活动、APP 等之中。

EasyAR 常用于增强现实(AR)互动营销技术和解决方案，服务遍布手机 APP 互动营销、户外大屏幕互动活动、网络营销互动等领域，包括运用于网络推广、消费品、发布会、零售、主题公园及博物馆上。

5. EON Geo

EON Geo 是美国 EON Reality 公司在 EON AVR 平台上推出的 AR 开发子平台。

利用 EON Geo，操作者能添加无标识的地理位置信息，这使得人们能与基于 GPS 坐标的情境知识进行互动。这意味着操作者能随时随地获取相关信息和训练或学习材料。这项技术将位置信息转化为教学机会，因为这些位置变成了 AR 景点，当人们走近时就会展示一些东西，这与 Pokémon GO 的运作方式很相似。EON Reality 总裁及 CEO 迈茨·约翰森(Mats Johansson)表示，"增强现实通常与标识及路标联系在一起，这限制了 AR 在日常情境中的运用。通过连接 AR 和 GPS 坐标、IOT 感应器，我们可以把知识转移到周围的环境中，将学习材料添加到物理地点上。每天人们都能使用这项技术，利用实时情境信息提高自己。"

EON Geo 的应用途径包括：将参观校园和迎新活动转化成 AR 寻宝游戏，实地考察活动可以提供更深层次的学习机会，企业员工可以在出差时看到实时数据或任务。

6.5.2　EasyAR 应用

很多 AR SDK 都局限于特定 Marker，无法识别自然特征点，更无法扩展场景，所以应用范围就只能在"会动的请帖"和"会动的 3D 小动物"，离开 Marker 就没法用，无法支持更商业化、更有趣的应用。很多 SDK 都是基于开源的 PTAM 框架修改后使用，无法应对纯旋转、图像模糊及特征点不足等问题。可是，终端操作者可能会乱转移动设备、快速移动设备，会把摄像头对着莫名其妙的地方，所以现有的 SDK 远没有到好用的地步。

在本节将以 EasyAR 提供的 Unity3D 版本 SDK 为例来介绍 EasySDK 的使用。在开始之前，请确保计算机上正确安装了以下开发工具或者硬件。

(1) Unity3D(必选)：主要的开发环境。

(2) JDK 相关工具(必选)：编译 Android 应用所需环境。

(3) Android SDK(必选)：编译 Android 应用所需环境。

(4) 摄像头(可选)：如使用手机进行调试，则不需要。

基于 EasyAR 提供的 Unity3D 版本 SDK 进行 AR 应用开发步骤与内容如下。

(1) 在完成以上准备工作后，打开 EasyAR 官网并登录官网，登录后创建应用以获得开发所需的密钥及 SDK。如果尚未注册，可以在注册后完成这一步骤。

(2) 单击"创建应用"，在弹出的对话框(见图 6-15)里填入应用的名称和包的名称，此处以"EasyAR 测试"和 com.easyar.first 为例，创建应用后可以在应用列表中找到当前创建的应用，单击"显示"可以查看当前应用对应的密钥。

(3) 单击"下载 EasyAR SDK v1.0.1"，完成 SDK 的下载，如图 6-16 所示。

解压下载的 SDK 压缩包，找到 vc_redist 目录，安装对应平台的 VC++运行库。请注意，即使在你的计算机上已经安装过 VC++运行库，这里依然需要安装。若系统为 Windows 8 或 Windows 8.1，请先使用磁盘清理工具清理系统垃圾，否则可能会出现无法安装的问题。建议使用 64 位操作系统，且安装 x86 和 x64 的 VC++运行库。

图 6-15　创建应用的对话框

找到 SDK 压缩包内的 package/unity 目录下的 EasyAR、unitypackage 文件，并将其导入 Unity3D 中。

图 6-16　单击下载 EasyAR SDK v1.0.1

在 Unity3D 中找到 Scenes 目录下的 EasyAR 场景,打开该场景,然后找到 EasyAR 节点名称,在右侧属性窗口中填入应用对应的密钥,如图 6-17 所示。

(4) 打开 BuildSetting 中的 PlayerSetting 选项,在其属性窗口中填入应用对应的包名,如图 6-18 所示。

图 6-17　填入对应密钥　　　　　　　　　　　图 6-18　填入对应包名

SDK 默认提供了 3 张识别图片,这里选择每个人都有的身份证照片作为识别目标,在场景中找到 ImageTargetDataSet-idback 物体,找到它的子节点 Cube。这意味着如果我们识别到了身份证照片,那么就会在身份证照片上显示一个 Cube。如果用户有自己喜欢的其他模型,也可以将 Cube 隐藏,然后将自己的模型添加进来,并为其添加 VideoPlayerBehaviour.cs 脚本。图 6-19 是场景效果。

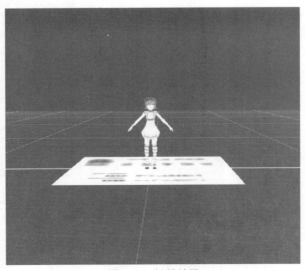

图 6-19　场景效果

(5) 编译程序。将其导出为 APK 安装包，这样就可以在手机上测试 EasyAR 的效果。如果一切顺利的话，在手机上将会看到图 6-20 所示的应用程序运行结果的截图。

图 6-20　应用程序运行结果的截图

目前，作为一款国产的增强现实引擎，EasyAR 虽然在识别的准确度上无法和国外的同类产品相比，但是它的简单易用做得非常不错。

运行中可能会出现如下问题。

(1) 编辑器提示 DllNotFoundException 错误。解决办法是安装 SDK 中对应的 VC++运行库。

(2) 视频导入失败。Unity3D 导入视频需要依赖苹果公司的 QuickTime 播放器，所以解决办法是安装最新版的 QuickTime 后重试。

注意：在 64 位计算机上编译的 Android 应用可以正常运行，在 32 位计算机上编译的 Android 应用无法正常运行。

6.6　增强现实系统的硬件

一个增强现实系统需要由显示技术设备、跟踪和定位技术设备、界面和可视化技术软硬件、标定技术软硬件、计算机、AR 软件和操作系统等组成。限于篇幅，本节主要介绍基于显示技术开发的设备：移动终端设备(如智能手机和平板电脑等)、数字头盔和智能眼镜等。

1. 智能手机

AR 技术发展至今，除了固定式显示器外，其载体一直是智能手持设备占主导地位。目前，主流产品有手持式显示设备，如三星、苹果、华为、中兴、HTC 品牌的智能手机等。

2. 增强现实数字头盔

(1) NVIS nVisor MH60-V 增强现实数字头盔，如图 6-21 所示。

NVIS nVisor MH60-V 增强现实数字头盔为专业增强现实(AR)领域提供了一款高性能的透视解决方案。数字头盔的各个模块都配有数码 USB 摄像头，精度与光轴保持一致，确保了整个瞳距范围内的轴度统一。

图 6-21　NVIS nVisor MH60-V 增强现实数字头盔

　　NVIS nVisor MH60-V 增强现实数字头盔属于视频式透视数字显示器，它使用原本为电视特效开发的视频混合技术，把头戴式摄影机传来的影像与合成的图像结合。合并后的影像会呈现在一个不透明的头戴显示器上。透过精细的设计使摄影机定位，让它的光径非常接近操作者眼睛的视线，因此能仿真操作者通常会看到的影像。就像光学式显示器一样，只要左右眼各有一套系统，即可提供立体视觉。

　　(2) Trivisio LCD29 增强现实头盔显示器，如图 6-22 所示。

　　Trivisio LCD29 HMD 是一款光学透视式增强现实头盔显示器，其采用微型屏幕，具有两个微型显示器，分辨率为 800×600(相当于 140 万像素，全彩色)。该产品清晰度、亮度、对比度等性能与同类产品相比均具有一定优势。Trivisio LCD29 HMD 采用无边框设计，缓解了操作者长时间佩戴使用所造成的视觉疲劳。还有可以对亮度和对比度进行调节的配套软件。

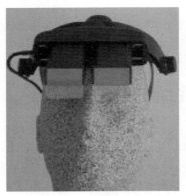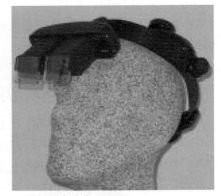

图 6-22　Trivisio LCD29 增强现实头盔显示器

　　Trivisio LCD29 HMD 具有两种立体图像选择：无源立体图像(两个 DVI 通道)和有源立体图像。该产品还集成麦克风，采用标准 3.5 毫米耳机插孔，可连接外部耳机，音频信号通过接口传送。

　　Trivisio LCD29 HMD 可根据应用需要安装 Colibri 无线型或 Colibri(带 USB 连接线)物理惯性位置跟踪传感器。Trivisio LCD29 HMD 准连接线标准配置为 2.2 米，也可根据操作者需要延长至 5 米。Trivisio LCD29 HMD 广泛应用于增强现实、虚拟工业设计装配维修、虚拟仿真训练、虚拟医疗、三维游戏等领域。

(3) Vuzix 920AR 增强现实数字头盔，如图 6-23 所示。

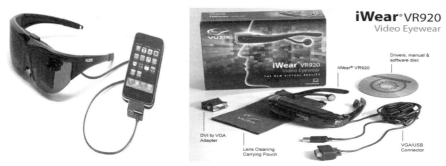

图 6-23　Vuzix 920AR 增强现实数字头盔

Vuzix 920AR 增强现实数字头盔安装了一对相机镜头，把真实环境的图像投影到数字头盔里的液晶显示器上，无缝地混合现实环境和计算机生成的虚拟图像。

Vuzix 920AR 有两个视频摄像头，每个镜头拍摄 752×480 分辨率画面，在 60fps 下可以提供 1504×480 的图像，同时还可以在观看三维立体影像。该摄像机的图像投影到眼镜的液晶显示器上，相当于从 3m 远观看 67 寸显示器的效果。这些来源于真实环境的图像与计算机生成的虚拟图像叠加，有效地创建一个增强现实环境。

Vuzix 920AR 除了游戏用途之外，还可以用到教育科研领域，让书籍"活灵活现"。同时，它还可以在虚拟现实数字城市中为体验者提供观察指南，操作者可以即时得到街面上每个建筑如酒店、饭店、商铺等更多信息。社区网络可以通过 Vuzix 920AR 增强现实数字头盔提升到一个全新的水平，当操作者在特定的街道场景漫步时，能够看到其他人的"虚拟标签"。

Vuzix 920AR 重量像一双普通眼镜一样轻巧，操作者长时间佩戴不会产生疲劳感，但其显示效果远远超过其他同级别头戴式显示器。该头盔带有加速度计、陀螺传感器和磁力跟踪装置，这些都是其他类似产品没有提供的。另外，还带有外接端口，让使用者方便地链接便携式电源和 iPhone 等设备上。

Vuzix 920AR 配套软件可以识别和跟踪视觉标记(如带有识别码的纸板)或锁定特定对象和颜色。

3. 谷歌智能眼镜(Google Glass)

谷歌公司在 2012 年 4 月发布的谷歌眼镜(见图 6-24)，在 AR 应用功能上类似于智能手机，镜片上方配备了一个头戴式微型显示屏，它可以将数据投射到操作者右眼上方的小屏幕上，显示效果如同 2.4 米外的 25 寸高清屏幕，实际上就是微型投影仪、摄像头、传感器、存储传输、操控设备的结合体。

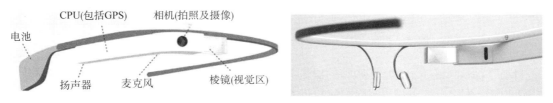

图 6-24　谷歌智能眼镜(Google Glass)

2016 年 6 月，谷歌在 I/O 开发者大会上正式发布谷歌眼镜。这款产品采用虚拟现实技术，将图像直接投射在眼球上，可实现搜索、短信、拍照、摄像、社交分享等众多功能。从图6-24中可以看出，谷歌眼镜主要由电池、CPU、相机、扬声器、麦克风、微型投影仪和棱镜组成。其中，微型投影仪和棱镜是实现主要功能的关键。谷歌眼镜通过蓝牙完全适配 iPhone 及 Android手机。除蓝牙之外，谷歌眼镜的原型产品还支持 WiFi 和 GPS 等功能，这款产品内置的摄像头可以拍摄照片。在戴上谷歌眼镜之后，操作者可以利用语音进行操作，如发送短信或接听电话。右眼上方的显示屏，则向操作者提示操作这款眼镜的必要信息。

由美国科技媒体 Gizmodo 公布的一张谷歌智能眼镜结构图，如图 6-25 所示，揭示了谷歌智能眼镜的工作原理：微型投影仪将现实环境的画面投射在棱镜上，经过棱镜的反射，最终进入人眼，使图像聚焦在视网膜中的中央凹位置(这时成像最清楚)，于是操作者就可以看到谷歌眼镜发出的虚拟图像。

由于谷歌智能眼镜采用的是半反半透式棱镜，所以棱镜的存在并不会阻挡眼前的光线进入人眼，而仅是将一层虚拟图像叠加在现实图像上。同时，虚拟图像在眼中的位置也取决于谷歌眼镜的位置，如图 6-26 所示。也就是说，如果在看现实景物时人眼的焦点处于视野的中心位置，而此时如果虚拟图像在眼中位于右上角的话，那么在操作者正常看现实景物时，看到的虚拟图像是模糊的，不会干扰人们的视觉。而如果需要获取虚拟图像中的信息的话，操作者只需要把眼睛转向右上方(眼睛会自动对焦)，便可以看到清晰的虚拟图像。当然，如果通过改变谷歌眼镜的位置，把虚拟图像放在视野中心的话，那么视野中虚拟图像和显示图像都会是清晰的。

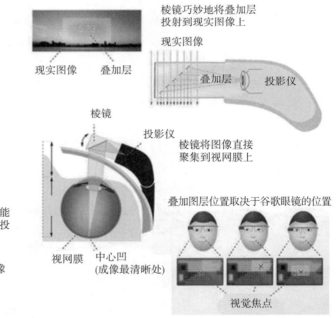

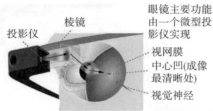

图 6-25　谷歌智能眼镜结构图　　　　　图 6-26　谷歌智能眼镜的工作原理图

目前，谷歌眼镜还不适应戴眼镜的操作者，这是它的局限性。因为，如果操作者本身就佩戴眼镜的话，那么谷歌眼镜与视网膜间的距离会增大，这样就会使谷歌眼镜看上去不像是一副眼镜。而单独为戴眼镜的操作者开发专用版，无疑会增加制造成本。无论在效果、体积、重量上来讲，谷歌眼镜都具有很大优势，值得期待。

4. 微软 Windows 10 全息眼镜

图 6-27 所示是微软推出的可联网的 AR 眼镜：Windows 10 全息眼镜。该产品的分解图如图 6-28 所示。

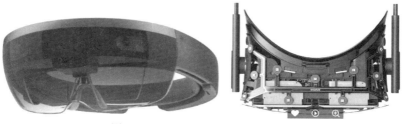

图 6-27 微软 Windows 10 全息眼镜

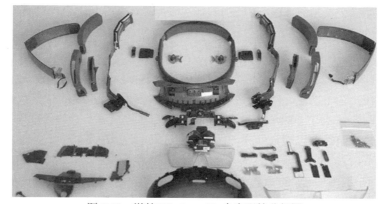

图 6-28 微软 Windows 10 全息眼镜分解图

5. 苹果 iWatch 腕表产品和智能电视

苹果公司正在开发 iWatch 腕表产品和智能电视。在智能电视配有名为 iRing 的配件，帮助操作者方便地控制电视机。据美国科技博客 AppleInsider 报道，苹果公司有一项与智能腕表有关的专利，专利描述了一种带弧度显示屏、佩戴在手腕上的设备。

6. 索尼 SmartEyeGlass 智能眼镜

2017 年，索尼推出 SmartEyeGlass 智能眼镜，如图 6-29 所示。

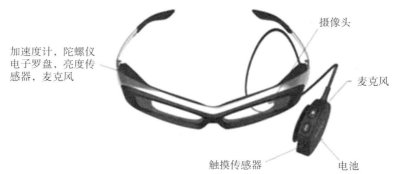

图 6-29 索尼智能眼镜 SmartEyeGlass

在其技术参数方面，SmartEyeGlass 采用光波导显示技术，重 77g，续航为 150 分钟。它搭载了 300 像素的静态拍照摄像头、指南针、加速度计、陀螺仪、亮度传感器、麦克风等部件。

其独立的控制器则包含电池、麦克风、扬声器、NFC 和触控传感器等部件。该系统搭载了安卓
4.4 系统，主要为企业提供 AR 解决方案，旨在提高生产率以及良品率。

索尼在头戴式显示器及增强现实领域拥有悠久的研发历史，而且之前已经推出了一款名为
HMZ-T2 Personal 3D Viewer 的家庭娱乐设备。

索尼、谷歌双方各有优势：谷歌以信息见长，
索尼则硬件更加出色。

7. AR 智能隐形眼镜

图 6-30 是美国 EPGL 公司开发成功的 AR
智能隐形眼镜，它是将电路融合进了硅水凝胶隐
形眼镜中，从而可以将芯片产生的图像直接投射
到用户视野中。苹果公司拟将 EPGL 开发的 AR
隐形眼镜产品融入 iOS 平台。

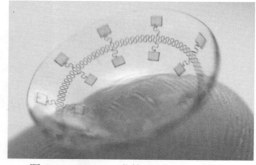

图 6-30　EPGL 开发的 AR 智能隐形眼镜

8. 先锋 Pioneer AR HUD 数字投影车载导航显示屏 SPX-HUD100

HUD(Head Up Display，平视显示器，也称为抬头显示设备)，是运用在航空器上的飞行辅
助仪器，现在也在汽车上应用。HUD 利用光学反射的原理，将重要的行车数据投射在前挡风
玻璃上。HUD 的基本架构包含两个部分：资料处理与影像显示。资料处理单元是将行车各系
统的资料如车速、导航等信息整合处理之后，根据选择的模式转换成预先设定的符号、图形或
者是以文字/数字的形式输出。影像显示装置就是安装在仪表板上方，接收来自资料处理装置的
信息，然后投射在前挡风玻璃的全息半镜映射信息屏幕上。图 6-31 所示的先锋 Pioneer AR
HUD 是一款基于 ART 的数字投影车载导航显示屏。基于该显示屏，驾驶员不必低头，就可
以看到车辆信息，如车速、油耗、导航等都会显示在前挡风玻璃的小块区域内，从而避免分
散对前方道路的注意力。驾驶员不必在观察远方的道路和近处的仪表之间调节眼睛，可避免
眼睛疲劳。

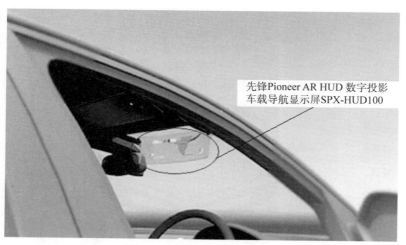

先锋Pioneer AR HUD 数字投影
车载导航显示屏SPX-HUD100

图 6-31　先锋 Pioneer AR HUD

9. 增强现实的其他相关硬件设备 —— 摄像头

摄像头是增强现实技术最重要的硬件设备，大量的相机跟踪和标定技术都是以简单摄像头
为基本配置。摄像头作为一种廉价、标准、易于获取和集成的采集设备，特别是随着智能手机

的出现，一直处于高速发展中。前后置双摄像头已经成为智能手机的标准配置，现在的摄像头其性价比越来越高。

2013 年，苹果公司的一项面向移动设备的摄像头专利获得授权引起大量关注，这项技术具有 3 传感器和 3 镜头的设计，据称能大幅度提高成像质量。

由第 5 章可知，全景包含了全方位的图像信息，在可视角度和交互性上具有优势。目前，全景图像的合成主要有 3 个来源：普通相机拍摄、软件后期合成和全景相机拍摄。其中，普通相机拍摄是让同一相机进行连续微小运动，拼接得到多帧图像，从而合成出全景图像。软件后期合成则是完全依靠图像特征点匹配等方法对重叠的图像进行拼接。它们的缺点都是不能做到连续实时的全景视频合成，如果要得到高质量的全景图像，还需要手工的图像处理，工作量较大。

全景摄像机通过事先标定方式，可在采集或回放时实时拼接合成，得到连续实时的全景视频，后续工作量小，因而适合实现大范围无死角的全景监控。

6.7　增强现实应用开发案例

基于 ARToolKit 开发 AR 应用需要完成两部分开发工作：编写应用程序，训练对增强现实应用程序中所用到的真实世界标志(即样本图案标识)的图像处理程序。

基于 ARToolKit 编写 AR 应用程序，可以使用 ARToolKit 提供的一个简单的程序框架。因此，基于 ARToolKit 编写 AR 应用程序的工作，实际上是将这个程序框架改写成新的 AR 应用程序。同样地，因为应用这个简单的框架，所以训练所开发的 AR 应用程序的过程也被大大简化了。基于 ARToolKit 编写的 AR 应用程序的主代码必须包含表 6-5 中的步骤和实现的功能。

表 6-5　ARToolKit 应用程序步骤与实现的功能

步骤	实现的功能
初始化	1. 初始化视频捕获，读取标识文件和相机参数
主循环	2. 抓取一帧输入视频的图像
	3. 探测标识及识别这帧输入视频中的模板
	4. 计算摄像头相对于探测到的标识的转换矩阵
	5. 在探测到的标识上叠加虚拟物体
关闭(结束)	6. 关闭视频捕捉

表中的第 2 步到第 5 步一直重复，直到应用程序退出。但是第 1 步和第 6 步只分别在应用程序的初始化时和关闭时才执行。除了这些步骤之外，一个 AR 应用程序还应该对鼠标、键盘或者其他的特殊事件进行响应。下面将以 ARToolKit 系统所提供的一个 AR 应用程序样例 simpleTest.c 为例，详细介绍该应用程序的各个步骤与完成的功能程序段。

6.7.1　基于 ARToolKit 编写 AR 应用程序

基于 ARToolKit 编写 AR 应用程序所用到的程序框架包含以下几个部分。①Introduction；②main；③init；④mainloop；⑤draw；⑥cleanup。

为了详细地示范怎样开发一个 ARToolKit 的应用，本节将逐步介绍 AR 样例 simpleTest.c 的源代码(在有的版本里是 simple.c,该程序可以在 ARToolKit 安装目录 examples/simple/里找到)。该样例运行结果如图 6-32 所示。

此处要找的文件名字是 simpleTest.c(或 simple.c)。这个程序仅仅包含一个主函数和几个绘制图像的函数。

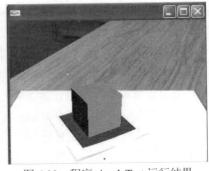

6.7.2　样例程序分析

图 6-32　程序 simpleTest 运行结果

在 simpleTest.c 中，对应于表 6-5 的 6 个步骤的函数列于表 6-6 中。对应于步骤 2 到步骤 5 的函数在 mainLoop 函数(主循环)中被调用。

表 6-6　对应于 ARToolKit 应用程序步骤与功能的函数

ARToolKit 步骤	函数
1. 应用程序初始化	init
2. 抓取一帧输入视频	arVideoGetImage (在主循环中调用)
3. 探测标识卡	arDetectMarker(在主循环中调用)
4. 计算摄像头的转移矩阵	arGetTransMat(在主循环中调用)
5. 叠加虚拟物体	draw(在主循环中调用)
6. 关闭视频捕捉	cleanup

在这个程序中，最重要的函数是 main、init、mainloop、draw 和 cleanup。下面将详细地介绍这些函数调用。

1. main

simpleTest.c (或 simple.c)例程中 main 函数的流程如下所示：

```
main (int argc,char *argv[ ])
{
    init () ;
    arVideoCapStart () ;
    argMainLoop( NULL,keyEvent,mainLoop) ;
}
```

其中的初始化例程 init 包含的代码可以初始化视频捕捉、读取标识卡信息和摄像机参数信息，以及设置图像窗口。通过调用视频开始函数 arVideoCapStart 输入实时状态。再接着，函数 argMainLoop 被调用，这个函数启动了主要的程序循环，通过键盘事件与函数 keyEvent 结合使用，通过主要的图像显示循环与 mainLoop 结合使用。函数 argMainLoop 定义在文件 gsub.c 中。

2. init

init 例程在 main 例程中被调用，其作用是初始化视频捕捉及读入 ARToolKit 应用的初始参数信息。

(1) 视频通道被打开，确定视频图像大小。

```
/*   open the video path */
if( arVideoOpen( vconf) < 0) exit (0) ;
```

```
/* find the size of the window */
if( arVideoInqSize (&xsize,&ysize)<0)exit (0) ;
printf("Image size (X,Y) = (%d,%d} \n", xsize,ysize} ;
```

变量 vconf 包含了初始视频的配置，在 simple.c 的顶部被定义。但它的内容在不同平台的函数里可能很不一样(参照视频配置链接)。对于每一个平台，都定义了一个默认的字符串，这个字符串一般都打开应用程序结构中第一个可用的视频流。

(2) 需要初始化 ARToolKit 应用程序的参数。对于 ARToolKit 应用程序来说，关键的参数是：可能被用来进行模板模式匹配的模板信息，以及这些模板所对应的虚拟物体；所用的视频摄像机的相机特性参数。

这些参数都是从文件里读取，文件的名字可以在命令行里被指定，或使用硬件编码的文件的默认名称。

因此，摄像机的参数信息通过默认的摄像机参数文件名 Data/camera_para.dat 被读入：

```
/* set the initial camera parameters */
if( arParamLoad(cparaname,1,&wparam) < 0){
  printf ("Camera parameter load error !! \n") ;
  exit (0) ;
}
```

(3) 这些参数根据现有的图像大小被转换，因为摄像机的参数根据图像的大小而改变：

```
arParamChangeSize (&wparam,xsize,ysize,&cparam) ;
```

摄像机的参数被读入它的程序设置，摄像机的参数被输出显示到屏幕上：

```
arInitCparam( &cparam );
printf("*** Camera Parameter ***\n") ;
arParamDisp( &cparam.);
```

通过默认的模板文件 Data/patt.hiro 读入模板的定义信息：

```
if((patt_id=arLoadPatt (patt_name)) < 0 ){
printf ("pattern load error !!\n") ;
exit (0) ;
}
```

其中, patt_id 是一个已经被识别的模板的鉴定信息(告诉用户是哪一个模板，好比人的身份证)。
最终打开了图像窗口：

```
/* open the graphics window   */
argInit( &cparam,1.0,0,0,0,0 );
```

函数 argInit 的第二个参数定义了一个缩放函数，适应视频图像格式时的值设为 1.0，值设为 2.0 时是双倍大小。

3. mainloop

ARToolKit 应用程序的大部分调用都在这个例程里完成，这个例程包含了表 6-8 中所要求的步骤 2 到步骤 5。

(1) 通过函数 arVideoGetImage 来捕捉一个输入视频帧：

```
/* grab a video frame   */
if( (dataPtr = (ARUint8 *) arVideoGetImage ()) == NULL) {
arUtilSleep (2) ;
return;
}
```

该视频图像立即被输出显示到屏幕上。这个图像可以是一幅没有被扭曲的图像，也可以是一幅根据摄像头的失真信息被扭曲修正。扭曲以修正图像可以生成更加正常的图像，但是可能会导致视频帧的速率明显降低。在下例中图像是已经被扭曲的：

```
argDrawMode2D ( ) ;
argDispImage( dataPtr,0,0);
```

(2) 函数 arDetectMarker 被使用以搜索整个图像来寻找含有正确的标识模板的方块：

```
if( arDetectMarker (dataPtr,thresh,&marker_info,&marker_num) < 0) {
  cleanup () ;
  exit(0) ;
});
```

找到的标识卡的数量被存放在变量 marker_num 里，同时 marker_info 是一个指向一列标识结构体的指针，这个结构体包含了坐标信息、识别可信度，以及每个标识对应的鉴定信息和物体。marker_info 的详细信息在 API documentation 中。

此时，视频图像已经被显示和分析了，所以不需要再使用它。可以在使用新的函数的同时，使用帧捕捉器来启动一个新的帧捕捉操作。完成这些工作，只需调用函数 arVideoCapNext：

```
arVideoCapNext () ;
```

备注：当调用这个函数时，使用上一个视频图像缓冲会导致出现坏的结果(根据应用程序平台而定)。确保你已经处理好了视频图像缓冲。

(3) 所有的已经探测到的标识的可信度信息被加以比较，最终确定正确的标识鉴定信息为可信度最高的标识的鉴定信息：

```
/* check for object visibility */
k =-1;
for( j= 0; j<marker _num; j+ +) {
  if( patt_id = =marker_info[j].id) {
  if( k= =-1)k=j;
  else if( marker_info [k].cf <marker_info[j].cf) k =j;
  }
}
if(k= =-1) {
  argSwapBuffers () ;
  return;
}
```

标识卡和摄像机之间的转移信息可以通过使用函数 arGetTransMat 来获取：

```
/* get the transformation between the marker and the real camera */
arGetTransMat (&marker_info [k],patt_center,patt_width,patt_trans) ;
```

相对于标识物体 i 的真实的摄像机的位置和姿态包含在一个 3×4 的矩阵 patt_trans 中。

(4) 使用绘图函数，虚拟物体可以被叠加在标识卡上：

```
draw();
argSwapBuffers () ;
```

备注：如果没有标识被找到(k= =-1)，应用程序会做一个简单的优化步骤，此时可以交换缓冲器而不需要调用函数 draw，然后返回：

```
if(k= =-1) {
  argSwapBuffers () ;
  return;
}
```

4. draw

(1) 函数 draw 分为显示环境初始化、设置矩阵、显示物体几个部分。可以使用 ARToolKit 显示一个三维物体，并设置最小的 OpenGL 状态来初始化一个 3D 显示：

```
argDrawMode3D( );
argDraw3dCamera(0,0 );
glClearDepth( 1.0 );
glClear (GL_DEPTH_BUFFER_BIT) ;
glEnable (GL_DEPTH_TEST) ;
glDepthFunc (GL_LEQUAL) ;
```

(2) 把转移矩阵(3×4 的矩阵)转化成 OpenGL 适用的格式(16 个值的向量)，可用函数 argConvGlpara 来完成此功能。这 16 个值是真实世界的摄像机的位置和姿态信息，因此利用这些信息设置虚拟世界摄像机的位置，任何的图形物体都可以被准确地放置在相应的真实标识卡上。

```
/* load the camera transformation matrix */
argConvGlpara (patt_ trans,gl_para) ;
glMatrixMode (GL_MODELVIEW) ;
glLoadMatrixd( gl_para );
```

虚拟世界的摄像机的位置是用函数 glLoadMatrixd(gl_para)来设置的，代码的最后是三维物体的显示。在这个例子中，显示的是白色光束下是一个蓝色立方体：

```
glEnable (GL_LIGHTING) ;
glEnable (GL_LIGHTO );
glLightfv(GL_LIGHTO,GL_POSITION,light_ position) ;
glLightfv(GL_LIGHTO,GL_AMBIENT,ambi) ;
glLightfv(GL_LIGHTO,GL_DIFFUSE,lightZeroColor) ;
glMaterialfv(GL_FRONT,GL_SPECULAR,mat_flash) ;
glMaterialfv(GL_FRONT,GL SHININESS,mat_ flash_ shiny) ;
glMaterialfv(GL_FRONT,GL_AMBIENT,mat_ambient) ;
glMatrixMode (GL_MODELVIEW} ;
glTranslatef(0.0,0.0,25.0 };
glutSolidCube (50.0);
```

(3) 重置某些 OpenGL 的参数为默认值：

```
glDisable( GL_LIGHTING );
glDisable( GL_DEPTH_TEST };
```

上述所讲到的步骤出现并贯穿了主要显示函数的始终，当这个程序在运行时，鼠标事件被鼠标事件函数控制，键盘事件被键盘函数控制。

5. cleanup

函数 cleanup 被调用的作用是停止视频处理及关闭视频路径，并释放它，使其他的应用可以使用：

```
arVideoCapStop () ;
arVideoClose () ;
argCleanup () ;
```

这些工作可以使用函数 arVideoCapStop、arVideoClose 和 argCleanup 来完成。

6.7.3　应用自己设计的模板图案标识的 AR 应用程序开发

1. 使用单个其他的模板图案标识

程序 simpletest 使用模板匹配法来识别标识方框中的 Hiro 字样，输入视频流中的方块被系统与之前训练过的模板相比较。这些模板 Hiro 在运行时被加载，该模板文件路径为 ARToolKit 安装目录 bin\data\patt.hiro。这个文件包含了模板的格式，仅仅是一个样本图案。

(1) 修改模板图案标识文件名。

如果更换 patt.hiro 模板图案为自己创建的 patt.yourpatt 图案，需要改变 simpletest 中识别的模板的程序代码，即将 simpletest.c 文件中的程序行：

```
char *patt_name = "Data/patt .hiro";
```

改为：

```
char *patt_name = "Data/patt.yourpatt";
```

经上述改进的 simpletest.c 运行后会生成一个新的模板，其文件名为 mk_patt，并包含在 bin 目录下。mk_patt 的源代码在 util 目录下的文件 mk_patt.c 里。

(2) 设计制作模板图案标识。

要设计制作一个新的模板图案标识，可以打印模板目录下的 blankpatt.c 文件运行的结果。结果只是一个黑方块，中间是空的白色方块。接着为需要的模板创建一个黑白或者彩色的、适合这个中心的方块的图像，并把它打印出来，如"天"字，将白色方块连同天字图案一起粘贴在黑方块里，如图 6-33 所示。

(3) 模板图案标识训练。

一旦新的模板图案制作完毕，改变 bin 目录，运行 mk_patt 程序。系统会提示输入一个摄像机的参数文件夹名字：

图 6-33　样本模板图案标识

```
ARToolKit2.32/bin/mk_patt
Enter camera parameter filename: camera_para.dat
```

输入文件夹名：camera_para.dat，这是默认的摄像机的参数文件。

接着打开一个视频窗口，如图 6-34 所示。

图 6-34　mk_patt 视频窗口

把要训练的模板图案放在一个平的表面上，光照条件应和运行识别应用程序时的光照条件相同。然后把视频摄像头拿起在标识的上面，向下正对着含有"天"字的模板图案(这里称标识)，然后转动它直到标识的周围出现一个红色和绿色的方框。这表示软件 mk_patt 已经找到了围绕在待测试的模板图案周围的方框。转动摄像头，直到视频图像中的方块的左上方边角是高亮度的、方块的红色的边角。一旦方块被找到且方位正确，单击鼠标左键，系统会提示输入一个模板图案的文件名字，如上述所取的名 patt.yourpatt。

(4) 编译运行。

一旦 patt.yourpatt 文件名字被输入，系统就生成了一个该模板的位图图像，位图图像被复制到以这个文件名命名的文件中。接下来，该图像将被用在 ARToolKit 的模板匹配中。为了使用这个新模板，这些数据要被复制到文件目录 bin/Data 下。重新编译 simpletest 后，就可以使用自己的模板图案了。

训练了一个模板后，其他的模板也可以被这样训练，只需要用摄像头对着新模板并重复以上步骤。单击鼠标右键，可以退出应用程序。

2. 使用多个自己设计的模板图案标识

如果想要使用不止一个自己设计制作的模板图，而且不同的模板有各自不同的三维物体相对应，可以这样做：逐步分析目录 examples/simplem/下的 simplem 文件的源代码，可以发现有两个源文件，分别是 simplemTest.c 和 object.c。simplemTest.c 程序可以探测多个标识卡，并且在每个标识上面显示不同形状的物体(锥体、立方体、球体)。它和 simple 程序的主要区别有以下三点。

(1) 加载的文件中有多个模板的声明。

(2) 与模板相关联的结构不同，这意味着程序中检查代码及转换调用不同。

(3) 重新定义语法，定义画图函数。

除此之外，simplemTest.c 和 simple 的其他代码都是一样的。

ARToolKit 系统建议使用一个特定的函数—— object.c 中的 read_ObjData，来加载 ARToolKit 应用程序中的多个模板。利用此函数，可以用如下方法来加载标识：

```
if( object=read_ObjData (model_name,&objectnum)) = = NULL) exit (0) ;
printf ("Objectfile nurn = %d\n",objectnum) ;
```

其中，参量 object 是指向 ObjectData_T 结构体的指针。参量 model_name 定义的不是一个模板定义文件名(在这里文件名是 model_name)，而是一个特定的多个模板定义的文件名(注意：这个格式和多个模板跟踪文件名不同)。文本文件 object_data 指定了哪些标识物应被识别，以及模板怎样与各个物体相关联。文件 object_data 的开始处记录了要被指定的物体的数量，接着是每个物体的文本类型的数据结构。object_data 文件中每个模板图案标识都被以下结构体详细说明：

```
名字
模板识别文件名
跟踪模板的宽度
跟踪模板的中心
```

比如说，对应着与虚拟的立方体相关的模板图案标识的结构体如下：

```
#pattern 1
cone
Data/patt.hiro
80.0
0.0 0.0
```

注意：以#character 开始的代码是命令行，被文件读取器忽略。

  ARToolKit 可以试着在 arDetectMarker 流程中识别多个模板。因为现在是探测多个模板图案标识，需要保持每一个虚拟物体的可见性，同时修改可探测到的模板的检查步骤。而且还需要维持每个已探测模板的特定的转移。

```
/* check for object visibility */
for( i = 0; i < objectnum; i++ ){
k =−1;
for( j= 0; j< marker_num; j++) {
if( object[i].id= =marker_info[j].id) {
if(k= =−1)k=j;
else if( marker_info[k].cf < marker_info[j].cf) k = j;
}
}
if(k==-1){
object [i].visible = 0;
continue;
}
object [i].visible = 1;
arGettransMat (&marker_info [k],
object [i].marker_center,object [i].marker_width,
object [i].trans) ;
}
```

  如果模板图案标识被探测到，每一个标识都有一个视觉标志和一个新的转移矩阵。现在通过结构体 ObjectData_T 调用绘图函数来绘制虚拟物体。结构体 ObjectData_T 需要被赋予虚拟物体的参数及虚拟物体的个数。

```
/* draw the AR graphics */
draw( object，objectnum );
```

  绘图函数将遍历物体的列表，如果物体可见，就利用物体的原来姿态和形状来绘制物体。经过改进后的 simpletest.c 改名为 simplem.c。

  确保所有必需的文件已经被放在 data 文件目录下后，就可以编译运行 simplem.c，结果如图 6-35 所示。

图 6-35　运行 simplem.c 的视频窗口

  现在可以修改文件 object_data，使用自己设计制作的模板图案标识进行体验了。

思 考 题

1. 什么是增强现实技术？它有哪些技术特性？
2. 增强现实系统的组成形式有哪些？
3. 增强现实系统有哪几种类型？各有什么特点？
4. 增强现实技术对人类的生活、工作方式产生什么影响？
5. 增强现实技术融合哪些技术成果？
6. 增强现实技术与虚拟现实技术间的关系，两者有哪些区别？
7. 举例说明增强现实技术在工业领域中的具体应用。

第7章　Cult3D软件与应用

Cult3D 软件是瑞典 Cycore 公司开发的一种网络三维互动设计与展示软件。利用 Cult3D 软件可以制作出 3D 虚拟展示模型，使模型呈现不同的事件和功能的互动性，交互能力强，并采用流媒体的形式。实践表明，Cult3D 的文件量非常小，却有近乎完美的三维质感表现，体现真实的物体属性，这特别适合窄带网环境下的应用开发，因而至今仍然是网上展示产品的优秀解决方案之一。同时，Cult3D 文件可以应用于网页、Director、Office 文档、Acrobat 文档及支持 ActiveX 开发语言的程序中。

本章系统介绍 Cult3D 软件的组成、软件主界面、基于 Cult3D 的物体虚拟现实展示模型的开发流程，并用多个实例叙述基于 Cult3D 开发物体虚拟现实展示模型的不同流程，以满足不同专业背景读者的实践需要。

【学习目标】
- 了解 Cult3D 软件的特点及应用领域
- 掌握基于 Cult3D 软件的虚拟现实模型开发技术
- 掌握 Cult3D 的虚拟现实模型在其他软件中的应用

7.1　Cult3D 概述

本节系统介绍了 Cult3D 软件的组成和运行主界面，并以基本实例介绍 Cult3D 的有关节点的使用方法，以及基于 Cult3D 开发物体虚拟现实展示模型的流程。

7.1.1　Cult3D 的特点、授权与组成

Cult3D 技术依靠其可信度和实用性，拥有了广泛的用户群。已经有 Acer、CNN、NEC、丰田等三百多家全球闻名的公司在他们的网站上应用了 Cult3D 技术。

1. Cult3D 的特点

(1) 模型质量高，交互性能好。不管是二维还是三维，逼真的图像质量都是非常重要的。Cult3D 是一个强有力的 3D 渲染技术软件，它采用先进的压缩技术，并支持多重阴影效果、贴图，这样制作出来的物体模型具有极度逼真的画质，使浏览者可以得到近乎完美照片级真实的视觉效果。此外，Cult3D 可以实现复杂的动画，为物体添加交互性创造了众多的机会。

(2) 文件体积小。一般的 3D 动画文件的容量都是庞大的，少则几十 M，多则数百 M。这就使得大容量的数据不可能在很短的时间内进行传输，限制了一些 Web3D 技术的应用。然而利用 Cult3D 技术生成的文件却非常小，一般只有几十 KB 到几百 KB，网络用户无须较长时间等待就能够很容易地领略到它的神奇效果。

(3) 跨平台性能好。用 Cult3D 技术生成的文件可以无缝地嵌入到 HTML 页面中。其实，除了在线发布(发布到 HTML 页面中)以外，文件还可以同时离线发布(发布到光盘等媒体)。用

Cult3D 创建的作品可以在各种操作系统的浏览器中流畅地使用，由于主流的 Internet 接入方式将从单纯的 PC 扩展到新的应用平台，例如，台式游戏机、机顶盒、个人数字助理和移动电话，Cult3D 也将会出现在这些应用平台上。

(4) 对计算机软件及硬件要求低。Cult3D 是一个混合的三维引擎，用于在网页上建立互动的三维模型。该技术是一个纯软件环境的引擎，一般来说只要是奔腾 II 以上的计算机，甚至不需要任何的 3D 加速显示卡就可以体验完美的三维网络技术。Cult3D 软件可应用于各种不同的操作系统，如 Windows 95/98 NT/2000/XP、Mac OS，并且可与 IE 浏览器、Netscape 浏览器、MS Office、Adobe Acrobat、Authorware 等多种应用程序结合。

2. Cult3D 的授权

Cult3D 软件采用了在国外广泛应用的软件授权的销售方式，用户需取得相应的授权才可以进行商业应用 Cult3D 技术。用户交纳相应的授权费用，就可以使用与发布 Cult3D 作品。对于一些教育领域等非商业用户，可向 Cult3D 公司申请免费授权。目前，该软件已被 NVIDIA Corporation 收购。

读者可从 NVIDIA 公司官网或清华大学出版社有限公司网站上提供的本书学习素材中下载软件的 DEMO 版并安装，如果没有获得授权，在所发布的 VR 作品中含有水印字样，但其功能与获得授权的相同。

3. Cult3D 的组成

Cult3D 软件包括 3 个组成部分。

(1) 输出插件(Export Pulgin)。输出插件是针对 3ds Max、Maya 等三维软件的，可以通过该插件将 3D 模型输出为 Cult3D Designer 所识别的*.c3d 格式。

(2) 设计器(Designer)。这是 Cult3D 的主要部分，是 Cult3D 的设计制作工具，可以将模型(*.c3d 格式)加上背景，增加旋转、缩放、移动、声音等交互性的效果。

(3) 浏览器插件(Viewer Pulgin)。这是一个针对其他应用程序的显示插件，必须安装以后才可以在 IE 浏览器、Netscape 浏览器、Acrobat、Office 等软件中看到 Cult3D 的效果。

7.1.2　Cult3D Designer 5.3 主界面窗口简介

Cult3D Designer 5.3 启动运行后的主界面窗口如图 7-1 所示，共有 6 个主要子窗口。

图 7-1　Cult3D Designer 5.3 主界面

1. Scene Graph 窗口

Scene Graph(场景图形)窗口如图 7-2 所示，用于添加、删除、重命名及在场景中选择并重新排列元素，场景图形窗口中各部分信息可以分为如下 11 类。

(1) Header(标题)：这是一个文件标志，一般用于指定创作者和项目名称，同时也显示了当前场景中所用的资源。

(2) RootNode(节点)：列出了场景中所有的几何物体，包括网格元素、摄像机和粒子系统等。

(3) Named selections(命名选择)：它可与许多单独物体的动作一起使用。

(4) Materials(材质)：列出了场景中定义的材质，利用它可以编辑材质属性。

(5) Textures(纹理贴图)：包括在场景中一系列可用纹理贴图的设置，并且能够添加新的纹理贴图。此外，还可以添加需要的纹理贴图，格式为*.jpg。

(6) Worlds(场景)：用于发布*.co 格式的 Cult3D 文件。

(7) Sounds(声音)：显示出场景中所有可用的声音素材。Cult3D 软件支持*.wav 和*.midi 文件格式，使用 Sound 来载入、选择和预览场景中的声音文件。

(8) Expressions(表达式)：包括场景中所有可用的表达式，表达式用于通过数值或等式来改变一个物体的属性。

(9) Cursors(光标)：用于载入和选择光标类型，在其他光标编辑工具中创建自己的光标，然后在此引入。

(10) Tooltips(提示)：当鼠标在物体上时激活显示的文字。"提示"可用于标识物体或为用户提供额外的提示(如产品的各部件的名称和功能说明等信息)。

(11) Java actions(Java 动作)：用于在设计工具中增加选择 Java 功能，Java 可用于扩展 Cult3D 的交互等功能。

在场景图形窗口的上方是一个空的下拉菜单，这里列出了所有根节点下的元素，利用这点可以简化定位场景图中的元素位置。单击靠近窗口的箭头，可以看见场景中所有按字母顺序排列的元素。通过按下字母键，可以自动优先选中最先匹配的项目，通过按向上和向下键可以滚动显示这些按字母顺序排列的元素。

2. Actions 窗口

Actions(动作)窗口如图 7-3 所示，其作用是通过增加动作来控制或驱动场景物体(或对象)

图 7-2 Scene Graph(场景图形)窗口

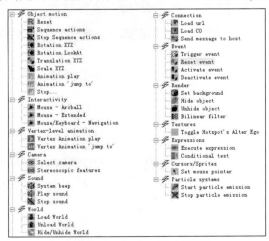

图 7-3 Actions(动作)窗口

的行为动作。通过连接动作与激活该动作的事件及动作的作用对象(如物体或声音、纹理、颜色)，来对场景对象实现人机交互。Action 窗口中的动作类型分为以下 13 类。

(1) Object motion(物体运动)：用于驱动物体、摄像机进行空间位置的变换。

- Reset(重设)：重置一个物体的移动和旋转到初始位置(恢复到初始位置)。
- Sequence actions(连续动作)：设置对象连续动作。
- Stop Sequence actions(停止连续动作)：设置对象停止连续动作。
- Rotation XYZ(旋转)：在一定时间内使物体旋转到特定角度，也可设置成持续旋转。
- Rotation LookAt(相对旋转)：控制一个物体的旋转方向，使之沿一个方向轴时刻指向一个物体，当目标物体改变位置时，此物体也随之改变方向。
- Translation XYZ(XYZ 轴上的线位移)：在一定时间内使物体线移动到特定位置，也可设置成持续线移动。
- Scale XYZ(缩放 XYZ 轴)：设置对象物体在 XYZ 轴上的缩放。
- Animation play(播放动画)：播放在三维建模软件中已建立的动画(旋转和移动)。
- Animation' jump to'(动画跳转到某个位置)：跳转到在三维建模软件中已建立动画的特定时间位置。当设定的持续时间大于 0 时，建立从当前时间状态到特定时间的过渡动画。
- Stop...(停止)：停止正在播放的动画过程(由 Action 引发或物体本身的动画或动作)。

(2) Interactivity(人机交互与互动节点)。

- Mouse-Arcball(旋转物体、缩放物体)：在窗口中拖动鼠标实现任意角度操控与旋转或移动物体。可以设置鼠标特定键的功能，旋转轴或移动方向。默认是左键旋转物体，右键拉远、拉近物体，两键同时按下时则可以移动物体。当作用对象是摄像机时，能实现控制视图的导航。
- Mouse-Extended(鼠标扩展)：可以 360°转动物体(或摄像机)，也可平移和远近拉伸。
- Mouse/Keyboard-Navigation(鼠标/键盘—航行)：使用鼠标或键盘在场景漫游。

(3) Vertex-level animation(节点层次动画)：控制网格物体的节点类型动画。

- Vertex Animation play：播放物体在三维建模软件中建立的节点运动动画。
- Vertex Animation' jump to'：播放到特定时间点位置的节点动画。当持续时间为 0 时，是跳跃到该时间状态；当持续时间大于 0 时，是建立到该时间点状态的变形动画。

(4) Camera(摄像机)。

- Select camera：选择(切换)当前摄像机的视点。
- Stereoscopic features：把摄像机显示模式变为 Stereoscopic(立体感)模式。

(5) Sound(声音、执行声音的相关操作)。

- System beep：播放计算机自带的系统警报声。
- Play sound：播放一个已绑定激活的声音文件，目前 Cult3D 支持的声音类型有*.midi 和*.wav。
- Stop sound：停止指定声音的播放。

(6) World(场景)：执行场景的相关操作。

- Load World：载入一个 Cult3D 场景。
- Unload World：卸载一个 Cult3D 场景。
- Hide/Unhide World：隐藏/显示一个 Cult3D 场景。

(7) Connection(超链接)：执行外部网络操作。

- Load url：打开一个 url 地址，可以选择目标做窗口。
- Load CO：从一个 url 地址载入 Cult3D 的*.co 文件。
- Send message to host：给主程序传递字符串消息，如网页中的 javascript 函数。

(8) Event(事件)：和事件相关的操作。

- Trigger event：用行为激活一个事件，主要用于激活自定义事件。只有当事件处于初始状态才能引发。
- Reset event：重置一个事件到初始状态。
- Activate event：将不可用事件激活为可用事件。
- Deactivate event：把可用事件变为不可用(解除)事件，即不能激活此事件相关联的动作行为。

(9) Render(渲染)：对场景的显示控制。

- Set background：设置场景背景的颜色和纹理图案。
- Hide object：将行为所连接的物体隐藏。
- Unhide object：如果当前对象物体是隐藏状态，则显示行为所连接的物体。
- Bilinear filter：切换(打开/关闭)纹理的 Bilinear 过滤效果。

(10) Textures(纹理)。

- Toggle Hotspot's Alter Ego：在物体表面的纹理上设置一个特定的区域作为热区，热区内的纹理可以替换为另一图像。该行为替换此热区的纹理，实现物体的纹理和材质。

(11) Expressions(表达式)。

- Execute expression：执行表达式运算或检测属性中的参数值。
- Conditional test：进行条件测试，对是否满足条件作相应的分支处理。

(12) Cursors/Sprites(鼠标)。

- Set mouse pointer：改变鼠标形状。

(13) Particle systems(粒子系统)。

- Start particle emission：打开粒子系统的释放。
- Stop particle emission：停止粒子系统的释放。

3. Event Map(事件映射)窗口

此窗口用于对 Cult3D 对象的各种事件进行操作，在这个窗口中可以完成大多数的设计工作，如用鼠标或键盘来操作或控制对象的行为方式。几乎所有的设计操作都在此窗口进行，操作很简便，只需用鼠标把物体拖曳到相应的行为和事件上建立相互之间的连接，如图 7-4 所示，在 Event Map 窗口的左侧列表中列出了 Cult3D 能接收的事件类型。

(1) World start(启动场景)：在 Cult3D 场景加载初始化后激活，当场景引入时首先执行它，一切想要自动调用的事件都应该和它建立连接。

(2) World stop(场景停止)：在卸载 Cult3D 场景时激活这个事件的执行。

(3) World step(场景渐进)：场景每更新一次，此事件就执行一次，该事件主要用于需要时刻监测某状态变化并激活操作的情况。

(4) Timer(计时)："计时"事件会在指定的一定时间后引发相应的动作，对于此动作的设置，可以双击该图标，在打开的对话框中进行设置要延迟的时间。

 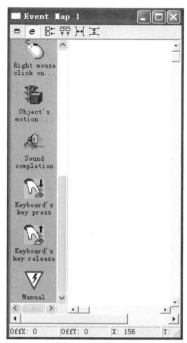

图 7-4　Event Map(事件映射)窗口

(5) Left mouse click on object(鼠标左键单击对象)：鼠标左键单击一个物体时发生。该事件必须和一个几何体对象关联(拖动一个几何体到该图标上建立一条连线)。

(6) Middle mouse click on object(鼠标中键单击对象)：鼠标中键(可以设为同时按下左、右键)单击一个物体时发生。

(7) Right mouse click on object(鼠标右键单击对象)：鼠标右键单击物体时激活该事件。

(8) Object's motion completion(对象运动完成)：当一个物体运动过程结束时激活该事件。

(9) Sound completion(声音完成)：播放的声音结束时发生。

(10) Keyboard's key press(当键盘按下后)：当按下特定的键时发生。双击该图标，设置按下哪个键或哪几个键激活该事件。

(11) Keyboard's key release(当键盘按下并释放后)：当释放特定的键时发生。双击该图标设置释放哪个键或哪几个键激活该事件。

(12) Manual(自定义事件)：自定义事件，用于特定情况下由其他事件或浏览器外部事件激发。

4. Stage Windows(演示窗口)

此窗口(见图 7.5)主要用于预览和检测 Cult3D 场景在施加各种行为动作后的正确性及其结果。当在 Event Map(事件映射)窗口为对象制作完所有或部分程序后，就可在演示窗口进行预览。还可以选择 Camera 下拉列表中不同的视图，从各个角度观看其结果。此窗口的默认视图显示是 Default Camera(默

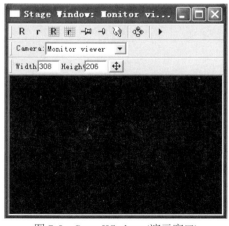

图 7-5　Stage Windows(演示窗口)

认摄像机)显示,当增加了 Cult3D 设计文件后,在其 Camera 下拉列表中就会出现 Front、Left、Top 等视图。这一窗口也作为一种可选的选择方式或结合手控工具来定位物体。

在预览窗口中有 9 种不同功能的图标。

(1) Reset all objects(重设所有对象):重设放大、缩小与旋转对象的数值为初始状态。可以单击此按钮来恢复到原来的样子。

(2) Reset objects(重设某个对象):重设某个对象到缩放、旋转的初始状态。

(3) Reset all objects to prime location(重置所有对象到初始位置):与 Reset all objects 类似,但它将清除所有应用于对象的移动操作。对象被重置到从模型文件包中输出时的位置。

(4) Reset objects to prime location(重置某个对象到初始位置):与上一按钮类似,但仅应用于选中对象。

(5) Fix all objects(固定所有对象):此按钮会固定所有预览窗口中的对象,也就是说,如果移动一个或多个对象位置,当单击此按钮时,就可以将所有预览窗口中的对象位置固定下来。

(6) Fix objects(固定选取的对象):此按钮会固定预览窗口中选取的对象,即如果移动一个或多个对象位置,当单击此按钮时,就可以将预览窗口中的选取对象位置固定下来。

(7) Pick objects(选取对象):单击此按钮允许在预览窗口中选取对象,可以在 Scene Graph 窗口中找到所选取的对象。

(8) Use arcball(对象旋转、缩放、移动状态):单击此按钮,可选择对象并拖动对象进行放大、缩小和移动等操作。如果没有单击此按钮,则只能用鼠标选取对象,而不能旋转与缩放。

(9) Preview Run/Stop(预览开始/停止):单击此按钮,开始预览,再次单击此按钮,结束预览。

5. Events(事件)窗口

此窗口主要反映 Event Map(事件映射)窗口中的各个事件,这是不使用事件图获取事件和编辑事件数据的一种可选方法,可以直接在此窗口中对事件进行编辑、删除和创建新事件。当在 Event Map 窗口中为物体添加事件后,就会自动在此窗口中表现出来,若想改变其中事件,只需在此窗口中单击 Edit 按钮即可。若想改变事件的时间顺序,单击 Time Line 按钮即可进行改变。

6. Object properties(对象属性)窗口

此窗口用于显示当前场景中对象的各种属性,如对象名、移动旋转的坐标位置、类型等,通过结合表达式工具属性来管理场景中对象的信息。这一窗口的右上方有 4 个按钮。

- 编辑:用于编辑定制属性的参数值。
- P-:用于删除一个定制属性。
- P+:用于添加一个新的属性。
- Ps:用于为已存在的属性添加一个子属性。

7.1.3　基于 Cult3D 的虚拟现实模型的开发流程

1. 开发流程图

由于 Cult3D 本身没有创建三维模型的能力,所以必须要采用其他的 3D 设计软件来进行 3D 建模,建模完成后,再导出为 Cult3D 所需要的*.c3d 文件格式。所以,基于 Cult3D 的虚拟现实模型的开发流程如图 7-6 所示。开发流程分两种情况,第一种情况是,如果使用三维工程

CAD 软件(含具有逆向工程功能的 SolidWorks，或 UG，或 Pro/E，或 MDT，或 Solidege，或 CATIA)对虚拟对象进行三维建模，则按图 7-6 中的 B 路线进行，并将设计 3DCAD 模型导出为 *.wrl 或*.stl，再进入 3ds Max、Maya 进行对象的动画、颜色、贴图等开发工作。第二种情况，如果直接采用 3ds Max 或 Maya 或 ImageModeler 对虚拟对象进行三维建模，则按图 7-6 中的 A 路线进行。两种开发路线的共同步骤如下。

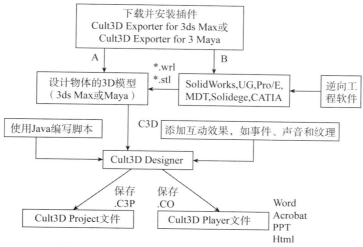

图 7-6　基于 Cult3D 的虚拟现实模型的开发流程

(1) 导出模型。在 3ds Max 或 Maya 环境下，对导入的虚拟对象的三维建模进行动画、颜色、贴图等开发工作，然后将开发的虚拟对象导出为 Cult3D 所需要的 *.c3d 文件格式。

(2) 添加互动效果。将*.c3d 文件导入到 Cult3D 设计后，添加互动效果，如声音、事件和纹理等。Cult3D Designer 已经将很多基本的命令模块化，即使不懂编程语言也可以很方便地制作出想要的效果。如果用户精通 JavaScript 语言，还可以自己编写脚本，实现高级交互功能，最后可以将文件保存成*.c3p 格式文件，这是可编辑的 Cult3D 项目文件，可用于以后再进行修改。

(3) 输出 Internet 文件。在 Cult3D Designer 的文件(File)菜单下面选择 Save Internet File 项，然后选择压缩方式。此时可以对模型的每一个物件的贴图和材质及声音进行压缩，输出到网络中，也可以输出到 Office、Acrobat 等应用程序中。

经过以上几个步骤就可完成一个虚拟现实模型的开发工作。

2. Cult3D 输入模型的导出

要想将 3ds Max 或 Maya 环境下的虚拟对象模型导出为 Cult3D 所需要的 *.c3d 文件格式，则需要完成如下工作。

(1) 3ds Max 输出插件的安装。要在 3ds Max 环境下输出虚拟对象模型的 *.c3d 格式文件，必须在 3ds Max 或 Maya 安装后，再安装一个插件，该插件的作用就是使 3ds Max 或 Maya 具有将虚拟对象模型转换并输出为 Cult3D 所需要的 *.c3d 格式文件。目前该插件能支持的 3ds Max 或 Maya 最高的版本为 8 版。下载后运行此插件，该安装程序会自动找到 3ds Max 或 Maya 在当前计算机上的安装目录，并生成相应的安装文件。需要指出的是，由于 Cult3D 发展到 5.3 版本后还没有新版本出来，所以 Cult3D 提供了插件只能适应 3ds Max 和 Maya 的版本为 8.X，该插件对 8.X 之后版本的 3ds Max 和 Maya 是不支持的。有鉴于此，一种有效的解决办法是，将高版本的 3D 建模软件所设计的虚拟对象模型先转换为*.stl 或*.wrl 格式文件，而后再将*.stl 或 *.wrl 文件导入到低版本的 3ds Max 和 Maya 环境中。目前的三维建模软件不论什么版本，所生成的 *.stl 或 *.wrl 的数据格式均一样的。因为 VRML 语言的标准、STL 的数据格式标准至今没有变化，所以，可以将高版本 3ds Max 和 Maya 所建立的对象模型导出成*.stl 或*.wrl 格式，而后再进入 8.x 版本的 3ds Max 或 Maya 进行对象的*.c3d 格式转换与导出工作。

(2) 文件的导出。在安装有插件的 3ds Max 环境下，可以将建立好的模型输出为*.c3d 文件。

【例 7-1】用 3ds Max 导出 Cult3D 模型。

本例中，主要是学习采用 3ds Max 软件导出 Cult3D 所需的*.c3d 文件。要在 3ds Max 中输出*.c3d 文件格式，必须安装相应的插件。本例中以 3ds Max 8 中文版本为例。操作步骤如下。

(1) 下载 Cult3D_3dsmaxR6_4.0.4.59.exe 文件，此插件支持 3ds Max 6.X、7.X、8.X 等版本。

(2) 运行该文件，按提示安装此插件，如图 7-7 所示。在安装此插件时，软件会自动查找当前计算机 3ds Max 软件的安装目录，如不能自动查找到，可手动给出 3ds Max 的安装路径。

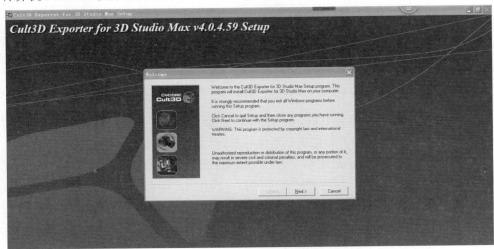

图 7-7　3ds Max 安装输出插件

(3) 运行 3ds Max，建立其相关虚拟对象的 3D 模型(按 A 路线)，在此例中建立一个简单的物体——长方体。

(4) 在 3ds Max 中，从文件(File)菜单下选择"导出(Export)…"，弹出相应的对话框。如果没有安装 Cult3D 的输出插件或安装不正确，在文件类型选项中，将不会出现*.c3d 文件类型。

(5) 在保存类型的下拉菜单中选择*.c3d 文件类型。如图 7-8 所示。

(6) 输入要保存的文件路径与文件名，单击保存后将出现 Cult3D Exporter 输出设置窗口，如图 7-9 所示。共有 5 个属性选项，如下所述。

① Header(文件头)。在 Object Data 中输出对象的一些参数，这些是不可修改的，在 Object Information 中，可以修改 Object(物体)、Author(作者)、Organization(单位)3 个选项。

② Background(背景)。单击此选项，可用来设置背景颜色和背景图片的质量等参数。

③ Materials(材质)。用来控制不同的着色方式，可选用的着色方式有以下几种：Constant Shading，没有任何光源，此时无法显示立体感；Gourand Shading，有光源处理，对象表面进行了平滑处理，且根据点数计算了光强模式；Flat Shading，有光源设置，对象表面没有平滑处理，

效果较为平面化；Phone Shading，有光源设置，对象表面做了较好的平滑处理，根据像素来计算强光模式。Gourand Shading 模式为默认的着色模式，适合于大多数情况下。Cult3D 当前的版本不支持自定义灯光的输出，默认的灯光是照亮摄像机的正前方。

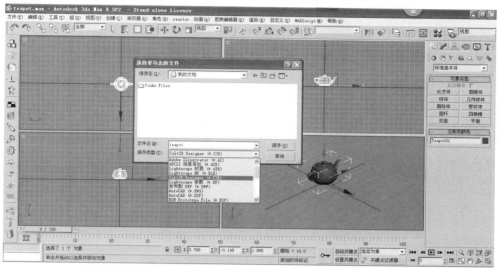

图 7-8　3ds Max 导出物体模型

图 7-9　Cult3D Exporter 输出设置窗口

④ Nodes(节点)。显示场景中的物体类型。它通常有 3 种模式，分别是 General(一般)、Mesh(网格)、Camera(摄像机)。

⑤ Textures(纹理)。这项主要用来控制贴图面积和贴图的压缩比，有 Texture map options 和 Image compression 选项，对于没有贴图的物体，则没有此选项。

Cult3D Exporter 输出设置窗口下方有多个按钮，下面简要说明其作用。

① Save(保存)按钮：可将文件保存为 Cult3D 的 box.c3d 文件，也可以将有关输出的设置保存在 3ds Max 软件中。

② Reduce(减少)按钮：当对场景所有多边形设置了减面设置后，此按钮将变为可用。单击

后执行减面操作。

③ Apply(运用)按钮：调整参数设定后，只有单击此按钮，刚才的设置才能被执行。

④ Viewer(预览)按钮：打开(关闭)预览窗口，选择打开时，会弹出一个 Viewer 的窗口，在此窗口中，可用鼠标对模型进行旋转、缩放、移动等操作。

⑤ About(关于)：显示当前 Cult3D Exporter for 3ds Max 的版本。

(7) 设置好各属性选项后，单击 Save(保存)按钮，即可导出 Cult3D 模型。

7.2　基于 Cult3D 的物体虚拟现实模型的开发实例

本节介绍 Cult3D 各功能节点的综合应用开发的实例。这些实例大多数是笔者指导的学生在学习本课程的过程中所完成的作品，涵盖了基于 Cult3D 开发虚拟现实展示模型的 A、B 两个流程，以满足不同专业背景读者的实践需要。

7.2.1　虚拟对象的三维展示

【例 7-2】制作虚拟物体的三维展示模型。

在这个实例中，主要介绍如何制作物体的三维展示模型。基于该模型，可以实现对物体任意角度观看、放大缩小、平移等。其操作步骤如下。

(1) 运行 Cult3D Designer，如果软件未授权，启动后会出现使用许可协议对话框，如图 7-10(a)所示，将右边的滚动条拖至最下边，单击 I Agree 可进入主界面。如果使用的是 Cult3D Designer 5.3 版本，此时会弹出一个设计向导，如不需要，可单击 Exit Wizard 取消，如图 7-10(b)所示。

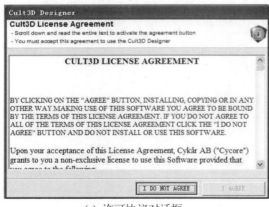
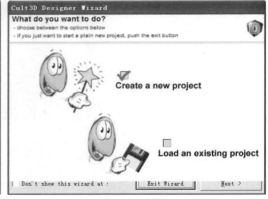

(a) 许可协议对话框　　　　　　　　　　　　　(b) 设计向导

图 7-10　使用许可协议与设计向导图

(2) 添加 openbox.c3d 素材文件。执行 File→Add Cult3D Designer file 命令，选择文件 openbox.c3d (此文件为 Cult3D Designer 5.3 自带文件，默认路径为 C:\program files\cycore\cult3d designer\objects 文件夹)，导入文件，此时在 Scene Graph 窗口和 Stage Windows 窗口中分别显示文件相关信息及物体。在 Scene Graph 窗口中，模型 Handle 表示盒盖上的小把手，Lid 表示包含小把手的盒盖。

(3) 将 Event Map 窗口中的 Left mouse click on object 拖入 Event Map 窗口右边大窗口

中。在 Actions 窗口，双击 Interactivity 展开其菜单，将 Mouse-Acrcball 拖到 Event Map 窗口中 ObjectLClick_1 上，当在此图标上出现一个黑色图框时，放下图标，此时可看到两个图标间有根线连在一起。

(4) 将 Scence Graph 窗口中 Box 物体拖动到 Event Mapl 窗口中 Arcball 图标上，等待出现黑色图框后放下，此时可看到两个图标间有根线连在一起。在 Event Mapl 窗口中，再次拖动 Box 物体到 ObjectLClick_1 上。由此就实现了基本的三维展示功能。

【例 7-3】增加背景与声音。

在本例中，主要制作一个展示窗口的背景画面及在展示物体中各部分显示文字提示，并设计播放声音效果。操作步骤如下。

(1) 运行 Cult3D Designer，添加 minidisc.c3d 素材文件(此文件为 Cult3D Designer 5.3 安装后自带的文件)。执行菜单中 File→ADD Cult3D Designer file 命令，导入文件。此时，在 Stage Windows 窗口和 Scene Graph 窗口中显示该物体及文件相关信息。

(2) 在 Event Map 窗口中拖入 World start 图标到右边窗口空白处，再在 Action 窗口中展开 Render，选取 Set background，拖入 Event Map 窗口中 WorldStart_1 图标上，当出现黑框时放下，如图 7-11 所示。

(3) 双击 Actions 窗口中的 Set background 图标，可改变其参数，设置其背景效果，如图 7-12 所示。如果类型设为 Texture(纹理)，要增加新的背景图片，必须先在 Scene Graph 窗口中选取 Textures，单击鼠标右键，选择 New，然后选取增加欲做背景的图片文件。

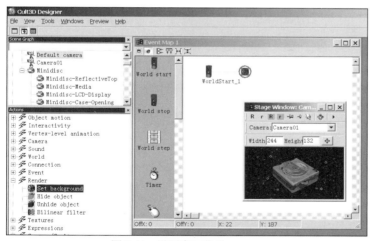

图 7-11　设置窗口背景　　　　　　　　　图 7-12　背景参数设置

(4) 设置物体三维展示效果，如【例 7-2】中所示的方法设计 CD 机的三维展示功能，在鼠标操控下实现拖动 CD 机、放大与缩小 CD 机、移动 CD 机等交互操作效果。

(5) 设置文字提示工具功能，选取 Scene Graph 窗口中 Tooltips，单击鼠标右键，选择 New 新建一个 Tooltip1，双击后弹出对话框，如图 7-13 所示。

(6) 单击 Add/Remove 按钮，在弹出图 7-14 所示对话框，选取 Button-PlayPause 增加到右边的区域中，然后单击 OK。还可在 Tooltip 对话框中设置提示文字的前景与背景颜色、字体、位置、透明度、效果等，如图 7-15 所示。

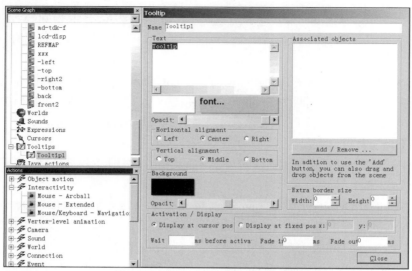

图 7-13　文字提示工具的设置对话框

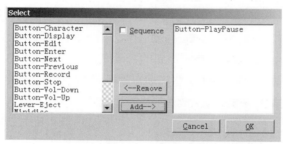

图 7-14　Tooltips 中 Select 对话框

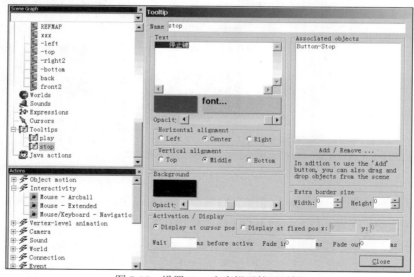

图 7-15　设置 Stop 文字提示的对话框

(7) 使用同样的方法在物体 CD 机中的 Stop 上设置文字提示,如图 7-15 所示。设置完成后,在 Stage Windows(演示窗口)中,用鼠标分别指向 CD 机上的"播放键"与 Stop,可看见在其右侧出现了相关的中文提示。

(8) 添加声音文件。要播放声音，必须要先在 Scene Graph 窗口中，添加声音文件。单击 Sound，然后单击鼠标右键，选择 New→ Sound 命令，出现如图 7-16 对话框，修改文件路径，选取对应的声音文件，在 Cult3D 软件中支持*.midi、*.wav 等声音文件格式。

(9) 保存为 minidisc.c3p 文件。

图 7-16　选择声音文件对话框

【例 7-4】实现物体的颜色交互变化。

在本例，制作一款心形翻盖手机的颜色变换：当按下键盘上的数字键 1、2、3 后，手机上盖的颜色依次变化。具体的操作步骤如下。

● 用 Cult3D 制作可交互的 Mobile phone 场景。

(1) 运行 Cult3D Designer，选择 File →Add Cult3D Designer File 命令，弹出打开文件对话框，选择 M-phone.c3d 文件。

(2) 拖动 Event Map 窗口中的 World start 事件至右侧的空白区域，创建一个新的 World Start_1 事件。

(3) 选择 Action 窗口，展开 Object motion 节点，从中拖动 Arcball 图标到 World Start_1 事件上，然后松开鼠标。这样两者之间就建立了连接关系。

(4) 选择 Scene Graph 窗口，将 Mobile phone 图标拖至 Event Map 窗口中的 Arcball 图标上。

● 设置纹理行为，使 Mobile phone 的颜色能够动态地改变。

(1) 选择 Scene Graph 窗口，展开 Textures 节点，从中找到粉红色节点，粉红色节点是即将给 Mobile phone 赋予的纹理贴图(见图 7-17)。

(2) 双击粉红色节点图标，显示纹理 Texture 编辑窗口。此时粉红色图片显示在此窗口的下方(见图 7-18)，拖动 Quality 滑块至最右边，以最好的质量来显示纹理。

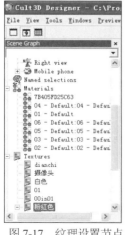

图 7-17　纹理设置节点

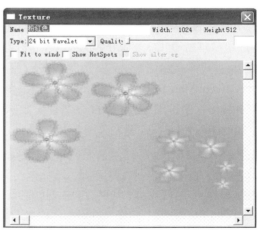

图 7-18　纹理设置框

(3) 分别选中 Show Hotspots(显示热点)和 Show alter ego(显示改变的图片)复选框，将打开 Hotspots 窗口和文件选择窗口。

(4) 单击 File 按钮右侧的 Texture 下拉按钮，从下拉按钮中选择粉红色纹理，则粉红色纹理显示在文件选择窗口中(见图 7-19)。

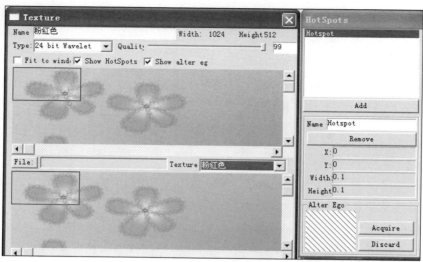

图 7-19　文件选择窗口

（5）单击 Hotspots 窗口中的 Add 按钮，将当前的纹理加为热点 Hotspot。此时在 Texture 窗口中就出现了一个小方框，这代表热点范围。

（6）分别用鼠标向右下角拖动图上的小方框，使它正好和图片大小一致。注意：图片的大小不止屏幕所显示那样大，其大小可以通过上下拉条、左右拉条拉动过程了解。

（7）单击 Hotspots 窗口中的 Acquire 按钮，把粉红色图片加入 Alter Ego 框中。这样，第一种粉红色颜色就设置好了。下面要把 purple(紫色)、green(绿色)也加入进来。

（8）单击 Texture 窗口中的 File 按钮，打开颜色图片选择窗口，选中 purple.jpg 文件。单击"打开"按钮，紫色的图片显示在 Texture 设置窗口中。

（9）单击 Hotspots 窗口中的 Add 按钮，增加新的热点，调整热点区域大小与紫色图片一致，调整方法同上步。单击 Acquire 按钮，加入紫色图片。

（10）用同样的方法将 green.jpg 文件也加入进来。那么，Scene Graph 窗口中的 Textures 节点下的粉红色纹理就有了 3 个新的纹理节点，分别是前面加入的 pink(粉红色)、purple(紫色)和green(绿色)。

（11）从 Event Map 窗口中，依次拖动 3 个 至窗口右侧的空白区域，并分别更名为 pink、purple 和 green。三个键的 parameters 分别设置为 1、2、3。拖动 Action 窗口中 Textures 节点下的 Toggle Hotspot's Alter Ego 图表分别至 Event Map 窗口中的 pink、purple 和 green 事件上。

（12）从 Scene Graph 窗口中的 Textures 节点下分别拖动 Hotspot、Hotspot_1 和 Hotspot_2至 Event Map 窗口中，建立联系。

（13）输出为.co 文件。选择 File →Save Internet file 命令，在弹出的保存文件窗口中设置文件名为 M-phone.co，单击"保存"按钮。在弹出的保存设置窗口中，单击 Geometries 标签，选择 Select All 按钮。在 Compression 下拉菜单中选择压缩方式为 Mesh Level 2，选中窗口下方的Use Smart Save 选项，单击 Save 按钮进行保存。作品运行效果如图 7-20 所示。

【例 7-5】办公桌的 3D 展示模型设计。

在本例中，主要制作一个办公桌展示。可以将办公桌的各个抽屉与柜门分别打开进行观看，操作步骤如下。

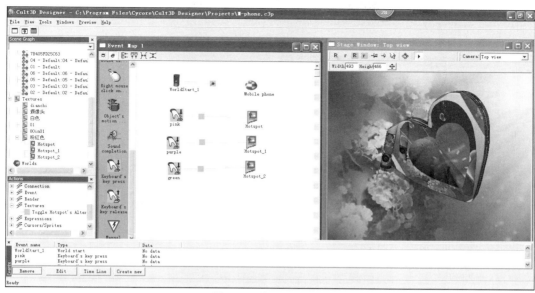

图 7-20　作品运行效果

(1) 启动程序。运行 Cult3D Designer 5.3 软件，添加 Desk.c3d 素材文件(该文件可在本书配套资料中可找到)，此时在 Stage Windows 窗口和 Scene Graph 窗口中显示该物体及文件的相关信息。

(2) 设置三维展示。在 Event Map1 窗口中左边单击 (World start)，将其拖入到右侧的空白处。在 Actions 窗口中，单击 Interactivity 选项下的 (Mouse-Arcball)，将其拖入到 Event Map1 窗口中的 (World start)上面，出现黑框后放下，将 Scene Graph 窗口中的 Centerpoint 模型拖入到 Event Map1 窗口右侧的 (Mouse-Arcball)上，出现黑框后放下。

(3) 设置左上抽屉的打开与关闭。

在 Event Map1 左侧窗口中，将 (Left mouse click on object)拖入右侧的工作区，并改名为 Left box-Open。把 Actions 窗口里 Object motion 下的 (Translation XYZ)拖到 (Left box-Open)上。双击打开参数设置，Y 设为 0.3，Time 设为 1000。再把 Scene Graph 里 Centerpoint 下的 Front Left box 物体分别拖到 (Left box-Open)和 (Translation XYZ)上。

在 Event Map1 左侧窗口中，将 (Left mouse click on object)拖入右侧的工作区，并改名为 Left box-Close。把 Actions 窗口里 Object motion 下的 (Translation XYZ)拖到 (Left box-Close)上。双击打开参数设置，Y 设为-0.3，Time 设为 1000。再把 Event Map1 窗口中的 Front Left box 物体分别拖到 (Left box-Open)和 (Translation XYZ)上，如图 7-21 所示。

用鼠标右键单击 (Left box-Close)，在出现的菜单中把 Initial Activation 前面的勾去掉，使 (Left box-Close)不能初始激发。

把 Actions 窗口里 Event 下的 (Activate event)分别拖到 (Left box-Open)和 (Left box-Close)上，再把 (Left box-Open)拖到和 (Left box-Close)相连的 (Activate event)上，然后把 (Left box-Close)也拖到和 (Left box-Open)相连的 (Activate event)上。

把 Actions 窗口中 Event 下的 (Deactivate event)分别拖到 (Left box-Open)和 (Left box-Close)上，用鼠标右键单击 (Left box-Open)上的 (Deactivate event)，在 Parameters 对话框里把 Left box-Open 加到右侧的方框里，用鼠标右键单击 (Left box-Close)上的 (Deactivate event)，在 Parameters 对话框里把 Left box-Close 加到右侧的方框里。由此实现一个左边抽屉的打开与关闭，如图 7-22 所示。

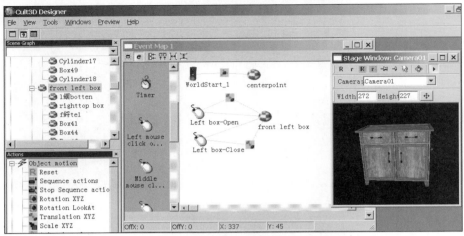

图 7-21　设置抽屉打开与关闭的界面

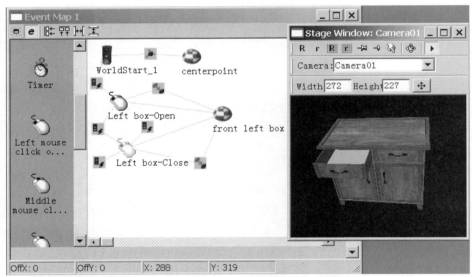

图 7-22　实现一个左边抽屉的打开与关闭效果的界面

(4) 设置右上的抽屉的打开与关闭。参照上述的操作。

(5) 设置左下的柜门的打开与关闭。打开与关闭抽屉与柜门，它们的制作思路是一致的，但前者是使用 Translation XYZ 图标，后者是使用 Rotation XYZ 图标。

在 Event Map1 左侧窗口中，将 [图] (Left mouse click on object)拖入右侧的工作区，并改名为 Left door-Open。把 Actions 窗口里 Object motion 下的 [图] (Rotation XYZ)拖到 [图] (Left door-Open)上。双击打开参数设置，Z 设为-100，Time 设为 1200。再把 Scene Graph 里 Minidisc 下的 Left door 物体分别拖到 [图] (Left box-Open)和 [图] (Rotation XYZ)上。如图 7-23 所示。

在 Event Map1 左侧窗口中，将 [图] (Left mouse click on object)拖入右侧的工作区，并改名为 Left door-Close。把 Actions 窗口里 Object motion 下的 [图] (Rotation XYZ)拖到 [图] (Left door-Close)上。双击打开参数设置，Z 设为 100，Time 设为 1200。再把 Event Map1 窗口中的

Left door 物体分别拖到 <img_1 icon> (Left door-Close)和 <img icon> (Rotation XYZ)上，如图 7-24 所示。

用鼠标右键单击 <img icon> (Left door-Close)，在出现的菜单中把 Initial Activation 前面的勾去掉，使 <img icon> (Left door-Close)不能初始激发。

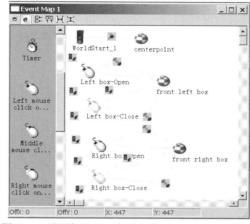
图 7-23　设置柜门打开与关闭的 Event Map1 窗口 1

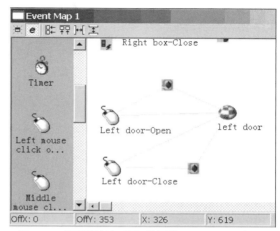
图 7-24　设置柜门打开与关闭的 Event Map1 窗口 2

把 Actions 窗口里 Event 下的 <img icon> (Activate event)分别拖到 <img icon> (Left door-Open)和 <img icon> (Left door-Close)上，再把 <img icon> (Left door-Open)拖到和 <img icon> (Left door-Close)相连的 <img icon> (Activate event)上，然后把 <img icon> (Left door-Close)也拖到和 <img icon> (Left door-Open)相连的 <img icon> (Activate event)上。

把 Actions 窗口中 Event 下的 <img icon> (Deactivate event)分别拖到 <img icon> (Left door-Open)和 <img icon> (Left door-Close)上，用鼠标右键单击 <img icon> (Left door-Open)上的 <img icon> (Deactivate event)，在 Parameters 对话框里把 Left door-Open 加到右侧的方框里，用鼠标右键单击 <img icon> (Left door-Close)上的 <img icon> (Deactivate event)，在 Parameters 对话框里把 Left door-Close 加到右侧的方框里。由此实现一个左边柜门的打开与关闭，如图 7-25 所示。

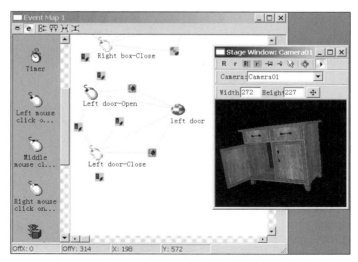
图 7-25　实现一个左边柜门的打开与关闭效果的界面

(6) 设置右下的柜门的打开与关闭。参照上述的操作，其完成后全部图标如图 7-26 所示。

(7) 保存为 Desk.c3p 文件。

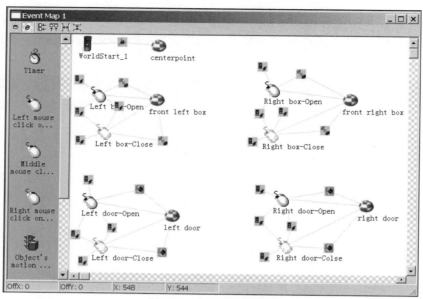

图 7-26　全部图标示意图

7.2.2　Cult3D 的综合应用

【例 7-6】CD 音乐播放机虚拟现实模型的开发。

在本例中,将综合应用多个动作节点开发一个 CD 音乐播放机产品展示及其交互操作模拟的虚拟现实模型。具体内容是:CD 音乐播放机的三维展示;播放、停止音乐;更换碟片;展示窗口背景设置;CD 音乐播放机外观零件的文字提示;生成网页格式文件等。具体开发步骤如下。

(1) 启动 Cult3D Designer5.3 程序,添加 Minidisc.c3d 素材文件(此文件为 Cult3D Designer 5.3 安装后自带的文件),此时在 Stage Windows 窗口和 Scene Graph 窗口中显示该物体及文件相关信息。

(2) 设置三维展示。在 Event Map1 窗口中单击 █(World start),将其拖入到右侧的空白处,在 Actions 窗口中,单击 Interactivity 选项下的 ■(Mouse-Arcball),将其拖入到 Event Map1 窗口中的 █(World start)上面,当出现黑框后放下。将 Scene Graph 窗口中的 Minidisc 模型拖入到 Event Map1 窗口右侧的 ■(Mouse-Arcball)上,出现黑框后放下。

(3) 设置物体展示时自动慢慢地旋转,把 Actions 窗口里 Object motion 下的 ●(Rotation XYZ)拖到 Event Map1 窗口中的 █(World start)上面,并设置参数,旋转的快慢可由 Z 轴的 Time 调整。注意:选择 Performance duration 执行持续时间选项为 Loop,如图 7-27 所示。将 Scene Graph 窗口中的 Minidisc 模型拖到 ●(Rotation XYZ)上。

(4) 设置播放键 Button-PlayPause 的动作。在 Event Map1 左侧窗口中,将 🖐(Left mouse click on object)拖入右侧的工作区,并改名为 Play。因为播放键要有按下去后能上来的动作效果,所以要把 Actions 窗口里 Object motion 下的 ■(Translation XYZ)拖两次到 🖐(Play)上。同时,还要将 Button-PlayPause 物体与 🖐(Play)直接连接。双击打开参数设置,Z 分别设 0.006 和 -0.006,Time 设置为 300。再把 Scene Graph 窗口里 Minidisc 下的 Button-PlayPause 物体分别拖到 🖐(Play)和两个 ■(Translation XYZ)上。

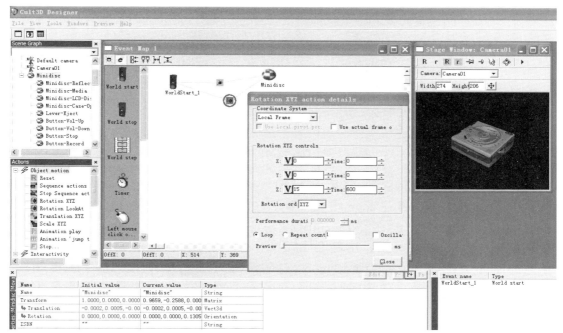

图 7-27　设置旋转

(5) 设置声音播放。将 Actions 窗口中 Sound 下的 (Play Sound)拖到 (Play)上，在 Scene Graph 窗口中 Sounds 上单击右键，新建一个声音，建好后在 Sounds 下会有一个子文件，把新建的子文件拖到 Event Map1 窗口中的 (Play sound)，这就完成了播放声音，如图 7-28 所示。

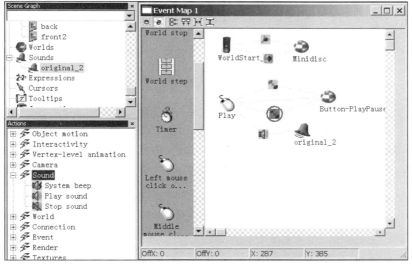

图 7-28　制作播放声音效果

在 Event Map1 窗口中右键单击 (Play)，选中 Edit with Time line view 选项，改变 Button-PlayPause 键的两次平移顺序，使正值的第一个时间块与负值最后时间块对齐，它的意思是按下 CD 音乐机上 PlayPause 按键时，先陷下去再又弹回原位，如图 7-29 所示。注意：在拖动白色块时不要改变其间隔距离(即物体运动的时间)。

图 7-29　Play 按键上的时间线

(6) 设置停止 Stop 按键动作。将 Event Map1 左侧窗口中的 🖱 (Left mouse click on object) 拖入右侧的工作区，并改名为 Stop，跟 🖱 (Play)一样，分别拖 Actions 窗口中 Object motion 下的两个 ▪ (Translation XYZ)放在 🖱 (Stop)图标上，将 Scene Graph 窗口中 Minidisc 下 Button-Stop 物体拖放在 🖱 (Stop)图标上，出现黑框后放下。再将 Button-Stop 物体分别与这两个 ▪ (Translation XYZ)连接，▪ (Translation XYZ)的参数设置与 🖱 (Play)的一致。用鼠标右键单击 🖱 (Stop)图标，在出现的菜单中把 Initial Activation 前面的勾去掉，使 🖱 (Stop)图标不能被初始激发。其图标示意图如图 7-30 所示。

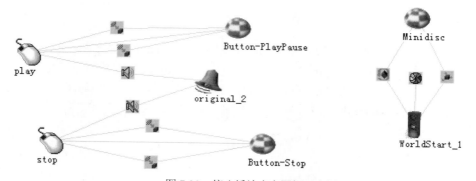

图 7-30　停止播放声音图标示意图

(7) 设置停止音乐。在 Actions 窗口中，将 Sound 下的 🔊 (Stop sound)拖到 Event Map1 窗口中 🖱 (Stop)上，把在 Scene Graph 建立的声音 🔊 (original-2)也拖入到 🔊 (Stop sound)上。

(8) 设置更换碟片的动作。

在本步中，要实现的交互效果是：在 CD 音乐碟片 Minidisc-Media 出仓时，用鼠标左键单击出仓键 Lever-Eject，出仓键则逆时针向下转；仓门 Minidisc-Case-Opening 顺时针向上翻，然后碟片 Minidisc-Media 缓缓出来向前平移。进仓时次序为：单击出仓键，出仓键则顺时针转，碟片缓缓往回缩，到达相应位置后，仓门再逆时针复位盖好。

在 Event Map1 窗口中，把 🖱 (Left mouse click on object)放入右侧窗口中，改名为"出盒"，把两个在 Actions 窗口中 Object Motion 下的 ● (Rotation XYZ)和一个在 Actions 窗口中 Object Motion 下的 ▪ (Translation XYZ)拖到 🖱 (出盒)上，出现黑框时放下左键，再把 Scene Graph 窗口中物体模型 Minidisc 下的出仓键 Lever-Eject 物体拖到 🖱 (出盒)和其中一个 ● (Rotation XYZ)上，把 Scene Graph 窗口中的 Minidisc-Case-Opening(仓门)拖到另一个 ● (Rotation XYZ)上，把 Scene Graph 窗口中的 Minidisc-Media(碟片)拖到 ▪ (Translation XYZ)上。🖱 (出盒)相关的 3 个动作节点的参数设置，如图 7-31 所示。

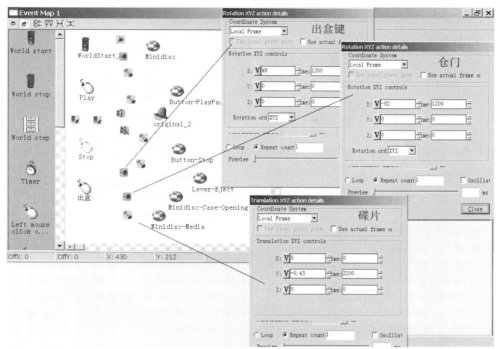

图 7-31 出盒相关的 3 个动作节点的参数设置

用鼠标右键单击 (出盒)，弹出右键菜单，选择菜单中的 Edit With Time Line View 命令，调整最下一行(碟片)运动块向右移，即将其运动时间设为上面两个动作完成后再运动，如图 7-32 所示。

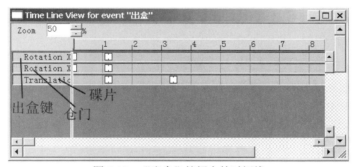

图 7-32 "出盒"按钮上的时间线

(9) 设置 Minidisc-Media(碟片)出盒后音乐停止。当 CD 机仓门打开后，音乐要停止，将 Actions 窗口中 Sound 下的 (Stop sound)拖到 (出盒)上，然后再把 Event Map1 所建的声音 (Original_2)拖到 (Stop sound)上。

(10) 设置碟片的关闭。同样，关闭也要两个旋转和一个平移动作，设置一个 (关闭)按键图标，设计方法与设计 (出盒)相同。注意：各对应的动作节点图标与 (出盒)的 XYZ 轴参数刚好等值反向，但时间相同。而且，出仓键 Lever-Eject 图标也要直接与 (关闭)按键图标连接，可参考图 7-33 所示。在时间顺序上，仓门是在其他两个动作完成后，最后关闭的。

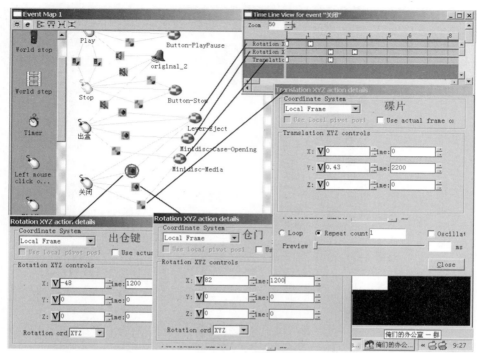

图 7-33　"关闭"按键图标示意图及参数设置

　　由于出盒和关闭动作均通过左键单击出仓键 Lever-Eject 实现，所以需要在 🖱(出盒)按键加一个 ⚡(Activate event)(在 Actions 窗口中的 Event 下)，再将 🖱(关闭)拖到这个 ⚡(Activate event)上，表示当左键单击 🖱(出盒)时，会去激活 🖱(关闭)。同理，在 🖱(关闭)按键加一个 ⚡(Activate event)，再将 🖱(出盒)拖到这个 ⚡(Activate event)上，表示当左键点击 🖱(关闭)时，会去激活 🖱(出盒)。

　　接下来在 🖱(出盒)和 🖱(关闭)上分别加一个 Actions 窗口中 Event 下的 ⚡(Deactivate event)动作节点，用鼠标右键单击 🖱(出盒)上的 ⚡(Deactivate event)，在 Parameters 对话框里把 Play、Stop 和"出盒"加到右侧的方框里，用鼠标右键单击 🖱(关闭)上的 ⚡(Deactivate event)，在 Parameters 对话框里把"关闭"加到右侧的方框里。

　　(11) 实现关闭后再播放音乐。要实现碟片 Minidisc-Media(碟片)进盒后，恢复播放键的播放音乐功能,还要再次激活 Play 按键图标,所以需将 Event Map1 窗口中的 🖱(Play)和 🖱(Stop)两个图标拖到 🖱(关闭)所连的 ⚡(Activate event)上。

　　(12) 加入 4 个文字提示条。在 Scene Graph 窗口里 Tooltips 上右键单击，新建 4 个提示条,分别在 Add/Remove 中把 Button-PlayPause、Button-Stop、Lever-Eject 和 Minidisc-Media 加到 4 个 Tooltip 中,依次在 Text 框里输入 Button-PlayPause、Button-Stop、Lever-Eject 和 Minidisc-Media 中文提示字样。若需要设置的字体颜色和背景颜色的话，可在 Text 和 Background 里的调色板里设置，透明度在 Opacity 里设置。全部设置完成后的界面如图 7-34 所示。

　　(13) 保存文件。单击播放键就可看预览效果，听到有音乐声音，单击出盒键此时音乐停止，弹出 CD 碟片。将开发结果保存为 Minidisc.c3p 和 Minidisc.co 格式文件。

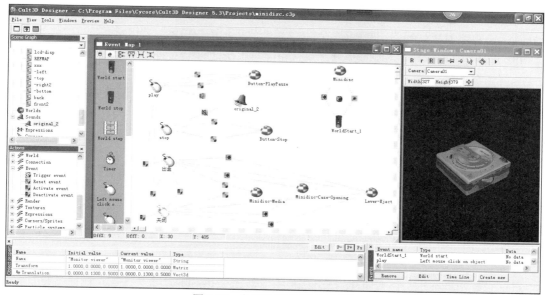

图 7-34　全部设置完成后的界面

【例 7-7】 开发飞船的虚拟现实模型(粒子节点的应用实例)。

本例所要开发的太空飞船虚拟现实模型具有自动旋转与三维展示(用鼠标可以全方面旋转观看飞船)功能,可通过粒子节点实现飞船喷火、起飞、停止等各种动作。按空格键触发飞船喷火,并有背景声;按 F 或 f 键时,飞船飞行;按 S 或 s 键时,飞船停止飞行;按 R 或 r 键时,飞船恢复到原始位置。

本例中要用到粒子系统节点,其各项属性介绍如下。

(1) 颜色设置。粒子的整个周期分为产生期、激活期和消亡期。在颜色设置项下方的三角形颜色滑块,从左往右依次设置粒子系统产生的一个周期的颜色。上方的小圆圈是设置相邻两个颜色的中间色的位置。具体设置操作是:选中三角形块,然后在下方的颜色调节中进行设置。

(2) 射出速度(Emit speed,m/s)。这个参数用于设置粒子从粒子系统中心抛射出的速度,单位是米/秒。

(3) 射出速度变化范围(Speed range,%)。这个参数用于设置粒子系统各粒子相对于射出速度(Emit speed)的变化范围,参数的数值范围是 0.0~1.0。如果数值为 0,则表示所有粒子系统的速度一致;如果为 0.5,则表明实际的射出速度相对于初始射出速度的变化范围是 50%~100%。

(4) 粒子产生速度(Birth rate,particles/s)。这个参数用于设置粒子系统每秒产生的粒子数量,单位是个/秒。

(5) 生命周期(Life length,ms)。这个参数用于设置粒子系统的生命周期,在这个时间之后粒子就消失了,单位是毫秒。

(6) 初始/消亡角度(Start angle/End angle,deg)。这个参数的数值通常在 0~360 之间,用于设置粒子系统的射出的初始和最终方向,单位是°。

(7) 粒子大小(Particle size,m)。这个参数用于设置粒子系统的粒子大小,单位为米。为了保证一定的速度,通常需要设置较小的粒子。

(8) 重力加速度(Gravity, m/s²)。这个参数用于设置粒子系统所受影响的重力加速度的大小，通常情况下数值为 9.81m/s²。如果需要设置烟雾的效果，该数值就需要改动。

(9) 摩擦力(Friction)。这个参数用于设置粒子系统在介质中运动的情况，如果设为 1.0，则粒子系统正常运动。设置偏小，则粒子系统的运动距离受限。

(10) 扩散范围(Spread size)。顾名思义，这个参数用于设置粒子系统的粒子的扩展范围。

(11) 摆动(Wiggle, deg/s)。这个参数用于设置粒子系统的粒子摆动速度，单位为度/秒。

(12) 振幅(Wiggle amplitude, m)。这个参数用于设置粒子系统的粒子摆动的振幅大小，单位为米。

(13) 透明度(Opacity)。这个参数的数值通常在 0~1 之间，用于设置粒子系统的粒子的透明度。

(14) 时间区间(Time scale)。这个参数的数值通常在−1~1 之间，需要在粒子系统激活后才能显示实际效果，设置为负值会使粒子反射回来。

本例的开发步骤如下。

(1) 设置三维展示。在 Cult3D Designer 环境下导入 fly-ship.c3d 文件，并设置飞船的三维展示和自动旋转，如图 7-35(a)所示。其中，🔘(Rotation XYZ)设置如图 7-35(b)所示。

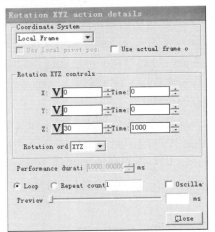

(a) 飞船的三维展示和自动旋转　　　　　　　(b) 飞船的运动参数设置

图 7-35 设置三维展示

(2) 设置飞船喷火。分别在 Scene Graph 窗口中的 dummy01(边翼发动机)、dummy02(飞船尾部发动机)和 dummy03(边翼发动机)下添加粒子 Particle、Particle_1 和 Particle_2。

单击 Event Map1 窗口左边的🔲(Keyboard's key press)，将其拖到右侧的空白处，命名为"space 喷火"。双击"space 喷火"图标🔲与键盘 Space 绑定，如图 7-36 所示。

在 Actions 窗口中，找到 Particle systems，单击并拖动两个🔲(Start particle emission)到"space 喷火"图标上，出现黑框后放下。然后在 Scene Graph 窗口中，单击 dummy 中的 Particle 分别拖到图标🔲(Start particle emission)上，其中 dummy01 和 dummy03 的 Particle、Particle_2 拖到同一个图标🔲(Start particle emission) (因为其是飞船两翼的喷火)，dummy02 的 Particle_1 拖到另一个图标🔲(Start particle emission)(飞船尾喷火)。连接结果如图 7-37 所示。

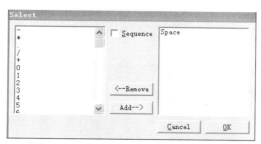

图 7-36　"space 喷火" 与键盘 Space 绑定

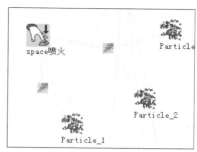

图 7-37　飞船喷火设置

右击 dummy01 中的 Particle(飞船左翼喷火)，选中 Details 进行火焰参数的设置，并进行预演确认，如图 7-38 示。同样飞船右翼发动机喷火参数值设置与飞船左翼发动机的一样。右击 dummy03 中的 Particle_2(飞船右翼喷火)，选中 Details 进行火焰的设置，并进行预演确认，如图 7-39 示。右击 dummy02 中的 Particle_1(飞船尾喷火)，选中 Details 进行火焰参数设置，并进行预演确认，如图 7-40 示。

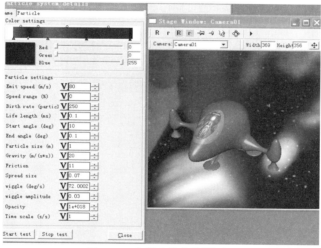

图 7-38　左翼火焰参数设置

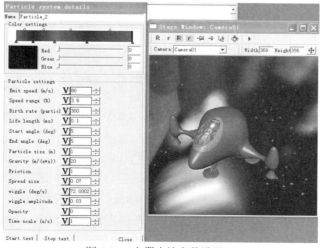

图 7-39　右翼火焰参数设置

图 7-40　飞船尾火焰参数设置

(3) 设置声音播放。在 Scene Graph 窗口中，添加声音文件，单击 Sounds，然后单击鼠标右键，选择 New→Sound，出现图 7-41 所示对话框，选择 33.wav 声音文件载入。

图 7-41　添加声音文件

在 Actions 窗口中，单击 Sound 下的 Play sound，将其拖入 Event Map1 窗口右侧工作区的"space 喷火"图标上，在这个 Sound 图标上单击鼠标右键，在弹出的菜单中选取 Parameters 项，在 Select 对话框中选择所需的声音 33.wav 文件即可，如图 7-42 示。右击 Play Sound 图标设置其 Loop 播放，如图 7-43 所示。

(4) 设置停止声音。在 Event Map1 窗口中，将 （Left mouse object click on object)图标拖入右侧的空白处，命名为"音乐停止"，在 Event Map 窗口右侧工作区把 放在"音乐停止"图标上，。在 Actions 窗口中，单击 Sound 下的 Stop sound，将其拖入 Event Map1 窗口右侧工作区"音乐停止"图标上。在 Event Map1 窗口中，将 图标拖到 Stop sound 图标上。声音播放设置如图 7-43 所示。

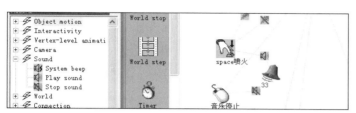

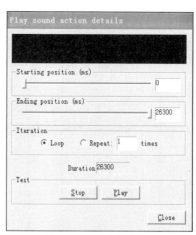

图 7-42　声音播放设置　　　　　　　　图 7-43　声音播放设置

(5) 设置飞船飞行。单击 Event Map1 窗口左边的 ，将其拖到右侧空白处，命名为 fly。然后在 Actions 窗口中，单击选中 Object motion 下的 ，将其拖到 Event Map1 窗口中的 上面，出现黑框后放下。再双击它打开相应的对话框，在左边框中选择 F 和 f 这两个字母分别加入右侧框中，如图 7-44 所示。

在 Actions 窗口中，单击选中 Object motion 下的 ，将其拖到 Event Map1 窗口中的 上面，出现黑框后放下。双击 ，弹出对话框，并设置相应的数据，如图 7-45 所示。在 Event Map1 窗口右侧工作区把 ![]放在 ![]图标上即可。

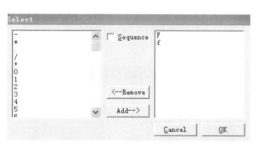

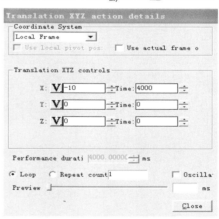

图 7-44　设置飞船飞行控制键　　　　　图 7-45　设置飞船飞行参数

(6) 设置飞船停止飞行。单击 Event Map1 窗口左边的 ，将其拖到右侧空白处中，命名为 stop，再双击它，在弹出的对话框中，在左边框中选择 S 和 s 加入对话框中的右侧。在 Actions 窗口中，单击选中 Object motion 下的 ，将其拖到Event Map1 窗口中的 上面，出现黑框后放下。在 Event Map1 窗口中，将 拖到 上面，出现黑框后放下。在 Actions 窗口中，单击选中 Object motion 下的 ，将其拖到 Event Map1 窗口中的 上面，出现黑框后放下。在 Event Map1 窗口右侧工作区，把 ![]图标拖到图标 上，双击图标 ，出现对应的对话框，将左边框中的 fly. translation XYZ 加到右侧框中，如图 7-46 所示。

(7) 设置飞船复位。单击 Event Map1 窗口左边的 ▧ (Keyboard's key press)，将其拖到右侧空白处中，命名为 Reset，再双击它，在弹出的对话框中，在左边框中选择 R 和 r 加入对话框的右侧。在 Actions 窗口中，单击选中 Object motion 下的 ▧ (Reset)，拖到 Event Map1 窗口中的 ▧ (Reset)上，将 ▧ 拖到 Reset 上。

(8) 设置文字。选取 Scene Graph 窗口中的 Tooltips，单击鼠标右键，选择 New→Tooltips，新建一个 Tooltip1，双击后弹出对话框，如图 7-47 所示。在此对话框中，将窗口中的 Name 与 Text 项目中的文字都改为"太空飞船"(注意在 Text 项目中文字前空 3～4 格)。单击 Associated objects 项目中的 Add/Remove 按钮，弹出相应对话框，选取 ship 增加到右侧的区域中，如图 7-48 示。

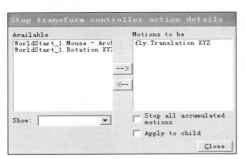
图 7-46　设置飞船停止飞行

图 7-47　提示条设置

经过上述各步骤开发的飞船虚拟现实模型的 Event Map (事件映射)窗口如图 7-49 所示。飞船实现的效果如图 7-50 所示。

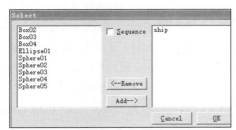
图 7-48　提示条参数设置

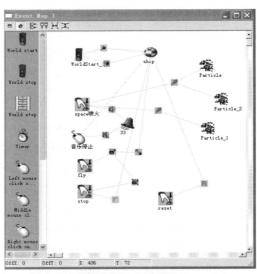
图 7-49　飞船虚拟现实模型的 Events Map

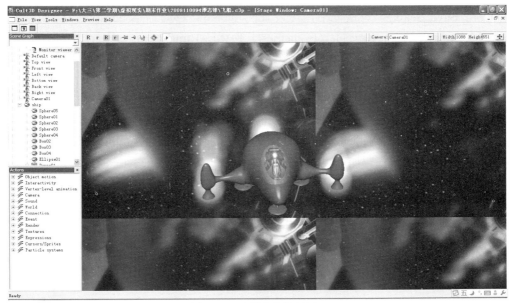

图 7-50　飞船实现的效果

（9）保存文件。将飞船虚拟现实模型分别保存为 fly-ship.c3p 和 fly-ship.co。

【例 7-8】Cult3D 作品在网络中的应用。

制作的 Cult3D 作品，其文件容量极小，因此在网络上的应用非常多，下面来介绍如何将 Cult3D 的作品用于网页的制作。操作步骤如下。

（1）启动程序。运行 Cult3D Designer 5.3 软件，添加工程文件。执行菜单 File→Load project 命令，选择 MB.c3p 文件，导入这个文件的源程序。

（2）生成文件。执行菜单 File→save Internet file 命令，弹出对话框，选择要保存的路径，输入文件名为 MB.co，单击"保存"按钮后，出现 Save settings 对话框，如图 7-51 所示。

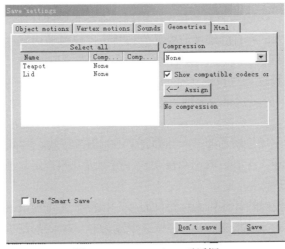

图 7-51　Save Settings 对话框

注：如果软件未授权，则在启动后出现使用许可协议对话框，将此窗口右侧的滚动条用鼠标拖至最下边，单击 I AGREE 按钮可进入下一界面。

（3）在 Save Settings 对话框中，可设置的项目有：Object motions(物体运动)，Vertex motions(顶点运动)，Sounds(声音)，Geometries(几何体)，Html(页面)。如对设置参数不太熟悉，可直接选择 Use "Smart Save" 选项，简化设置。

（4）单击 Save 按钮后，在相应的目录下会生成一个 MB.co 的文件。

下面将 MB.co 的文件应用到网页中，制作网页可采用很多工具软件，如 Dreamweaver，FrontPage 等，在网页中插入*.co 文件，与其他格式文件(如*.gif、*.wav 等)相同，只是在网页前面部分加入一段特殊的代码，再把 Cult3D 的文件嵌入到页面中，就可以让浏览器在页面上显示 Cult3D 物体(对象)。代码如下(由于 Internet Explorer 和 Netscape 两种浏览器有一些的差别，Cult3D 浏览器的 Cult3D 插件参数必须被设置两次)：

```
<object classid="clsid:31B7EB4E-8B4B-11D1-A789-00A0CC6651A8"
codebase="http://www.cult3d.com/download/cult.cab"
width="width in pixels" height="height in pixels">
<param name="SRC" value="path to the .co file">// path to the .co file 是指所调文件的路径。在本地制//
作时，最好采用相对路径。
<param name="name1" value="value1">
<param name="name2" value="value2">
<embed type="application/x-cult3d-object"
pluginspage="http: //www.cult3d.com/newuser/index.html"
src="path to the .co file"
width="width in pixels" height="height in pixels"
name1="value1"
name2="value2">
</embed>
</object>
```

其中，斜粗体部分就是 Cult3D 插件参数的名称及它们的值，其值不区分大小写，常见的参数如下。

① Disablehw。该参数控制渲染的硬件加速效果，默认值为 0，如果使用的 3D 显卡被支持，硬件渲染将被使用；当硬件渲染被使用的时候，在场景中的任何移动以及显示的每一帧都将抗锯齿；如果设置为 1，所有的硬件渲染都会被禁止，仅仅使用软件渲染。

② Antialiasing。该参数在软件渲染的时候有效，其设置值如下。

- 0：自动模式。可以通过设定 AntialiasingDelay 时间值来指定发生的时间间隔；但场景中有物体移动时，抗锯齿属性将被禁止，以保证场景演示速度。
- 1：禁止抗锯齿。
- 2：强制抗锯齿，场景演示的每一帧都会使用抗锯齿特效，这将增加处理器的工作量。

③ AntialiasingDelay。该参数表示当自动软件抗锯齿开始作用之前的延迟时间，其值必须是整数，默认值为 1000ms。

④ Frameskip。在较慢的计算机上运行的时候，该参数允许场景演示跳过一些帧，以保证动画效果。默认值是 1，表示允许跳过一些帧；设置为 0，表示禁止帧跳过。

⑤ ViewFinished。当场景被下载的时候，Cult3D 显示窗口中物体的显示方式可通过该参数获知。默认值是 0，下载时显示场景物体；如果设置为非零值，则当下载时只显示 Cult3D 显示窗口的背景色，直到场景被下载完毕。

⑥ BGColor。该参数设置场景被显示前，Cult3D 显示窗口的背景色，它使用十六进制值

表示颜色，如 FFFFFF 表示白色，如果设置的值非法或者没有设置值，该参数默认值是 000000。

⑦ PBColor。该参数设置下载进度条的颜色，用十六进制值表示，默认值是 FFFFFF，如果 ViewFinished 被设置，进度条将不可见。

FF0000=红色进度条；00FF00=绿色进度条；0000FF=蓝色进度条

⑧ Disablepb。该参数设置进度条的显示，默认值是 0，显示进度条；设置为非零值时，进度条不可见。如果 ViewFinished 被设置，进度条将不可见。

如果要实现 Cult3D 插件的本地自动安装，把 http://www.cult3d.com/download/cult.cab 下载到*.co 或者网页文件所在的目录，并修改上面代码中的 codebase=" http://www.cult3d.com/download/cult.cab" 为 codebase=" cult.cab" 即可。这种方法适合于在光盘中使用，这样当在没有安装 Cult3D 插件的电脑中浏览该光盘时，Cult3D 插件可以从本地自动安装。

(5) 保存网页文件夹，在浏览器中观看效果(确保已安装了 Cult3D 的相关插件)。

【例 7-9】基于 Dreamweaver 里发布 Cult3D 作品。

(1) 确保已经安装了 Macromedia 公司的网页制作软件 Dreamweaver。运行 Cult3D.mxp 文件(它是 Dreamweaver 中添加 Cult3D 三维模型的插件，免费下载地址是：http://www.cult3d.com/howto/)，在弹出的窗口中单击 Accept 按钮，再单击"是"按钮及"确定"按钮，Extension Manager 便会自动把该插件添加到 Dreamweaver 的"插入"菜单中，如图 7-52 所示。

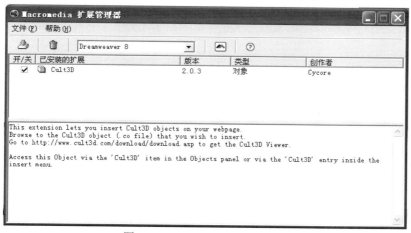

图 7-52　Macromedia 扩展管理器

注意：Cult3D 采用的是国外广泛采用的软件授权的销售方式，即用户须取得相应的授权才可以使用 Cult3D 技术。对于商业使用，用户必须交纳相应的授权费用，仅能在相应的授权范围内使用和发布 Cult3D 物件，并且每位最终用户需要与软件发行方签订授权协议来确保双方的利益。

(2) 打开 Dreamweaver,执行文件菜单"插入"下的 Cult3D,如图 7-53 所示,在出现的 choose Cult3D file 对话框中选择需要插入的 Cult3D 三维模型文件(*.co)，随后便可以看到被插入的 Cult3D 对象。选中对象，在属性面板中可以对对象进行一些设置，如大小、排列等，一般取默认值即可。

(3) 单击"文件"菜单下的"保存"命令，把文件保存到一个 HTML 文件中，这只是一个简单的例子,用户完全可以把它插入到预先设计好的网页中。图 7-54 为用 IE 浏览器打开 Cult3D 三维模型文件后的运行结果。

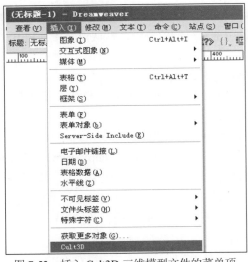

图 7-53　插入 Cult3D 三维模型文件的菜单项　　　　图 7-54　打开 Cult3D 三维模型文件后的运行结果

【例 7-10】在 PowerPoint 中插入 Cult3D 作品。

PowerPoint 软件是微软公司 Office 系列软件中一个用于演示的工具，在学术报告、多媒体教学、产品介绍中应用十分广泛。下面介绍如何在 PowerPoint 演讲稿中加入 Cult3D 对象，其实际上是通过 ActiveX 对象的方式把 Cult3D 的对象插入 PowerPoint 演讲稿中。操作步骤如下。

(1) 启动 PowerPoint 文件，选择主菜单中"视图"→"工具栏"→"控件工具箱"命令，此时会出现"控件工具箱"对话框，如图 7-55 所示。在控件对话框中，选择最右下角的其他控件图标，单击后出现一个下拉式列表，选择其中的 Cult3D ActiveX Player 选项。

(2) 在 PowerPoint 文稿中，此时鼠标光标变为了"十"字形状，在想要插入的地方画一个放置 Cult3D 对象方形区域，此时会出现一块黑线斜线条纹的矩形块。

(3) 在黑线斜线条纹矩形块中单击鼠标右键，弹出图 7-56 所示的属性对话框，选择"自定义"字段，单击右侧列按钮，弹出图 7-57 所示的对话框。

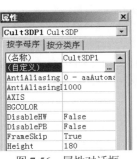
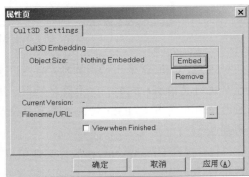

图 7-55　控件工具箱对话框　　　图 7-56　属性对话框　　　　　图 7-57　属性自定义对话框

(4) 在弹出的对话框中单击 Embed 按钮，此时会出现 Select Cult3D Object 对话框，输入需要插入 Cult3D 对象的文件路径及文件*.co 即可。但在文件编辑时是看不到效果的，只有在放映时才会出现效果。

思　考　题

1. Cult3D 软件的特点有哪些？与其他虚拟现实软件相比有哪些优势？
2. Cult3D 软件界面由哪几个部分组成？
3. 基于 Cult3D 软件开发虚拟现实模型的流程有几种？各有什么特点？
4. 如何将 CAD 模型数据转化为 Cult3D 软件能导入的模型数据？有几种技术途径？

第8章　EON Studio软件与应用

EON Studio 软件是由美国公司 EON Reality Inc 开发的一款基于 GUI 的虚拟现实模型(或称模拟程序)开发软件，无论使用者是否具有程序开发经验，都可快速、高效地构建复杂、高质量的交互式应用程序。该软件兼容性很好，建模软件(如 3ds Max)文件或工程 CAD 设计的模型都可以导入到该软件中。该软件所开发的虚拟现实模型(含添加的各种行为与动画)能以多种方式发布到 Internet、CD-ROM、投影显示系统等。也可与 ActiveX 控件工具相结合，将虚拟现实模型嵌入到 Authorware、Shockwave、PowerPoint、Director、Word 等软件中。其最突出的特点是易学、易用、整合性与扩展性好，兼顾专业与非专业读者学习虚拟现实技术所需的不同功能；支持 3ds Max、Web3D 等标准文件格式，方便与其他三维建模软件集成；构建的场景真实度高、互动性强、反馈真实。其模型文件较小(例如一个由 SolidEdge 制作的机械零件，其数据文件有10MB，要顺利上传网上是很困难的，但经过 EON Studio 处理后、零件不但更真实，而且文件只有 345KB)。目前，EON Studio 已在设计、研究、制造、生产、教育、训练与维护等领域得到广泛应用。

【学习目标】
- 了解 EON Studio 的特点及应用领域
- 掌握基于 EON Studio 的虚拟现实模型的开发方法
- 掌握 EON Studio 的虚拟现实模型在其他软件中的应用方法

8.1　EON Studio 安装

EON Studio 软件不仅易用，而且对主机硬件配置要求低。尽管 EON Studio 已发展多个版本，但各版本的节点、元件的使用方法、软件界面基本相同。本书以 EON Studio5.2 为例，介绍 EON Studio 的运行环境基本配备、安装方法、运行界面视窗组成与使用等内容。需要注意的是，该软件需要经授权后方可进行商业应用开发。

8.1.1　系统基本配置需求

(1) Run-time 的配置需求。表 8-1 列出了 Run-time 观看 EON 模拟程序时的基本配置需求。

(2) Authoring-time 需求。当使用 EON Studio 设计一个模拟程序时，运行的环境为：Windows 98/ME/2000/XP，需要 DirectX 8.1b 或更高的版本。系统内存至少 256MB。

(3) 对桌面系统用户的建议配置。

① 操作系统：Windows XP。

② CPU：Pentium 2 GHz 或更高配置。

③ RAM：512 MB。

④ 显卡：支持 programmable shaders 的显卡，如 Nvidia FX 5600 或 ATI Radeon 9800。

⑤ 浏览器：Internet Explorer 6 及以上。

⑥ 渲染模式：OpenGL。

表 8-1　Run-time 基本配置需求

操作系统	备　　　注
Windows 95/98/ME	需要 DirectX 6.1 或更高的版本。如要观看 CG 材质，就必须安装 DirectX 9.0b 或更高的版本。同时需注意，EON 的渲染模式必须设置成 OpenGL，CG 材质不能工作在 Direct3D 模式下
Windows NT 4.0	必须安装 SP3 或更高的版本
Windows 2000/XP	
Mac and UNIX	目前不支持
显卡	备注
基于 NVidia 的显卡	需要 ForceWare 53.03 或更高版本。如要观看 CG 材质，需要 FX 5200 或更高的配置
基于 ATI 显卡	需要 Catalysator 4.10 或更高的版本。如要观看 CG 材质，需要 Radeon 9500 或更高的配置
其他品牌显卡	需要最新的驱动。如要观看 CG 材质，需要支持 OpenGL
支持的浏览器	备注
Internet Explorer	需要 4.0 或更高的版本
Netscape Navigator	需要 4.51 或更高的版本。需要注意的是，由于 Netscape 6 的局限性，Netscape 6.X 的插件安装目前是手动安装的，减少了 EON 与浏览器之间的连通性
Mozila/Firefox	需要 1.0 或更高的版本，减少了 EON 与浏览器之间的连通性
Opera	需要 1.0 或更高的版本，减少了 EON 与浏览器之间的连通性

在 Windows 下运行 EON 模拟程序时，使用支持 OpenGL 的显卡可以得到更好的效果。EON 也支持 Direct3D 模式，但不是所有的渲染特性都支持它。因此，应尽可能地选购支持 OpenGL 的显卡。

(4) 对于进行立体仿真或设计的高端用户的建议配置。

① 操作系统：Windows XP。

② CPU：Pentium 3 GHz 或更高配置。

③ RAM：1 GB。

④ 显卡：支持 programmable shaders 的显卡，如 Nvidia FX 5600 或 ATI Radeon 9800。

⑤ 浏览器：Internet Explorer 6 及以上。

⑥ 渲染模式：OpenGL。

8.1.2　安装过程

1. 安装前准备工作

为了避免在安装过程中出现问题，安装前，请卸载旧版本的 EON 并重新启动系统。然后启动 EON 安装程序进行安装。

2. 安装节点

(1) EonXtra 3.0.2。当安装 EonXtra 3.0.2 时，可能会弹出对话框提示以下内容：

Setup was unable to locate EON Studio or EON Viewer. You will not be able to run a simulation.

Do you want to continue the EonXtra installation anyway?

如果用户有 EON Studio、EON Viewer 3.0.2 或更高的版本，可以忽略这个警告，单击 Yes 按钮继续安装。此外，安装 EonXtra 时可能会无法自动找到 Director Xtras 的目录，此时就需要手动指定正确的目录位置，例如：

C：\Program Files\macromedia\director 8.5\xtras

(2) MS Agent。MS Agent 是微软的产品，如果想使用 Instructor 节点，就必须安装 MS Agent。

3. 注册

首先打开注册工具。操作路径为：开始→所有程序→Eon Reality→License→LMTools.

在弹出的注册工具面板中单击打开 Config Services 选项卡，将所需的 3 个文件的路径输入，如图 8-1 所示。

图 8-1　输入 3 个文件路径

单击 Save Service 按钮，弹出图 8-2 所示对话框，单击"是"按钮，保存设置。

图 8-2　保存设置

再单击打开 Start/Stop/Reread 选项卡，单击 EON，再单击 Start Server 按钮，当下面的信息栏显示 Server Start Successful 后，注册成功，如图 8-3 所示。

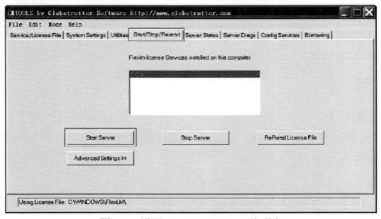

图 8-3　设置 Start/Stop/Reread 选项卡

注册失败经常是因为注册文件版本不合适或注册文件路径错误。

4. 卸载

直接从系统的控制面板中选择"添加或删除程序"进行删除即可。

8.2　基　本　概　念

EON 模拟程序是利用 EON 的基本元件、功能节点、元件的安排与连接来进行架构的。本节介绍 EON Studio 5.2 各类节点、元件的基本功能及其使用方法。

8.2.1　功能节点说明

EON Studio 5.2 提供有 120 多个功能节点(见图 8-4)和 130 多个元件(见图 8-5)。每一个功能节点都有一个特色的分类及内定的名称来反映其在模拟程序(即虚拟现实模型,或称虚拟现实应用)中所负责的特殊任务。借助功能节点内定名称的不同,可以轻易地在同类型功能节点中加以区分。某些功能节点称为行为代理(Agents)。EON 行为代理是一种主动性的功能节点,行为代理负责一些如运动控制和开/关功能的初始操作。换句话说,框架功能节点是非行为代理的功能节点的一个范例,这个功能节点只是用来定义位置。

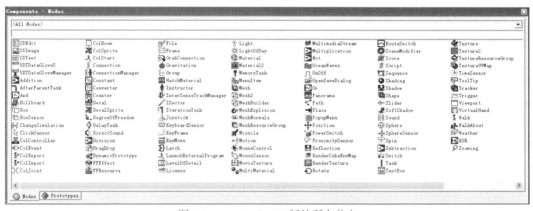

图 8-4　Eon Studio 5.2 版的所有节点

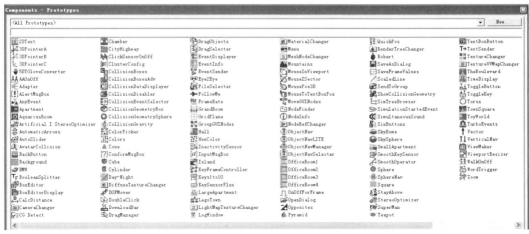

图 8-5　Eon Studio 5.2 版的所有元件

8.2.2　基础功能节点及其构成

1. 基础节点

功能节点在模拟程序中提供不同的功能。本节中将说明某些功能节点在模拟程序中所提供的基本功能。限于篇幅，本节只介绍 EON Studio 5.2 的一些基础节点，其他功能节点详细描述请查看 EON Studio 5.2 的参考手册。功能节点按用途划分为以下几种。

(1) 定义场景窗口的节点。某些功能节点用来定义应用程序场景的窗口，视口节点(Viewport Node)和场景节点(Scene Node)决定在应用程序中的显示内容；模拟节点(Simulation Node)决定仿真窗口的大小。

(2) 显示场景物体的节点。物体在应用程序场景中是以二维或三维方式显示的。网格节点(Mesh2 Node)是用于显示三维物体的节点；贴图节点(Decal Node)和广告牌节点(Billboard Node)用于显示二维物体的节点。影响物体显示的主要节点有网格节点、材质节点(Material2 Node)、框架节点(Frame Node)和多细节层次节点(LevelOfDetail Node)。

(3) 灯光节点。灯光节点(Light Node)、网格节点和材质节点用于定义应用程序中灯光的性质。

(4) 文字信息节点。文字节点(TextBox Node)和提示节点(ToolTip Node)可用于在应用程序窗口中显示文字信息。

(5) 多媒体信息节点。立体声节点(DirectSound Node) 和多媒体节点(MultiMediaStream Node)可用于向应用程序中添加多媒体信息。

(6) 移动物体的节点。关键帧节点(KeyFrame Node)、放置节点(Place Node)、运动节点(Motion Node)、旋转节点(Rotate Node)、自转节点(Spin Node)、自由度节点(Degree Of Freedom Node)和重力节点(Gravitation Node)会影响物体在三维空间中的位置，通过它们可以为应用程序中的物体添加各种不同的运动，运动的特性可以在节点属性窗口中加以定义。

(7) 利用键盘和鼠标移动物体的节点。键盘移动节点(KeyMove Node)、步行节点(Walk Node)和漫游节点(WalkAbout Node)可以使用标准的输入设备来移动物体，也可以用来在三维环境中移动应用程序的视角。

(8) 传感器节点。单击传感器节点(ClickSensor Node)、键盘传感器节点(Keyboard Sensor Node)、鼠标传感器节点(MouseSensor Node)、时间传感器节点(TimeSensor Node)用于应用程序中的交互活动，当交互行为产生时，将响应运动的开始及停止。

(9) 控制节点。计数节点(Counter Node)、门闩节点(Latch Node)、触发节点(Trigger Node)、排序节点(Sequence Node)和开关节点(Switch Node)用来在应用程序中添加控制功能，当满足一定条件时，才能激活相应节点。

(10) 改善应用程序性能的节点。多细节层次节点(LevelOfDetail Node)和切换模拟节点(ChangeSimulation Node)可减小应用程序文件的大小，改善其性能。

2. 节点的有关说明

(1) 功能节点数据库。所有 EON 的功能节点都可以由节点或元件视窗的功能节点或元件数据库中取得，EON Studio 共有 4 种内定的功能节点数据库。

(2) 数据形态(Data Type)。所有的功能节点都包含信息或数据，数据可以借助于功能节点的属性视窗，或由其他功能节点接收数据来加以改变。功能节点可依预先定义的特征传送或接收数据形态。

(3) 收送域(Field)。功能节点利用收送域来存储数据，以及与其他功能节点相互联系。EON 的功能节点主要有下列 4 种收送域形态。

① 事件输出收送域 eventOut：此种收送域用来传送数据。

② 事件输入收送域 eventIn：此种收送域用来接收数据。

③ 外显收送域 exposedField：此种收送域可用于传送及接收数据。

④ 本地收送域 field：此种收送域用于功能节点内部。

在所有 EON 功能节点中某些收送域会相互合并，这与功能节点内定的收送域有关。大部分的功能节点拥有特定的收送域，所以在模拟程序中能产生其特殊的功能。有关于这部分的细节，请查看参考手册中的说明。

(4) 事件。当信息流通于两个收送域中，就会产生所谓的事件，外传的事件被称为事件输出，内传的事件被称为事件输入。事件信号会改变收送域的值、外部的情形、功能节点间的互动等。事件甚至会传送逻辑关系到模拟树状结构外的点。

(5) 收送域间的逻辑关系。收送域可用来作为逻辑关系数据点间的联系，逻辑关系可由逻辑关系视窗中新增。当数据经由连线逻辑关系传送于两功能节点间，即产生所谓的事件，逻辑关系连线可在不同形式的收送域间制作(从外显收送域或事件输出收送域而来,或到外显收送域或事件输入收送域之中)，只要它的数据形态是相同的即可。

8.2.3　常用节点介绍

功能节点是创建 EON 应用程序的基本要素。在应用程序中，依据节点的类型、数据域中的值、与其他节点的连接方法，节点会产生不同的效果。每个节点都是一个具有方法和属性的对象，EON 中的常用节点有 ClickSensor、DirectSound、Frame、KeyBoardSensor、Latch、Light、Material2、Mesh、MultimediaStream、Place、Rotate、Script、SphereSensor、TextBox、Texture、TimeSensor、ToolTip、Walk、walkAbout、Viewport 等。

节点的使用的一般原则如下。

(1) 一次只能选择一个节点，但被选中的节点可以包含若干个子节点。

(2) 可以在不同的模拟程序文件间移动和复制节点。

(3) 有些节点不能被移动或复制，如 Simulation、Scene、Viewports。

(4) 某些节点不能被粘贴于一些特定节点之下。

(5) 若已有一个节点与所要移动或复制的节点具有相同名称，则这个要被移动或复制的节点会被重命名，即在原名后添加数字后缀。

8.2.4　节点的使用方法

1. 添加节点

(1) 直接从节点元件窗口中拖曳：

① 选择目标节点并确定其可见。

② 从节点元件窗口拖曳一个节点至模拟树窗口的目标节点中，焦点自动移至新添加的节点中，且目标节点的子树会自动展开。

(2) 在节点元件窗口中双击一个节点：

① 在模拟树窗口中选择目标节点。

② 在节点元件窗口中双击想要添加的节点，目标节点的子树会自动展开，此时可以显示刚添加的节点。若在添加的同时按住 Shift 键，则焦点会自动转移到新添加的节点上，这有利于快速建立一个层次结构。

(3) 利用模拟树快捷菜单添加节点：

① 选择目标节点。

② 右击目标节点，在弹出快捷菜单中选择 New 命令，以添加一个新的节点。

③ 选择适当的节点组，单击想要添加的节点。

2. 移动节点

(1) 利用模拟树快捷菜单移动节点：

① 选择要移动的节点。

② 右击该节点，在弹出快捷菜单中选择 Cut 命令。

③ 右击所要放置位置的父节点，在弹出的快捷菜单中选择 Paste 命令。

(2) 利用工具栏移动节点：

① 选择要移动的节点。

② 选择工具栏中的剪切(Cut)按钮。

③ 选择所要放置位置的父节点。

④ 单击工具栏中的粘贴(Paste)按钮。

(3) 使用键盘移动节点：

① 选择要移动的节点，按下 Ctrl+X 组合键。

② 选择所要放置位置的父节点。

③ 按下 Ctrl+V 组合键。当用键盘快捷键粘贴节点时，相关的子树将被展开，但焦点依然在父节点上。

3. 复制节点

(1) 直接拖曳复制。选择要复制的节点，将其拖曳至所要放置位置的父节点，在拖动的同时按住 Ctrl 键。先松开鼠标，待要复制的节点在它的新位置显示后，则释放 Ctrl 键。

(2) 利用模拟树快捷菜单复制节点：

① 选择要复制的节点。

② 右击该节点，在弹出快捷菜单中选择 Copy 命令。

③ 右击所要放置位置的父节点，在弹出的快捷菜单中选择 Paste 命令。

(3) 利用工具栏复制节点：

① 选择要复制的节点。

② 选择工具栏中的复制(Copy)按钮。

③ 选择所要放置位置的父节点。

④ 单击工具栏中的粘贴(Paste)按钮。

(4) 使用键盘复制节点：

① 选择要复制的节点，按下 Ctrl+C 组合键复制一个节点。

② 选择所要放置位置的父节点。

③ 按下 Ctrl+V 组合键；当用键盘快捷键粘贴节点时，相关的子树将被展开，但焦点依然在父节点上。

4. 重命名节点

当在 EON 应用程序中添加一个新节点时，它们的名称与自身功能是相对应的。例如，当添加一个 Place 节点时，它将被自动命名为 Place。如果在一个父节点下添加多个 Place 节点，则它们将分别被命名为 Place、Placel、Place2，依次类推。为区分节点的不同功能，在插入新节点时，最好为它们重新取一个直观的名字。

节点重命名的方法：在模拟树窗口中选择该节点，按 F2 键，输入新名称，然后按下 Enter 键。

注意：节点的名字不能以!、/、\、*、：或空格开头。

8.2.5　元件的使用方法

1. 元件介绍

一个元件，既是一个模拟子树，又是一个具有属性的物体。元件类似于程序语言中的子程序，是一个封装好的 EON 模拟子树。当一个子树被封装为元件时，所有相关逻辑也将一起被封装。元件是一个单独的物体，具有可编辑的属性，编辑方法与标准 EON 节点属性的编辑方法相同。元件的模拟子树特性显示在属性窗口中，使用元件具有下述优势。

(1) 对于复杂的模拟树，如果将其分为若干较小的、独立的物体，将会更好管理和编辑。

(2) 元件的使用，会使得对于子树的重复利用更加方便。一个元件包含原子树中的所有节点和逻辑，这就使得在对子树再利用时，不仅能重复利用复杂节点，也能利用在 EON 逻辑关系设定窗口中创建的行为。

(3) 元件将简化用户在逻辑关系设定窗口中的工作。逻辑关系将在元件之间建立而不是在图层之间，这使得逻辑关系设定窗口更容易使用，更容易被追踪。

在应用程序中，用户对一个元件定义的改变将影响所有该类型的元件。用户不必再展开所有的子树，逐一修改，只需要修改一次即可。

2. 元件类型

EON 5.2 版的元件包括 3D 模型元件、环境模型元件、按钮元件、照相功能元件、碰撞工具元件、GUI 控制功能元件、粒子系统元件、路径记录工具元件和可用对象元件 9 类。

3. 元件的使用方法

(1) 添加元件。从元件库中添加一个元件至模拟树中，单击所需元件图标，并将其拖曳至模拟树窗口中的目标位置。当一个元件从库中插入到模拟树后，在属性窗口会显示该元件在当前程序中的所有属性。若在模拟树的同等级别子树中已经存在一个同名元件，则新插入元件的名称后会自动插入数字序列，与节点的命名方法相同。

注意：元件不是必须要先添加至模拟树中才能对它进行编辑。用户可以将一个元件拖曳到 Local Prototype 窗口中，然后进行编辑，在需要时再将其添加到模拟树中。

(2) 创建元件。创建元件，既可以压缩子树，也可以封装子树的逻辑结构。当将一个子树转化为元件时，所有定义在逻辑设定窗口中的逻辑关系也将被封装。将模拟子树转化为元件有下述方法。

① 直接拖曳。拖曳所要压缩子树的最顶节点至 Local Prototype 窗口，如果可以压缩创建

元件，指针将表示为带加号的箭头。创建成功后，原子树将被新建的元件代替。

　　② 利用弹出的快捷菜单。右击所要压缩子树的根节点，在弹出的快捷菜单中选择 Create Prototype 命令。

　　③ 复制、粘贴。选择需要压缩子树的根节点，对它进行复制。右击 Local Prototype 窗口，在弹出快捷菜单中选择 Paste 命令。如果创建不被允许，选择 Paste 命令后会出现错误警告对话框。

　　注意：所要压缩子树的根节点必须是框架节点，否则将不能创建元件。

　　(3) 添加元件至元件库。在 Local Prototype 创建的元件只能存在于当前的应用程序中。如果要在其他应用程序中使用该元件或者与其他用户共享，就必须将其复制到元件库中。可以将元件从 Local Prototype 窗口中拖曳到节点元件窗口的元件库(必须选择一个元件组)，这样该元件就可被添加到元件库。

　　(4) 元件分组。在节点元件窗口中，可以将新建元件按照功能分配到相应的组中。在元件库中的组选栏右侧有一个 New 按钮，通过单击该按钮可以创建一个新的元件组。单击该按钮，会弹出一个 New Prototype File 对话框，选择元件组的存储位置并输入新元件组的名称，单击"确定"按钮。将新建的元件从 Local Prototype 窗口中拖曳到节点元件窗口的元件库窗口，这样该元件就被添加到新建的元件组中。

　　每个组的所有元件都会被单独存储为一个扩展名为 .EOP 的文件夹中。文件以该元件组的名称定义。

　　(5) 删除元件。若从元件库中删除一个元件，只需要单击该元件的图标，然后按下 Delete 键，在弹出的信息框中单击 OK 按钮即可。

　　注意：材质和任何共享数据不会从原始组中被删除。

　　若从 Local Prototype 窗口中删除元件，该元件的使用量必须为 0(即元件名称后，括号内的数字为 0，该数字表明模拟树中对该元件的使用数量，不能从该窗口中删除正在使用的元件)。

8.3　创建应用程序

本节将介绍 EON 应用程序的开发基本流程、开发内容及所要涉及的相关知识等。

8.3.1　虚拟世界的坐标系统

　　EON 所使用的是笛卡尔坐标。虚拟场景的坐标系如图 8-6 所示。

　　其中 X、Y、Z 为通用的右手坐标系，H、P、R 分别为绕 Z、X、Y 轴的旋转方向。在本例中，虚拟环境下可通过鼠标和键盘的操作来实现可控漫游。

　　(1) 平移(Translation)。平移是由 X、Y、Z 的值来描述，平移值可能是正值或负值。例如，移动值为-1、0、0 的物体，在空间上的位置可以认为是从原点向左移动一个单位。

　　(2) 旋转(Rotation)。旋转是指绕着平移轴(过物体中

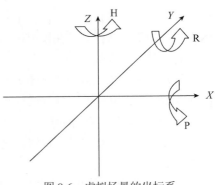

图 8-6　虚拟场景的坐标系

心的 3 根轴：X、Y 和 Z)来旋转。以 H、P 和 R 来描述 Heading、Pitch 和 Roll 的值。Heading 是指绕 Z 轴旋转；Pitch 是指绕 X 轴；Roll 是指绕 Y 轴旋转。

旋转是以度为单位，范围是 0°～360°。假如站在坐标系统的原点，并且面向不同的旋转轴，逆时针方向即为正的旋转方向。

我们可以想象沿着坐标系统的 Y 轴驾驶一架虚拟飞机(在 EON 中 Y 轴是指屏幕里面)，则 H、P 和 R 的取值情况如下。

- Heading：当飞机转向右侧时为正，转向左侧时为负。
- Pitch：当飞机向下俯冲时为正，向上爬升时为负。
- Roll：当飞机向左旋转时为正，向右旋转时为负。如果旋转 180°，就像以颠倒方式飞行。

8.3.2　创建应用程序的流程

创建应用程序的流程主要包括 3 步：①添加和优化 3D 模型；②为物体定义行为属性；③指定用户在模拟程序中与物体的交互方法。为了增强一个模拟程序场景的真实性，还需要添加一些声音、灯光和其他特殊效果。

具体制作流程如下：

(1) 导入场景对象，如添加 3D 物体、添加或修改材质、添加音频或视频。

(2) 编辑场景对象，如调整物体位置和大小、添加行为、添加交互、添加脚本。

(3) 发布 EON 模拟程序。

8.3.3　导入场景对象

(1) 导入 EON 支持的 3D 对象(如*.3ds、*.dwg、*.sldprt、*.slp、*.flt 等)。

(2) 导入过程：选择一个框架节点，选择 file→Import 命令，选择文件格式。

(3) 导入插件转换格式，如 OpenFlight、VRML、Maya。

8.3.4　物体表面的修改

1. 添加灯光

可以设置灯光模式(如全局灯光模式、局部灯光模式)及灯光节点(如类型、颜色、位置和方向、衰减、文件夹、节点)。

2. 添加材质贴图

在网格节点下添加材质贴图节点，有 5 种覆盖方式和 2 种滤镜效果可供选择。

(1) 材质节点：Alpha 定义透明度、Emissive 定义发出的光颜色、Specular 定义反射情况。

(2) 物体表现形式：设置灯光、阴影、颜色、材质等。

(3) 改变网格物体的大小和形状：可在 Mesh Properties 中的 Scale 勾选 Proportional scaling 进行设置。

(4) 透明度：用于设置一个可见物体的不同呈现方式。

(5) 渲染品质：通过 Simulation→Configuration→Render 命令设置。

8.3.5　为物体添加动作

一个物体可能包含一个或多个网格节点，这些网格节点被放置于一个框架节点下。每个网格节点的位置和方向由其父框架节点的位置和方向决定。可用于设置交互移动的节点有 KeyMove 节点、Walk 节点、WalkAbout 节点。

使用物体导航元件对物体视角进行缩放、旋转和移动，它适用于一个物体或一组物体的视觉定位。如果对环境的视觉定位，应使用 Walk 节点。

在 EON 中有两种基本的导航模式：①行走模式；②物体导航模式。

8.3.6　3D 编辑工具

3D 编辑工具包括形状选择、网格选择、材质选择、贴图选择、快速定位、转换工具、画笔工具等。

8.3.7　运行并保存应用程序

单击菜单 Simulation→Start，开始运行。如果加载失败，则会弹出提示对话框。

8.3.8　EON Studio 的文件格式

EON 模拟程序使用下列文件格式：eoz、eox 和 eon 等。EON Studio 可以不经过转换就能够读取.x、.ppm、.png、.WAV、.avi 及 MIDI 文件(请注意：EON 不支持 ASC II ppm 文件格式)。当使用一个.png 文件时，必须在文件名称之后输入文件的后缀名.png，否则，EON 将不能打开文件。

(1) eoz 文件。当新的模拟程序打开时，.eoz 文件可由内定的方式来新增，它是用来制作独立执行的应用程序。一个独立执行的.eoz 文件会包含所有的外部数据，如材质(.ppm 文件)和声音(.wav 及.midi 文件)。这意味着.eoz 模拟程序可以独立成为一个文件，而其中所包含的网格文件(.x 文件)会被转换为.eox 文件，但.x 文件可以复制到其他目录，以便存储成原本的格式。eoz 文件在转换过程中可以进行压缩。为了存取附加的.eon 文件，.eoz 的文件要展开。假如采用了某个 DirectX 的版本创作了一个网格几何物体，而电脑中并没有安装此 DirectX 版本，那么将模拟程序存成 eoz 格式。该类型文件属可编辑的。

(2) eop 文件。所谓的 eop 文件，就是用来存储标准元件(prototype)的.eoz 文件。eop 文件包含一个标准元件数据库，且可利用新的元件视窗来新增，只有利用.eoz 文件，所有的外部数据才会被存储，标准元件数据库(.eop 文件)才能视为一个单一的文件。该类型文件属可编辑的。

(3) eon 文件。eon 文件是其工程文件，是完整的文件，移动到哪里都可以用。eon 文件与 eoz 文件相类似，其中同样包含元件树状结构及功能节点的设定，但并不包含外部数据。材质(.ppm 文件)和声音(.WAV 及.MIDI 文件)即为所谓的外部数据。

(4) edz 文件。edz 文件为 EON Studio 生成的不可被再编辑的独立运行文件(不能在 Eon Studio 中打开)。但通过 EON Viewer 即可运行。

(5) eox 文件。可以减少加载时间，只能被 Eon 读取。

(6) edp 文件。和.edz 文件一样，将封装在内的数据保护起来。

(7) epe 和 epz 文件是 EON Studio Personal Edition 的专有格式文件，与 EON Studio 文件格式不能项目转化。

8.4　EON Studio 运行界面

图 8-7 所示是 EON 的工作簿模式的运行视窗界面，EON Studio 是一个多文件界面(Multiple Document Interface, MDI)的应用程序，即含有一个主视窗及数个多文件界面的子视窗。该界面具有下拉式菜单、工具条等特色。当利用 EON 建立模拟程序时，将会使用数个不同的视窗来观察及编辑模拟程序的细节。为了提高开发效率，熟悉 EON Studio 运行界面是非常重要的前提。

图 8-7　EON 的工作簿模式的运行视窗界面

8.4.1　下拉式菜单

打开菜单可利用下面两种方式：一是在菜单标题上单击鼠标左键；二是按下 Alt 键及菜单名称的第一个字母。

1. 文件(File)菜单

文件菜单包含下列命令。

(1) 打开新文件(New)：新增一个新的模拟程序。

(2) 打开旧文件(Open)：从磁盘中导入一个已经存在的模拟程序 eoz 文件。

(3) 存储文件(Save)：将目前的模拟程序以 eoz 文件格式存储到硬盘上。

(4) 另存为(Save As)：将目前的模拟程序变更新的名称以 eoz 文件格式存储在硬盘上。

(5) 导入文件(Import)：用来导入 EON 无法直接读取的文件格式——如 3D Studio、OpenFlight、LightWave 及 VRML97 所产生的格式文件。如果数据交换模块(Data Exchange Module)已经导入，将能载入更多种文件格式到 EON 之中。

(6) 生成独立执行文件(Make Stand-alone)：将模拟程序所有的文件存储成一个独立压缩的 eon 文件。

(7) 创建网页发布文件(Create Web Distribution)：通过精灵的执行，制作在网页浏览器上执行模拟程序所必需的文件。

(8) 结束(Exit)：离开 EON。

2. 编辑(Edit)菜单

编辑菜单中的命令主要是用来编辑、回复及修改 EON 视窗中物体的属性选项。大部分编辑菜单中的命令，在模拟树状结构视窗的快捷菜单中也同样可以找到。

(1) 剪切(Cut)：移除目前的选择，并将其放置在内存缓存区上。

(2) 复制(Copy)：复制目前的选择，并将其放置在内存缓存区上。

(3) 粘贴(Paste)：插入内存缓存区上的内容。

(4) 删除(Delete)：删除目前的选择，但不将其放置在内存缓存区上。

(5) 关联复制(Copy as Link)：将所选择的功能节点复制成为捷径，以便贴附到模拟树状结构的其他地方。

(6) 属性(Properties)：显示所选择物体的视窗。物体的属性视窗也可以借助双击模拟树状结构中的功能节点来打开。

(7) 显示收送域(Show Fields)：显示所选择功能节点的收送域。

(8) 寻找(Find)：寻找功能节点。

(9) 模拟树状结构(Simulation Tree)：其中包含 5 个命令的子菜单。

(10) 连接追踪(Follow Link)：显示选择的连接的原功能节点。

(11) 逻辑关系显示(Show in Routes)：在逻辑关系定义视窗中显示所选择的功能节点。

(12) 蝶状结构显示(Show in Butterfly)：在蝶状结构视窗中显示所选择的功能节点。

(13) 展开子结构(Expand Branch)：展开所选择的功能节点的子结构。

(14) 收藏子结构(Collapse Branch)：收藏功能节点的子结构。

(15) 创建标准元件(Create Prototype)：将所选择的功能节点及其子结构创建为新增标准元件。

3. 视图(View)菜单

视图菜单主要是用来作为工具列、状态列、工作手册模式及图层视窗的显示开关，所显示项目前方会有打勾的符号。下面所列的项目为视图菜单中的指令。

(1) 工具列(Toolbar)：工具列显示的开关。

(2) EON 模组工具列(EON module toolbar)：已载入的 EON 模组的工具列的显示/隐藏开关。

(3) 状态列(Status Bar)：状态列显示的开关。

(4) 工作手册模式(Workbook mode)：工作手册模式的开关。有关于工作手册模式的说明，请参考"工作手册模式"。

(5) 图层视窗(Layer)：用于设置图层视窗的显示或隐藏，图层视窗可用来编辑、删除及新增流程定义视窗中的图层。

(6) 内定布局(Default Layout)：启动 EON Studio 主要视窗的内定布局。

4. 模拟菜单

模拟(Simulation)菜单主要是用来启动、停止及规划目前的模拟程序。

(1) 启动(Start)：启动目前的模拟程序。

(2) 关闭(Stop)：关闭目前的模拟程序。

(3) 规划(Configuration)：打开规划设定(Configuration Settings)视窗，以便于定义着色、I/O 设备及声音设定。

(4) 模拟视窗置于上方(Simulation always on top)：永远将模拟视窗置于所有视窗的上方。

(5) 模拟统计数据的显示(Show Simulation Statistics)：在模拟视窗的标题列显示模拟程序的

统计数据，当这个选项被选择时，模拟(Simulation)功能节点的属性视窗的设定(Settings)标签中的显示模拟统计数据(Show simulation statistics)选项将会自动勾选。

(6) 复杂程度的显示(Show Depth Complexity)：显示图形模拟的复杂程度，借此可以重新设定场景，复杂程度越高，模拟图形的速度就越慢，这项功能只适用于执行 OpenGL 及当 OpenGL 卡支持 Stencil buffering 时。

(7) 全屏视窗模式(Full-screen Window Mode)：展开模拟视窗为全屏的模式。但必须变更模拟程序规划中的着色选项，以 Direct3D 的模式执行。

(8) 全尺寸视窗模式(Full-size Window Mode)：全尺寸视窗大小只能小于或等于显示屏幕尺寸。

5. 格式菜单

格式(Options)菜单主要用于授权注册、事件记录视窗的滤器设定、导入 EON 模块，以及增加标准元件数据库的搜寻路径。

(1) 设定事件记录滤器(Set Log Filter)：用来选择在事件记录视窗想显示的信息——致命的错误、错误、事件、Script 追溯、除错、信息及用户命令。

(2) 偏好(Preference)：用来由不同的目录增加标准元件的搜寻路径。请注意，在标准元件能使用前就必须先指定好搜寻路径。

(3) 模块(Module)：用来导入及卸除 EON 的模块。由 EON Reality 取得授权(Request License From Eon Reality)，打开授权需求(License Request)视窗，以便使用填写授权文件，并利用电子邮件的传送来取得授权。

6. 窗口菜单

窗口(Window)菜单中的命令主要用于排列屏幕的视窗，也是 EON Studio 窗口显示与否的开关。EON 视窗可利用不同的前后层次来排列。

(1) 重叠(Cascade)：在主要的窗口的左上角显示所有的多文件界面子视窗。如果有数个多文件界面子视窗同时打开，它将会互相覆盖。请注意，重叠(Cascade)、并排(Tile)及整理图标(Arrange Icons)都只是 EON 视窗中多文件界面子视窗的显示格式。

(2) 并排(Tile)：并排显示所有多文件界面子视窗。

(3) 整理图标(Arrange Icons)：当多文件界面子视窗最小化时，用来重新整理位置。

(4) 模拟树状结构(Simulation Tree)：显示或隐藏模拟树状结构视窗。

(5) 逻辑关系定义(Routes)：显示或隐藏逻辑关系定义视窗。

(6) 蝶状结构(Butterfly)：显示或隐藏蝶状视窗。

(7) 搜寻(Find)：显示或隐藏搜寻视窗。

(8) 事件记录(Log)：显示或隐藏事件记录视窗。

(9) 标准元件(Prototype)：该菜单下包含子菜单。

(10) 打开标准元件(Open Prototype)：打开所选择的标准元件显示在标准元件编辑视窗。显示在目前的模拟程序中所定义的标准元件的捷径列表。

(11) 脚本程序(Script)：该菜单下包含子菜单。

(12) 打开编辑视窗(Open Editor)：打开所选择的脚本功能节点显示在脚本程序编辑视窗中。请注意，这个命令只有在所选的脚本功能节点是在模拟树状结构时才会发挥作用。

(13) 新的元件视窗(New Component Window)：打开新的元件视窗，在同一时间中，元件视窗打开的数量并没有限制。某些 EON 模块有自定的视窗。当安装了其他模块，附加的视窗会列示在视窗菜单中。在这个菜单的最下方会显示打开的多文件界面子视窗的列示清单。

7. 说明(Help)菜单

说明主题(Help Topics)：列示所有的 EON 说明主题。

关于 EON Studio(About EON Studio)：显示程序的版本数及版权信息。

8.4.2　工具条

工具条是某些使用频繁的菜单命令的集合，如图 8-8 所示。

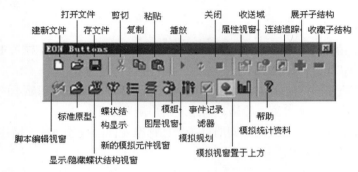

图 8-8　EON 工具条

8.5　EON Studio 视窗

本节将详细介绍 EON Studio 的界面、菜单、工具条、各种视窗及之间切换等的操作技能。

8.5.1　基础说明

在 EON 的主要视窗中有数个子视窗。打开 EON Studio，某些视窗会显示，而其他的会隐藏。EON Studio 的子视窗有：

(1) 模拟树状结构(Simulation Tree)。

(2) 逻辑关系定义(Routes)。

(3) 蝶状结构(Butterfly)。

(4) 搜寻(Find)。

(5) 事件记录(Log)。

(6) 模拟元件(Components)。

上述视窗的显示或隐藏可借助视窗菜单来选择。

8.5.2　EON Studio 视窗类型

EON Studio 视窗有 3 种显示模式：固定(Docked)模式、浮动(Floating)模式和多文件界面(Multiple Document Interface，MDI)模式。要改变视窗的观察模式，可以将鼠标移动到视窗的标题栏上，并单击鼠标右键，在显示的快捷菜单中选择所需的模式，如图 8-9 所示。

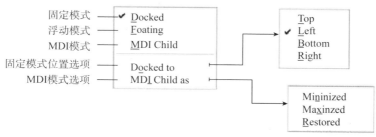

图 8-9　选择视窗模式

当 EON Studio 打开时，视窗的布局会与 EON Studio 最近一次结束时相同。

1. 固定(Docked)模式视窗

如图 8-10 所示，选择固定模式视窗时，它将会位于 EON Studio 主视窗中固定的位置上。可将其固定在主要视窗中的上方、下方、左方或右方。

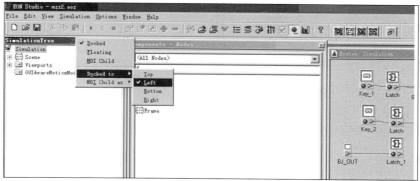

图 8-10　固定模式视窗

2. 浮动(Floating)模式视窗

浮动模式视窗可以移动到 EON Studio 主要视窗外屏幕上的任意地方。若要将固定模式视窗变为浮动模式视窗，在移动视窗到 EON 主要视窗外时按住 Ctrl 键即可。浮动模式视窗能够使得 EON 的用户界面在使用上变得更具弹性，有效的工作区域不受 EON 主要视窗的限制。图 8-11 所示为 EON Studio 的浮动模式视窗。

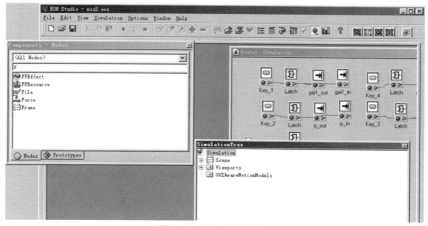

图 8-11　浮动模式视窗

3. 多文件界面(MDI)模式视窗

图 8-12 所示为多文件界面(MDI)模式视窗，该视窗可以在 EON Studio 主要视窗中任意移动，可以利用 Ctrl+Tab 键变更使用中的多文件界面视窗。请注意，当 MDI 视窗在最小化模式时，必须先将其复原才能启动快捷菜单。

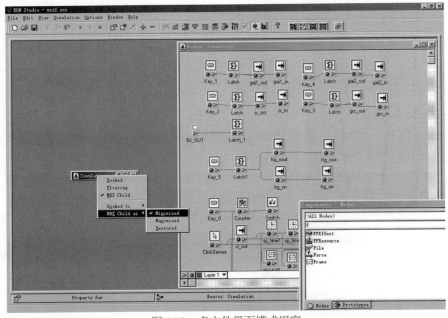

图 8-12　多文件界面模式视窗

多文件界面模式视窗可利用以下 3 种不同的方式显示。

(1) 最小化(Minimized)：以图标方式显示。

(2) 最大化(Maximized)：填满视窗。

(3) 往下还原(Restored)：恢复成原先的大小。

利用视窗菜单中的重叠(Cascade)、并排(tile)及整理图标(Arrange Icons)功能，可布置主视窗中所有打开的多文件界面视窗。

4. 工作簿模式

当 EON 视窗在多文件界面模式时，可以选择 View 菜单中的工作簿模式。所谓的工作簿模式是在 EON 主视窗中，为所有打开的多文件界面子视窗增加一个控制标签，单击标签就可以显示指定的 EON 视窗，如图 8-13 所示。

5. 内定布局(Default layout)

当第一次启动 EON Studio 时，EON 主要视窗中会显示视窗的内定布局。内定布局为模拟树状结构视窗，固定在右侧。逻辑关系定义视窗，紧邻于模拟树状结构视窗，并固定于右侧。

图 8-13　工作簿模式

所有其他视窗皆为多文件界面视窗，并设定为工作簿模式。

注意： 搜寻视窗和事件记录视窗并不包含在内定局中。借助选择检视菜单中的内定功能，即可重新呼叫此内定布局。

8.5.3　模拟树状结构

1. 说明

模拟树状结构视窗相当于 Windows 95、Windows 98 及 Windows NT 中的文件总管——树状结构可以展开或收藏，且功能节点可在其中复制粘贴。

功能节点在模拟程序中如何排列，是建构模拟程序的重点，而模拟树状结构是利用元件视窗中功能节点复制来建立。

模拟树状结构视窗中有两个窗格—— 一个是模拟树状结构，另一个是区域性的标准元件，本节仅针对模拟树状结构窗格加以说明。

2. 内定的模拟树状结构

有关于内定(即固有的意思)的模拟树状结构，也就是当启动 EON Studio，新增模拟程序时所提供的架构。图 8-14 所示为内定的模拟树状结构，在视窗的上方，而区域性标准元件在视窗的下方。

下面是内定的模拟树状结构中的功能节点的说明(有关其他的细节请参考 EON 参考手册的说明)。

(1) Simulation：根节点。

(2) Scene：编辑物体的位置、方向、大小、背景、云雾效果，是父节点。

(3) Camera：控制整个模拟程序的摄像机。

(4) Headlight：灯光节点，用来在模拟程序中照亮物体。

(5) Walk：用户可以在 3D 环境下移动。

(6) Viewports：文件夹内可以放置一个或多个功能节点或节点的快捷连接或视点。

(7) Viewport：模拟程序视窗可以被分为多个窗格或视窗口，并定义大小、范围等。

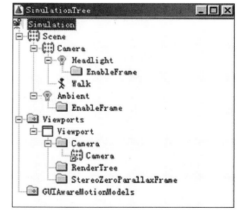

图 8-14　EON 模拟树状结构

(8) Camera：存储模拟程序摄像机的快捷连接(存储单一资料)。

(9) Camera：摄像机节点的快捷连接。

(10) GUIAwareMotionModels：用来存储来自运动模式群组的节点的快捷连接。

3. 快捷菜单

当用户在模拟树视窗中右键单击任意一个节点图标，会弹出以下快捷菜单。

(1) 属性(Properties)：显示所选择的功能节点的属性视窗。

(2) 显示收送域(Show Fields)：显示所选择的功能节点的收送域。

(3) 新增(New)：增加一个功能节点到模拟树状结构中。

(4) 精灵(Wizards)：具有向导程序作用。

(5) 缺口移除器(Gap Remover)：启动缺口移除器精灵去除网格(Mesh)功能节点间的缺口。

(6) 立体化图形(Stereo Graphics)：启动 EON 周边的模块。

(7) 剪下(Cut)/复制(Copy)/粘贴(Paste)/删除(Delete)：参考编辑(Edit)菜单的说明。

(8) 复制连接(Copy as Link)：参考编辑(Edit)菜单的说明。

(9) 排程行为显示(Show in Routes)：在逻辑关系定义(Routes)视窗中显示所选择的功能节点。

(10) 蝶状结构显示(Show in Butterfly)：在蝶状结构(Butterfly)视窗中显示所选择的功能节点。

(11) 子结构搜寻(Find in Branch)：该功能类似于 8.4.1 中的编辑(Edit)所介绍的搜索功能。

(12) 新增标准元件(Create Prototype)：实现新建元件的添加。

(13) 标准元件属性(Prototype Properties)：只在标准元件子树状结构中才有效果，用来打开定义标准元件属性(Prototype Definition Properties)视窗。

4. 使用模拟树状结构视窗

(1) 展开子树状结构(subtree)。单击子树状结构的 ➕ 图标展开一个子树状层次，若要展开所有子树状结构层次，可单击工具条中的展开子结构按钮，或是选择子树状结构的父系功能节点，然后选择编辑(Edit)菜单中的展开子结构(Expand Branch)功能。

(2) 收藏子树状结构(subtree)。单击子树状结构的 ➖ 图标收藏一个子树状层次，若要收藏所有子树状结构层次，可单击工具条中的收藏子结构按钮，或是选择子树状结构的父系功能节点，然后选择编辑(Edit)菜单中的收藏子结构(Collapse Branch)功能。

(3) 新增功能节点。新增一个功能节点到模拟树状结构有关于新增一个功能节点到模拟树状结构，共有数种不同的方法。

① 利用拖曳释放(drag-and-drop)方式编辑。从元件视窗选择所需的功能节点，然而将其拖曳到模拟树状结构的目的功能节点(Destination Node)后释放，新增的功能节点将会反白显示。在释放要粘贴的功能节点前，保持要输入的功能节点在目的功能节点下方，静待数秒后，目的功能节点的子结构将会自动展开。

② 利用复制粘贴的(copy-and-paste)方式编辑，当使用键盘快捷键(Ctrl+V)粘贴上功能节点时，适度的子结构将会展开，目的功能节点将会反白显示。

③ 先选择模拟树状结构视窗中目的功能节点，然后在元件视窗中双击要增加的功能节点，目的功能节点的子树状结构将会自动展开，以便显示新的功能节点，若按住 Shift 键，则新增的功能节点将会反白显示。

④ 在模拟树状结构视窗中目的功能节点上单击鼠标右键，并在快捷菜单的新增(New)子菜单中选择要用的功能节点。

(4) 变更功能节点的名称。当在模拟程序中新增了一个功能节点，此功能节点将会根据其功能给予名称。例如，框架功能节点会自动命名为 Frame。如果在同一个功能节点下插入了数个框架功能节点，这些功能节点将被指定为 Frame1、Frame2，……，以此类推。对于新增功能节点而言，这是一个很好的命名方式，特别是当有许多的功能节点时。当要为一个功能节点变更名称时，可以在模拟树状结构中选择这个功能节点，按 F2 键或单击鼠标的左键，然后输入名称，再按 Enter 键。

注意：名称中包含! 、/、\、*、：，或是以空白键作为名称的开头，都将不被接受，如果将上述的方式用在功能节点的命名，错误视窗显示提出警告。图 8-15 所示是针对不允许的功能节点命名方式所显示的错误视窗。

(5) 新增一个功能节点的参照连接(Referenced Link)。参照连接相当于 Windows 中的快捷方式，依下列步骤即可新增一个参照连接。

图 8-15　针对不允许的功能节点命名方式所显示的错误视窗

① 选择一个来源功能节点(Source Node)。

② 单击鼠标右键，在快捷菜单中选择连接复制(Copy As Link)。

③ 选择目的功能节点，按鼠标右键，在快捷菜单中选择粘贴(Paste)。

(6) 锁住模拟程序(Lock a Simulation)。模拟程序具有密码的特色，以允许保护模拟程序。其他用户可以观看模拟程序的模拟过程，但逻辑关系定义视窗及搜寻视窗则是受保护的，其他用户只能看到模拟树状结构视窗，如果用户试图打开模拟树状结构的子结构，密码保护视窗将会显示要求用户输入密码。

密码保护授权：如图 8-16 所示，打开模拟(Simulation)功能节点属性视窗，单击设定(Setting)标签。在密码(Password)的栏中输入密码，以启动密码保护。若想打开模拟程序，密码保护(Password Protection)视窗将会显示要求输入密码，如图 8-17 所示。要解除模拟程序的密码保护，在密码(Password)栏中输入密码，并单击解开(Unlock)按钮。

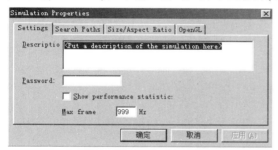

图 8-16　模拟(Simulation)功能节点属性视窗中
的设定(Setting)标签

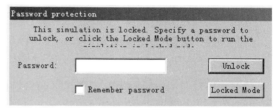

图 8-17　密码保护视窗

如果勾选了记忆密码(Remember password)复选框，密码将会存储在电脑中，且在启动模拟程序时不需要输入密码。

注意：当在其他电脑中打开受保护的模拟程序时，仍需输入密码。

8.5.4　逻辑关系定义视窗

逻辑关系定义视窗(Routes Window)是用来连接功能节点，并定义文件在期间传送时所具备的行为，如图 8-18 所示。

注意：功能节点的行为也受其在模拟树状结构中的位置及属性视窗中的设定所影响。

逻辑关系定义视窗提供了所有被定义的逻辑关系图形的表示法，功能节点间的连接以线来表示，执行的逻辑关系由触发的功能节点的输出收送域(Out-Field)开始，到相对应的输入收送域(In-Field)为止。

当两功能节点间有两个以上的连线存在时，连线的开始处将会出现一个黑点，如图 8-19 所示。

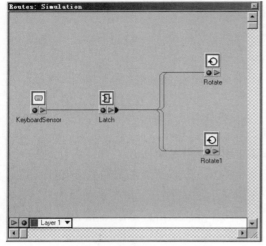

图 8-18　逻辑关系定义视窗图

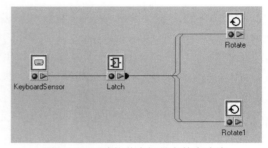

图 8-19　两功能节点间具有数个边线

排程行为可被安排在可命名的图层中，每一个图层都可有自己的颜色，内定的图层颜色是暗绿色。

1. 快捷菜单

当在逻辑关系定义视窗中的功能节点上单击鼠标右键时，将会显示有下列命令的快捷菜单。

(1) 属性(Properties)：显示所选择的功能节点的属性视窗。

(2) 显示收送域(Show Fields)：显示所选择的功能节点的收送域。

(3) 树状结构显示(Show in Tree)：在模拟树状结构中显示所选的功能节点。

(4) 选择追踪(Follow Selection)：通过该功能可以追踪各选择的历史。

(5) 树状结构追踪(Follow Tree)：若此选项启动，当在模拟树状结构视窗中选择功能节点时，在逻辑关系定义视窗中的同一个节点也会同时被选取。

(6) 蝶状结构追踪(Follow Butterfly)：若此选项启动，当在蝶状结构视窗中选择功能节点时，在逻辑关系定义视窗中的同一个节点也会同时被选取。

(7) 自动排列(Auto-arrange)：按条件自动排列所有选择的功能节点。

(8) 相关功能节点(Related Nodes)：自动排列所有与选择的功能节点有关的功能节点，排列后的节点自动显示在逻辑关系定义视窗的最下方。

(9) 所有功能节点(All Nodes)：将逻辑关系定义视窗中的所有功能节点以行列的方式自动排队。

(10) 选择相关的功能节点(Select Related Nodes)：自动将有直接或间接连线的功能节点同时反白显示。

(11) 删除(Delete)：删除所选择的功能节点图标所连线。

(12) 字形(Font)：打开一个对话框，选择逻辑关系定义视窗中文字的字形。

(13) 文字对话框(Text Dialog)：打开排程行为编辑器，此编辑器是利用文字的方式说明功能节点的连线。

(14) 移到图层(Move to layer)：移动所选择的物体到模拟程序中的其他图层，快捷菜单中会列出模拟程序中所有存在图层的清单，而目前的图层前方会显示一个黑点以示区别。

(15) 图层编辑器(Layer Editor)：打开图层编辑器。

2. 提示工具

当鼠标移动到功能节点上方时，提示工具会显示该功能节点在模拟树状结构的路径。

3. 使用逻辑关系定义视窗

(1) 数据形态。当在逻辑关系定义视窗中连接功能节点时，实际上是在连接功能节点收送域。某些收送域可能只是用来存储相关于物体的位置数据；而有些只是存储是(True)/非(False)的形态。也可以说，收送域间的连线是用来存储相同的数据形态。

(2) 在逻辑关系定义视窗中新增一个功能节点。从模拟树状结构中选择一个功能节点，拖曳所选择的节点到逻辑关系定义视窗中释放。

(3) 连接两个功能节点。单击来源功能节点(Source Node)右下角的符号。在快捷菜单中选择一种输出收送域的形态，接下来会出现动态的连接线。移动连接线到目的功能节点(Destination Node)，并单击功能节点左下角的符号。在快捷菜单中选择适合的输入收送域形态，所能选择的输入收送域数据形态必须和来源功能节点输出收送域的数据形态相同，连线的颜色由内定的图层颜色来定义。

(4) 逻辑关系定义视窗中的选择方法。逻辑关系定义视窗中的选择工具与 Windows 标准是一致的。当要选择一个范围的功能节点，可以按住 Ctrl 键一个一个地选，或是利用鼠标拖动的方式拉出一个方形框选。

(5) 卷动逻辑关系定义视窗。利用鼠标拖动框选的方式选择某些项目，重新定位连接，或是制作连线时，当光标触碰到视窗的边界时，视窗会自动开始卷动。视窗的卷动会因为光标进一步向视窗外移动而加快速度，且鼠标或光标离视窗边界的距离会与速度的增加成正比。

当按住 Alt 键，并按住鼠标左键拖动时，可以快速平移排程定义视窗。这是一个可以在视窗众多项目间游走的快速方法，而且并不需要依赖视窗边的卷动列。

(6) 删除逻辑关系定义视窗的功能节点及逻辑关系。请注意在逻辑关系定义视窗和在模拟树状结构中删除功能节点有不同的定义，在逻辑关系定义视窗中删除功能节点只是从视窗中移除该功能节点而已，但若是在模拟树状结构视窗中删除功能节点，则相当于在模拟程序中先移除该功能节点，删除后将不能再回复。

在逻辑关系定义视窗中删除功能节点或逻辑关系的步骤如下。

① 选择一个功能节点。

② 从快捷菜单中选择相关的功能节点(Select Relates Nodes)功能，所有相连的功能节点都会反白显示。

③ 从快捷菜单中选择删除(Delete)命令，或从编辑菜单中选择删除(Delete)命令，也可以使用删除(Delete)键。接着将会出现确认的对话框，单击 OK 按钮就可以删除所选的功能节点及逻辑关系。

注意：若选择删除(Delete)功能，同时按住 Shift 键，那么就不会看到确认的对话框。

(7) 显示逻辑关系信息。在逻辑关系定义视窗中单击要显示的逻辑关系，逻辑关系的信息将会显示在逻辑关系定义视窗的底部。

(8) 在逻辑关系定义视窗中使用图层。假如模拟程序中有数个连线的逻辑关系，可以使用图层视窗组织逻辑关系，使功能节点间能轻易地加以辨识。逻辑关系定义视窗中的图层是一组可以个别显示的群组。

　　当新增连线时，新连线逻辑关系的所属图层会指定在作用的图层，且同时间内作用的图层只能有一个。

　　借助图层定义视窗，可以新增、更名、隐藏图层，以及指定图层的颜色。当逻辑关系定义视窗中连线逻辑关系很复杂时，使用不同的图层颜色有助于提升模拟程序的判读性。如图 8-20 所示为图层定义视窗。

　　(9) 增加一个新的图层。新增一个指定颜色新图层的步骤如下。

　　在新增(New)按钮上方的文字栏中输入新的图层名称，单击新增(New)按钮。

　　若需指定颜色，单击图层名称左方的颜色图标，并选择一个新的颜色，如图 8-21 所示。

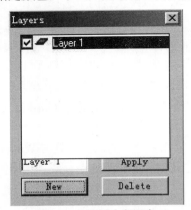

图 8-20　图层定义视窗

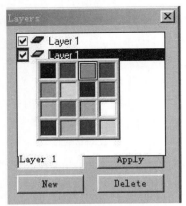

图 8-21　指定颜色的新图层

　　(10) 变更逻辑关系或功能节点图层。

　　新增功能节点或连线时，新逻辑关系或功能节点将会指定在目前作用的图层中，新的逻辑关系或功能节点的颜色也将与目前作用图层一致。依循下列步骤可变更目前作用图层的颜色。

　　① 选择逻辑关系或功能节点。

　　② 单击鼠标右键并从快捷菜单选择所需的图层。

　　(11) 变更图层的名称。从图层清单中选择想要变更名称的图层。在文字栏中输入新图层名称，单击应用(Apply)按钮。

　　(12) 变更目前作用的图层。单击逻辑关系定义视窗左下方的图层图标，将会显示模拟程序所有的图层清单，选择要设定的作用图层。

　　(13) 隐藏图层。逻辑流程定义视窗中隐藏图层的步骤如下：呼叫图层视窗→将想隐藏的图层左方的图层符号清除。

　　注意：目前作用的图层永远都是可见的，且当其作用时不能加以隐藏。

　　(14) 删除图层。从清单中选择要删除的图层，单击删除(Delete)按钮，接着单击对话框中的 OK 按钮。

　　注意：当图层被删除时，所有与该图层相关的连线将会回复内定的图层颜色。

　　如果单击删除(Delete)按钮时，同时按住 Shift 键，那么确认对话框将会失效而不显示。

8.5.5　蝶状结构视窗

　　蝶状结构(Butterfly)视窗用来显示所选功能节点的所有连线状态，所选择的功能节点显示在视窗的中间，而所有相关的连线则列示在两侧。观察蝶状结构视窗中的功能节点可轻易地追踪相连接的功能节点，并可从中了解事件如何通过逻辑关系传递。图 8-22 所示为蝶状结构(Butterfly)视窗。

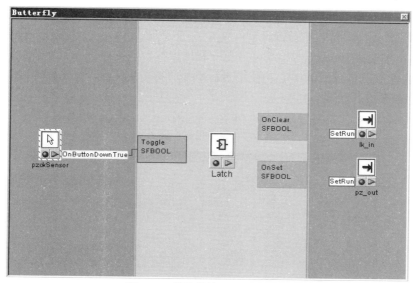

图 8-22　蝶状结构(Butterfly)视窗

1. 显示的信息

显示于蝶状结构视窗中的信息有：中心的(或所选择的)功能节点的名称、图标及所有连接的功能节点；与中心的功能节点相连接的功能节点，与中心的功能节点相连接的事件输入(In-Event)及输出(Out-Event)的名称及形态；相连接的功能节点的收送域的名称。

注意：显示在视窗左侧的功能节点会传送事件输入(In-Event)到中间的功能节点，而显示在视窗右侧的功能节点将会接收中心的功能节点所传送的事件输出(Out-Event)。

蝶状结构视窗中的信息是只读的。

右击功能节点弹出的快捷菜单，主要有以下几个命令。

(1) 树状结构显示(Show in Tree)：在模拟树状结构视窗中反白显示所选择的功能节点。

(2) 排程行为显示(Show in Routes)：在逻辑关系定义视窗中反白显示所选择的功能节点。

(3) 逻辑关系追踪(Follow Routes)：选取此选项时，在逻辑关系定义视窗中会同时显示所选择的功能节点。

(4) 树状结构追踪(Follow Tree)：选取此选项时，在模拟树状结构视窗中会同时显示所选择的功能节点。

2. 使用蝶状结构视窗

利用下列方法可将所选择的功能节点显示在蝶状结构视窗中，作为中心的功能节点。

(1) 在逻辑关系定义视窗(Routes Window)中选择功能节点，并单击鼠标右键，从快捷菜单中选择相应命令。

(2) 蝶状结构显示(Show in Butterfly)。

(3) 在模拟树状结构视窗(Simulation Tree Window)中选择功能节点，单击鼠标右键，在菜单中选择蝶状结构显示(Show in Butterfly)。

(5) 在逻辑关系定义视窗(Routes Window)或模拟树状结构视窗(Simulation Tree Window)中选择功能节点，并单击工具条中蝶状结构(Butterfly)按钮。

(6) 在逻辑关系定义视窗(Routes Window)或模拟树状结构视窗(Simulation Tree Window)中选择功能节点，并按下 Ctrl+B 键。

使用蝶状结构视窗的具体情况如下。

(1) 蝶状结构视窗(Butterfly Window)导览。利用鼠标或方向键改变蝶状结构视窗的焦点，让相连接的功能节点变成新的中心功能节点。利用鼠标变更焦点，单击相连接的功能节点使其成为中心功能节点，如图 8-23 所示。

中心的功能节点　　　　相关的功能节点
CentralNode　　　　　　RelatedNode

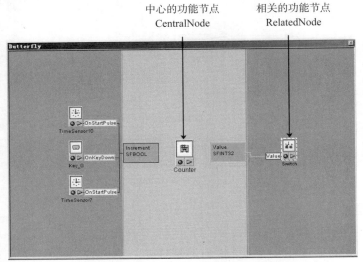

图 8-23　蝶状结构视窗中的中心功能节点及相关功能节点

(2) 利用键盘变更焦点。相连接的功能节点中一定会有一个显示被选取的状态，也就是周围会显示一个白色的方框。可以利用方向键移动这个方框，上下方向键可垂直地移动白色方框，左右键可以水平地移动白色方框。假如被选取的功能节点在中心功能节点的左侧，当按下向左的方向键将会使其成为新的中心功能节点。假如被选取的功能节点在中心功能节点的右侧，按下向右的方向键将会使其成为新的中心功能节点。

(3) 回复先前的中心功能节点。在焦点转移之后，先前的功能节点将会显示被选取的状态，因此，要将焦点转移到先前的中心功能节点是相当容易的。假如先前的中心功能节点在新的中心功能节点的左侧，按下向左的方向键；假如先前的中心功能节点在新的中心功能节点的右侧，按下向右的方向键。

(4) 范例。白色选取方框在定位(Place)功能节点上。首先，按下向左的方向键将白色方框移动到中心功能节点的左侧。图 8-24 所示为移动功能节点到中心功能节点的另一侧的示意图。

为了使所选取的功能节点变为中心功能节点，按向左的方向键，如图 8-25 所示。

在图 8-26 中，按向左的方向键使左侧的功能节点变为中心功能节点，先前的中心功能节点移到视窗右侧，若要使其回到中心，按向右的方向键，如图 8-26 所示。

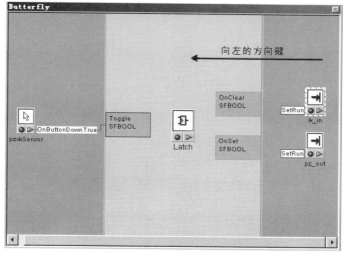

图 8-24　移动功能节点到中心功能节点的另一侧

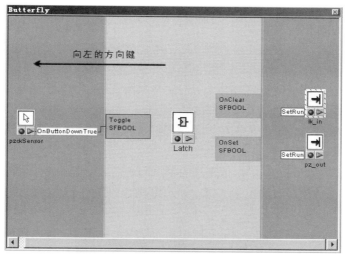

图 8-25　按向左的方向键使左侧的功能节点变为中心功能节点

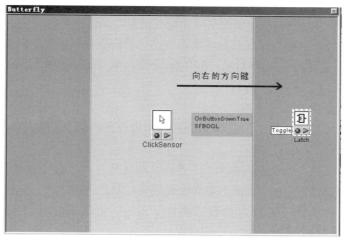

图 8-26　左侧功能节点成为中心功能节点

(5) 显示属性视窗。在选取的功能节点上单击鼠标右键，并在快捷菜单中选择显示属性视窗(Show Properties)命令。

8.5.6　搜寻视窗

1．说明

搜寻视窗(Find Window)如图 8-27 所示，是用来搜寻模拟树状结构中功能节点位置的工具，当模拟程序十分复杂，且必须变更一个或多个功能节点的属性时，搜寻视窗是一个非常有帮助的工具。

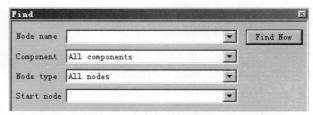

图 8-27　搜寻视窗

(1) 功能节点名称(Node Name)：依据功能节点的名称进行搜寻，输入一个或多个功能节点名称的特征。

注意：可以输入完整的名称文字字串，但并非较为适合。例如，输入 de，EON 将会同时搜寻到 Decal 及 LevelOfDetail 两个功能节点。

(2) 模拟元件(Component)：依据模拟元件群组的定义进行搜寻。下拉式清单中所列的分类与模拟元件清单中的分类一样。

(3) 功能节点类型(Node Type)：依据功能节点的定义进行搜寻。在下拉式清单中选择要搜寻的类型，假如从元件下拉式清单中选择一种元件群组，那么将只会显示与该群组有关的功能节点。

(4) 开始功能节点(Start Node)：依据模拟树状结构进行搜寻。可以自行输入完整的路径，或由模拟树状结构中选择一个功能节点，并将其拖动到开始功能节点栏。

2．使用搜寻视窗

(1) 寻找功能节点。输入指定功能节点的搜寻信息，请注意搜寻视窗中所有的栏都必须使用，搜寻的结果将会显示在视窗底部的表格中，而该表格会显示下列的信息。

① 名称(Name)：这个栏始终可见，即使卷动水平轴，此栏依旧会显示在表格的左方。

② 路径(Path)：模拟树状结构的路径。

③ 类型(Type)：功能节点类型。

如果所搜寻的功能节点属于一种类型(例如，所搜寻到的都是框架功能节点)，显示的内容将会包含外显收送域(Expose Field)。

注意：多值收送域，也就是名称为 MF 开头的收送域，并不会显示出来。

具有 SFVect2f 及 SFVect3f 数据形态的收送域会显示在表格之中，但栏名称与属性视窗中所显示的名称并不会相同。例如，颜色收送域的红(Red)、绿(Green)及蓝(Blue)在表格中命名为：颜色 1(color1)、颜色 2(color2)及颜色 3(color3)。

(2) 结果排序。若想要结果按类型排序，单击类型栏的标题即可，重复单击标题栏可切换递增排序及递减排序方式。

(3) 显示位置。以鼠标双击表格列中的功能节点，该功能节点在模拟树状结构中的位置将会反白显示。

(4) 编辑数值。可以直接在表格中编辑数值，当数值改变后，功能节点属性视窗中的数值也会自动更新。

8.5.7　事件记录视窗

图 8-28 所示为事件记录视窗(Log Window)，它提供最新的 EON 区段操作信息，其主要用途是侦错及改善协调模拟程序的行为。当模拟程序包含脚本(Script)程序或是新增了自订的功能节点时，事件记录视窗便能发挥很大的效用。

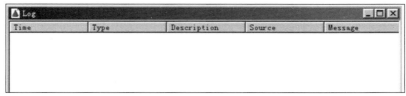

图 8-28 　 事件记录视窗

(1) 快捷菜单。当在事件记录视窗中单击鼠标右键，将会显示快捷菜单。

① 设定滤器(Set Filter…)：打开事件滤器视窗。

② 停止事件记录(Stop Log)：停止事件记录。

③ 清除事件(Clear Log)：删除所有事件记录。

④ 存储事件(Save Log As)：存储事件记录数据。

(2) 事件记录滤器。用来指定显示在事件记录视窗中的信息形式，可以从格式(Option)菜单中选择设定事件记录滤器(Set Log Filter)命令，或是从工具条中选择事件记录滤器(Log Filter)，也可以从快捷菜单中设定滤器。

注意：当开关模拟程序时，事件记录滤器的数据将进行存储。

(3) 事件记录类型。事件记录的类型如下。

① 致命错误(Fatal Error)：显示致命的错误，所谓的致命错误是指执行模拟程序之前必须修正的错误。

② 错误(Error)：显示不严重的错误。

③ 事件(Event)：显示目前模拟程序中的所有事件。

④ 脚本程序轨迹(Script Trace)：用于检验脚本程序的逻辑关系是否执行。

⑤ 除错(Debug)：显示除错的信息，常用于 EON 专业版的程序开发者新增自订功能节点的时候。

⑥ 信息(Information)：显示程序开发者给用户的信息。

⑦ 用户命令(User Command)：显示模拟过程中使用的用户命令。

8.5.8　元件视窗

1. 说明

EON Studio 的功能节点(Node)及标准元件(Prototype)数据库显示在元件视窗中。在如图 8-29

所示的元件视窗(Components Window)中单击适当的标签即可打开数据库。

可以打开多个需要的元件视窗，例如，如果需要同时打开标准元件及功能节点数据库，只需继续打开第二个元件视窗即可。

图 8-29　元件视窗

功能节点在数据库中的排列如下：行为代理功能节点(Agent Node)、基础功能节点(Base Node)、运动模块功能节点(Motion Model Node)及感测功能节点(Sensor Node)。当安装任何 EON 外挂模块，如 EON Show room 或 EON Peripherals，元件视窗中将会新增附加的功能节点群组。

标准元件以数据库的形式排列，在标准元件标签中可看到所有标准元件，且标准元件也是可以增为新的数据库文件的。

2. 使用节点元件视窗

节点元件视窗主要是用来展示功能节点及标准元件，以便用户创作模拟程序。

(1) 寻找功能节点。如果知道功能节点所属于群组，可以在下拉式菜单中选择该群组，并从清单选择所需的功能节点。快速寻找功能节点的另一种方式是在搜寻栏(该栏位于下拉式菜单的下方)中输入功能节点的第一个字母。如果不知道功能节点的群组，请确定下拉式菜单中所选的是"所有功能节点(All Nodes)"。

(2) 寻找标准元件(Prototype)。如果知道标准元件所属群组，可以在下拉式菜单中选择该群组，并从清单选择所需的标准元件。快速寻找标准元件的另一种方式是在搜寻栏(该栏位于下拉式菜单的下方)中输入标准元件的第一个字母。

3. 标准元件(Prototypes)

(1) 关于标准元件(Prototypes)

标准元件是 EON 中一个最重要的特色，其主要用来增强 EON 建立复杂模拟程序的能力，以及改善程序的变通性。

标准元件类似电脑程序语言中的副程序，标准元件实际上可视为 EON 模拟元件子树状结构的封装压缩。当子结构被封装成标准元件时，所有相关的逻辑关系都会包含在里面。标准元件也是一个分离的物体，其具有可以编辑的属性，正如同标准的 EON 功能节点的属性一样。

标准元件以图标的方式显示在模拟树状结构视窗中。如图 8-30 所示为位于模拟树状结构视窗下方的区域标准元件视窗。

图 8-30　位于模拟树状结构视窗下方的区域标准元件视窗

标准元件存储在个别的数据库中，可作必要的存取。借助标准元件数据库中已存在的标准元件的组合，复杂性高的模拟程序的制作可更加快速且简单。

(2) 为何使用标准元件

如果将模拟树状结构分离成小的、独立的物体，那么要解说一个复杂的模拟树状结构是很容易的，而其所谓的独立物体——标准元件——与相对应的子树状结构集合相比较，标准元件是较容易管理的物体。

运用标准元件能够使得子树状结构再利用更加容易，因为封装后的子树状结构包含功能节点及逻辑关系，而且可以重复使用的不单只有复杂的物体，甚至于 EON Studio 逻辑关系定义视窗中的行为也可不断地重复再使用。

标准元件影响了用户在逻辑关系定义视窗中的使用方式，取代了图层中的新增逻辑关系，逻辑关系已定义在标准元件之中，这使得逻辑关系定义视窗更容易使用，逻辑关系更容易追踪，使得逻辑关系的新增定义较从前更有效率。

4. 使用标准元件

(1) 定义(Definition)及实例(Instance)标准元件

标准元件利用两种方式包含在模拟程序中：在标准元件区域视窗中的标准元件，在模拟树状结构中的实作标准元件。定义标准元件及实作标准元件的不同点在于定义标准元件仅是包含标准元件内容的传述，而实作标准元件是具有相关文件的树状结构的复制形式。定义标准元件可视为模拟树状结构中实作标准元件的暂时形式。

定义标准开拓型，显示于区域标准元件视窗中，包含标准元件子树状结构及所有相关文件的信息。图 8-31 所示为定义标准元件及实作标准元件。当标准元件新增到模拟树状结构中，它将会变成实作标准元件，且可视为标准 EON 功能节点。在标准元件新增到模拟程序之前，必定列示在区域标准元件视窗中。当定义标准元件改变时，所有相对应的实作标准元件将会同时改变。

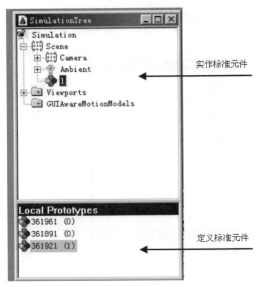

图 8-31　定义标准元件及实作标准元件

当模拟树状结构中的实作标准元件被选取时，区域标准元件视窗中相对应的定义标准元件也会被反白显示。

(2) 多层次的标准元件

标准元件可进行封装——标准元件可以包含其他的标准元件，被包含的标准元件又可包含其他标准元件。图 8-32 所示为模拟程序中两个层次的标准元件。

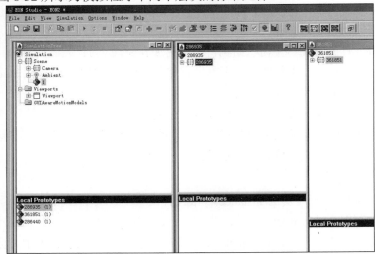

图 8-32　模拟程序中两个层次的标准元件

(3) 标准元件各种形式

如前所述，标准元件可视为模拟元件子树状结构，也可视为具有属性的物体。标准元件的模拟元件子树状结构属性皆显示在标准元件编辑视窗中。

每一个定义标准元件都具有可编辑的属性，可在定义标准元件属性视窗中找到。

(4) 标准元件数据库

标准元件可由标准元件数据库中进行存取，而标准原数据库可在元件视窗中打开。

5. 新增标准元件

要从数据库中新增一个标准元件，只需拖曳所选择的标准元件图标到模拟树状结构中即可。当从数据库中新增一个标准元件到模拟程序时，定义标准元件仍将显示在区域标准元件视窗中，所有目前模拟程序中所用到的标准元件也会同时显示在区域标准元件视窗中，如果已经有相同的标准元件存在于目前的模拟程序，那么新的标准元件名称后面将会显示其数目的数字，随着相同的标准元件新增时，该指示数字也会相对地增加。

注意：一个标准元件可在加入模拟图形之前修改，先在标准元件视窗中创建一个原稿，加以修改后将其放入模拟图形中。

(1) 区域及全域数据库

因为标准元件在区域及全域数据库中皆可加以群组，故必须指定搜寻路径。从格式(Option)菜单中选择偏好(Preferences)命令，并在偏好视窗中指定适当的搜寻路径，如图 8-33 所示。

当启动 EON Studio 时，在设定的路径中所找到的标准元件数据库将会显示在元件视窗中。标准元件数据库是以独立的 eop 文件进行存储，此格式是用来存储标准元件的特殊格式。偏好视窗中有一个工具条用来管理数据库的搜寻路径，如图 8-34 所示。

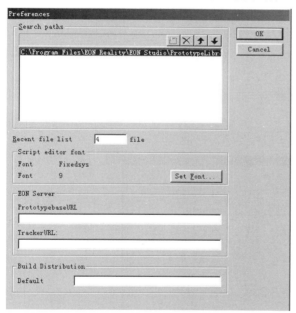

图 8-33　用来指定标准元件数据库路径的偏好视窗

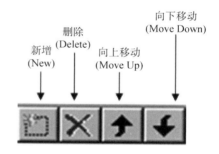

图 8-34　偏好工具条

单击新增(New)按钮来增加一个新的路径，将显示一条线能够自行输入路径，或是单击浏览(Browse)按钮，利用浏览选择的方式给定正确的路径。

6. 自定标准元件

标准元件的自定方式有两种：改变定义标准元件的属性，或是改变标准元件编辑视窗中的树状结构。

注意：当模拟程序执行时，或是当标准元件包含目前 EON 系统未授权的功能节点时，标准元件不能进行编辑。

7. 区域标准元件视窗

在区域标准元件视窗中可编辑定义标准元件。改变定义标准元件的属性时，模拟程序中的实作标准元件也会受到影响。在区域标准元件视窗的定义标准元件图标上单击鼠标右键，将会显示具有下列命令的快捷菜单。

(1) 属性(Properties)：打开定义标准元件属性视窗。

(2) 打开(Open)：打开标准元件编辑视窗。

(3) 剪切(Cut)：移除目前的选择并将其放置到剪贴本上。

(4) 复制(Copy)：复制目前的选择并将其放置到剪贴本上。

(5) 删除(Delete)：删除目前模拟程序中的定义标准元件。

注意：如果模拟树状结构中有实作标准元件，那么其定义标准元件将不能被删除。

(6) 重制(Clone)：新增一个相同的标准元件。

如果没有选择任何的定义标准元件，而在区域标准元件视窗中按下鼠标右键，那么将会打开下列的快捷菜单。

(1) 粘贴(Paste)：插入剪贴本上的内容。

(2) 正常检视(Normal View)：显示大的标准元件图标。

(3) 紧密检视(Compact View)：显示小的标准元件图标。

8. 元件属性视窗

借助鼠标双击标准元件的图标，或是在图标上单击鼠标右键并在快捷菜单中选择属性(Properties)选项，即可打开定义标准元件属性视窗。

(1) 一般(General)

图 8-35 所示为定义标准元件属性视窗的一般标签的对话框。

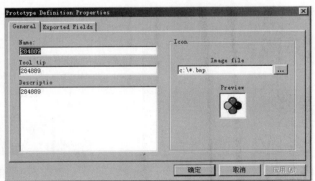

图 8-35　定义标准元件属性视窗的一般标签的对话框

① 名称(Name)：标准元件的名称。

② 提示工具文字(Tool Tip Text)：新增提示工具文字，那么当鼠标位于定义元件上方时，就会看到提示工具的说明文字。可以利用此功能来新增标准元件特色的说明，当在浏览元件数据库时，这些说明将带给莫大的帮助。

③ 说明(Description)：新增说明以便显示于属性视窗中。

④ 图标影像文件名称(Icon Image File Name)：通过指定新的 bitmap 图形文档，以手动的方式输入新的图形位置，或是单击浏览(Browse)按钮选定图形文件。这样可以改变标准元件的图标图形。

(2) 新增自己的标准元件图标

可以利用任何的图形处理软件新建图标的影像，虽然可以使用 24 色以上的图形，但 16 色的图形是较佳的选择，因为可以避免图形的失真。

注意：*在 EON 中，图形左上角的像素会预定新增为透明的颜色，也就是说，与图形左上角像素相同的颜色最后都将会透明化处理。*

(3) 输出的收送域(Exported Field)

所谓输出的收送域是指，当标准元件制作成实作标准元件时，有效地收送域。当标准元件新增到子树状结构中，EON Studio 将会转换所有进入与送出该子树结构的逻辑关系为输出的收送域。输出的收送域必须与标准元件中存在的功能节点作内部的连接。输出收送域只能够在定义标准元件中新增，但其中的值则可在实作标准元件中作个别的变更。

注意：*定义标准元件中输出收送域的值如果遭到变更，所有与该定义标准元件相关的实作标准元件将不受任何影响，变更的值仅会影响到新的实作标准元件。*

① 新增收送域(Add new field)：利用此按钮增加输出收送域。

② 删除收送域(Remove selected field)：利用此按钮删除输出收送域。图 8-36 为输出的收送域标签的对话框。

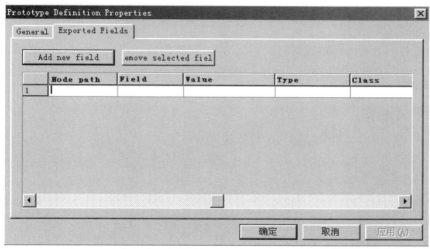

图 8-36　定义标准元件属性视窗中输出的收送域标签的对话框

下面列出各个收送域属性的说明。

① 名称(Name)：收送域的名称。

② 数值(Value)：指定的收送域初始值。

注意：*当收送域形态是 SFNode 或 MFNode 时，将能指定初始值。*

③ 形态(Type)：数据形态(SFBool、SFInt32、SFFloat 等)。

④ 功能节点路径(Node path)：输出收送域所连接的标准元件子树状结构中功能节点绝对路径。当新增一个输出收送域时，此路径将会自动设定。

⑤ 收送域(Field)：目的功能节点的收送域/事件的名称。

⑥ 类别(Class)：收送域的类别(事件输入收送域、事件输出收送域、本地收送域或收送域，其中收送域类别是在逻辑关系定义视窗中不能与其他功能节点相连接的收送域)。

(4) 新增一个输出的收送域。依下列步骤可新增一个输出的收送域。

① 在标准元件子树状结构或逻辑关系视窗中选择功能节点。

② 单击鼠标右键并选择标准元件属性。

③ 选择输出的收送域标签，并单击选择新增收送域。

④ 输入必需的信息，并单击"确定"按钮。

8.5.9　标准元件编辑视窗

除非标准元件中含有未经目前 EON 系统授权的功能节点，所有在区域标准元件视窗中的定义功能节点都可以加以编辑。利用快捷菜单，或按住 Shift 键在标准元件图标上双击鼠标左键，或是选取定义标准元件并从视窗菜单中选择标准元件(Prototype)中的打开标准元件(Open Prototype)，即可打开标准元件编辑视窗，如图 8-37 所示。

图 8-37　标准元件编辑视窗

标准元件编辑视窗的组织结构与模拟树状结构相类似，在上半部的视窗以树状的结构显示标准元件所含的功能节点的层次关系。

借助视窗的划分，在下半部的视窗中可以看到子标准元件(sub-prototype)，这与原始的模拟树状结构视窗中区域的标准元件视窗的作用是一致的，而在标准元件编辑视窗中的快捷菜单的命令也是相同的。

当标准元件另含有子标准元件时，利用 Shift 键并用鼠标双击子标准元件图标，或是快捷菜单的命令，可以打开额外的标准元件编辑菜单。当模拟程序中具有数个标准元件时，也可以打开数个编辑视窗以便检视。

1. 新增标准元件

新增标准元件可通过树状结构及子树状结构的逻辑关系来达成，当子树状结构转换为标准元件之后，在逻辑关系定义视窗中所定义的逻辑关系将会被移除，模拟元件子树状结构可借助下列的方法转换为标准元件。

(1) 拖曳与释放(Drag and Drop)：选定适当的模拟元件子树状结构，拖曳最上层的功能节点到区域标准元件视窗。如果选择不合理，鼠标的光标将会给出提示。

(2) 从快捷菜单(From the Pop-up Menu)：选定适当的模拟元件子树状结构，并在最上层的功能单击鼠标右键，在快捷菜单中选择新增标准元件(Create Prototype)。

(3) 复制/粘贴(Copy/Paste)：选定适当的模拟元件子树状结构，并选取最上层的功能节点，单击鼠标右键由快捷菜单中选择复制(Copy)，然后到区域标准元件视窗，单击鼠标右键在快捷菜单中选择粘贴(Paste)。

注意：EON Studio 目前的版本中，标准元件最上层的功能节点是框架功能节，如果不是，则子树状结构不能转换为标准元件。

2. 存储标准元件

在区域标准元件视窗中所新增的标准元件仅能在目前的模拟程序中看到，如果要将标准元件用到其他的模拟程序或让其他用户共享，则必须将该标准元件复制到标准元件数据库中。

将标准元件由区域标准元件视窗拖曳到元件视窗的标准元件数据库中，就算是完成了新增标准元件到数据库的动作。

(1) 标准元件群组化(Grouping Prototypes)。在元件视窗中，标准元件可与其他具有类似功能的标准元件组成群组。

通过群组选择方块中新增(New)选项，即可增加一个新数据库，并会显示一个对话框，要求输入新群组的名称。输入新群组的名称，并从区域标准元件视窗中拖曳标准元件到标准元件数据库。

群组化的所有标准元件会存储在具有 eop 文件压缩的 eoz 文件。群组的名称将与文件名称相同(但不具有副档名)。

(2) 移动标准元件。群组间的标准元件也可以相互移动，可以打开两个或两个以上的元件视窗，并将标准元件由其中一个视窗拖曳到另一个视窗后释放就可以了。

注意：实际上，移动标准元件是一种复制的动作，材质及几何数据(共享数据)并不会从旧的群组中移除，这样可避免具有共享数据的旧群组的标准元件连线遗失。

3. 移除标准元件

当要从数据库群组中移除标准元件时，只需要选择标准元件图标并按下 Delete 键，然后屏幕上将会显示确认对话框，单击 OK 即可！

注意：材质及任何的共享数据并不会从群组中移除。

要将定义标准元件从区域标准元件中移除，实作计数必须为零(定义标准元件图标的数目)。要删除定义标准元件时，选择标准元件后按 Delete 键，或是从快捷菜单中选择删除(Delete)命令。

4. 逻辑关系定义视窗中的标准元件

逻辑关系定义视窗中的内容是用来反应目前模拟树状结构的状态。如果打开标准元件编辑视窗，逻辑关系定义视窗将会显示标准元件子树状结构中功能节点间相关的逻辑关系。标准元件中的功能节点可以利用 3 种方式在逻辑关系定义视窗进行连接。

(1) 实作标准元件，在模拟树状结构中与其他的功能节点共同运作。可以模拟树状结构中，从功能节点的收送域中新增逻辑关系到标准元件的收送域。

注意：不能建立逻辑关系到标准元件中的独立功能节点。

(2) 新增功能点间的逻辑关系，使得标准元件更加完善，可以参考逻辑关系定义视窗节中说明。

(3) 可以利用输出收送域来新增标准元件内部和外部功能节点间的逻辑关系。

在开始制作标准元件内部与外部功能节点间的连接前，必须定义输出的收送域。标准元件中所有的输出收送域将会显示在标准的事件输入(in-event)与事件输出(out-event)的下拉式菜单中，正如在逻辑关系定义视窗中新增逻辑关系所显示的一样。而逻辑关系定义视窗中提示工具将会包含标准元件所有的输出收送域。

5. 范例

此范例将指导新增一个简单的标准元件，利用鼠标单击物体门来控制门的打开。

(1) 建立标准元件

① 打开一个新的模拟程序，在场景(Scene)功能节点之下新增一个框架功能节点。

② 在框架功能节点之下新增一个点选感应器(Click Sensor)功能节点。

③ 在框架功能节点之下新增一个自由度(Degree of Freedom)功能节点。

④ 在框架功能节点之下新增一个切换开关(Latch)功能节点。

⑤ 在自由度(Degree of Freedom)功能节点之下新增两个定位(Place)功能节点及一个网格(Mesh)功能节点。

新增标准元件的模拟树状结构如图 8-38 所示。

(2) 规划插入的物体

① 打开网格(Mesh)功能节点属性视窗，并浏览 Media 目录，选择 cube.x 文件，单击网格(Mesh)功能节点属性视窗中大小(Scale)标签，并设定 X、Y、Z 的值为 1、2、0.1。如此一来，即完成门的模型设定。

② 在第一个定位(Place)功能节点的属性视窗中设定绕 Z 轴旋转(Heading)为 90(绝对)，并设定移动时间(Time to Move)为 1 秒。通过如此设定，门的模型以一秒的时间旋转 90° 进行门的打开动作。

③ 在第二个定位(Place)功能节点的属性视窗中设定

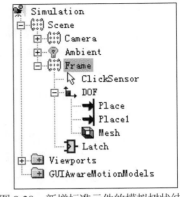

图 8-38　新增标准元件的模拟树状结构

绕 Z 轴旋转(Heading)为 0(绝对)，并设定移动时间(Time to Move)为 1 秒。这个功能节点是用来执行门的开关动作。设定自由(DOF)功能节点属性视窗中原点/平移(Origin/Translation)的 X、Y、Z 为 1、0、0，经设定后可将门的旋转中心移到门的边线上。

(3) 设定逻辑关系

① 拖曳鼠标感应器(ClickSensor)、切换开关(Latch)及两个定位(Place)功能节点到逻辑关系定义视窗。连接鼠标感应器(ClickSensor)功能节点中按键按下为真(OnButtonDownTrue)选项，到切换开关(Latch)功能节点中开关(Toggle)选项。

② 连接切换开关(Latch)功能节点中在设定状态(OnSet)选项，到定位(Place)功能节点中设定执行(SetRun)选项(这个逻辑关系用来执行门的打开动作)。

③ 连接切换开关(Latch)功能节点中在设定状态(OnClear)选项，到定位(Place)功能节点中设定执行(SetRun)选项(这个逻辑关系用来执行栓门动作，即关门并栓上的动作)。

(4) 转换子树状结构为标准元件

当完成先前所有的步骤之后，已经拥有一个可以执行打开与关闭动作的白色的门。接下来可以利用单击父功能节点－图片帧功能节点，单击鼠标左键，选择新增标准元件(Create Prototype…)命令，即可将子树状结构转换为标准元件。完成这个步骤之后，模拟树状结构视窗的下半部视窗中新增了一个图标，这就是所建立的标准元件。

接下来的步骤，将给予标准元件一个新的名称，并新增一段说明文字。在标准元件图标上双击鼠标左键。在对话框的名称(Name)栏中输入名称，如可单击的门。在说明(Description)栏中输入适合的说明文字。利用 Microsoft Paint 新增一个新的图标，存储为 16 色的 bitmap 格式，如果图形大于 32×32 像素，它将会缩小到适合的大小。

(5) 自定义标准元件的属性

截至此步骤，所设计的这扇门只能执行 90° 角的打开动作。接下来增加某些属性，让用户在使用时可以自行决定门打开的角度。

① 按住 Shift 键并在标准元件的图标上双击鼠标左键，标准元件将会被展开，可以看到一个新的视窗，其中包含此范例开始时所建立的子树状结构。

② 选取第一个定位(Place)功能节点并单击鼠标右键，从快捷菜单中选择标准元件属性(Prototype Properties…)命令，出现一个对话框，可以输出标准元件中功能节点的收送域，而输出的收送域所提供的属性，可以让标准元件的其他用户轻易地进行设定的动作。

③ 单击增加新的收送域(Add new field)按钮，将产生新的输出收送域，这个收送域也就是定位(Place)功能节点初始的设计执行(SetRun)收送域。

④ 为输出收送域取一个更适合的名称(在第一个栏)，如 MaxSwing。

⑤ 将收送域(Field)栏往下拉并选择旋转(Rotation)，输出旋转的收送域到标准元件中。

⑥ 关闭对话框。

⑦ 回头再看模拟树状结构视窗并检查标准元件中有效的收送域(在模拟树状结构中标准元件图标上双击鼠标左键)，在标准的收送域下，可看到一个 MaxSwing 新的收送域，且其中的值为 9000，试着输入 4500 的向量值，将会发现门的模型执行打开的动作会变成旋转 45°。

(6) 实作标准原则

如果有两个门的实作标准元件，可以在先前所设定的输出收送域中给予不同的值——每一个实作标准元件能够拥有其独立的设定。然后，让新增第二个实作标准元件。

① 从下半部的视窗中选择并拖曳区域标准元件图标到上半部，并将其放在场景(Scene)功能节点的图标下。在第一个标准元件的图标下将会显示一个新的图标，如图 8-39 所示。

② 当执行模拟程序时，将会发现第二个实作标准元件与第一个实作标准元件在相同的位置上，这是很正常的，在框架功能节点中包含门的原点设定(标准元件中父框架功能节点)。为了让用户能更自由地针对实作标准元件的位置进行设定，必须再输出框(Frame)功能节点中位置(Position)及方位角(Orientation)的眉头区域，用户可以依自己的希望来设定门的位置。

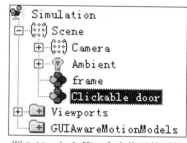

图 8-39   加入第二个实作元件后的模拟树状桔构视窗

打开标准元件，选择父框架功能节点，并从快捷菜单中选择标准元件属性(Prototype Properties…)命令。

新增两个新的收送域——Position 和 Orientation，第一个收送域的收送域(Field)栏中设定为位置(Position)，而第一个设定为方位角(Orientation)。

③ 回到模拟树状结构视窗中，将会发现两个新的收送域附加在标准元件的功能节点中，在第二个实作标准元件图标上双击鼠标左键，并设定位置为−300，如此一来，第二个门模型将会向左移动 3 个单位。

④ 执行模拟程序，确定两个门的模型，单击模型可以分别执行打开和开闭的动作。

8.6   导入 3D 物体

一般而言，利用文件格式的转换来新增 3D 物体到模拟程序中，是模拟程序建构过程中必需的程序。EON 可以读取 x、ppm、png、wav、avi 及 midi 等文件，但 3D 物体则必须经由其他的格式(例如 3DStudio)导入。当导入文件时，程序会将原始的文件格式转换为适用于 EON 的格式。本节介绍各种场景数据导入到 EON Studio 5.2 的方法。

8.6.1   EON 可支持的 3D 文件格式

EON Studio 5.2 能支持的 3D 文件格式如下。

(1) AliasTriangle(*.tri)：利用 Alias Power Animator/Studio/AutoStudio/Designer 可将文件输出为 Alias 研发的三角形二进位文件。此种文件包含每一个点的几何数据列，其中包含 uv 坐标的三角形格式。此外，文件中还包含材质文件名称，这些文件是原始文件场景中多边形结构层次的叙述文件。

(2) ACIS& SolidEdge(*.sat、*.sab、*.par)：任何利用空间技术中 ASIC 工具的程序皆可写为 ACIS SAT/SAB 几何文件。使用 ACIS 的产品有 CADKEY、AutoCAD、Electric ImageModeler、triSpective、MicroStation、SolidEdge 及 CorelCAD 等。

(3) DXF ASCⅡ/Binary(*.dxf)：众多的应用程序均可以识别此种文件格式，且在转换 2D 及 3D 的数据方面，已成一种实际的标准。

(4) IGESv5.3(*.igs、*.iges)：许多 CAD 及 3D 应用软件皆可输出 iges 格式的文件，此种文件格式很复杂，且具有版本的限制。

(5) LightWave(*.lw)：由美国 NewTek 公司开发的三维动画软件 LightWave3D 所创建的模型的数据格式。

(6) OpenFlight(*.flt)：OpenFlight 是一个工业标准，是针对即时 3D 场景进行描述的文件格式，由 MultiGen 公司所研发并具有拥有权，当初研发的主要目的是用来解决视觉化模拟社群数据传输的需求。

(7) Pro/Engineer.SLP(*.slp)：Pro/Engineer SLP 着色(Render)文件由 PTC Pro/Engineer 所建立，是一种简单的格式，其中仅包含三角形的点数据及颜色数据。

(8) SoftImage(*.hrc、*.dsc)：Microsoft SoftImage 特有的文件格式。

(9) Stereo Lithography.STL(*.stl)：在 CAD 程序应用于快速元件制作(rapid prototype)上，STL 文件格式是相当典型的格式。此种文件以三角形为建构基础的文件格式。

(10) TrueSpace(*.cod、*.scn)：Caligari TrueSpace 专用的文件格式。

(11) USGSDEM(*.dem)：United State Geological Survey(USUG)数字立视图模型(Digital Elevation Model)文件格式，许多网络上的 3D 风景文件即可利用此文件格式。

(12) WaveFront(*.obj)：WaveFrontOBJ(object)是 WaveFront 的 Advanced Visualizer 应用程序用来存储线、多边形、自由形态曲线及曲面的文件格式。

(13) VRML97(*.wrl)：VRML 是 Virtual Reality Modeling Language 的缩写，而实际上，这是一种网络上用来显示 3D 物体的规格。

(14) 3D Studio(*.3ds)：Autodesk 3DStudio 文件。

注意：EON 在每个多边形上只允许应用一个材质，许多 3D 模型程序允许一个曲面上有多个材质以图层的方式应用在上面，EON 并不支持此种方式。

文件转换过程中如果发生任何的错误，这些信息将会传送到 EON Studio 的事件记录视窗。若需要这些信息，可以设定事件记录滤器，以便于显示错误。

8.6.2 导入场景模型数据程序

表 8-2、表 8-3 和表 8-4 列出了各种文件格式对应的导入程序。大部分的格式，包含 3DStudio 及 LightWave 文件，是利用外挂转换程序来导入的，并插入到模拟树状结构中。OpenFlight 及 VRML 文件则是利用不同的程序。然而，所有的文件格式导入时，第一个步骤都是相同的，如表 8-2 所示。

表 8-2　各种文件格式对应的首步导入步骤

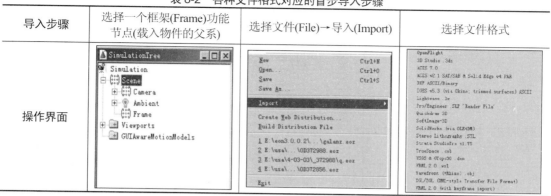

导入步骤	选择一个框架(Frame)功能节点(载入物件的父系)	选择文件(File)→ 导入(Import)	选择文件格式
操作界面			

下列的这些格式是利用外挂转换程序导入：3DStudio.3ds，ACIS3.x&，SolidEdge SAT/SAB/PAR，ACISv2.1SAT/SAB&，SolidEdgev4PAR，AliasTriangle，DXFASCⅡ/Binary，IGESv5.3ASCII，Lightwave.lw，Pro/E.SLP，"RenderFile"，SoftImage，StereoLithography.SLT，TrueSpace.cob，USUG.dem，WaveFront，(+Rhino).obj，一旦导入 EON 之后，物体将会被转换成网格(Mesh)功能节点，并置于 EON 模拟树状结构中。

接下来的步骤将会因为导入文件不同而有所不同，如表 8-3 所示。

表 8-3　不同文件格式导入后的步骤

导入文件格式及说明	操作步骤
3DStudio.3ds 文件导入时，在物体文件导入后的步骤	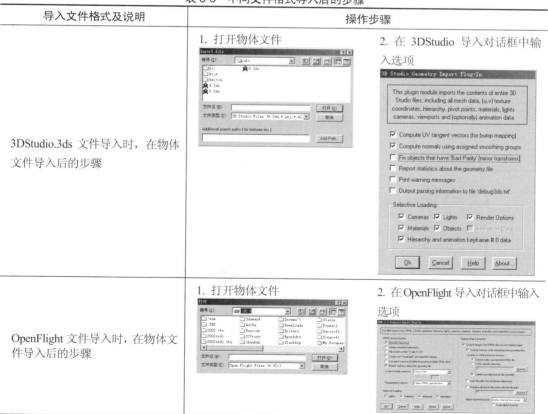 1. 打开物体文件　　　　2. 在 3DStudio 导入对话框中输入选项
OpenFlight 文件导入时，在物体文件导入后的步骤	1. 打开物体文件　　　　2. 在 OpenFlight 导入对话框中输入选项

(续表)

导入文件格式及说明	操作步骤
VRML97 文件导入时，在物体文件导入后的步骤	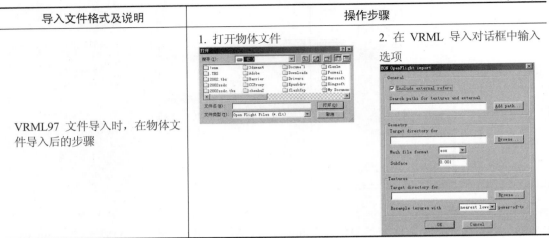 1. 打开物体文件　　　　　　　2. 在 VRML 导入对话框中输入选项

接下来的步骤所说明的是利用外挂程序转换的文件格式的执行过程(.3ds 等)，如表 8-4 所示。

表 8-4　利用外挂程序转换的文件格式的执行过程

执行过程	操作界面
建立 EON 的层级。任何 EON 的子树状结构皆从转换程序的数据库来建立。子树状结构将会包含网格(Mesh)及框架功能节点，所有利用外挂程序进行转换的文件格式在此步骤的选项是相同的	

8.6.3　导入 3D Studio 文件及其他外挂程序转换格式

本范例中所导入的是 3D Studio 的文件，其程序与所有外挂转换导入的格式是相同的，对于每一种格式的第一个导入选项对话框都是相同的(在对话框中的选项都是输入 3D 文件格式到转换程序内部)。请注意，所有导入选项在 EON Studio 参考手册中有详尽的说明。

(1) 在模拟树状结构中选择一个框架功能节点，作为导入的物体的父系功能节点。

(2) 选择文件(File)→导入(Import)，并选择要导入的文件的格式，导入文件(Import File)视窗将显示在屏幕上，在本范例中导入的是 3ds 文件。图 8-40 为导入档案(Import file)对话框。

(3) 浏览或输入文件名称，指定所要导入的文件。

(4) 加入主要相关文件的搜寻路径(Search Path)，这些文件一般是指材质的文件，且这些文件所存放的文件夹与主要文件是分离的，也就是说，材质文件与主要文件若不在同一个文件夹中，则必须给定搜寻路径。单击新增路径(Add Path...)按钮给定路径，出现一个对话框，可以用浏览的方式指定搜寻路径的文件夹，也可以利用分号来分离数个所指定的路径(例如

C:\TEXTURRDS；C:\MORE_TEXTURES)。如果导入程序无法找到材质文件，其信息将会登录在 EON Studio 事件记录视窗中。

(5) 输入导入选项，以便于将文件的信息导入到内部的数据库格式。这些导入文件的输入选项会随文件格式的不同而有所不同。导入对话框中的选项主要是用来建立 EON 模拟树状结构，而其中目录路径是为了导入材质(Texture)及网格(Mesh)的目的路径。其他对话框中的设置，可以选择与图 8-41 相同的设定，或是参照参考手册的选项设定信息。单击 OK 按钮即可将物体转换为 EON 所支持的格式。

图 8-40　导入档案(Import file)对话框

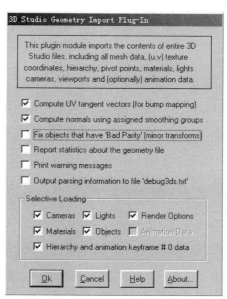

图 8-41　设置导入选项

8.6.4　更多的导入程序

对于所有外挂程序转换的文件格式而言，在打开文件后共有两个导入的步骤。第一个步骤是导入并转换文件到内部的数据库中，在这个步骤中，对话框的输入选项是针对每一种导入的 3D 文件格式所设定的；第二个步骤是通过外挂转换程序，从数据库中建立 EON 的层级关系，在这个步骤中所输入的选项是用来建立 EON 模拟树状结构，所有的几何结构将被转换为多边形的网格，而所有的材质将被转换为 EON 适用的格式，这些物体在父系图片帧功能节点下，形成框架及网格功能节点的树状层次关系。

1. 导入 OpenFlight

OpenFlight 导入程序是用来转换及增添 OpenFlight 文件，使其可用来建构模拟树状结构的物体。它所支持的材质格式为 SGI、TIFF、JPEG、BMP、PCX 及 GIF。

(1) 导入程序。从导入子菜单中选择 OpenFlight，并打开 OpenFlight 文件，如图 8-42 所示。

(2) 在所显示的对话框输入材质及其他外部参考数据的搜寻路径，以及材质及网络的目的地目录，如图 8-43 所示。

有关于对话框中其他设置，可以选择图 8-41 中相同的选项，最后单击 OK 按钮，等待功能节点建立在树状结构中。在此期间，某些信息将会记录在 EON 事件记录视窗。有关于其导入选项的信息在 EON 参考手册中有详尽的说明。

图 8-42　导入 OpenFlight 文件

图 8-43　OpenFlight 导入程序对话框

2. 导入 VRML97

EON 能够导入 VRML97 的文件，并可在所开发模拟程序中使用。EON 支持的 VRML97 节点有 Group、Transform、Shape、Appearance、Image Texture、Pixel Texture、Texture、Box、Cone、Cylinder、Sphere、Extrusion、Elevation grid、Indexed Face Set。

注意：具有凹形的面(也就是 Indexed FaceSet 节点中凸形旗标(convex flag)设定为 FALSE 的面)并不能被导入。

(1) 支持的材质文件数据格式。导入程序可支持 PNG 及 JPG 的材质文件数据格式。值得注意的是，并不支持 GIF 格式。

(2) 坐标系统。EON 及 VRML 所使用的坐标系统有所不同，如图 8-44 和图 8-45 所示。

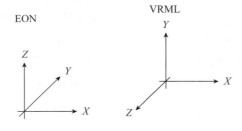

图 8-44　EON、VRML 坐标系统

EON	VRML
X	X
Y	Z
Z	− Y

图 8-45　EON 及 VRML 坐标系统间相互关系

(3) 导入程序。从导入(Import)子菜单中选择 VRML 格式，并在导入文件(Import file)对话框中选定一个 VRML 文件，如图 8-46 所示。

接下来所显示的是 VRML 导入设定对话框，如图 8-47 所示。必要时需输入材质文件的搜寻路径，并输入导入时新增的材质及网格的目的地目录文件夹，设定完后，等待功能节点树状结构的建立，在导入期间的信息将会登录在 EON 事件记录视窗中，有关于此部分的信息可参照 EON Studio 参考手册的说明。

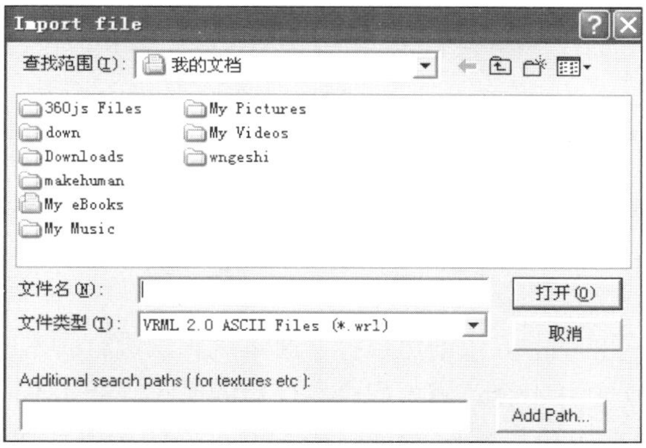

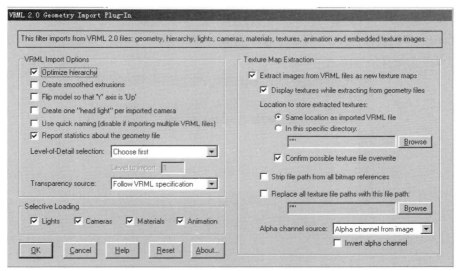

图 8-46　导入文件对话框

图 8-47　VRML97 导入设定对话框

8.6.5　缺口移除精灵

物体－网格在模拟程序中是由多边形所建立的，有时可以在多边形边缘之间看到一些线条。EON 缺口移除精灵(Gap Remover Wizard)就是用来移除这些线条，这些线条实际上是缺口，是由三角形的多边形所构成的 T 型相交区域所形成的。在模型操作过程中，T 型相交区域是很常见的问题，且需耗费许多精力进行移除。

精灵利用分割多边形的方式来移除这些 T 形相交区域，如此的做法通常会产生更多的多边形，且在移除缺口之后，模拟程序执行时会明显地减慢。因为一些小于指定公差的多边形也会在过程中被移除掉，所以在某些情形下模拟程序的性能也可能得到提升。

注意：在执行精灵前请先存储模拟程序，因为有些时候结果不见得会尽如人意，尤其是在微量值(DeltaValue)(精灵中所设定的用户定义值)太大时。

要启动缺口移除精灵，可以在模拟树状结构视窗中任意一个网格功能节点上单击鼠标右键，从快捷菜单中选择精灵(Wizard)→EON 移除精灵(EON Gaps Remover)。如此一来，移除精灵就会显示在屏幕上。

8.6.6　脚本编辑器

脚本编辑器(The Script Editor)是一个模块化的视窗，该视窗能够让用户同时打开数个不同的脚本(Script)功能节点。

当脚本程序第一次附加到模拟树状结构时，并没有任何的脚本程序被定义。要编辑脚本程序，可以通过单击图标，或是在视窗菜单中选择脚本(Script)→打开编辑器(Open Editor)命令来打开编辑器。

当模拟程序正在执行的时候，依旧可以打开脚本编辑器进行脚本的编辑，但除非模拟程序重新执行，否则所做的变更并不会对模拟程序有任何的影响。针对不同的脚本功能节点，可以同时打开数个脚本编辑器以便进行编辑，而所有的已经编辑过的脚本程序都会出现在视窗(Window)中的脚本(Script)子菜单里。

(1) 改变脚本编辑器字型。在某些必要的时候，可以改变脚本编辑器中所使用的字型。在选项(Option)菜单中选择偏好(Preferences)选项，弹出图 8-48 所示对话框，然后单击设定字型(Set Font)按钮打开字型对话框改变字型。

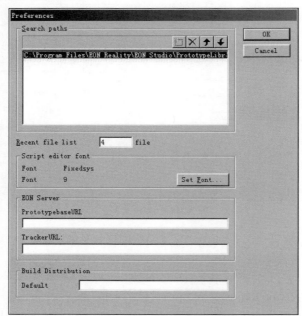

图 8-48　偏好选项对话框

(2) 关键字反白显示。当撰写脚本程序时，关键字将会反白显示为不同的颜色。如果想要增加新的关键字或改变反白显示的颜色，必须先寻找到定义在 vbscript.ini 及 jscript.ini 文件中VBScript 和 JScript 的内部定义的如下关键字。

[Keywords]	
Abs=Math	And=Comparison
Array=Declaration	Asc=StringManipulation
AscB=StringManipulation	AscW=StringManipulation
Atn=Math	Case=Flow
CBool=Conversion	CByte=Conversion

(3) 文字的缩排。为了使脚本程序易于阅读，可以利用程序的缩排。如果要将程序中某一行缩排，可以利用键盘的空格键(Space)或跳格键(Tab)，这样缩排的效果会影响到下一行的程序中，此时，可以利用退格键(Back space)或 Shift/Tab 键取消或移除缩排格式。

(4) 书签(Bookmarks)。为了能够在脚本程序中快速地找到某些段落，可以使用书签的设定，只需将光标放在要制作书签的那一行程序，单击鼠标右键，选择书签开关(Toggle Book mark)选项。在程序左方将会显示一个蓝色的点，即为书签的识别符号。

(5) 光标位置。鼠标目前所在的位置(鼠标的行数及列数)会显示在脚本程序编辑视窗的状态列。

(6) 常用的热键(HotKey)。表 8-5 所示为脚本编辑器中常用的热键。

表 8-5　脚本编辑器中的常用热键

功能	按键
栏选择	Alt
复制	Ctrl
剪切	Ctrl
搜寻对话框	Ctrl
搜寻下一个	F3
打开编辑器	Ctrl
粘贴	Ctrl
取消复原	Ctrl
取消对话框	Ctrl
选择全部	Ctrl
复原	Ctrl

8.7　EON 节点和元件使用实例

本节详细介绍一些基本和常用的节点的属性设置、节点的应用实例。由于篇幅所限，不能给出所有节点的应用实例。不过，通过这些节点的应用实例的学习，读者应该能举一反三掌握其他节点的应用实例设计的知识和技能。

8.7.1　EON Studio 的基本节点

1. 贴图节点(Decal)

Decal 属性设定如下。

- Position：Origin x and Origin y 代表贴图的坐标原点，其位置与父节点相关。最好使 X 的位置在贴图中央。Width and Height 定义贴图文件的大小。
- Color：RGBA 分别代表红、绿、蓝、透明，1 表示完全，0 表示没有。
- File：添加贴图文件(.ppm 或.png)。勾选 Use Separate Texture 表示其拥有独立的节点，否则表示与其他拥有同样纹理的节点一起分享贴图文件。
- Quality：勾选 Mipmapped Texture 表示模拟视窗中任何形式的贴图都被选取，运行程序时的材质贴图就能被贴上，反之则否。

应用实例：Decal 节点的实例。

(1) 打开一个新的模拟程序。

(2) 在节点元件视窗中，选择 Base Nodes，在模拟程序中，选中 Scene 节点，双击 Frame 节点，这样，Frame 节点就在 Scene 节点下了，如图 8-49 所示。

(3) 选择 Decal 节点，将其拖至 Frame 节点下，如图 8-50 所示。

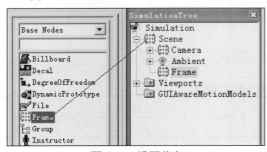
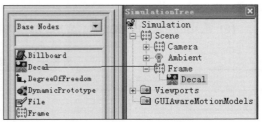

图 8-49　设置节点　　　　　　　　图 8-50　将 Decal 节点拖至 Frame 节点下

(4) 双击 Decal 节点，在弹出的对话框中选择 file，单击 browse，选择 sunset.jpg。

(5) 双击 Decal 节点，对 Position 属性框作如图 8-51 所示的修改。

注意：对 X、Y 作位置设定时，向左 X 值越大，向上 Y 值越大。

(6) 运行模拟程序，预览如图 8-52 所示。

图 8-51　设置 Position 属性　　　　　　　　图 8-52　运行模拟程序

注意：在预览图中，可以通过拖动鼠标来改变预览图的大小、方向等，向左拖动鼠标图片向右移动，向右拖动鼠标图片向左移动，向上拖动鼠标图片放大，向下拖动鼠标图片缩小。这是由于 Camera 节点下的 Walk 节点的作用而成的。

下面的设计操作是感受一下它是如何始终面向摄像机的。

(7) 增加一个参照物体，如前面所述拖动一个 Frame 节点至 Scene 节点下并自动命名为 Frame1，在节点视窗中切换到 Prototypes，选择 3DShapes，拖动一个 Teapot 元件至 Frame1 节点下，如图 8-53 所示。

(8) 预览如图 8-54 所示。

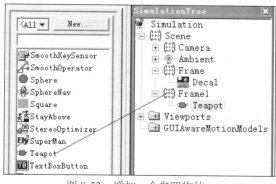

图 8-53　增加一个参照物体

图 8-54　预览效果

(9) 改变摄像机的镜头，双击 Camera 节点，进行如图 8-55 所示的修改并单击确认。

(10) 重新运行模拟程序，可以看到物体的视角变了，可是贴图始终对着摄像机镜头。这就是 Decal 节点的好处，可以增加真实性，如图 8-56 所示。关闭模拟程序，将设计结果存为 decal.eoz 文件。

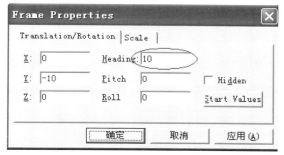

图 8-55　改变摄像机镜头设置

图 8-56　真实性效果

2. 自由度节点(Degree of Freedom)

DOF 属性设定如下。

- Translation/Rotation：平移或旋转它的子节点，与原始坐标系统有关。
- Scale：定义所有子节点的大小。
- Origin Translation/Rotation：改变子节点的位置和方向，定义网格旋转中心的位置和方向，网格旋转中心通常在建模时被定义。

Constraints 属性设定如下。

- Position：如果被勾选，它的子节点网格活动范围将被限制在最大值与最小值之间。
- Orientation：如果被勾选，它的子节点网格的活动范围将被限制在最大值与最小值之间。
- Enforce Constraints：如果被勾选，当超过最大或最小值，就不再执行移动。

3. 动态下载节点(Dynamic Prototype)

用于从网上动态下载或者传送 EON 物体的节点，属性设定如下。

- Prototype：动态元件的名称和到服务器的搜寻子路径。
- Download Priority：下载优先权，数值越大，优先权越小。
- Load：下载成功。

- Downloaded：显示下载的百分比。
- Download：下载失败。
- DownloadAutomatic：被勾选后，当 Prototype 元件名变更后，开始自动下载。
- InitializeAutomatic：被勾选后，当文件下载完毕后，自动开始初始化。
- Hide while loading：被勾选后，当下载的时候，Prototype 会被隐藏。
- Import field definition：输入动态下载的 Prototype 位置。
- Start Value：初始化现有的值。

4. 框架节点(Frame Node)

它可实现子节点的平移(Translation)、旋转(Rotation)及缩放(Scale)变换；被用来群组多个节点，用于制作出合适的仿真结构；可以拖动任意节点至它的下面；作为父节点，可以设置它的子节点的平移、旋转及比例大小；合理地利用可以优化模拟程序的结构。

Translation/Rotation 属性设置如下。

- Translation：影响它的子节点的平移。
- Rotation：影响它的子节点的旋转。
- Hidden：如果勾选，则这个框架节点是隐藏的，它的所有子节点也是隐藏的。
- Start Values：应用并保存当前值。

Scale 属性设置如下。

- X、Y、Z：定义所有子节点的大小。
- Proportional scaling：当一个比例参数改变的时候，其他也会跟着同时按比例变化。
- Start Values：应用并保存当前值。

应用实例：Frame Node 节点的实例。

本节点的实例是在贴图节点实例的基础上进行设计的，可以看到框架节点控制它的子节点位置和旋转。

(1) 打开贴图节点实例 decal.eoz。

(2) 单击 Camera 节点，对 Camera 节点的 Property Bar 中的 Orientation 进行修改，如图 8-57 所示。

(3) 运行模拟程序，如图 8-58 所示。保存设计结果。

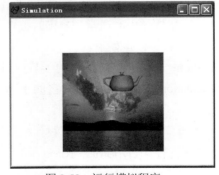

图 8-57　修改 Orientation　　　　　图 8-58　运行模拟程序

5. 群组节点(Group)

它只是简单地将相似的节点组成一个组，不具有任何功能。

6. 助手节点(Instructor)

它能够创造出一个栩栩如生的动画角色，能够讲话并且发出用户定义的特定音频文件。Agent Character 属性设定如下。

- Character file：当前助手文件的名称(*.acs 文件)。
- Location：当前助手文件的完全路径。
- Active from Start：如果勾选，则节点在模拟程序开始运行时就有效。

Voice Commands 属性设定如下。

- Command1/2/3：输入控制命令，可以是文本，也可以是音频；当用[]把文字括起来时候，就变成了音频文件。

7. 多层次精细节点(Level Of Detail Node)

它可以使观察者在不同的距离看到精度不同的物体，可以放置几个不同的网格物体作为其子节点，并在属性设定框中设定不同的现实距离，这样随着摄像机镜头距离物体的远近不同而显示不同的物体。

属性设定如下：设定节点的距离，第一个数字为第一个子节点的显示范围，第二个值为第二个子节点的显示范围……以此类推。

8. 灯光节点(Light)

一个灯光节点可以照亮整个场景或仅仅一组有限的几个节点，选择不同的灯光类型和颜色可以定义不同的灯光效果。打开灯光节点，可以看到 EnableFrame 文件夹，为空则照亮整个场景，否则内部有几个特定节点，就对这几个节点起作用。

Type 属性设定如下。

- Ambient：环境光源，没有任何位置或方向，只能用同样强度从所有方向照亮所有物体。
- Directional：方向光源，有方向性，没有位置性，此节点连接一个节点的时候，会以相同的强度照亮该节点下的所有物体。通常用来模拟太阳光，是最大化渲染速度的最好选择。
- Parallel Point：平行光，有位置性，并且以放射性模拟照射，当平行光照射到一个平坦的表面的时候，它会均匀地照射在物体的表面。与方向光效果类似。
- Point：点光源，均匀地发散光线至所有的方向，需要更多的计算时间，它产生比平行光更加真实的灯光效果。
- Spot：聚光灯，散发出一个锥形的灯光，且只有在锥形范围之内的物体才能被照亮。其有两个角度参数——Umbra(本影)和 Penumbra(半影)，可以设定强度和范围。

Color 属性设定如下。

- R、G、B：分别代表红色、绿色、蓝色，范围为 0~1。

Attention 属性设定如下。

- Coefficients：Constant(常量)，Line(线性)，Quadratic(二阶)。
- Range：设定一个光源有效的半径距离。

应用实例：Light 节点的实例。

(1) 打开一个新的模拟程序。

(2) 将节点视窗切换到 Base Nodes,拖动一个框架节点 Frame 到 Scene 节点下,并将 Camera 节点下的 Heading 节点拖至 Frame 节点下。注意：不是拖动 Ambient 节点，如图 8-59 所示。

(3) 拖动一个 Mesh 节点至 Frame 节点下，双击该节点，在弹出的"打开"对话框中，单击"文件名"下拉列表，选择 Camera.x，如图 8-60 所示。

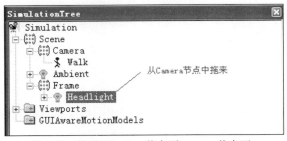
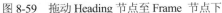

　　图 8-59　拖动 Heading 节点至 Frame 节点下　　　　　　　图 8-60　设置文件属性

(4) 将节点视窗切换到 Motion Model Nodes，拖动一个 Key Move 节点至 Frame 节点下。

(5) 将节点视窗切换到 Agent Nodes，拖动一个 Counter 节点至 Frame 节点下，然后双击 Counter 节点，修改该节点的属性，将 Counter Number 改为 0～4，将模式设置为 Cycle(循环)，如图 8-61 所示。

(6) 将节点视窗切换到 Sensor Nodes，拖动一个 Keyboard Sensor 节点至 Counter 节点下，并且修改属性，设置按键为空格键，并且将 Enabled 选项勾选，使其处于准备状态，如图 8-62 所示。

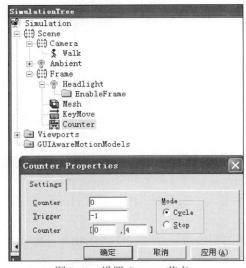

　　　图 8-61　设置 Counter 节点　　　　　　　　　图 8-62　设置 Keyboard Sensor 节点属性

(7) 拖动 KeyboardSensor、Counter、Headlight 节点至 Routes Windows。

(8) 设定 3 个节点之间的逻辑关系。将 KeyboardSensor 节点的 onkeydown 域与 Counter 节点的 increment 域相连接，将 Counter 节点的 value 域与 Headlight 节点的 type 域相连接，如图 8-63 所示。

(9) 将节点视窗切换到 Base Nodes，拖动一个框架节点至 Scene 节点下，自动命名为 Frame1，修改属性使 Y 轴位置改为 10，并且在该框架节点下拖入一个 Mesh 节点，然后双击该节点，在 File 属性对话框中选择 sphere3.X，如图 8-64 所示。此步骤的操作与上面的方法相同，这里不再赘述。

图 8-64　设置文件属性

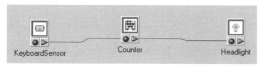

图 8-63　将节点与域相连接

(10) 运行模拟程序，可以按空格键查看不同的灯光效果，此时球和摄像机的光照效果同时发生变化；也可以在按住 X(或 Y 或 Z)键的同时按住上箭头(或者下箭头)，这样摄像机就会沿坐标轴移动。但是注意，这时灯光效果是不变的，如果按住 P (或 H)键的同时按住上箭头(或下箭头)，这样在摄像机转动的同时也呈现出不同的灯光效果，将此文件保存为Light1.eoz。

下面介绍一下特定物体的灯光效果用法，打开 Light1.eoz。

(1) 选中 Frame1，单击鼠标右键，在弹出的选项中选择 Copy as Link (关联复制)，如图 8-65所示。

(2) 在 Frame 节点下，打开 Headlight 节点前面的"+"，出现了 EnableFrame 文件夹，选中该文件夹，单击鼠标右键，在弹出的选项中选择 Paste (粘贴)命令，如图 8-66 所示。

图 8-65　选择 Copy as Link 选项

图 8-66　选择 Paste 命令

(3) 运行模拟程序，这时可以看到，灯光节点此时只对球体有作用，摄像机不会产生灯光效果，这就是部分灯光效果。用户可以自己进行设置，加深该节点的应用。

9. 材质节点(Material)

它用来改变父节点的颜色、放射属性及透明度等参数，其属性设定如下。

- Color：定义父节点的 RGB 三色的比例数值。
- Alpha：定义父节点的透明性(想在运行过程中改变，要设为 0.999，不能设 1) 。
- Change：显示一个颜色窗口进行选择。
- Emissive：定义物体反射的光的颜色。
- Specular：定义父节点的反射光线的强度。取值范围为 1~5，值越高，范围越小且越难看到。

10. 网格节点(Mesh)

它用来存储 3D 模型的节点，能够存储.X 或.EOX 文件，其属性设定如下。

- File：装入网格物体的文件名称。
- Use Separate mesh：如果勾选，网格物体的节点将独自使用一个网格物体。

Scale 属性设定如下。

- X、Y、Z：设置缩放的比例大小(1.0 为原始大小，大于 1.0 则放大，小于 1.0 则缩小)。
- Proportional scaling：如果勾选，物体会以等比例缩放。

Quality 属性设定如下(默认的设置会提供平滑的阴影和最高品质的渲染效果)。

- Use global render setting：用在 Simulation configuration 里设定的渲染模式。
- Shade：阴影模式，提供 Gouraud(最佳品质)或 Flat(平面)两种模式。
- Light：有 On 和 Off 两种模式。当为 Off 时，场景中的物体不会被灯光照亮。
- Fill：填充模式，提供 Solid(固体)、Wireframe(线框架)和 Point(点)3 种。
- Mipmapped Texture：如果被勾选，在建模工具中网络上的材质贴图将以 map 映射法被应用上去。距离近，则材质贴图精细；距离远，则材质贴图粗糙。在物体导入 3D 环境时，通常用此来减少闪烁现象，但需要比平时多用将近 30%的材质内存。

Transparency 属性设定如下。

- No Transparency：不透明模式。
- Use customs Color：用户自定义颜色。
- Use Texture Frame Color：材质贴图左上角的像素值，被用来做透明的颜色。

Culling 属性设定如下。

- Normal：显示出来的是已在建模工具中定义好的。
- Reversed：显示出来的是在建模工具中定义的反面。
- Both side：显示物体的两面。
- Lighting：如果 Reversed 被勾选，光源会反向计算物体的光源照射面。

Subdivision options 属性设定如下。

- Enable mesh subdivision：启动网格进一步细分的功能。
- Subdivision level：根据划分的级别，由 1 到 5，从平滑到粗糙。
- Crease control：设定网格间的边界和边线的处理方式。
- Fully smooth：完全平滑，平滑的组单独细分。

- Keep boundaries：保留边界，在相连的平滑的组之间保留边界。
- Keep boundaries & inner edges：保留边界和内部边线。

应用实例：Material 节点和 Mesh 节点的实例。

本节点的实例是在贴图节点实例 decal.eoz 的基础上进行设计。

(1) 打开 decal.eoz 的模拟程序。

(2) 将节点视窗切换到 Base Nodes，拖动一个 Mesh 节点至框架节点 Frame 下。

(3) 拖动一个 Material 节点至 Mesh 节点下，如图 8-67 所示。

(4) 双击 Mesh 节点，在弹出的 File 属性对话框中选择 cone.X，如图 8-68 所示。

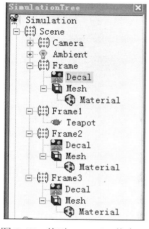

图 8-67　拖动 Material 节点

图 8-68　设置"打开"对话框

(5) 在模拟树中选中 Frame 节点，鼠标右键单击该节点，在弹出的菜单中选择 Copy 选项，然后选中 Scene 节点，鼠标右键单击该节点，在弹出的菜单中选择 Paste 选项，这样操作两次，复制两个 Frame 节点，自动命名为 Frame2 和 Frame3。

(6) 在 Frame2 的 Property Bar 中将位置坐标改为 0、0、3，在 Frame3 的 Property Bar 中将位置坐标改为 0、0、−3。然后分别对 3 个 Material 进行设置，如图 8-69～图 8-71 所示。

(7) 运行模拟程序，可以看到 3 个圆锥体的颜色、透明度都不同，如图 8-72 所示。保存设计结果。读者也可以自己进行设置，以更好地掌握该节点的用法。

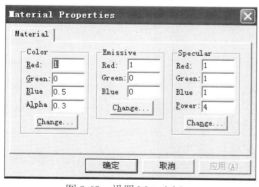

图 8-69　设置 Material 1

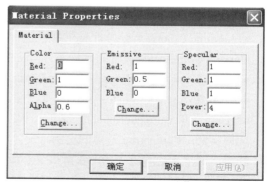

图 8-70　设置 Material 2

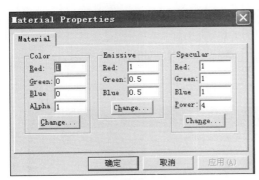

图 8-71　设置 Material 3

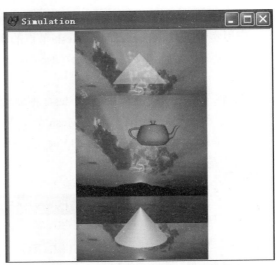

图 8-72　不同颜色和透明度的圆锥体

11. 全景节点(Panorama)

为模拟的场景提供地面、水平及天空的材质贴图。全景节点用来显示地面上的环境。Setting 属性设定如下。

- Horizon Enabled：启用或禁用水平的设定。
- Ground Enabled：启用或禁用地面的设定。
- Sky Enabled：启用或禁用天空的设定。
- Ground Texture On：显示地面贴图。
- Horizon：勾选后，水平背景贴图会以镜射的方式显示，使场景看起来平滑连贯。
- Sky：勾选后，天空背景贴图会以镜射的方式显示，使场景看起来平滑连贯。

Textures 属性设定框如下。

- Horizon、Ground、Sky：贴图文件的名称，支持.ppm、.png、.jpg 文件格式。用.png 文件格式作为水平贴图，在图片处理过程中定义为透明，是很有用的。

Customize 属性设定如下。

- Number Texture wraps：设定贴图的个数。
- Ground Color：显示水平面的颜色。

Horizon Coordinates 属性设定如下。

- Strip Occupies an Angle of XX degrees：定义水平贴图的角度。
- Top Texture coordinate：定义水平贴图的最高坐标。
- Bottom Texture coordinate：定义水平贴图的最低坐标。

应用实例：Panorama 节点的实例。

注意：该节点的运用实例是在材质节点、框架节点、Mesh 节点实例的基础上进行修改。

(1) 打开 decal.eoz。

(2) 将节点视窗切换到 Base Nodes，拖动一个 Panorama 节点至 Scene 节点下，如图 8-73 所示。

(3) 双击 Panorama 节点，在打开的 Textures 属性中依次选择 horizon.jpg、ground.jpg、sky.jpg，如图 8-74 所示。

(4) 双击 Panorama 节点，在打开的 Customize 属性作如图 8-75 所示的修改，在 Horizon coordinates 属性项中作如图 8-76 所示的修改。

图 8-73　拖动 Panorama 节点至 Scene 节点下

图 8-74　设置 Panorama 节点

图 8-75　修改 Customize 属性

(5) 运行模拟程序，可以看到 3 个物体就像是在一个真实的环境中一样，这就是全景节点的好处，给人一种逼真的感觉。保存设计结果于 decal.eoz。

12. 动力开关节点(PowerSwitch)

它是开关节点的增强版，通常用来激活一个或一组节点，必须在接收到一个启动信息后才能激活它的子节点。优势在于方便在一个场景中进行控制。

应用实例：PowerSwitch 节点的实例。

(1) 在上述设计结果的基础上进行 PowerSwitch 节点的应用设计。

(2) 将节点视窗切换到 Base Nodes，拖动一个 PowerSwitch 节点至 Scene 下，如图 8-77 所示。

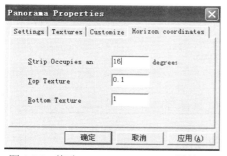

图 8-76　修改 Horizon coordinates 属性

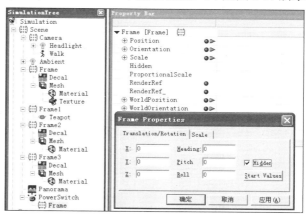

图 8-77　拖动 PowerSwitch 节点至 Scene 下

(3) 拖动一个 Frame 节点至 PowerSwitch 节点下，并将 Frame 节点设置为隐藏状态属性。

(4) 将节点视窗切换到 Propotypes 的 3DShapes，拖动一个 Cone 元件至 PowerSwitch 节点之 Frame 节点下。

(5) 重复操作步骤(3)和步骤(4)，在 PowerSwitch 节点下，连续添加 3 个 Frame 节点，分别自动命名为 Frame1、Frame2、Frame3，并且在它们之下依次拖入 Cube 元件、Cylinder 元件、Pyramid 元件，这样在 PowerSwitch 节点下共有 4 个 Frame 节点，如图 8-78 左边结构树所示。

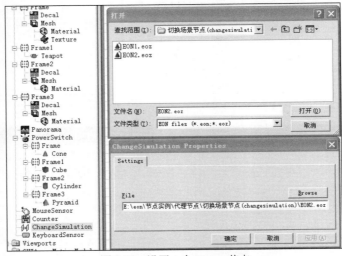

图 8-78　设置 4 个 Frame 节点

(6) 将 4 个 Frame 节点都设置为隐藏状态属性，打开 Frame~Frame3 的属性设定框，依次进行如图 8-79 所示进行设定。

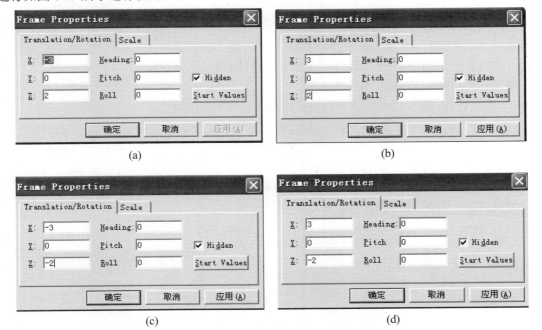

图 8-79　设置 Frame~Frame3 的属性

(7) 将节点视窗切换到 Sensor Nodes，拖动一个 Mouse Sensor 节点至 Scene 节点下，拖动一个 Counter 节点至 Scene 节点下，打开 Counter 节点的属性，进行如图 8-80 所示的设置。

(8) 拖动 MouseSensor、Counter、PowerSwitch 至 Routes Windows。

(9) 在 Routes Window 中进行逻辑关系的设定。将 Mouse Sensor 的 OnLeftDown 域与 Counter 的 Increment 域相连接，将 Counter 的 Value 域与 PowerSwitch 的 ActiveNr 域相连接，如图 8-81 所示。

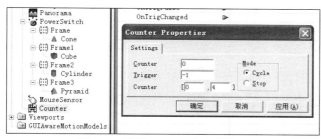

图 8-80　设置 Counter 节点属性

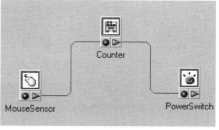

图 8-81　连接域

(10) 运行模拟程序，可以看到开始是空白页，单击鼠标，在左上角出现一个正方体；再次单击鼠标，正方体消失，在右上角出现一个圆柱体；继续单击鼠标，可以看到在不同的地方出现了不同的元件。保存设计结果于 decal.eoz。

13. 脚本节点(Script)

这是所有节点中最为灵活的一个节点，允许用户创建自己的节点，并进行各种操作。

14. 排序节点(Sequence)

它是被用来在指定的时间间隔内，依次激活其子节点。可用来产生闪烁的灯光效果。

Setting 属性设定如下。

- Number of：设置重复执行的次数，当达到特定的数值时停止。
- Speed：设定启动子节点的速度。
- Interval：设定排序节点的子节点的个数。
- Mode：提供两种循环模式。如果勾选 Cycle，则一次执行完毕后，从排序节点的开始子节点重复执行；如果勾选 Swing，则执行下一次循环时，以本次循环最后执行的动作为起点开始重复执行。
- Active：如果被勾选，则模拟程序运行时，该节点被激活。

Time 属性设定如下。

- Children box：排序节点的所有子节点都显示在这里。
- Time：设定每个子节点的持续时间。
- Up，Down：移动子节点到合适的位置。

15. 材质贴图节点(Texture)

在虚拟场景中，将图像贴附在物体的表面，或者是包覆在物体的四周，使物体看起来真实感更强。

Wrapping 属性设定如下。

- Flat：平面，材质图片平铺在物体的表面。
- Cylinder：圆柱，材质图片像一张纸，沿着一个圆柱包裹起来。

- Sphere：球体，材质图片由中心向外分散开，附在物体上，会造成 Z 轴的扭曲。
- Chrome：金属，材质图片就像反射在物体上一样。
- Disabled：可以比较好地改变网络物体的贴图，并且还能够保持一种较好的效果。
- Origin：原始点的 U、V 坐标，是用来定义网格上材质贴图的方位的。
- Scale：以 U、V 设定表示的比例，负数可以使贴图颠倒。

应用实例：Texture 节点、Mesh 节点的实例。

(1) 打开一个新的模拟程序。

(2) 将节点切换到 Base Nodes，拖动一个 Frame 节点至 Scene 节点下，拖动一个 Mesh 节点至 Frame 节点下，如图 8-82 所示。

(3) 双击 Mesh 节点，在 File 属性框中选择 cone.X，如图 8-82 所示。

(4) 双击 Mesh 节点，在 Scale 属性框中将 X、Y、Z 的值设为 0.8，如图 8-83 所示。

 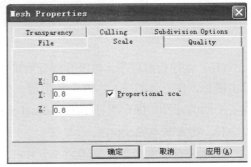

图 8-82　拖动 Mesh 节点至 Frame 节点及设置 File 属性　　　　图 8-83　设置 Scale 属性

(5) 拖动一个 Texture 节点至 Mesh 节点下。

(6) 双击 Texture，打开 File 属性，单击 Browse，选择图片 rockwall_height.png/texture.jpg，如图 8-84 所示。

(7) 选中 Frame 节点，单击鼠标右键，在弹出的菜单中选择 Copy 命令，如图 8-85 所示。

 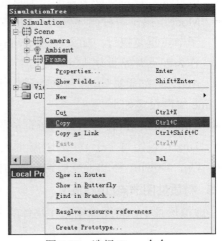

图 8-84　选择图片　　　　　　　　　　　图 8-85　选择 Copy 命令

(8) 选中 Scene 节点，单击鼠标右键，在弹出的菜单中选择 Paste 命令，这样操作 3 次，如图 8-86 所示。最后在 Scene 节点下有 4 个 Frame 节点，如图 8-87 所示。

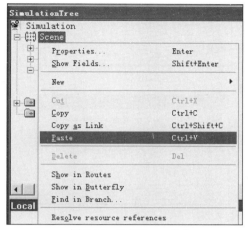

图 8-86　选择 Paste 命令

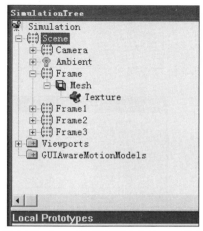

图 8-87　Scene 节点下有 4 个 Frame 节点

(9) 修改各个 Frame 节点的属性。依次双击 Frame 节点，在打开的 Translation/Rotation 属性框中分别设置 X、Y、Z 的位置，如图 8-88 所示。

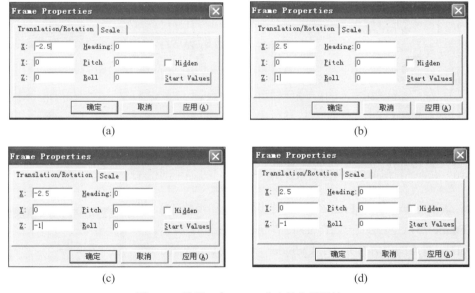

图 8-88　设置 4 个 Frame 节点的位置属性

(10) 双击 Frame 节点下的 Texture 节点，打开属性对话框，切换到 Wrapping，选中 Wrap type 的 Flat，单击"确定"按钮。

(11) 依次对 Frame1～Frame3 进行步骤(10)的操作，它们 Wrapping 中的 Wrap type 设置依次为：Cylinder、Sphere、Chrome，如图 8-89 所示。

(12) 将节点视窗切换到 Agent Nodes，拖动一个 ToolTip 节点至 Frame 节点下，如图 8-90 所示。

(13) 双击 ToolTip 节点，在打开的属性框的空白栏中输入 Flat，如图 8-91 所示。

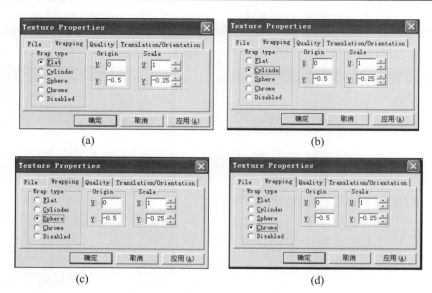

图 8-89　设置 4 个 Texture 节点属性

图 8-90　拖动一个 ToolTip 节点至 Frame 节点下

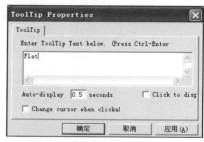

图 8-91　设置 ToolTip 节点属性

(14) 依次在 Frame1～Frame3 中重复步骤(11)和步骤(12)，在每个 Frame 节点下添加一个 ToolTip 节点，如图 8-92 所示。各个 ToolTip 节点的内容分别为：Cylinder、Sphere、Chrome。

(15) 运行模拟程序，可以看到 4 个球体，材质贴图分别以不同的模式贴到了球体上，将鼠标放置到球体上时，会显示该模式的名称，可以比较各种模式的效果。

16. 广告牌节点(Billboard Node)

在移动视角或环绕某点旋转时，它所代理的物体会适时地调整角度，始终面向观众；放置在广告牌节点中的子物体总是以观众为方向，面向观众(如果摄影机旋转移动时，物体总是随之旋转，面向摄影机)。

该节点常用于树木的可视化，通常树是由非常多的多边形组成，假如使用树木图片充当材质，并将树的背景设为透明，

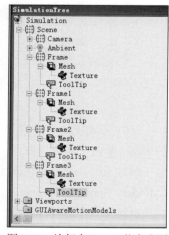

图 8-92　给每个 Frame 节点分别添加一个 ToolTip 节点

那么使用广告牌节点后的平面树效果与三维树很像。

8.7.2 EON Studio 的代理节点

1. 切换场景节点(ChangeSimulation)

它可以在执行模拟程序时，切换模拟中的各个场景，使大的、复杂的场景更容易、更快地运行。一个模拟场景可以分成几个小的、简单的场景，这样可以使模拟项目执行得更加顺畅，运行更加快捷。

应用实例：ChangeSimulation 节点的实例。

注意： *在前面已经做好的节点实例的基础上，用两个节点实例来完成该节点的应用。*

(1) 打开一个已经做好的或者已经存在的节点实例，现在打开的是 EON1.eoz。

(2) 将节点视窗切换到 Agent Nodes，拖动一个 ChangeSimulation 节点至 Scene。

(3) 双击 ChangeSimulation 节点，在打开的属性框中单击 Browse 按钮，从中选择要切换的 EON2.eoz 文件，注意保持文件路径的完整性，如图 8-93 所示。

(4) 将节点视窗切换到 Sensor Nodes，拖动一个 KeyboardSensor 节点至 Scene 节点下。

(5) 双击 KeyboardSensor 节点，在 Setting 设定框中选择按键为 VK_SPACE，如图 8-94 所示。

(6) 将 ChangeSimulation 节点、KeyboardSensor 节点拖入 Routes Window。

图 8-93 选择要切换的 EON2.eoz 文件

(7) 在 Routes Window 中进行逻辑关系的设置。将 KeyboardSensor 节点的 OnKeyDown 域与 ChangeSimulaion 节点的 Change 域相连接，如图 8-95 所示。

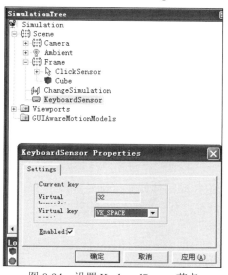

图 8-94 设置 KeyboardSensor 节点

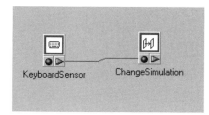

图 8-95 连接域

(8) 保存该文件为 EON1.eoz。

(9) 回到 EON1.eoz 所在的文件夹下，在 EON1.eoz 单击鼠标右键，在弹出的下拉菜单中选择 EON Viewer 来打开该文件(ChangeSimulation 节点只适用于 EON Viewer 或者网页来显示)。

2. 计数节点(Counter)

它用来计算或统计事件数值的一个节点，节点的数值是以增加或减少一个整数值的方式来计数的。

Counter 属性设定如下。

- Counter：开始计算的数值默认为 0。
- Trigger：当计数器计算的数值等于这个数值的时候，就会送出指令或动作。
- Mode：计数的模式。
- Cycle：循环模式，当一个限值达到后，回到另一个限值，重新开始计数。
- Stop：当达到触发设定的数值后，停止计数。

3. 立体声节点(DirectSound)

它可由 Microsoft DirectSound 来播放 Wave 格式的声音文件；音效可以用 2D 或 3D 的模式来播放。

General 属性设定如下。

- Pan(平衡)、Volume(音量)、Pitch(音调)、Sound(播放文件)、Loop(循环)。

3D 属性设定如下。

- Play this Sound In 3D：启动播放 3D 立体声开关。
- Distance：min 表示声音开始减弱的距离，max 表示超过时听不到声音。
- Sound cone angles：inner 表示在这个角度内声音随距离而减弱，outer 表示在内部和外部之间，声音随着距离和方向减弱。

4. 拖动节点(DragDrop)

它在模拟中用来执行拖动元件行为的节点，会影响父节点下所包含的物体的位置和方向。位置节点和动力开关节点与该节点同时应用可以产生拖动的效果。为了鼠标控制拖动节点，必须进行如下的连接：鼠标感应器节点输出域 nCursorPosition 必须连接到拖动节点的 MouseIn。属性设定如下。

- Active：如果勾选，该节点会在模拟执行期间起作用，并影响父节点。
- Active from start：如果勾选，该节点就会在模拟一开始就起作用。
- Field of view：这个值与 Viewport 节点中的值总是相同的。
- Distance：摄像机镜头与物体之间的距离。
- Distance step：当 StepCloser 或 StepAway 为 True，被拖动物会以这个距离移近或远离摄像机镜头。
- X：用来加到拖动节点的父节点的 X 值，设定拖动物体偏向鼠标左侧或右侧的距离。
- Heading、Pitch、Roll：分别表示被拖动物体绕 Z、X、Y 轴旋转角度。

应用实例：DragDrop 节点实例。

(1) 打开一个新的模拟程序。

(2) 将节点视窗切换到 Prototypes 的 3DShapes，拖动一个 Cube 元件至 Scene 节点下。

(3) 在模拟树下方的 LocalPrototypes 会出现拖入至 Scene 节点下的正方体，右键单击该正方体，在弹出的选项中选择 Open(打开)，这样会再在左上方出现一个树状的结构，右键单击 Cube (是一个框架节点)，在弹出的选项中选择 Copy，如图 8-96 所示，

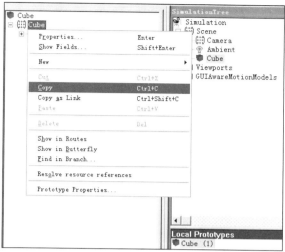

图 8-96　选择 Copy 选项

(4) 右键单击模拟树结构中的 Cube，在弹出的选项中选择 Delete，然后在模拟树中右键单击 Scene 节点，在弹出的选项中选择 Paste，最终的效果如图 8-97 所示。如果没有可粘贴的对象时，可以再从左上角 Copy 框架节点 Cube 到 Scene 节点下。

(5) 将节点视窗切换到 Sensor Nodes，拖动一个 MouseSensor 节点至 Cube 节点下。

(6) 将节点视窗切换到 Agent Node，拖动一个 DragDrop 节点至 Cube 节点下。

(7) 将 MouseSensor、DragDrop 拖入 Routes Window。

(8) 设定 MouseSensor 节点、DragDrop 节点的逻辑关系。将 MouseSensor 的 nCursorPosition 域与 DragDrop 的 MouseIn 域相连接，将 MouseSensor 的 OnMiddleDown 域与 DragDrop 的 StepAway 域相连接，将 MouseSensor 的 OnRightDown 域与 DragDrop 的 StepCloser 域相连接，如图 8-98 所示。

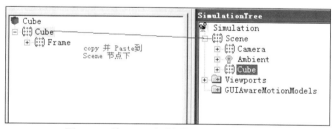

图 8-97　将 Cube 复制到 Scene 节点下

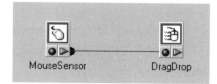

图 8-98　连接域

(9) 运行模拟程序，可以看到正方体跟随着鼠标移动；当单击鼠标中键的时候，正方体逐渐远离视线；当单击鼠标右键的时候，正方体逐渐移近视线，这就是 DragDrop 节点带来的效果。

5. 重力节点(Gravitation)

通过修改 Z 轴坐标来模拟重力效果，当一个下落的物体到达 $Z=0$ 时，物体的运动就停止。默认重力加速度为 $9.81\mathrm{m/s}^2$，也可以修改。

6. 关键帧节点(KeyFrame)

它是用来移动或旋转其父节点下的所有模型物体，但是其父节点必须支持平移或旋转功能。

Setting 属性设定如下。

- Loop mode：设定循环模式(Cycle 循环、Swing 转向)。
- Variables：可变因素。如果勾选，则只按照勾选的选项改变。
- Frame time：框架时间，决定节点的运动是从何时开始执行。
- Mode：点到点之间的路径移动模式(Interpola 直线、Spline 曲线)。
- Active：勾选 Yes，则物体会在模拟程序开始时就运动。

Control points 属性设定如下：所有的控制点会依照所记载时间的先后顺序依次显示出来。

注意：Heading、Roll 的数值范围是-180～180，Pitch 只能够在-90～90 之间。

PathEdit 属性设定如下：

- Path Edit：可以通过输入能够影响全部项目参数的数值来编辑路径，包括循环模式的变化。使用 Apply 按钮来检查新的设定，在检查过程中不需要关闭此窗口。(这个栏位只能在模拟运行过程中才有效。)
- Run：执行节点设置的路径，并且不能够作修改。
- Edit：选择此项，此栏位的数值可以更改。
- Loop：打开循环模式(Cycle 循环、Swing 转向)。
- Slider bar：可以拖动这个控制杆，预览任意一个时间点的路径位置及方向。
- Play button：依照设定的路径，执行物体的运动模式。(可能比实际要慢。)
- Stop button：停止物体的运动。

7. 切换开关节点(Latch)

它利用布尔数值作为触发控制运算(1 为 True，0 为 False)。

属性设定：Initial value(勾选，则初始值设为 1)。

应用实例：Latch 节点的实例。

(1) 打开一个新的模拟程序。

(2) 将节点视窗切换到 Base Nodes，拖动一个 Frame 节点至 Scene 节点下，如图 8-99 所示。

(3) 将节点视窗切换到 SensorNodes，拖动一个 ClickSensor 节点至 Fame 节点下，如图 8-99 所示。

(4) 将节点视窗切换到 Agent Nodes，拖动一个 Latch 节点至 Frame 节点下，如图 8-99 所示。

(5) 将节点视窗切换到 Base Nodes，拖动两个 Frame 节点至 Latch 节点下，重新命名为 sphere、cube，如图 8-99 所示。

(6) 将节点视窗切换到 Prototypes 的 3DShapes，分别拖动一个 Sphere 元件和一个 Cube 元件至 sphere 节点和 cube 节点下，如图 8-100 所示。

(7) 单击 sphere 节点，在其右边的属性框中将其 Hidden 属性勾选上，如图 8-101 所示。

(8) 将 CickSensor、Latch、Sphere、Cube 拖入 Routes Window 并进行逻辑关系设定。ClickSensor 的 OnButtonDownTrue 域与 Latch 的 Toggle 域相连接，Latch 的 OnChanged 域与 Sphere 的 SetRun 域相连接，Latch 的 OnChanged 域与 Cube 的 SetRun_域相连接，如图 8-102 所示。

(9) 运行模拟程序，可以看到一个正方体，单击它，正方体变成球体单击球体，球体变成了正方体；用鼠标单击可以实现两个物体的交替出现。

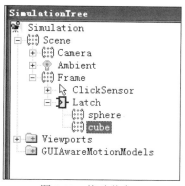

图 8-99　拖动节点

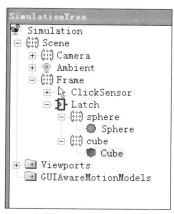

图 8-100　拖动元件

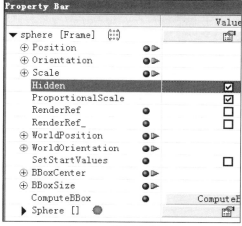

图 8-101　设置隐藏属性

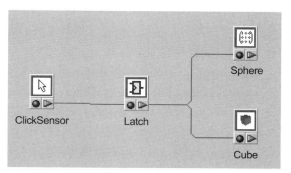

图 8-102　连接域

8. 导弹节点(Missile)

它能够影响父节点物体的位置，但是它的父节点必须支持平移功能。它是用设定的加速度数值来计算物体的运动，而加速度需要的时间是导弹燃烧时间。

属性设定：Acceleration(设定加速度数值，单位为 m/s^2)、Burn Time(设定导弹燃烧时间，单位为 s)

9. 运动节点(Motion)

它是用来移动物体，可以设定物体的速度、加速度、角速度、角加速度，可以控制其父节点下所有物体的运动，前提是父节点必须支持平移或旋转功能。

应用实例：Motion 节点的实例。

(1) 打开一个新的模拟程序。

(2) 将节点视窗切换到 Base Nodes，拖动一个 Frame 节点至 Scene 节点下，如图 8-103 所示。

(3) 将节点视窗切换到 Prototypes 的 3DShapes，拖动一个 Teapot 元件至 Frame 节点下，如图 8-103 所示。

(4) 将节点视窗切换到 Agent Nodes，拖动一个 Motion 节点至 Frame 节点下，如图 8-103 所示。

(5) 双击 Motion 节点，打开属性对话框，进行如图 8-103 所示的设置。

(6) 单击 Teapot，在右边的 Property Bar 中修改该元件的位置，如图 8-104 所示。

(7) 运行模拟程序，可以看到茶壶从左下角开始运动，慢慢地旋转移动到了右上角，

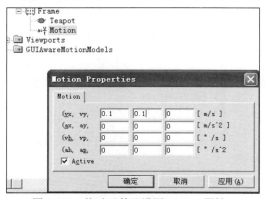

图 8-103 拖动元件及设置 Motion 属性

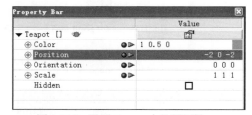

图 8-104 设置 Teapot 中位置属性

10. 多媒体节点(MultimediaStream)

用一个视频节点播放特定的多媒体文件，可以使视频文件在一个物体的表面进行播放。

General 属性设定如下。

- Filename：要播放的多媒体文件的名称及目录。
- Include this File when making stand-alone：当制作独立模拟程序时，如果不勾选此项，多媒体文件将不会被加入，这样可以大大减少文件的容量。
- Active：勾选 Yes，则在模拟程序开始执行多媒体文件就开始播放。
- Loop：勾选 Yes，则多媒体文件会重复播放。

Video 属性设定如下。

- Enable video：如果不勾选此项，则只有声音没有图像。
- Texture：当开始播放时候，指定的贴图文件会被多媒体文件所取代。

Sound 属性设定如下。

- Enable Sound：如果不勾选，则播放时不会出声。
- Pan：控制声音左右声道的平衡。
- Volume：调节音量的大小。

应用实例：MultimediaStream 节点的实例。

(1) 打开一个新的模拟程序。

(2) 将节点视窗切换到 Base Nodes，拖动一个 Frame 节点至 Scene 节点下，如图 8-105 所示。

(3) 将节点视窗切换到 Agent Nodes，拖动一个 MultimediaStream 节点至 Frame 节点下。如图 8-105 所示。

(4) 双击 Scene 节点，在弹出的属性设定框中切换到 Background 项，单击 Browse 按钮，选择 18.jpg，如图 8-105 所示。

(5) 双击 MultimediaStream 节点，在弹出的属性设定框中切换到 General 属性项，单击 Filename 的 Browse 按钮，选择可以播放的视频文件视频剪辑.avi，将 Active 勾选 Yes，并且选择循环模式，如图 8-106 所示。

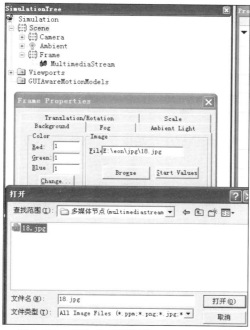

图 8-105　拖动节点及设置 Background 属性

(6) 将 MultiMediaStream 节点的属性框切换到 Video 项，将 Enable video 项勾选，并且单击 Texture 的 Browse 按钮，选择与在 Scene 的 Background 属性中相同的图片，这一点尤为重要；否则，在运行时，只会出现声音而没有画面，如图 8-107 所示。

图 8-106　设置 MultimediaStream 节点的 General 属性　　图 8-107　设置 MultimediaStream 节点的 Video 属性

(7) 运行模拟程序，这样就会在开始执行时视频文件就开始播放，并且是循环播放的。

11. 开关节点(OnOff)

该节点只提供简单的反向选择功能，可以对简单的设定应用此节点。

属性设定：Key 用于设定提供启动与停止的热键。

12. 路径节点(Path)

该节点比 KeyFrame 节点更优越。它可以移动或旋转其父节点，但父节点必须支持平移或旋转的功能。

Setting 属性设定如下。

- Mode：点到点之间的路径模式(Interpolate 直线、Spline 曲线)。
- Variable：只影响选择参数。
- Active：勾选 Yes，则在模拟程序开始执行时物体就开始运动。
- Loop：当所有的点全部通过以后，重新开始运动行为。

Control points 属性设定如下。

- 所有的控制点按照时间的顺序先后在框内显示，值得注意的一点是，第一个时间点必须是 0，并且不能出现重复的时间点。

13. 放置节点(Place)

它可以将物体目前的位置或方向，移动到另一个位置或方向；移动位置的设定方式可以是输入目前位置的相对位置，或者是原始位置的绝对位置，其父节点必须支持平移或旋转的功能。

属性设定如下。

- Movement：设定物体移动距离和旋转角度。
- Time to move：物体移动到新的位置和方向所需要的时间。
- Type：设定移动的方式(Rel 相对移动、Abs 绝对移动)。
- Active：勾选 Yes，则模拟开始执行时该节点就被激活，物体开始移动。

应用实例：Place 节点的实例。

(1) 打开一个新的模拟程序。

(2) 将节点视窗切换到 Base Nodes，拖动一个 Frame 节点至 Scene 节点下，如图 8-108 所示。

(3) 将节点视窗切换到 Protoypes 的 3DShapes，拖动一个 Cube 元件至 Fame 节点下，如图 8-108 所示。

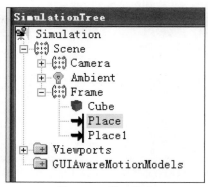

图 8-108　拖动节点

(4) 将 Cube 元件的属性进行设置，在右边的 Property Bar 中的 Position 改为-2、0、-2。

(5) 将节点视窗切换到 Agent Nodes，拖动两个 Place 节点至 Frame 节点下，自动命名为 Place 和 Place1，如图 8-108 所示。

(6) 双击 Place 节点，在打开的属性设定框中设定沿 X、Y、Z 轴移动的距离和旋转的角度，如图 8-109 所示。

（7）双击 Place1 节点，在打开的属性设定框中进行如图 8-110 所示的设定。

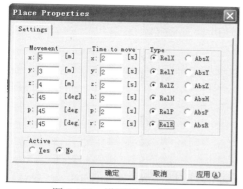

图 8-109　设置 Place 属性

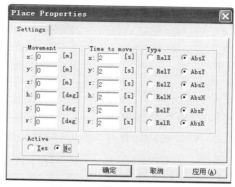

图 8-110　设置 Place1 属性

（8）将节点视窗切换到 Sensor Nodes，拖动一个 MouseSensor 节点至 Frame 节点下。

（9）拖动 Place、Place 1、MouseSensor 至 Routes Window。

（10）在 Routes Window 中设置逻辑关系。MouseSensor 的 OnLeftDown 域与 Place 的 SetRun 域相连接，MouseSensor 的 OnRightDown 域与 Place1 的 SetRun 域相连接，如图 8-111 所示。

（11）设置背景图片。右键单击模拟树中的 Scene 节点，在弹出的选项中选择 Properties，切换到 Background 属性项，单击 Browse 按钮，选择 Sunset.jpg，如图 8-112 所示。

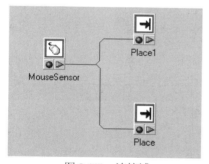

图 8-111　连接域

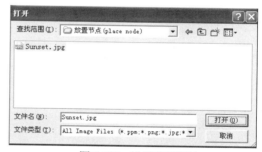

图 8-112　设置背景图片

（12）运行模拟程序，可以看到在一幅背景图片的前方有个正方体，用鼠标左键单击正方体，它会旋转着向右上方运动；当停止运动后，用鼠标右键单击正方体，它会旋转着回到原来的位置，这就是 Place 节点带来的动画效果。

14. 位置节点(Position)

它可以与具有位置和方向属性的任何节点一起应用，会影响其父节点下的所有网格节点，并按照用户定义的速度和加速度移动到特定的位置和方向。

Destination 属性设定如下。

- X、Y、Z：子节点物体的移动位置，与父节点有关。
- H、P、R：子节点物体的旋转方向，与父节点有关。
- Offset：设定子节点相对于父节点的移动位置或者旋转方向的偏移量。
- Active：如果勾选，则节点是激活的。
- Active from start：如果勾选，则节点从模拟开始运行就被激活。

Start velocity 属性设定如下。

● Start velocity：物体开始移动时的速度。

● Angular Start velocity：物体开始移动时的角速度。

Acceleration 属性设定如下。

● Acceleration：目前的加速度。

● Angular acceletation：目前的角加速度。

15. 旋转节点(Rotate)

它可以旋转其父节点下的所有 3D 模型物体，但父节点必须支持旋转功能。

属性设定如下。

● Rotation Axis：分别沿 Z、X、Y 轴旋转的角度，范围是 0～1，1 为 360°。

● Lap：设定旋转所需的时间。

应用实例：Rotate 节点的实例。

(1) 打开一个新的模拟程序。

(2) 将节点视窗切换到 Base Nodes，拖动一个 Frame 节点至 Scene 节点下，如图 8-113 所示。

(3) 将节点视窗切换到 Prototypes 的 3DShapes，拖动一个 Teapot 元件至 Frame 节点下，如图 8-114 所示。

(4) 将节点视窗切换到 Agent Nodes，拖动一个 Rotate 节点至 Frame 节点下，如图 8-114 所示。

(5) 双击 Rotate 节点，在属性对话框中进行设置，将 Active 设置为 No。

(6) 将节点视窗切换到 Sensor Nodes，拖动一个 MouseSensor 节点至 Frame 节点下，如图 8-114 所示。

图 8-113　拖动一个 Frame 节点至 Scene 节点下

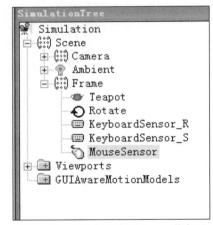

图 8-114　拖动各节点至 Frame 节点下

(7) 将节点视窗切换到 Sensor Nodes，拖动两个 KeyboardSensor 节点至 Frame 节点下，并且分别重新命名为 KeyboardSensor_R、KeyboardSensor_S。

(8) 双击 KeyboardSensor_R，在打开的属性设定框里从下拉菜单中选择按键 R。用相同的方法设置 KeyboardSensor_S 的按键为 S。

(9) 将 MouseSensor、Rotate、KeyboardSensor_R、KeyboardSensor_S 拖入 Routes Window，进行逻辑关系的设置。将 MouseSensor 的 OnLeftDown 域与 Rotate 的 SetRun 域相连接，

MouseSensor 的 OnRightDown 域与 Rotate 的 SetRun_域相连接，将 KeyboardSensor_R 的 OnKeyDown 域与 Rotate 的 SetRun 域相连接，将 KeyboardSensor_S 的 OnKeyDown 域与 Rotate 的 SetRun_域相连接，如图 8-115 所示。

(10) 运行模拟程序，按下 R 键，茶壶开始旋转；按下 S 键，茶壶停止旋转。除了用键盘可以操纵茶壶的旋转与停止，还可以用鼠标来进行操作：用鼠标左键单击茶壶，茶壶开始旋转；用鼠标右键单击茶壶，茶壶停止旋转。

16. 声音节点(Sound)

该节点可以播放 WAVE 和 MIDI 格式的声音文件。如果不想播放 MIDI 格式声音文件，可以使用立体声节点。

属性设定如下。

- Format：声音文件的格式。
- Sound：查找需要的声音文件。
- Loop：如果勾选，声音文件将循环播放。
- Status：设定声音文件是否在模拟开始执行时就播放(默认为 On)。

应用实例：Sound 节点的实例。

(1) 打开一个新的模拟程序。

(2) 将节点视窗切换到 Base Nodes，拖动一个 Frame 节点至 Scene 节点下。

(3) 将节点视窗切换到 Agent Nodes，拖动一个 Latch 节点至 Scene 节点下。

(4) 将节点视窗切换到 Sensor Nodes，拖动一个 ClickSensor 节点至 Scene 节点下。

(5) 将节点视窗切换到 Base Nodes，拖动一个 Mesh 节点至 Frame 节点下。

(6) 双击 Mesh 节点，在 File 属性项中单击 Browse 按钮选择 cone.x，如图 8-116 所示。

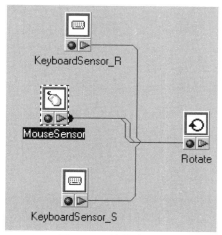

图 8-115　连接域

图 8-116　设置 Mesh 节点的 File 属性

(7) 将节点视窗切换到 Agent Nodes，拖动一个 Sound 节点至 Frame 节点下。

(8) 双击 Sound 节点，在属性框中单击 Browse 按钮，选择需要播放的声音文件，并且选择 Loop 模式，将 Status 设置为 Off，如图 8-117 所示。

(9) 设置背景图片。右键单击模拟树中的 Scene 节点，在弹出的选项中选择 Properties，切换到 Background 属性项，单击 Browse 按钮，选择 Sunset.jpg，如图 8-118 所示。

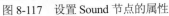

图 8-117　设置 Sound 节点的属性　　　　　　图 8-118　设置 Scene 节点的背景属性

(10) 选中 Frame 节点，在右边的 Property Bar 中修改该节点的位置和方向，如图 8-119 所示。

(11) 将 Sound、Latch、ClickSensor 拖入 Routes Window，如图 8-120 所示。

(12) 在 Routes Window 中进行逻辑关系的设定。将 ClickSensor 的 OnButtonDownTrue 域与 Latch 的 Toggle 域相连接，将 Latch 的 OnChanged 域与 Sound 的 SetRun 域相连接，如图 8-120 所示。

(13) 运行模拟程序，可以看到在沙漠中出现了一只老虎。当用鼠标左键单击一下老虎，它会发出声音；当再次单击它时，老虎不发声音了。

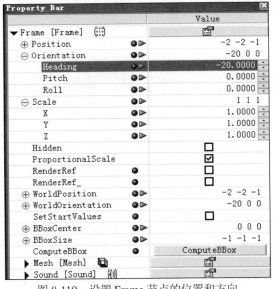

图 8-119　设置 Frame 节点的位置和方向　　　　　图 8-120　连接域

17. 自转节点(Spin)

该节点可以设定旋转半径、旋转速度及高度(以 X/Y 平面为基准)，使其父节点下的模型物体按照设定的参数绕 Z 轴旋转，但父节点必须支持平移和旋转功能。

属性设定如下。

- Height：设定旋转中心距离 X/Y 平面的高度。
- Radius：设定旋转轨道的范围，也可以说是到 Z 轴的距离。
- Lap time：设定完成自转一周需要的时间。
- Active：勾选 Yes，则自转节点在模拟开始时就被激活。

18. 文本节点(TextBox)

它是在模拟场景中为用户提供必要的文字信息，文本框可以在 3D 环境中移动，也可以将其固定在某个特定的位置，文本框总是面向观察者的。

Text 属性设定如下。

- Color：设置字体颜色，范围为 0~1。
- Margins：设置显示的文字在框内距离左边框、右边框、上边框、下边框的位置，它的设定会影响文字方块的大小。
- Font：单击 Set Font，设置显示文字的大小。
- Add your text below：输入想要显示的文字。

Background 属性设定如下。

- Color：设定文本框的背景颜色。
- Transparent：若勾选，则文本框背景为透明。

Box 属性设定如下。

- Fixed size：设定文本框的宽度和高度，设为 0，则会按照文本的大小自动调节。
- Origin：设定文本框的初始位置。
- Fixed Position：在模拟视窗中为文本框设定一个固定的位置(0 为最左，1 为最右，此设定必须在 Active 勾选后有效)。
- Scale：设定文本框的大小(此设定必须在 Active 勾选后有效)。

19. 提示节点(ToolTip)

该节点可以让用户在模拟过程中，在模拟物体上添加必要的辅助文字说明。

属性设定如下。

- Enter ToolTip Text below：输入要显示的文字。
- Auto-display：设定显示提示文字的延迟时间。
- Click to display：设定单击物体后显示提示文字。
- Change cursor when clickable：勾选后，在显示模式为鼠标点选显示模式下，将鼠标移动到物体时，鼠标的图会改变，提醒用户这里有文字提示，可以点选显示。

应用实例：ToolTip 节点的实例。

注意：该节点的实例是在旋转节 Rotate 实例的基础上进行的，用户打开另外一个做好的实例或者是新建一个都可以。

(1) 打开旋转节点的实例 Rotate.eoz。

(2) 将节点视窗切换到 Agent Nodes，拖动一个 ToolTip 节点至 Frame 节点下，如图 8-121 所示。

(3) 双击 ToolTip 节点，在属性框的空白栏位输入"点击我啊! 点击左/右键或者按下 R 键或 S 键实现转动或停止"，并且将 Change cursor when clickable 选项勾选，如图 8-121 所示。

注意：在空白栏位输入文字，需要换行的时候，同时按住 Ctrl+Enter 键。

(4) 运行模拟程序，可以看到一个茶壶，当把鼠标放到茶壶上面时，会显示输入的文字。

20. 触发节点(Trigger)

当外部一个特定的值送来的时候，触发节点发出信号；不管是否发生变化，该节点都会自动地对比外部的数值与指定数值是否相同，如果相同，则立即触发该节点，输出指令。

属性设定如下。

- Value：设定目前的触发参数值。
- Low Trig point：设定最低触发点的数值。
- High Trig point：设定最高触发点的数值。

应用实例：Trigger 节点的实例。

(1) 打开一个新的模拟程序。

(2) 将节点视窗切换到 Agent Nodes，拖动一个 Trigger 节点至 Scene 节点下，如图 8-122 所示。

(3) 拖动一个 Counter 节点、DirectSound 节点至 Scene 节点下；将节点视窗切换到 Sensor Nodes，拖动一个 TimeSensor 节点至 Scene 节点下；将节点视窗切换到 Base Nodes，拖动一个 Switch 节点至 Scene 节点下。

(4) 将节点视窗切换至 Base Nodes，拖动四个 Mesh 节点至 Swich 节点下，并且重新命名为 cone、camera、sphere0、sphere3，最终模拟树的结构如图 8-122 所示。

图 8-121　拖动节点及设置属性

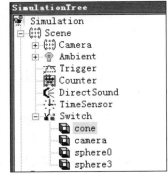

图 8-122　最终的模拟树结构图

(5) 双击 cone 节点，在 File 属性项中单击 Browse 按钮，选择 cone.X，如图 8-123 所示；对其余的三个 Mesh 节点作相同的操作，分别选择 camera.X、sphere0.X、sphere3.X。

(6) 双击 TimeSensor 节点，在属性设定框中进行如下设置：将 Cycle time 设置为 2，Stop time 设置为 8，选中 Loop 模式，不勾选 Send start/stop pulses，如图 8-124 所示。

(7) 双击 Counter 节点，在属性设定框中进行如下设置：将 Counter interval 设置为[0，3]，并且将循环(Cycle)模式勾选，如图 8-125 所示。

(8) 双击 Tigger 节点，在属性设定框中进行如下设置：将 High Trig point 设置为 3，如图 8-126 所示。

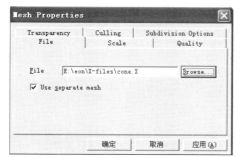

图 8-123　设置 cone 节点的 File 属性

图 8-124　设置 TimeSensor 属性

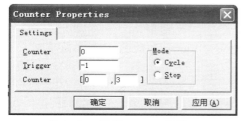

图 8-125　设置 Counter 属性

图 8-126　设置 Trigger 属性

(9) 双击 DirectSound 节点，在 General 属性设定框中单击 Browse 按钮，选择 dogbark.wav，其余设置都为默认设置即可，如图 8-127 所示。

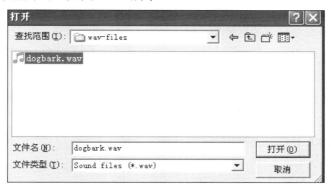

图 8-127　设置 DirectSound 属性

(10) 将 Trigger、Counter、TimeSensor、DirectSound、Switch 拖入 Routes Window。

(11) 在 Routes Window 中设置节点之间的逻辑关系。将 TimeSensor 的 OnPulse 域与 Counter 的 Increment 域相连接，Counter 的 Value 域与 Switch 的 Value 域相连接，Switch 的 Value 域与 Tigger 的 SetIntegerValue 域相连接，Trigger 的 OnHighTrigTrue 域与 DirectSound 的 SetRun 域相连接，如图 8-128 所示。

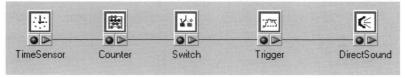

图 8-128　连接域

(12) 运行模拟程序，可以看到四个物体依次出现，在第四个物体出现的时候，声音会响起。

注意：在模拟程序开始执行的时候，第二个物体是可见的，这是因为TimeSensor节点在模拟时间为0的时候产生了一个事件，这导致了前两个Mesh 节点之间发生了互换。

21. 变焦节点(Zoom)

该节点主要功能是移动摄像机镜头。它必须放在需要变焦的物体的框架下，通过摄像机镜头的移动，使物体看起来具有推进拉远的效果。

属性设定如下。

- Zoom Distance：在执行变焦后，处于摄像机镜头与被变焦物体的父框架节点之间的距离。勾选后，启动该节点的变焦效果。
- Zoom in/out：依据百分比推近或拉远摄像机镜头和被变焦物体的父框架节点之间的距离。勾选后，启动该节点的变焦效果。

注意：摄像机镜头和被变焦物体之间的最大距离受 Viewport 的 FarClip 参数限制。

8.7.3　EON Studio 5.2 的 GUI 控制节点

1. 文本控制节点(2DText)

允许用户在 3D 渲染窗口的顶部框内显示文字，文字的颜色和背景框的颜色都可以进行设定，字体、字体大小、字体格式等也都可以进行设定。其属性设定与输入输出域的内容相同。

2. 菜单节点(Popup Menu)

它向用户提供一个菜单目录，用户可以添加希望菜单中出现的目录项。其中 MenuString 域中包含了菜单中所有要显示的目录项，用户可以在这里添加或者删除目录项；另外一个添加目录项的方法就是在模拟执行的过程中，可以在属性栏的 AddMenuString 中添加需要的目录项。

3. 滑动杆节点(Slider)

它在 3D 模拟场景中提供一个水平或垂直的滑动杆，可以用鼠标直接进行拖动，从而与其他节点一起产生不同的效果，修改最小和最大的滑动值及滑动杆自身的位置和大小。

应用实例：**Slider** 节点的应用实例。

(1) 创建一个新的模拟程序。

(2) 将节点窗口切换到 Base Nodes，拖动一个 Frame 节点至 Scene 节点下；拖动一个 Mesh 节点至 Frame 节点下，如图 8-129 所示。

(3) 双击 Mesh 节点，在 File 属性窗口中单击 Browser 按钮，选择 sphere3.x，如图 8-130 所示。

(4) 拖动一个 Material 节点至 Mesh 节点下，如图 8-129 所示。

图 8-129　拖动节点

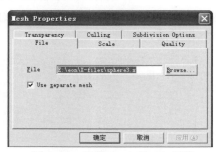

图 8-130　设置 Mesh 的 File 属性

(5) 双击 Material 节点，在 Color 其属性设定栏中进行修改，将 Alpha 改为 0.1，如图 8-131 示。

(6) 将节点窗口切换到 GUIControls，拖动一个 Slider 节点至 Scene 节点下，如图 8-129 所示。

(7) 在模拟树中选择 Slider 节点，在其右边属性窗口中将 MaxSliderPos 属性的值设为 250，如图 8-132 所示。

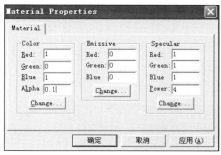

图 8-131　设置 Material 的 Color 属性

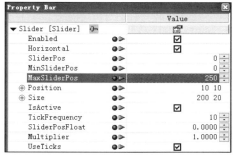

图 8-132　设置 Slider 属性

(8) 将 Material2.Slider 拖动到 RoutesSimulation 窗口中，设定逻辑关系。如图 8-133 所示，单击 Slider 节点的输出端，选择 SliderPosFloat 域，连接到 Material2 节点的输入端，选择 Opacity 域。

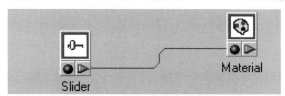

图 8-133　连接域

(9) 运行程序，在窗口中显示一个滑动杆和一个球体，拖动滑动杆，球体的透明度不断变化，从右边向左边滑动，球体越来越清楚。

8.7.4　EON Studio 5.2 的传感器节点

1. 单击传感器节点(ClickSensor)

在模拟程序运行中，当一个物体用鼠标单击后，利用该节点可以使物体产生互动的效果。属性设定如下。

- Change cursor when clickable：勾选后，在鼠标经过要点选物体时，鼠标会提示。
- Click button：设定需要应用的鼠标的部分。

2. 键盘触发器节点(KeyboardSensor)

该节点是用键盘的特定按键来控制行为发生，产生互动效果。属性设定如下。

- Virtual keycode：所选择的按键的数值。
- Virtual key name：所选择的按键。

3. 鼠标触发器节点(MouseSensor)

该节点是利用鼠标来产生各种互动的效果，可以检测鼠标的位置和动作，包括左、中、右键。属性设定如下。

- Enabled：勾选后，该节点就可以触发事件。

4. 时间触发器节点(TimeSensor)

该节点可以在规定的间隔内产生脉冲,而这些脉冲可以用来控制其他节点,产生互动效果。属性设定如下。

- Cycle time:这个数值决定脉冲之间的时间间隔。在每个间隔开始 OnPulse 域为 True,如果这个时间设为 0,则只在开始时间和结束时间产生脉冲。
- Start time:这个数值决定第一个脉冲何时产生。当模拟时间等于这个数值时,OnStartPulse 域为 True。
- Stop time:这个数值决定最后一个脉冲何时产生。当模拟时间等于这个数值时,OnStopPulse 域为 True。
- Send start/stop pulses:勾选后,开始和结束脉冲按照设定的循环时间交替出现。
- Loop mode:勾选后,从第一个脉冲开始,就循环出现脉冲。
- Active:勾选后,从模拟开始该节点就被激活。

8.7.5　EON Studio 5.2 的运动模型节点

1. 键盘移动节点(KeyMove)

该节点提供了一种键盘运动模式且可以影响其父节点,但父节点必须支持平移和旋转功能。属性设定如下。

- Velocity:设定沿 X、Y、Z 坐标轴移动的速度。
- Angular velocity:设定沿 Z、X、Y 坐标轴旋转的速度。

应用实例:KeyMove 节点的实例。

(1) 打开一个新的模拟程序。

(2) 将节点视窗切换到 Base Nodes,拖动一个 Frame 节点至 Scene 节点下,如图 8-134 所示。

(3) 将节点视窗切换到 Prototypes,拖动一个 Teapot 元件至 Frame 节点下,如图 8-134 所示。

(4) 将节点视窗切换到 Motion Model Nodes,拖动一个 KeyMove 节点至 Frame 节点下,如图 8-134 所示。

(5) 运行模拟程序,可以看到一个茶壶,在按住 x(Y 或 Z)键的同时,按住上箭头或者下箭头,茶壶就会沿坐标轴移动:在按住 p(H 或 R)键的同时,按住上箭头或下箭头,茶壶就会沿坐标轴旋转;这就是 KeyMove 节点的效果。

(6) 结束模拟程序,再次运行模拟程序,可以看到茶壶出现的位置与开始茶壶出现的位置是相同的。如果想要保存运行过程中茶壶的新位置,在运行的过程中双击 Frame 节点,在打开的属性框中单击 Start Values 按钮,单击“确定”按钮即可,如图 8-135 所示。

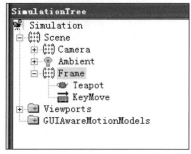

图 8-134　节点视窗中的模拟树

图 8-135　设置 Frame 属性

(7) 再次运行模拟程序，可以看到茶壶出现的位置是上次模拟程序运行时最后的位置。这种方法在 3D 世界中移动物体是非常有用的。

2. 步行节点(Walk)

该节点可以在很多 3D 环境中实现行走的效果，可以由鼠标或者操纵杆控制，该节点可以影响其父节点，但父节点必须支持平移或旋转功能。

Setting 属性设定如下。

- Max Speed：设定在场景中进行浏览时的最大速度。
- Walk：默认行走速度是 10m/s;
- Turn：默认转动速度是 360°/s。
- Mouse Button Assignments：设定鼠标的各个部分在浏览时分别执行的功能。
- Walk：在模拟场景中行走部分控制工具的设定，默认是鼠标左键。
- Look around：在模拟场景中四周查看部分的设定，默认是鼠标中键。
- Elevate：在模拟场景中提升部分的设定，默认是鼠标右键。

I/O Device 属性设定如下。

- Current input device：选择输入设备，从下拉框中可选择 Default(默认)、Joystick(操作杆)、Mouse(鼠标)。

3. 漫游节点(WalkAbout)

该节点与步行节点类似，也可以用来实验在模拟场景中实验漫游，但两者不同的是，此节点是用键盘进行操纵控制的，而步行节点是用鼠标或者操作杆进行操作控制的。

Setting 属性设定如下。

- Radial：设定在场景中行进的速度，单位为 m/s。
- Angular：设定在场景中转动的角速度，单位°/s。
- Elevation Enable：勾选后，在模拟场景中可以沿着 Z 轴提升。
- Enabled：勾选后，该节点有效。

Keyboard 属性设定如下。

- Select：从列表中选择要执行的功能。
- Select key for：从所有的控制键中选择合适的按键。

应用实例：WalkAbout 节点的实例。

【例 8-1】

注意：本节点的实例是在步行节点实例的基础上进行的，用户也可以打开一个已经做好的节点实例。该节点在大的模拟场景中是十分有用的，可以浏览模拟场景中的任何地方，给人一种身临其境的感觉。

(1) 打开步行节点实例 Walk.coz。

(2) 将节点视窗切换至 Base Nodes，拖动一个 Texture 节点至 Mesh 节点下，如图 8-136 所示。

(3) 双击 Texture 节点，在 File 属性项中单击 Browse，选择 room.JPG，如图 8-137 所示。

(4) 拖动一个 Panorama 节点至 Scene 节点下，如图 8-136 所示。

图 8-136　模拟树

图 8-137　设置 File 属性

（5）双击 Panorama 节点，在 Textures 属性项中分别单击 Horizon、Sky 的 Browse 按钮，从中选择 horizon.jpg，sky.jpg，如图 8-138 所示；在 Customize 属性项中设置地面的颜色，如图 8-139 所示；在 Horizon coordinates 属性项中将 Strip Occupies an degrees 修改为 18，如图 8-140 所示。

（6）单击 Frame 节点，在右边的 Property Bar 中修改该节点的位置和方向，如图 8-141 所示。

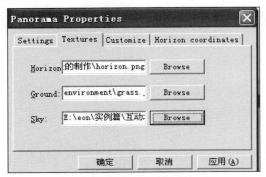

图 8-138　设置 Textures 属性

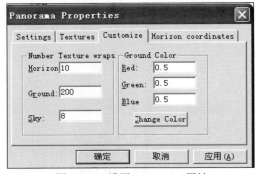

图 8-139　设置 Customize 属性

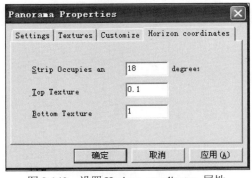

图 8-140　设置 Horizon coordinates 属性

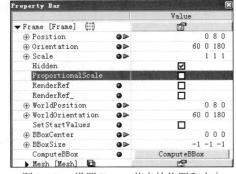

图 8-141　设置 Frame 节点的位置和方向

（7）将节点视窗切换到 Motion Model Nodes，拖动一个 WalkAbout 节点至 Scene 节点下。

（8）在模拟树下选中 Camera 节点，单击右键，在选项中选择 Copy as Link，如图 8-142 所示。

（9）单击模拟树下 WalkAbout 节点前面的"＋"，在该节点的下方显示一个 toMove 文件夹，右键单击该文件夹，在选项中选择 Paste，如图 8-143 所示。

（10）双击 WalkAbout 节点，在 Keyboard 属性中设置各个属性的热键(见图 8-144)。默认情况下不改变。

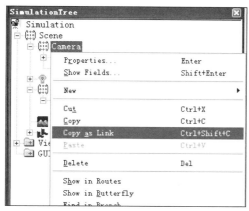

图 8-142　选择 Copy as Link

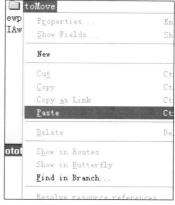

图 8-143　选择 Paste

图 8-144　设置 Keyboard 属性

(11) 运行模拟程序，可以用键盘在这个小的场景中漫游，向前、向后、向左、向右、抬升、降落等，在大的场景中这个节点也非常有用。

【例 8-2】

(1) 打开一个新的模拟程序。

(2) 将节点视窗切换到 Base Nodes，拖动一个 Frame 节点至 Scene 节点下。

(3) 将节点视窗切换到 Prototypes 的 Environments，拖动一个 The Boule vard 元件至 Frame 节点下。

(4) 参考【例 8-1】中的步骤(7)～步骤(10)，然后运行模拟程序，可以看到场景不同，这个场景是 EON 提供的，可以直接使用。这种场景还有很多，可以在 Prototypes 的 Environments 中查找应用。

8.7.6　EON Studio 5.2 的组合节点

1. 连接节点(Connection)

该节点可以设定物体之间的连接关系。一个连接组合有三种状态：未连接(Disconnected)、扣接(Snapped)、连接(Connected)。扣接和连接基本上是相同的，主要用来分辨两种连接级别：轻微的连接(Lightly Connected)和固定的连接(Fully Connected)。这两种状态又分别具有各自的连接属性。

一个扣紧的运动可以定义为扣接和连接相互转换的标准，设计者可以利用下面的方式来判断这两种状态之间的不同。①利用属性设定框可以明确地进行判断；②利用一个扣紧的运动完成时的方向及速度进行判断；③利用连接力度过大时进行判断。

General 属性设定如下。

- Enabled：勾选后，则该节点在模拟程序运行时被激活。
- Connection state：在初始的设计阶段或者运行时连接的状态，有未连接、扣接、连接。
- Lock Current Connection state when disabled：这一设置在连接节点没有激活的状态下告诉连接系统怎样操作。如果被勾选，当连接节点停用时，将会维持目前的连接状态，而且除了目前的状态功能外，其他所有的连接功能都无法运行。
- Auto-snap when inside tolerance：如果勾选，当物体在扣接的侦测范围内，物体会自动扣接在一起。
- Auto-Connect on transition from disconnected to snapped：如果被勾选，则物体会跳过扣接状态而直接连接在一起。
- Auto-Connect on transition from connected to snapped：如果被勾选，则物体会跳过扣接状态而直接解除连接状态。

Snapped State 属性设定如下。

- Snap Tolerance：这些值定义了两个连接物体的位置和方向的不同。如果实际的数值比定义的数值小，那么连接的物体就处在侦测范围之内，当连接物体进入或者离开这个范围，都会触发事件。如果数值为 0，则表示不在侦测范围内。
- XX、YY、ZZ：设定 X、Y、Z 各个轴向的旋转角度侦测范围。
- X、Y、Z：设定 X、Y、Z 各个轴向的平移侦测范围。
- Snapped Strength：定义扣接状态下连接所能承受的力度。如果施加的力度大于设置数值，连接状态就会中断。
- DOF/constrains：设定连接物体之间的自由度。
- Snap Direction：设定在扣接状态下，哪个物体为可动体，哪个物体为固定体。

Connected State 属性设定如下。

- Connected Strength：定义连接的强度，只要在连接的过程中施加的强度大于此值，连接就会中断；通常连接的最大强度数值设为 99999，保证无论施加多大的强度，都不会中断连接。
- DOF/Constraints：设定连接的物体之间的自由度。

Relative Motion 属性设定如下。

- DOF reference：这个数值是定义以哪个物体的自由度作为参考标准。
- Allow Motion In DOF：这些选择项是确定是否允许在 DOF 中运动。
- Transform between connection-frame：此部分显示的是目前连接的参考标准、绝对平移的旋转角度和位移、相对于扣接平移的旋转角度和位移。

Fastening 属性设定如下。

- Fastening DOF：固定自由度，确定以哪个方向轴作为判断固定角度的参照轴。
- Fastening angle：定义完全固定的旋转角度。这个角度是相对于物体在扣接状态下的旋转角度来说的。

2. 连接管理节点(ConnectionManager)

该节点主要负责监控连接中节点运动的功能。一般情况下，Connection 节点和 Grabconnection 节点都放置在特定的 ConnectionManager 节点下，便于统一管理。

属性设定如下。

- Enabled：在运行过程或设计时，初始运行状态设定为运行状态。
- Debug Mode：勾选后，节点将会对连接运算进行更多错误侦查及纠正动作。

3. 手动连接节点(Grabconnection)

该节点是一个连接节点的简单版本，手动连接节点是一个刚性连接节点，用来抓取并拖放物体。一个碰撞检测系统可以用来选择哪个问题将被抓取。手动连接节点与连接节点的最大区别在于手动连接节点不需要任何作为中间介质的连接框架。当两个物体被手动连接节点连接时，不论被拖放到场景中的哪个位置，它们之间会保持相对位置不变。

属性设定如下。

- Enabled：如果勾选，则该节点在模拟程序执行时被激活。
- Strength：设定节点连接状态时的连接强度。

8.7.7　EON Studio 5.2 的元件

1. 3D 模型

该元件在创建简单的测试模拟程序应用方面是十分有用的，可以减少导入 3D 模型物体时需要的时间和空间。它们没有必要添加到一个框架节点下面，可以直接将其拖至模拟树下，并且它们都有自己的位置、方向和比例的大小。3D 模型包括 Cone 圆锥体、Cube 立方体、Cylinder 圆柱体、Pyramid 角锥、Sphere 球体、Square 正方形、Teapot 茶壶、Torus 圆环。

2. 环境模型

在执行模拟程序的过程中或者在测试某个节点或元件的过程中，可能需要虚拟的环境，而制作虚拟的环境不仅费时，而且在导入的过程中还要消耗大量的资源，很可能运行速度也无法保证，从而影响了后续工作。这里提供了简单适用的环境模型(Environment Prototypes)，其中包括公寓、高山、办公室等。

3. 按钮元件

(1) 菜单元件(Menu Prototype)。该元件被设计得像一个正常的视窗一样的目录，最多可以添加 10 项目录，可以在 10 个 MenuText 域中添加每个目录，这样添加其他的节点时就可以用菜单来实现各种操作。

(2) 文本按钮元件(TextBoxButton Prototype)。该元件可以给用户的应用模拟程序方便地添加一种交互性，通常在一个模拟场景中需要一个提示按钮来触发某个时间或者结束某个事件。

(3) 触发按钮元件(ToggleButton Prototype)。该元件就像一个 ON/OFF 按钮，有两种状态和位置，并且每一种都看上去不一样。它是一个可以触发两个事件的按钮，并且触发的事件从按钮上面就可以看出来，按钮的默认颜色是：ON/DOWN 为绿色，OFF/UP 为红色。

4. 照相机功能元件

(1) 物体导航元件(ObjectNav Prototype)。该元件是一个可以旋转物体、放大或缩小物体或者移动物体的元件，可以在一个大的场景中添加该元件，可以方便地移动、旋转整个场景。

(2) 球体导航元件(SphereNav Prototype)。该元件是一个可以使物体自动旋转的元件，只要拖动一下物体，物体就会在拖动的地方自动地进行旋转。

5. 碰撞工具元件

(1) 碰撞几何箱体和碰撞几何球体元件。这两个元件是可以直接应用的立体模型，可以直接将它们添加到模拟树中，进行相关的操作。它们的颜色是浅绿色的，但本身没有属性，只有隐藏属性可以操作。

(2) 碰撞重力元件(CollisionGravity)。该元件可以使框架节点产生重力效果。

应用实例：CollisionGravity 元件的实例。

(1) 打开一个新的模拟程序。

(2) 将节点视窗切换到 Base Nodes，拖动一个 Frame 节点至 Scene 节点下，如图 8-145 所示。

(3) 将节点视窗切换到 Prototypes 的 Collision Tools，拖动一个 CollisionGeometySphere 元件至 Frame 节点下，如图 8-145 所示。

(4) 拖动一个 CollisionGravity 元件至 Scene 节点下，如图 8-145 所示。

(5) 在模拟树下选中 Frame 节点，右键单击该节点，在弹出的选项中选择 Copy as Link。

(6) 在模拟树下单击 CollisionGravity 元件前面的 "+"，会出现一个 ObjectFrame 文件夹，右键单击该文件夹，在弹出的选项中选择 Paste。

(7) 在模拟树下选择 Frame 节点，在右边的 Property Bar 中修改 Position 为 0、0、3，如图 8-146 所示。

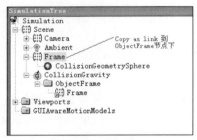

图 8-145　模拟树

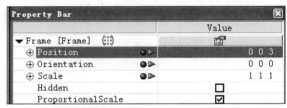

图 8-146　修改 Position

(8) 运行模拟程序，可以看到浅绿色的球体沿 Z 轴缓慢落下。该元件与代理节点中的重力节点(Gravitation Node) 都可以产生重力效果，区别在于，重力节点使物体在降落到地平面时物体就停止了，而该元件产生的重力效果使物体不会在地平面时就停止，而是一直降落下去。

注意：CollisionGravity 元件的默认 Gravity 大小为-9.8，修改这个数值，可以产生不同的重力效果：如果减小这个数值，比如改为-15，那么运行时速度会加快；如果将这个数值改为正数，比如 10，那么运行时物体将会沿着 Z 轴向上运动。

6. GUI 控制功能元件

(1) 文本控制元件(2DText Prototype)。该元件与 GUI 控制节点中的滑动杆节点相比，大多数属性相同，唯一的区别在于该元件可以支持多行的文字，在写入文字需要换行的时候，在新行前面添加一个 "#" 就可以了。

(2) 自动滑动杆元件(AutoSlider Prototype)。该元件与 GUI 控制节点中的滑动杆节点相比，大多数属性相同，增添了一些有用的特性。

(3) 确认对话框元件(ConfirmMsgBox Prototype)。该元件可以显示一条带有 OK 按钮或 Cancel 按钮的信息，可以向用户提问或者显示最终执行前的确认信息。

(4) 时间显示元件(TimeDisplay Prototype)。该元件是一个显示当前系统时间的二维文本框，不需要进行任何设置，只需要将其拖入模拟树中即可。CTRL+ T 组合键可以显示或隐藏它。

7. 粒子系统元件

(1) 粒子系统元件(ParticleSystem Prototype)。该元件可以产生许许多多的动态微粒，可以产生动态的特殊效果。

(2) 粒子系统界面元件(ParticalSystemInterface Prototype)。该元件与粒子系统元件配合使用，可以控制粒子产生的特效。

8. 路径记录工具元件

该元件允许用户记录、编辑、保存关键帧路径，用户只需要应用该元件创建路径即可，可以结合一个人的模型应用此元件。

9. 可用对象元件

(1) 三维坐标系元件(3DPointerX Prototype)。该元件共包含 3 个不同的三维坐标元件：3DPointerA、3DPointerB、3DpointerC。这种元件有三条线指向了三个不同的方向，每条线用不同的颜色表示，并且在每条线的末端都有一个字母指示该线的指向。该元件在指示所放物体的方向和旋转角度是十分有用的。

(2) 自动箭头元件(AutomaticArrows Prototype)。该元件包含两个绿色箭头，当把该节点放置在 Camara 节点下的时候，在运行时该元件会自动地出现在 EON 视窗的右边，上箭头在顶部，下箭头在底部；当单击箭头的时候，提示文字会出现在箭头旁边，方便用户使用现成的箭头，很方便地控制其他节点实现特效。

10. Script 脚本编程

该元件允许用户利用 VBScript 或者 JScript 来创建自定义节点。有些用一般方法不能实现的功能可以用其来完成，而且有的一般方法能够实现的功能，它实现起来更加快捷和简易。

8.8　EON Studio 的综合应用

本节通过两个完整的实例说明多节点、元件的综合应用，能进一步提高读者 EON 应用程序的开发能力。

8.8.1　互动虚拟现实场景的设计

1. 说明

本例是要设计制作一个可通过键盘、鼠标进行人机互动的虚拟现实场景，基于该场景，能够实现以下交互效果。

(1) 单击鼠标右键，改变场景的视角，可以实现在场景里的游动。

(2) 单击电视屏幕，可以打开和关闭电视。

(3) 鼠标左键单击床头灯，拖动鼠标可以移动床头灯。

(4) 按键盘上的空格键，可以实现房间大灯的开和关。

（5）增加一个俯视图，同时也可以在俯视图里控制房间的场景。

（6）可拆开和装上沙发的后座。

（7）虚拟场景的全景背景视图。

2. 设计流程与步骤

为了便于大家学习，本节将整个实例设计流程分成几个部分进行叙述。

步骤 1　导入虚拟的三维场景

（1）打开一个新的模拟程序。

（2）选择 Scene 节点，然后单击 File→Import→3D Studio 3ds，在弹出来的对话框中选择 Livingroom.3DS 文件，单击"打开"按钮，如图 8-147 所示。

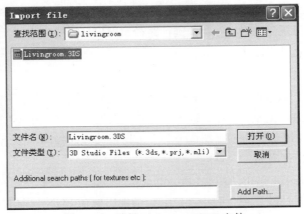

图 8-147　选择 Livingroom.3DS 文件

（3）对弹出的对话框中进行如图 8-148 所示的设置，设置完后单击 OK 按钮。

（4）在弹出来的对话框进行如图 8-149 所示的设置，单击 OK 按钮。

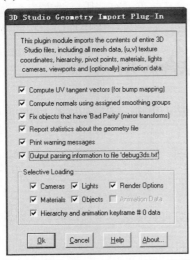
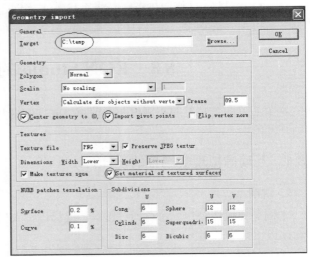

图 8-148　3D Studio Geometry Import Plug-In 对话框　　　图 8-149　Geometry Import 对话框

（5）此时，完成了 3D 模型的插入。打开模拟树，将看到如图 8-150 所示的结构。

（6）运行模拟程序，将看见一个三维场景，如图 8-151 所示。

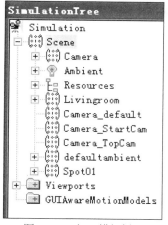

图 8-150　打开模拟树

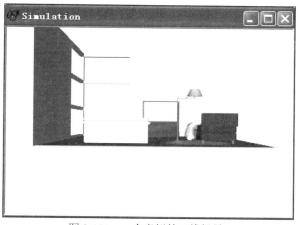

图 8-151　一个虚拟的三维场景

步骤 2　改变场景里的视角

(1) 打开模拟树，将发现 4 个 Camera 节点：一个是 EON Studio 默认的摄像机节点，另外一个是 3DMax 自带的默认摄像机，还有两个是在制作 3ds 文件时，添加的两台摄像机。

现在我们需要做的是改变默认的视角。打开 Viewports→Viewport→Camera，删除 Camera 节点，如图 8-152 所示。

(2) 右键单击 Camera_StartCam 节点，在弹出的菜单中点选 Copy as Link 复制该节点，移动鼠标并右击 Viewports 下的 Viewport 下的 Camera 节点，在弹出的菜单中点选 Paste 实现 Camera_StartCam 节点复制到 Viewports 下的 Viewport 下的 Camera 节点，如图 8-153 所示。

(3) 从节点元件窗中拖动一个 Walk 节点至 Camera_StartCam 节点上，如图 8-154 所示。

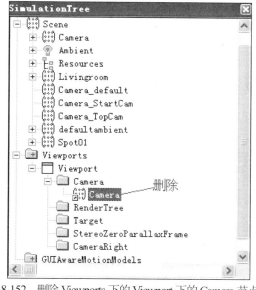

图 8-152　删除 Viewports 下的 Viewport 下的 Camera 节点

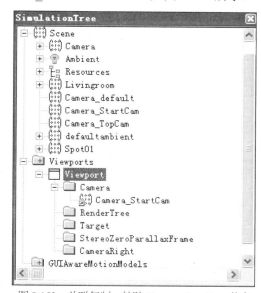

图 8-153　关联复制、粘贴 Camera_StartCam 节点

(4) 双击 Walk 节点，对其属性进行如图 8-155 的设置。

(5) 将 Camera 节点下的 HeadLight 节点复制至 Camera_StartCam 节点上，如图 8-156 所示。

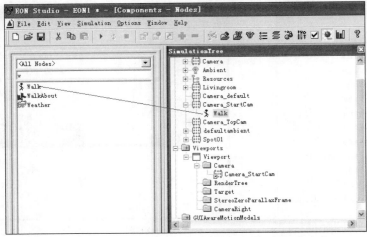

图 8-154　拖动一个 Walk 节点至 Camera_StartCam 节点上

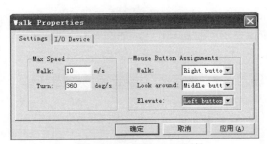

图 8-155　设置 Walk 属性

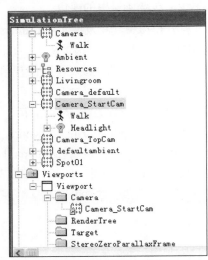

图 8-156　复制 HeadLight 至 Camera_StartCam 节点上

(6) 删除 EON Studio 和 3DMax 默认的摄像机节点，如图 8-157 所示。

(7) 运行模拟程序，此时视角已经改变，如图 8-158 所示。

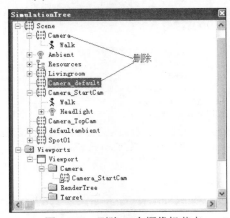

图 8-157　删除 2 个摄像机节点

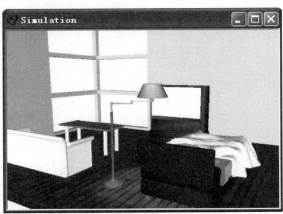

图 8-158　运行模拟程序

步骤 3 增加一个多媒体文件

(1) 先找到电视机屏幕的原始贴图文件，打开 Livingroom→TV→TV_Screen→TV_ScreenShape→Material，可见电视机屏幕的贴图为 material #1，删除此节点，如图 8-159 所示。

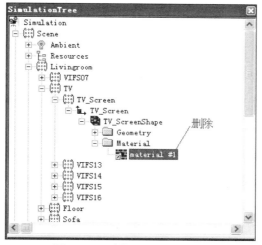

图 8-159   删除 material #1 节点

(2) 同样，单击模拟树中的 Resources→Textures，删除其下的 material #1。

(3) 选择 Visual Nodes，拖动 MovieTexture 节点至 Textures 节点上，如图 8-160 所示。

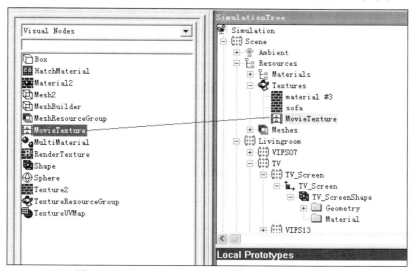

图 8-160   拖动 MovieTexture 节点至 Textures 节点上

(4) 关联复制 MovieTexture 节点，粘贴至 Materials→materials #1→DiffuseTexture 文件夹里，如图 8-161 所示。

(5) 单击 MovieTexture 节点，在其右的属性栏中选择"视频剪辑"视频文件，如图 8-162 所示。

(6) 关联复制 material #1 节点，粘贴至 Livingroom→TV→TV_Screen→TV_ScreenShape→Material 文件夹里，如图 8-163 所示。

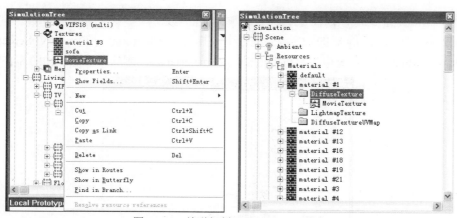

图 8-161　关联复制 MovieTexture 节点

图 8-162　选择"视频剪辑"视频文件

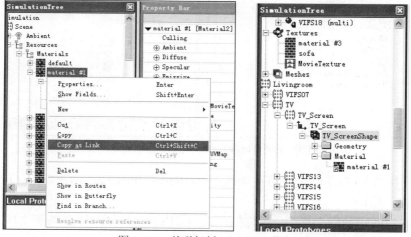

图 8-163　关联复制 material#1 节点

(7) 选择 Sensor Nodes，拖动 ClickSensor 节点至 TV 节点上，如图 8-164 所示。

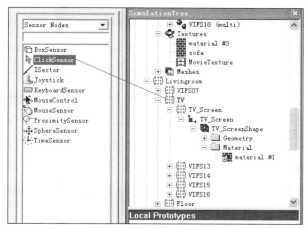

图 8-164　拖动 ClickSensor 节点至 TV 节点上

(8) 选择 Agent Nodes，拖动 Latch 节点至 TV 节点上，如图 8-165 所示。

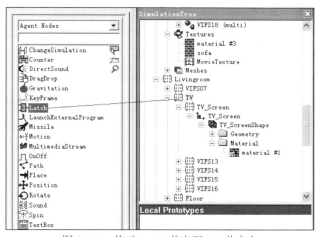

图 8-165　拖动 Latch 节点至 TV 节点上

(9) 拖动 ClickSensor、Latch、MovieTexture 节点至逻辑关系对话框，如图 8-166 所示。

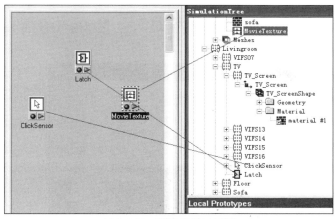

图 8-166　逻辑关系对话框

(10) 各节点拖至逻辑关系对话框后，设置它们的逻辑关系，如图 8-167 所示。

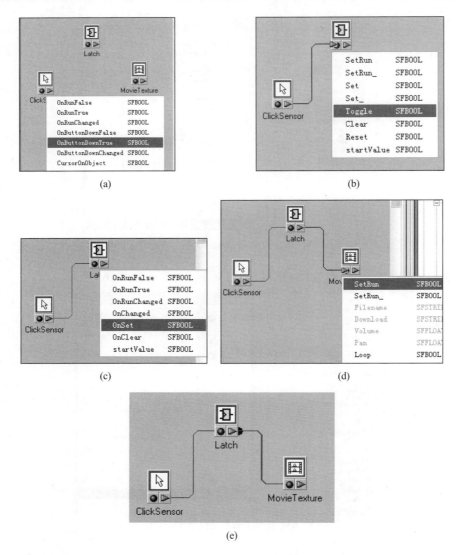

图 8-167　设定逻辑关系

(11) 完成了多媒体添加后，运行模拟程序：用鼠标左键单击电视屏幕，虚拟电视播放视频，再单击电视屏幕关闭电视，如图 8-168 所示。

图 8-168　虚拟电视播放视频

步骤 4　创建一个可以移动的床头灯

(1) 切换到 Base Nodes，拖动 Frame 节点至 Livingroom 节点上，并改名为"移动床头灯"。

(2) 移动 Floorlamp 节点和 Spot01 节点至"移动床头灯"节点上。

(3) 切换至元件视窗，选择 Useful Function，拖动 DragManager 元件至 Camera_StartCam 节点上，如图 8-169 所示。

(4) 拖动 DragSelecter 元件至"移动床头灯"节点上，如图 8-169 所示。

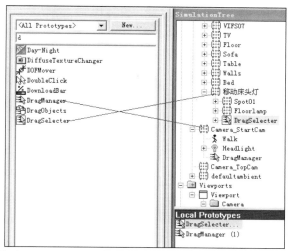

图 8-169　拖动 DragManager 元件至 Camera_StartCam 节点上，拖动 DragSelecter
元件至"移动床头灯"节点上

(5) 切换到节点视窗，选择 Sensor Nodes，拖动一个 ClickSensor 节点至"移动床头灯节点上，如图 8-170 所示。

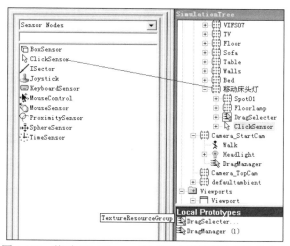

图 8-170　拖动 ClickSensor 节点至"移动床头灯"节点上

(6) 关联复制 DragManager 元件，粘贴至 DragSelecter 节点的 DragManager 子文件夹里，如图 8-171 所示。

(7) 关联复制"移动床头灯"节点，粘贴至 DragSelecter 节点的 DragNode 子文件里，如图 8-172 所示。

图 8-171 关联复制 DragManager 原件

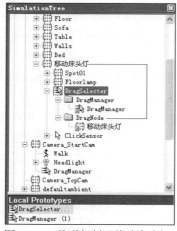

图 8-172 关联复制"移动床头灯"节点

(8) 拖动 ClickSensor、DragSelecter 节点至逻辑关系对话框,如图 8-173 所示。

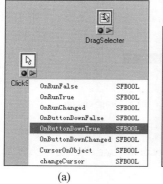

(a)

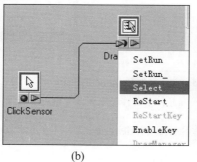

(b)

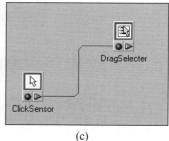

(c)

图 8-173 设置 ClickSensor 节点和 DragSelecter 节点的逻辑关系

(9) 按照图 8-173 设置它们之间的逻辑关系。

(10) 运行模拟程序。可以用鼠标拖动床头灯在房间里自由移动。

步骤 5 用键盘控制房间灯的开与关

(1) 选择 Sensor Nodes,拖动一个 KeyboardSensor 节点至 Scene 节点上,如图 8-174 所示。

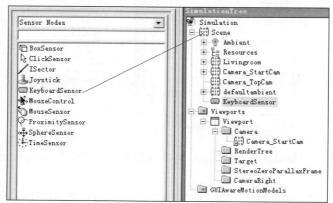

图 8-174 拖动 KeyboardSensor 节点至 Scene 节点上

（2）双击 KeyboardSensor 节点，对其属性对话框进行如图 8-175 的设置。

（3）切换到 Agent Nodes，拖动 Latch 节点至 Scene 节点上，如图 8-176 所示。

图 8-175　设置 KeyboardSensor 属性

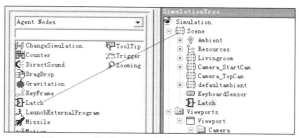

图 8-176　拖动 Latch 节点至 Scene 节点上

（4）拖动 Latch、KeyboardSensor 和 Ambient 节点至逻辑关系对话框，并按表 8-6 设置它们之间的逻辑关系，如图 8-177 所示。

表 8-6　Latch、KeyboardSensor 和 Ambient 节点的逻辑关系

Source node	Out-field	Destination node	In-field
KeyboardSensor	OnKeyDown	Latch	Toggle
Latch	OnSet	Ambient	SetRun_
Latch	OnClear	Ambient	SetRun

（5）此时可以通过空格键来控制房间灯的开与关。

步骤 6　拆开和装上沙发的靠背

（1）拖动一个 Frame 节点至 Scene→Livingoom→Sofa→Back 节点上，并改名为"沙发靠背"，如图 8-178 所示。

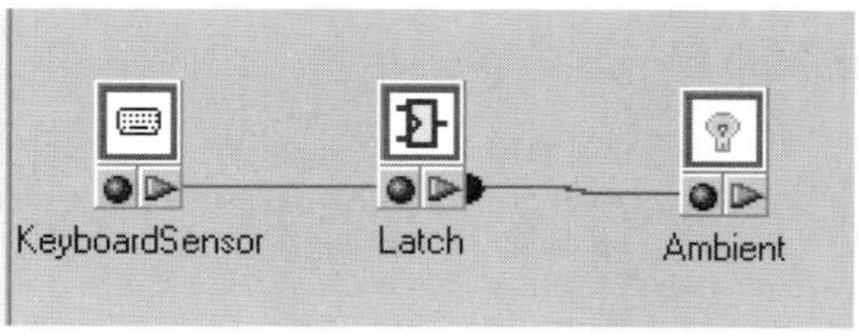

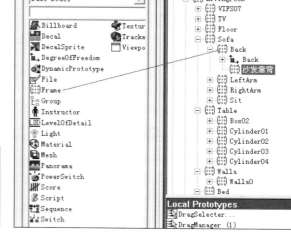

图 8-178　将拖动的 Frame 节点改名为"沙发靠背"

图 8-177　Latch、KeyboardSensor 和 Ambient
　　　　　 节点间的逻辑关系

（2）选择 Agent Nodes，拖动两个 Place 节点至"沙发靠背"节点上，并分别改名为"移开"和"移回"，如图 8-179 所示。

(3) 拖动一个 Latch 节点至"沙发靠背"节点上，如图 8-179 所示。

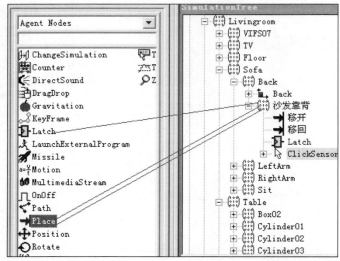

图 8-179　将拖动的两个 Place 节点分别改名为"移开"和"移回"

(4) 选择 Sensor Nodes，拖动一个 ClickSensor 节点至"沙发靠背"节点上，如图 8-180 所示。

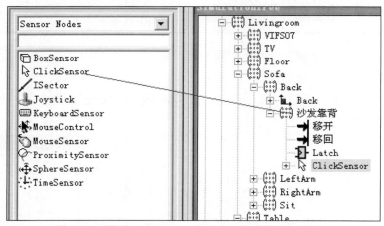

图 8-180　拖动 ClickSensor 节点至"沙发靠背"节点上

(5) 移动 Back 节点至"沙发靠背"节点上，如图 8-181 所示。

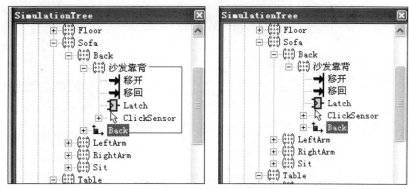

图 8-181　拖动 Back 节点至"沙发靠背"节点上

(6) 双击"移开"节点，对弹出的属性对话框进行如图 8-182 的设置。

(7) 双击"移回"节点，对弹出的属性对话框进行如图 8-183 的设置。

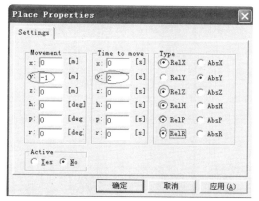
图 8-182　设置"移开"属性

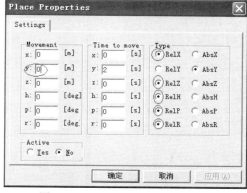
图 8-183　设置"移回"属性

(8) 拖动 ClickSensor、Latch、"移开""移回"节点至逻辑关系对话框，并按如图 8-184 所示设置它们之间的逻辑关系。

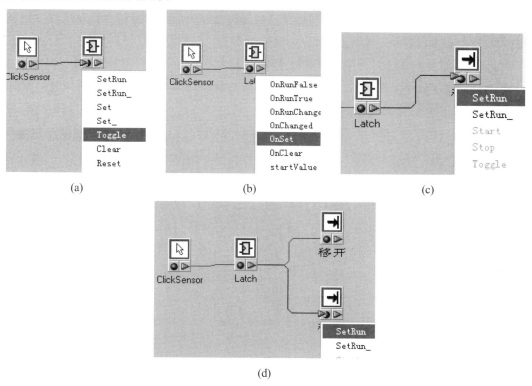

图 8-184　逻辑关系设置

(9) 运行模拟程序，可以实现对沙发靠背的控制。

步骤 7　增加一个可俯视观看虚拟场景的视角

(1) 选择 Base Nodes，拖动 Viewport 节点至 Viewports 文件夹里，并取名为"俯视图"，如图 8-185 所示。

(2) 双击"俯视图"节点，按图 8-186 所示修改其属性。

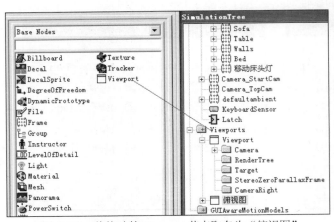

图 8-185　将拖动的 Viewport 节点取名为"俯视图"

图 8-186　修改"俯视图"属性

(3) 关联复制 Camera_TopCam 节点，粘贴至新增的俯视图节点上的 Camera 文件夹里，如图 8-187 所示。

(4) 运行模拟程序，将会看到模拟视窗的左上角多了一个俯视图画面，也可以在该顶视画面里控制场景。

步骤 8　给虚拟场景添加一幅全景背景图

(1) 选择 Base Nodes，拖动一个 Panorama 节点至 Scene 节点上，如图 8-188 所示。

图 8-187　关联复制 Camera_TopCam 节点

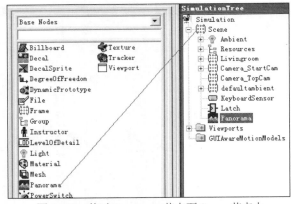

图 8-188　拖动 Panorama 节点至 Scene 节点上

(2) 双击 Panorama 节点，对弹出的对话框进行如图 8-189 的设置。

(3) 单击 Panorama 属性对话框中的 Textures 标签，从光盘中读取 horizon、png、ground.png 和 sky.png，分别放入 Horizon、Ground、Sky 栏中，如图 8-190 所示。

(4) 单击 Horizon coordinates 标签，在此选项卡中修改 Strip Occupies an Angle of 的值为 6，如图 8-191 所示。

(5) 运行模拟程序，将发现原来的场景多了一个夜晚的贴图画面。本例的逻辑关系图如图 8-192 所示。

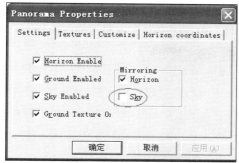

图 8-189　设置 Panorama 属性

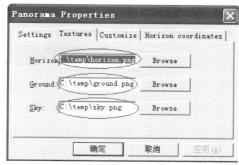

图 8-190　填写 Horizon、Ground、Sky 栏

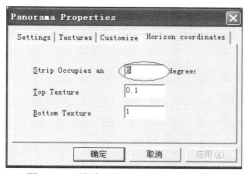

图 9-191　修改 Strip Occupies an 的值

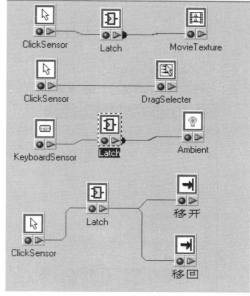

图 8-192　逻辑关系图

8.8.2　翻盖手机的虚拟展示模型设计

1. 说明

本例是要设计制作一个可通过键盘、鼠标进行人机互动的翻盖手机的虚拟展示模型,基于该展示模型,能够实现以下交互效果。

(1) 360×180 度的自由观看手机。

(2) 模拟打开、关闭手机盖。

(3) 改变手机的天线颜色。

(4) 改变手机盖的透明度。

(5) 看到手机的展示背景。

(6) 生成在网络上发布的文件。

2. 设计流程

步骤 1　导入手机的 3D 模型

(1) 打开一个新的模拟程序。

(2) 选择模拟树 Scene 节点，然后单击 File→Import→3D，选 Studio.3ds。

(3) 在弹出的对话框中选择"翻盖手机.3ds"文件，单击"打开"按钮，如图 8-193 所示。

图 8-193　选择"翻盖手机.3ds"文件

(4) 对弹出的对话框进行如图 8-194 所示的设置，设置完后单击 OK 按钮。

(5) 对弹出的对话框进行如图 8-195 所示的设置，然后单击 OK 按钮。

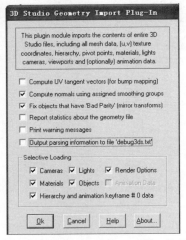
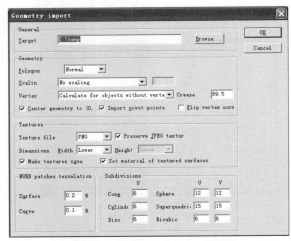

图 8-194　3D Studio Geometry Import Plug-In 对话框　　　图 8-195　Geometry Import 对话框

(6) 此时已完成了 3D 模型的抓入。打开模拟树，将看到如图 8-196 所示的结构。

(7) 运行模拟程序，将看到如图 8-197 所示的画面。

图 8-196　模拟树结构　　　　　　　　　图 8-197　运行模拟程序

步骤 2　创建交互，打开和关闭手机盖

(1) 切换至元件视窗，选择 Camera Function 元件，拖动 ObjectNav 元件至 Scene 节点上，如图 8-198 所示。

(2) 为了旋转和拖动更方便，我们把 Camera 节点下的 Walk(摄像机追踪)节点删除，如图 8-199 所示。

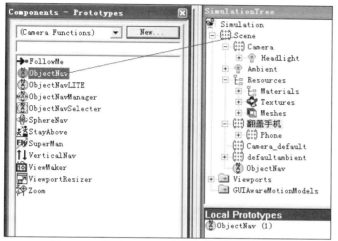

图 8-198　拖动 ObjectNav 元件至 Scene 节点上

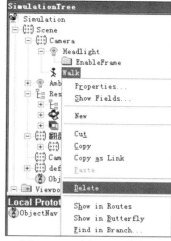

图 8-199　删去 Walk 节点

(3) 此时运行模拟程序，通过鼠标可以自由地旋转、移动手机。

(4) 关闭模拟视窗，切换到节点视窗，然后选择 Agent Nodes，拖动两个 Place 节点至 Scene →Phone→Phone0→TOP 节点上，并分别改名为"打开""关闭"，如图 8-200 所示。

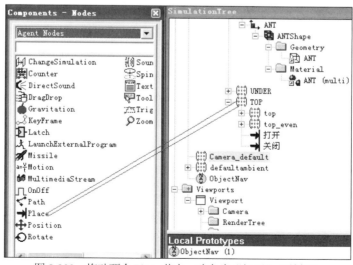

图 8-200　拖动两个 Place 节点，改名为"打开""关闭"

(5) 双击"打开"节点，对其属性对话框进行如图 8-201 所示的设置。

(6) 双击"关闭"节点，对其属性对话框进行如图 8-202 所示的设置。

(7) 选择 Sensor Nodes，拖动 ClickSensor 节点至 TOP 节点上。

(8) 选择 Agent Nodes，拖动 Latch 节点至 TOP 节点上。

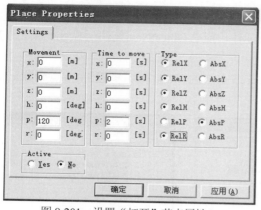

图 8-201　设置"打开"节点属性

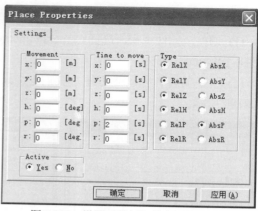

图 8-202　设置"关闭"节点属性

(9) 拖动 ClickSensor、Latch、"打开""关闭"节点至逻辑关系对话框。按表 8-7 的属性对接表进行节点之间的逻辑关系设置，如图 8-203 所示。

表 8-7　ClickSensor、Latch、"打开""关闭"节点的逻辑关系

Source node	Out-field	Destination node	In-field
ClickSensor	OnButtonDownTrue	Latch	Toggle
Latch	OnSet	打开(Place node)	SetRun
Latch	OnClear	关闭(Place node)	SetRun

(10) 设置完逻辑关系后，运行模拟程序，结果如图 8-204 所示。

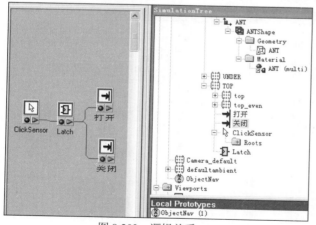

图 8-203　逻辑关系

图 8-204　运行模拟程序结果

步骤 3　改变天线的颜色

(1) 关闭模拟程序，切换至元件视窗，选择 Buttons，拖动 TextBoxButton 元件至 Camera 节点下，并改名为"改变天线颜色"，如图 8-205 所示。

(2) 按照图 8-206 来修改"改变天线颜色"节点属性栏的参数。

(3) 选择 Converters，拖动 Colors 元件至 Phone 节点上，如图 8-207 所示。

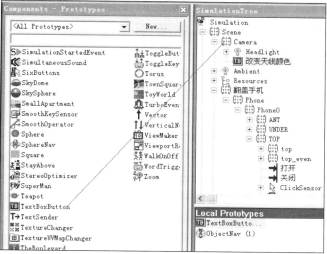

图 8-205　拖动 TextBoxButton 元件至 Camera 节点上并改名为 "改变天线颜色"

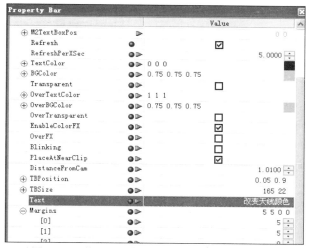

图 8-206　修改 "改变天线颜色" 节点属性栏参数

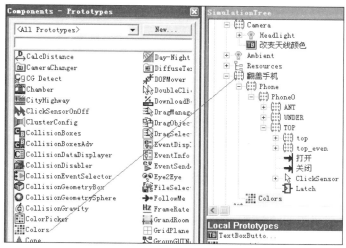

图 8-207　拖动 Colors 元件至 Phone 节点上

（4）切换至节点视窗，选择 Agent Nodes，拖动 Latch 节点至 Phone 节点上，如图 8-208 示。

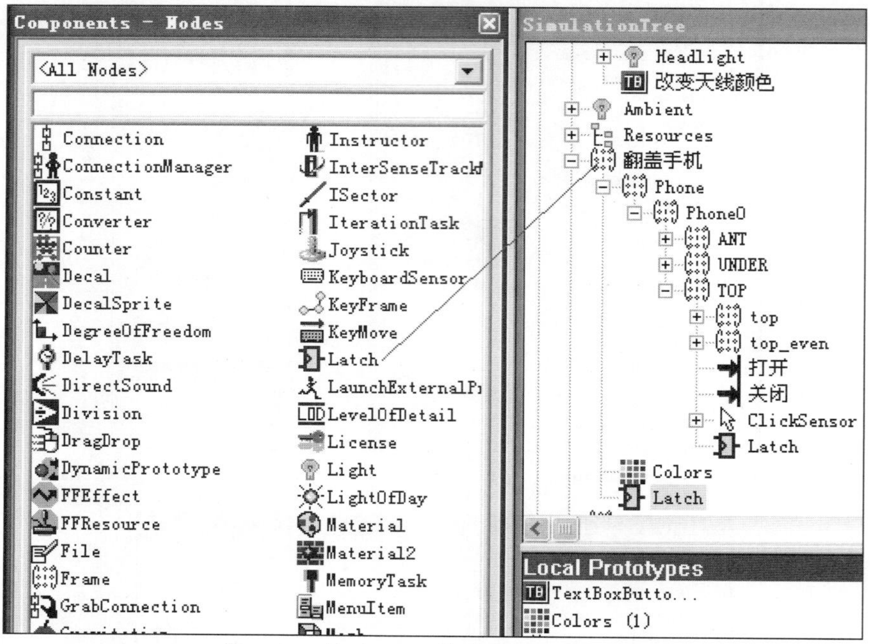

图 8-208   拖动 Latch 节点至 Phone 节点上

（5）拖动"改变天线颜色"、Latch、Colors 和 material #4 节点至逻辑关系对话框。

（6）按表 8-8 设置它们之间的逻辑关系，如图 8-209 所示。

表 8-8   "改变天线颜色"、Latch、Colors 和 material #4 节点的逻辑关系

Source node	Out-field	Destination node	In-field
改变天线颜色	OnDown	Latch	Toggle
Latch	OnSet	Colors	DarkBlue
Latch	OnClear	Colors	White
Colors	Color	material #4 (Material node)	Diffuse

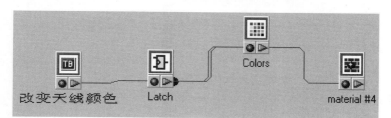

图 8-209   "改变天线颜色"、Latch、Colors 和 material #4 节点的逻辑关系图

（7）设置完逻辑关系后，运行模拟程序，单击屏幕右下角的"改变天线颜色"按钮，可以改变手机天线的颜色。

步骤 4 改变手机机盖的透明度

（1）切换至元件视窗，选择 Buttons，拖动 TextBoxButton 元件至 Camera 节点上，并改名为"改变透明度"。

(2) 按照图 8-210 修改"改变透明度"等节点属性栏的参数值。

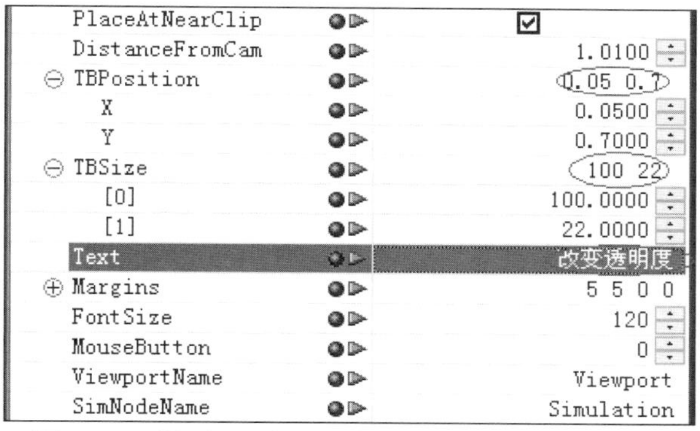

PlaceAtNearClip	●▷	☑
DistanceFromCam	●▷	1.0100
⊖ TBPosition	●▷	(0.05 0.7)
X	●▷	0.0500
Y	●▷	0.7000
⊖ TBSize	●▷	(100 22)
[0]	●▷	100.0000
[1]	●▷	22.0000
Text	●▷	改变透明度
⊕ Margins	●▷	5 5 0 0
FontSize	●▷	120
MouseButton	●▷	0
ViewportName	●▷	Viewport
SimNodeName	●▷	Simulation

图 8-210　设置"改变透明度"等节点属性栏的参数值

(3)选择 Useful Function，拖动 SmoothOperator 节点至 Phone 节点上。

(4)选择 Agent Nodes 节点视窗，拖动 Latch 节点至 Phone 节点上。

(5)拖动"改变透明度"、Latch、SmoothOperator 和 material #27 节点至逻辑关系对话框，并按表 8-9 设置它们之间的逻辑关系，如图 8-211 所示。

表 8-9　"改变透明度"、Latch、SmoothOperator 和 material #27 节点的逻辑关系

Source node	Out-field	Destination node	In-field
ChangeTransperancyButton	OnDown	Latch	Toggle
Latch	OnChanged	SmoothOperater	Toggle
SmoothOperater	FloatValue	material #27 (Material node)	Opacity

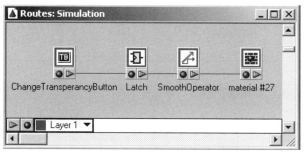

图 8-211　"改变透明度"、Latch1、SmoothOperator 和 material #27 节点间的逻辑关系

(6) 设置完逻辑关系后，运行模拟程序，可见模拟视窗左下角多了一个改变透明度的按钮。第一次单击此按钮，手机机盖的颜色将变成透明的，再次单击，手机机盖的颜色将恢复以前的颜色。

步骤 5　添加一个手机展示的背景图

(1) 在元件视窗选择 Useful Objects，拖动 Background 元件至 Camera 节点上。

(2) 设置背景图案的变化，单击 Background，并在右边的属性框中对 BGColor 进行设置，通过 File name 域将 blue sky.jpg 替换为 Paradise.jpg，如图 8-212 所示。

(3) 切换到节点视窗，选择 Agent Nodes，拖动 Latch 节点至 Camera 节点上。

(4) 选择 Sensor Nodes，拖动 KeyboardSensor 节点至 Camera 节点。

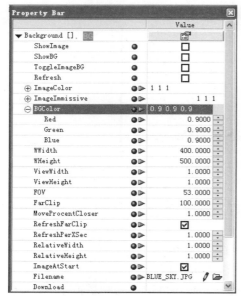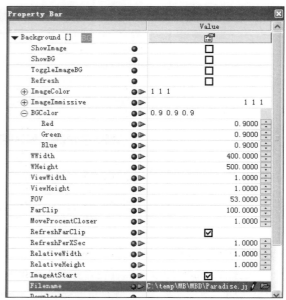

图 8-212　Background 图案设置

(5) 双击 KeyboardSensor 节点，在对话框中设置其 Virtual key 值为 VK_B。

(6) 拖动 KeyboardSensor、Latch 和 Background 节点至逻辑关系对话框。并按表 8-10 设置它们之间的逻辑关系。

(7) 运行模拟程序，感受制作成果。

表 8-10　KeyboardSensor、Latch 和 Background 节点的逻辑关系

Source node	Out-field	Destination node	In-field
KeyboardSensor	OnKeyDown	Latch	Toggle
Latch	OnChanged	Background	ShowBG

步骤 6　生成在网络上发布的文件

(1) 选择 File→Save As...（注：在此步之前已确保将设计结果存储为*.eoz），单击 File→Create Web Distribution...，在弹出的 EON Web Publisher Wizard 对话框上单击"下一步"按钮，如图 8-213 所示。

(2) 单击选中 Product Visualization template. 单击"下一步"按钮，如图 8-214 所示。

图 8-213　EON Web Publisher Wizard 对话框　　　　图 8-214　选中 Product Visualization template

(3) 单击"下一步"按钮，如图 8-215 所示。
(4) 单击"下一步"按钮，如图 8-216 所示。

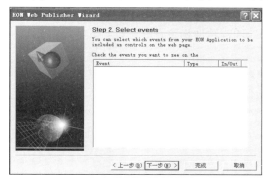

图 8-215　发布界面 1

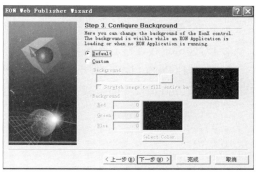

图 8-216　发布界面 2

(5) 单击"下一步"按钮，如图 8-217 所示。
(6) 单击"下一步"按钮，如图 8-218 所示。

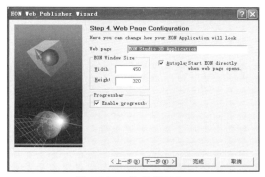

图 8-217　发布界面 3

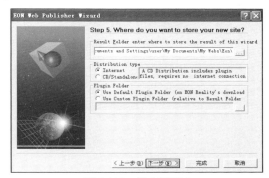

图 8-218　发布界面 4

(7) 单击图 8-219 中的"完成"按钮，结束 EON 作品的网页格式文件的生成工作。

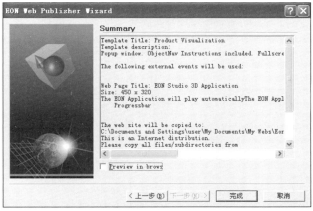

图 8-219　发布完成界面

注意：默认情况下所生成的文件存储在 C:\Documents and Settings\user\My Documents\My Webs\Eon 文件夹里。

思 考 题

1. EON Studio 技术的特点有哪些？与其他虚拟现实软件相比有哪些优势？
2. EON Studio 软件有哪些功能？
3. 基于 EON Studio 软件开发虚拟现实模型的流程有几种？各有什么特点？
4. EON Studio 软件能直接导入的 3D 几何模型数据的格式有哪些？

参考文献

[1] 胡小强. 虚拟现实技术[M]. 北京：北京邮电大学出版社，2005.

[2] 刘光然. 虚拟现实技术[M]. 北京：清华大学出版社，2011.

[3] 于辉，赵经成，付战平，等. EON 入门与高级应用技巧[M]. 北京：国防工业出版社，2008.

[4] 娄岩. 虚拟现实与增强现实技术概论[M]. 北京：清华大学出版社，2016.

[5] 饶玲珊，林寅，杨旭波，等. 增强现实游戏的场景重建和运动物体跟踪技术[J]. 计算机工程与应用，2012，48(9)：198-200.

[6] 杨宝民，朱一宁. 分布式虚拟现实技术及其应用[M]. 北京：科学出版社，2000.

[7] 赵沁平. DVENET 分布式虚拟现实应用系统运行平台与开发工具[M]. 北京：科学出版社，2005.

[8] 苏威洲，童仲豪，叶翰鸿. 实现网络三维互动[M]. 北京：清华大学出版社，2001.

[9] 张秀山，等. 虚拟现实技术及编程技巧[M]. 北京：国防科技大学出版社，1999.

[10] 王岚，刘怡，梁忠先，等. 虚拟现实 EON Studio 应用教程[M]. 天津：南开大学出版社，2007.

[11] 石教英. 虚拟现实基础及实用算法[M]. 北京：科技出版社，2002.

[12] 申蔚，夏立文. 虚拟现实技术[M]. 北京：北京希望出版社，2002.

[13] 刘祥. 虚拟现实技术辅助建筑设计[M]. 北京：机械工业出版社，2004.

[14] 张金钊，等. 虚拟现实三维立体网络程序设计 VRML[M]. 北京：清华大学出版社，北京交通大学出版社，2004.

[15] 张茂军. 虚拟现实系统[M]. 2 版. 北京：科学出版社，2002.

[16] 娄岩. 医学虚拟现实技术与应用[M]. 北京：科学出版社，2015.

[17] 赵群，娄岩. 医学虚拟现实技术与应用[M]. 北京：人民邮电出版社，2014.

[18] Shi S, Jeon W J, Nahrstedt K, et al. Real-time remote rendering of 3D video for mobile devices[C]//Proceedings of the ACM International Conference on Multimedia, Beijing, 2009: 391-400.

[19] 〔美〕Grigore C. Burdea，〔法〕Philippe Coiffet. 虚拟现实技术[M]. 北京：电子工业出版社，2005.

[20] 黄海. 虚拟现实技术[M]. 北京：北京邮电大学出版社，2014.

[21] 肖嵩，杜建超. 计算机图形学原理及应用[M]. 西安：西安电子科技大学出版社，2014.

[22] 基珀. 增强现实技术导论[M]. 郑毅，译. 北京：国防工业出版社，2014.

[23] 单超杰. 皮影人物造型与三维建模技术结合的创新研究[D]. 上海：东华大学，2013.

[24] 潘一潇. 基于深度图像的三维建模技术研究[D]. 长沙：中南大学，2014.

[25] 同晓娟. 虚拟环绕声技术研究[D]. 西安：西安建筑科技大学，2013.

[26] 才思远. 虚拟立体声系统研究[D]. 大连：大连理工大学，2015.

[27] 余超. 基于视觉的手势识别研究[D]. 合肥：中国科学技术大学，2015.

[28] 陈娟. 面部表情识别研究[D]. 西安：西安科技大学，2014.

[29] 黄园刚. 基于非侵入式的眼动跟踪研究与实现[D]. 成都：电子科技大学，2014.

[30] 刘方洲. 语音识别关键技术及其改进算法研究[D]. 西安：长安大学，2014.

[31] 宋城虎. 虚拟场景中软体碰撞检测的研究[D]. 开封：河南大学，2013.

[32] 张子群. 基于 VRML 的远程虚拟医学教育应用[D]. 上海：复旦大学，2004.

[33] 张晗. 虚拟现实技术在医学教育中的应用研究[D]. 济南：山东师范大学，2011.

[34] 王广新，李立. 焦虑障碍的虚拟现实暴露疗法研究述评[J]. 心理科学进展，2012，20(8)：1277-1286.

[35] 王聪. 增强现实与虚拟现实技术的区别和联系[J]. 信息技术与标准化，2013(5)：57-61.

[36] 钟慧娟，刘肖琳，吴晓莉. 增强现实系统及其关键技术研究[J]. 计算机仿真，2008，25(1)：252-255.

[37] 倪晓资，郑建荣，周炜. 增强现实系统软件平台的设计与实现[J]. 计算机工程与设计，2009，30(9)：2297-2300.

[38] 苏会卫，李佳楠，许霞. 增强现实技术的虚拟景区信息系统[J]. 华侨大学学报(自然科学版). 2015，36(4)：432-436.

[39] 孙源、陈靖. 智能手机的移动增强现实技术研究[J]. 计算机科学，2012(B06)：493-498.

[40] 罗斌，王涌天，沈浩，等. 增强现实混合跟踪技术综述[J]. 自动化学报，2013，39(8)：1185-1201.

[41] 周见光，石刚，马小虎. 增强现实系统中的虚拟交互方法[J]. 计算机工程，2012.38(1)：251-252.

[42] 李文霞，司占军，顾翀. 浅谈增强现实技术[J]. 电脑知识与技术. 2013(28)：6411-6414.

[43] 麻兴东. 增强现实的系统结构与关键技术研究[J]. 无线互联科技，2015(10)：132-133.

[44] 刘万奎，刘越. 用于增强现实的光照估计研究综述[J]. 计算机辅助设计与图形学学报，2016，28(2)：197-207.

[45] 周忠，周颐，肖江剑. 虚拟现实增强技术综述[J]. 中国科学：信息科学，2015，45(2)：157-180.

[46] 薛松，翁冬冬，刘越，等. 增强现实游戏交互模式对比[J]. 计算机辅助设计与图形学学报，2015(12)：2402-2409.

[47] Mllgram P，Kishino F. A taxonomy of mixed reality visual displays[J]. IEICE Transactions on. Information Systems，1994，E77-D(12)：1321-1329.

[48] 范景泽. 新手学 3dsmax2013(实例版)[M]. 北京：电子工业出版社，2013.

[49] 博智书苑. 新手学 3dsmax 完全学习宝典[M]. 上海：上海科学普及出版社，2012.

[50] 宣雨松. Unity3D 游戏开发[M]. 北京：人民邮电出版社，2012.

[51] 〔美〕William R Sherman，〔美〕Alan B Craig. 虚拟现实系统：接口、应用与设计[M]. 魏迎梅，杨冰，等译. 北京：电子工业出版社，2004.

[52] 金玺曾. Unity3D/2D 手机游戏开发[M]. 北京：清华大学出版社，2014.

[53] 张路. 基于虚拟现实技术的用户界面设计与研究[D]. 上海：东华大学，2013.

[54] 肖雷. 基于虚拟现实的触觉交互系统稳定性研究[D]. 南昌：南昌大学，2015.

[55] 李征. 分布式虚拟现实系统中的资源管理和网络传输[D]. 开封：河南大学，2014.

[56] 蔡辉跃. 虚拟场景的立体显示技术研究[D]. 南京：南京邮电大学，2013.

[57] 威东宁. 光栅式自由立体显示技术研究[D]. 杭州：浙江大学，2015.

[58] 魏广芬. 电子鼻系统原理及技术[M]. 北京：电子工业出版社，2014.

[59] 黄心渊. 虚拟现实技术及应用[M]. 北京：科学出版社，1999.

[60] 博客园. iMotion：强大的 3D 动作控制器[EB/OL]. (2013-10-01)[2018-01-23]. http://news.cnblogs.com/n/189465/.

[61] 百度文库. 360°全景拼接技术简介[EB/OL]. (2015-07-31)[2018-01-24]. http://wenku.baidu.com/view/131c44ad482fb4daa58d4bd0.html.

[62] 360 百科. 3D 显示技术[EB/OL].(2017-10-24)[2018-01-24]. https://baike.so.com/doc/9131351-9464464.html.

[63] 360 百科. 气味王国[EB/OL]. (2017-03-14)[2018-01-24]. https://baike.so.com/doc/24265984-25409879.html.

[64] 豆丁网. 流水线优化[EB/OL].[2018-01-24]. http://www.docin.com/p-364491416.html.

[65] 百度百科. ARCore[EB/OL]. (2017-10-21)[2018-01-25].https://baike.baidu.com/item/ARCore/22103194.

[66] 360 百科. EasyAR[EB/OL]. (2017-10-24)[2018-01-25]. https://baike.so.com/doc/7105444-7328478.html.

[67] 360 百科. VR[EB/OL]. (2017-07-10)[2018-01-25]. https://baike.so.com/doc/5412367-5650493.html.

[68] 360 百科. 全息投影[EB/OL]. (2017-09-20)[2018-01-25]. https://baike.so.com/doc/2660831-2809747.html.

[69] 百度文库. D'Fusion 增强现实软件[EB/OL]. (2012-06-15)[2018-01-25]. https://wenku.baidu.com/view/782b3b4169eae009581bec2b.html.

[70] 360 图片. 全息投影技术[EB/OL]. [2018-01-30]. http://image.so.com/i?src=360pic_normal&z=1&i=0&cmg=75fc4bf85d3ab1673c6a4a3ae363a0d5&q=%E5%85%A8%E6%81%AF%E6%8A%95%E5%BD%B1%E6%8A%80%E6%9C%AF.

[71] 360 百科. 增强现实[EB/OL]. (2017-05-03)[2018-01-27]. http://baike.so.com/doc/6131606-6344766.html.

[72] 百度百科. 全息投影 [EB/OL]. (2017-12-19)[2018-01-25]. https://baike.baidu.com/item/%E5%85%A8%E6%81%AF%E6%8A%95%E5%BD%B1/9443226.

[73] 360 百科. 味觉模拟电极[EB/OL]. (2017-10-24)[2018-01-27]. https://baike.so.com/doc/8661603-8983081.html.

[74] 百度文库. 图解(伪全息)——幻影成像原理 II [EB/OL]. (2013-09-01)[2018-01-27]. https://wenku.baidu.com/view/df29e5230740be1e650e9a4f.html?from=search.

[75] 百度文库. 虚拟现实案例介绍[EB/OL]. (2011-03-03)[2018-01-27]. https://wenku.baidu.com/view/fb449526a5e9856a56126078.html.

[76] 百度文库. 增强现实(AR)技术的研究进展及应用终结版[EB/OL]. (2011-05-26)[2018-01-27]. https://wenku.baidu.com/view/877cae6ba45177232f60a25f.html.

[77] 百度文库. 增强现实技术研究进展及其应用[EB/OL]. (2010-04-27)[2018-01-27]. https://wenku.baidu.com/view/49a4bf6e58fafab069dc02bf.html.

[78] 百度文库. ARToolKit 中文安装教程附 VRML[EB/OL]. (2013-07-17)[2018-01-27]. https://wenku.baidu.com/view/5f40441abed5b9f3f90f1c71.html.

[79] 百度文库. 通用分布式虚拟现实软件开发平台的研究[EB/OL]. (2010-12-27) [2018-01-27]. https://wenku.baidu.com/view/fb6f4143a8956bec0975e39d.html?from=search.

[80] 百度文库. 分布式虚拟现实技术在远程故障诊断中应用研究[EB/OL]. (2013-11-07) [2018-01-28]. https://wenku.baidu.com/view/471c1df66f1aff00bed51e3e.html.

[81] 科技世界网[EB/OL]. [2018-02-03]. http://www.twwtn.com/Daqing-Oil/newsList__AS014.htm.

[82] 搜维尔[SouVR.com]. Trivisio AR-vision-3D 增强现实头盔[EB/OL].[2018-02-24]. http://www.souvr.com/Shop/GroupBuy.aspx?gid=3.

[83] 360百科. Web3D 技术[EB/OL]. (2016-12-20)[2018-01-28]. https://baike.so.com/doc/7631823-7905918.html.

[84] 百度文库. Vuforia unity3d 使用简易教程[EB/OL]. (2017-03-21)[2018-01-27]. https://wenku.baidu. com/view/64d3a808974bcf84b9d528ea81c758f5f61f29ff.html?from= search.

[85] 百度文库. 动作捕捉浅析(一) ——惯性动作捕捉[EB/OL]. (2010-09-15)[2018-01-27]. https://wenku.baidu.com/view/eea88ea1284ac850ad02426a.html.

[86] 百度文库. 动作捕捉浅析(二) ——光学动作捕捉中英文资料[EB/OL]. (2010-09-28) [2018-01-27]. https://wenku.baidu.com/view/7c9a6d8a6529647d27285294.html.

[87] 百度文库. 光学全息技术的原理与介绍 [EB/OL]. (2011-12-23)[2018-01-30]. https://wenku.baidu.com/view/1ac0527501f69e31433294c9.html.

[88] 百度文库. 增强现实简述和实际案例分享[EB/OL]. (2010-11-10)[2018-01-30]. https://wenku.baidu.com/view/387673956bec0975f465e230.html.

[89] 道客巴巴.气味的数字化识别、存储与传递[EB/OL]. [2018-01-30]. http://www.doc88.com/p-631428454292.html.

[90] 知乎. 伪全息投影和真全息投影有什么区别[EB/OL]. [2018-01-30]. https://www.zhihu.com/question/28266322.

[92] 百度文库. VR、AR、MR、全息投影、裸眼 3D 如何区分[EB/OL]. (2016-07-17) [2018-01-30]. https://wenku.baidu.com/view/292f7eb9ad02de80d5d8404b.html?mark_pay_ doc=0&mark_rec_page=1&mark_rec_position=5&clear_uda_param=1.

[92] 知乎.你怎么看国内自主研发的 AR SDK「EasyAR」[EB/OL]. [2018-01-30]. https://www.zhihu.com/question/35001692/answer/67023324.

[93] 百度图片. 3d 全息投影[EB/OL]. [2018-01-30]. http://image.baidu.com/search/index?tn=baiduimage&ct=201326592&lm=-1&cl=2&ie=gbk&word=3d%C8%AB%CF%A2%CD%B6%D3%B0&fr=ala&ala=1&alatpl=adress&pos=0&hs= 2&xthttps=000000.

[94] 知乎. 虚拟现实(VR)和增强现实(AR)背后的核心技术是什么[EB/OL]. [2018-01-30]. https://www.zhihu.com/question/36979454.

[95] 中国投资咨询网. 虚拟现实与增强现实的技术原理及两者的对比分析[EB/OL].

(2016-03-14)[2018-02-03]. http://www.ocn.com.cn/chanye/201603/gflnj14153424.shtml.

[96] 可穿戴设备网. AR 技术将强化 BIM 优势 详解 AR 技术在工业建设中的作用[EB/OL]. (2016-07-13)[2018-02-03]. http://wearable.ofweek.com/2016-07/ART-11000-5011-30008889_3.html.

[97] 监中国安防展览网. 控系统中增强现实技术软硬件组成[EB/OL]. (2017-12-07) [2018-02-08]. http://www.afzhan.com/news/detail/62965.html.

[98] 隋毅. 基于手持设备的增强现实技术研究与应用[D]. 青岛: 青岛大学, 2009.

[99] 于美文. 光学全息及其应用[M]. 北京: 北京理工大学出版社, 1996.

[100] 张瑛. 全息照相实验的新思路[J]. 大学物理, 2001, 20(12):30-31.

[101] Zhang L, Dou F, Zhou Z, Wu W. Sharing 3D Mesh Animation in Distributed Virtual Environment[C]. In: Proceedings of the International Conference on Computer Animation and Social Agents, Istanbul, 2013.

[102] Zhang L, Ma Z, Zhou Z, Wu W. Laplacian-Based feature preserving mesh simplification. Advances in Multimedia Information Processing[J]. Berlin Heidelberg: Springer, 2012. 378-389.

[103] Zhou Z, Dou F, Li Y, Zhang L. GhostMesh: Cloud-based Interactive Mesh Editing[C]. In: Proceedings of the 2013 Pacific-Rim Conference on Multimedia, Nanjing, 2013. 13-16.

[104] Petit B, Dupeux T, Bossavit B, et al. A 3d data intensive tele-immersive grid[C]. In: Proceedings of the International Conference on Multimedia, Firenze, 2010. 1315-1318.

[105] Wu W, Arefin A, Kurillo G, et al. Color-plus-depth level-of-detail in 3D tele-immersive video: a psychophysical approach[C]. In: Proceedings of the ACM International Conference on Multimedia, Scottsdale, 2011. 13-22.

[106] Tang Z, Rong G, Guo X, et al. Streaming 3D shape deformations in collaborative virtual environment[C]. In: Proceedings of Virtual Reality, Waltham, 2010: 183-186.

[107] Tang Z, Ozbek O, Guo X. Real-time 3D interaction with deformable model on mobile devices[C]. In: Proceedings of the ACM International Conference on Multimedia, Scottsdale, 2011: 1009-1012.

[108] Zhang L, Ma Z, Zhou Z, Wu W. Laplacian-Based feature preserving mesh simplification. Advances in Multimedia Information Processing[M]. Berlin Heidelberg: Springer, 2012: 378-389.

[109] Zhang L, Dou F, Zhou Z, Wu W. Sharing 3D Mesh Animation in Distributed Virtual Environment[C]. In: Proceedings of the International Conference on Computer Animation and Social Agents, Istanbul, 2013.

[110] Zhou Z, Dou F, Li Y, Zhang L. GhostMesh: Cloud-based Interactive Mesh Editing[C]. In: Proceedings of the 2013 Pacific-Rim Conference on Multimedia, Nanjing, 2013: 13-16.

[111] Petit B, Dupeux T, Bossavit B, et al. A 3d data intensive tele-immersive grid[C]. In: Proceedings of the International Conference on Multimedia, Firenze, 2010: 1315-1318.

[112] Wu W, Arefin A, Kurillo G, et al. Color-plus-depth level-of-detail in 3D tele-immersive video: a psychophysical approach[C]. In: Proceedings of the ACM International Conference on Multimedia, Scottsdale, 2011: 13-22.

[113] Azuma R, Baillot Y, Behringer R, et al. Recent advances in augmented reality[J]. Computer Graphics and Applications,2001, 21: 34-47.

[114] Bimber O, Raskar R, Inami M. Spatial augmented reality[M]. Wellesley: AK Peters Ltd, 2005.

[115] Raskar R, Welch G, Low K L, et al. Shader lamps: Animating real objects with image-based illumination[J]. Vienna:Springer, 2001: 89-102.

[116] Blaise A y Arcas. Augmented-reality maps. TED Talks, 2010.

[117] Zhou F, Duh H B L, Billinghurst M. Trends in augmented reality tracking, interaction and display: A review of tenyears of ISMAR[C]. In: The 7th IEEE International Symposium on Mixed and Augmented Reality. Cambridge, United Kingdom, 2008: 193-202.

[118] Gere D S. Image capture using luminance and chrominance sensors[P]. US Patent, 8 497 897, 2013-7-30.

[119] Leininger B. A next-generation system enables persistent surveillance of wide areas[J]. Defense & Security, 2008, Spie Newsroom, DOI: 10. 1117/2. 1200803. 1112.

[120] Leininger B, Edwards J, Antoniades J, et al. Autonomous real-time ground ubiquitous surveillance-imaging system(ARGUS-IS)[C]. In: Proceedings of SPIE Defense and Security Symposium, Orlando, 2008: 69810H-69810H.

[121] Brady D J, Gehm M E, Stack R A, et al. Multiscale gigapixel photography[J]. Nature, 2012, 486: 386-389.

[122] Bimber O, Raskar R. Modern approaches to augmented reality[C]. In: ACM SIGGRAPH 2006 Courses. Boston: ACM, 2006: 1.

[123] Han J, Shao L, Xu D, Shotton J. Enhanced computer vision with microsoft kinect sensor: A Review[J]. IEEE Transactions on Cybernetics, 2013, 43:1318-1334.

[124] Jones A, McDowall I, Yamada H, et al. Rendering for an interactive 360 light field display[J]. ACM Transactions on Graphics(TOG), 2007, 26: 40.

[125] Blanche P A, Bablumian A, Voorakaranam R, et al. Holographic three-dimensional telepresence using large-area photorefractive polymer[J]. Nature, 2010, 468: 80-83.

[126] Davison A J. Real-time simultaneous localisation and mapping with a single camera[C]. In: Proceedings of IEEE International Conference on Computer Vision, Nice, 2003: 1403-1410.

[127] Klein G, Murray D. Parallel tracking and mapping for small AR workspaces[C]. In: Proceedings of the IEEE International Symposium on Mixed and Augmented Reality, Nara, 2007: 225-234.

[128] Newcombe R A,Davison A J. Live dense reconstruction with a single moving camera[C]. In: Proceedings of Computer Vision and Pattern Recognition, San Francisco, 2010: 1498-1505.

[129] Richard A, Newcombe R A, Steven L, et al. Dense Tracking and Mapping in Real-Time[C]. In: Proceedings of IEEE International Conference on Computer Vision, Barcelona, 2011: 2320-2327.

[130] Tan W, Liu H, Dong Z, et al. Robust monocular SLAM in dynamic environments[C]. In: Proceedings of IEEE International Symposium on Mixed and Augmented Reality, Adelaide, 2013: 209-218.

[131] Pollefeys M, Nistér D, Frahm J M, et al. Detailed real-time urban 3d reconstruction from

video[J]. International Journal of Computer Vision, 2008, 78: 143-167.

[132] Nistér D, Naroditsky O, Bergen J. Visual odometry[C]. In: Proceedings of Computer Vision and Pattern Recognition, Washington, 2004: 652-659.

[133] Konolige K, Agrawal M, Bolles R C, et al. Outdoor mapping and navigation using stereo vision[C]. In: Proceedings of Experimental Robotics. Berlin Heidelberg: Springer, 2008: 179-190.

[134] Zhu Z, Oskiper T, Samarasekera S, et al. Real-time global localization with a pre-built visual landmark database[C]. In: Proceedings of Computer Vision and Pattern Recognition, Alaska, 2008: 1-8.

[135] Newcombe R A, Davison A J, Izadi S, et al. KinectFusion: Real-time dense surface mapping and tracking[C]. In: Proceedings of IEEE International Symposium on Mixed and Augmented Reality, Basel, 2011: 127-136.

[136] Steinbrucker F, Sturm J, Cremers D. Real-time visual odometry from dense RGB-D images[C]. In: Proceedings of IEEE International Conference on Computer Vision Workshops, Spain, 2011: 719-722.

[137] Yokoya N, Takemura H, Okuma T, et al. Stereo vision based video see-through mixed reality[C]. In: Proceedings of IEEE International Symposium on Mixed and Augmented Reality, California, 1999: 131-141.

[138] Fortin P, Hebert P. Handling occlusions in real-time augmented reality: dealing with movable real and virtual objects[C]. In: Proceedings of Computer and Robot Vision, Quebec City, 2006: 54-54.

[139] Hayashi K, Kato H, Nishida S. Occlusion detection of real objects using contour based stereo matching[C]. In: Proceedings of the International Conference on Augmented Tele-existence, Christchurch, 2005: 180-186.

[140] Katkere A, Moezzi S, Kuramura D Y, et al. Towards video-based immersive environments[J]. Multimedia Systems, 1997, 5: 69-85.

[141] Neumann U, You S, Hu J, et al. Augmented virtual environments (ave): Dynamic fusion of imagery and 3d models[C]. In: Proceedings of Virtual Reality, Los Angeles, 2003: 61-67.

[142] Kim K, Oh S, Lee J, et al. Augmenting aerial earth maps with dynamic information[C]. In: Proceedings of the IEEE International Symposium on Mixed and Augmented Reality, Seoul, 2009: 35-38.

[143] Narayanan P J, Rander P W, Kanade T. Constructing virtual worlds using dense stereo[C]. In: Proceedings of the IEEE International Conference on Computer Vision, Freiburg, 1998: 3-10.

[144] Mulligan J, Kaniilidis K. Trinocular stereo for non-parallel configurations[C]. In: Proceedings of the International Conference on Pattern Recognition, Barcelona, 2000: 567-570.

[145] Allard J, Menier C, Raffin B, et al. Grimage: markerless 3D interactions[C]. In: Proceedings of ACM SIGGRAPH Emerging Technologies, San Diego, 2007: 9.

[146] Debevec P E, Taylor C J, Malik J. Modeling and rendering architecture from photographs: A hybrid geometry-and image-based approach[C]. In: Proceedings of the Annual Conference on Computer graphics and Interactive techniques, ACM, 1996: 11-20.

[147] Segal M, Korobkin C, Van Widenfelt R, et al. Fast shadows and lighting effects using texture mapping[J] . ACM SIGGRAPH Computer Graphics, 1992, 26: 249-252.

[148] Harville M, Culbertson B, Sobel I, et al. Practical methods for geometric and photometric correction of tiled projector[C]. In: Proceedings of Computer Vision and Pattern Recognition Workshop, New York, 2006: 5.

[149] Zhou Z, Wu W. Distributed virtual environment[M]. Beijing: Science Press, 2009.

[150] Michael J C. Applications of Magneto resistive Sensors in Navigation Systems.Honeywell Inc, 1997.